MINTUS – Beiträge zur mathematisch-naturwissenschaftlichen Bildung

Reihe herausgegeben von

Ingo Witzke, Mathematikdidaktik, Universität Siegen, Siegen, Deutschland

Oliver Schwarz, Didaktik der Physik, Universität Siegen, Siegen, Nordrhein-Westfalen, Deutschland

MINTUS ist ein Forschungsverbund der **MINT**-Didaktiken an der Universität Siegen. Ein besonderes Merkmal für diesen Verbund ist, dass die Zusammenarbeit der beteiligten Fachdidaktiken gefördert werden soll. Vorrangiges Ziel ist es, gemeinsame Projekte und Perspektiven zum Forschen und auf das Lehren und Lernen im MINT-Bereich zu entwickeln.

Ein Ausdruck dieser Zusammenarbeit ist die gemeinsam herausgegebene Schriftenreihe *MINTUS – Beiträge zur mathematisch-naturwissenschaftlichen Bildung*. Diese ermöglicht Nachwuchswissenschaftlerinnen und Nachwuchswissenschaftlern, genauso wie etablierten Forscherinnen und Forschern, ihre wissenschaftlichen Ergebnisse der Fachcommunity vorzustellen und zur Diskussion zu stellen. Sie profitiert dabei von dem weiten methodischen und inhaltlichen Spektrum, das MINTUS zugrunde liegt, sowie den vielfältigen fachspezifischen wie fächerverbindenden Perspektiven der beteiligten Fachdidaktiken auf den gemeinsamen Forschungsgegenstand: die mathematisch-naturwissenschaftliche Bildung.

Weitere Bände in der Reihe https://link.springer.com/bookseries/16267

Frederik Dilling

Begründungsprozesse im Kontext von (digitalen) Medien im Mathematikunterricht

Wissensentwicklung auf der Grundlage empirischer Settings

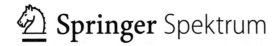 Springer Spektrum

Frederik Dilling
Siegen, Nordrhein-Westfalen, Deutschland

Dissertation an der Naturwissenschaftlich-Technischen Fakultät der Universität Siegen

Erstgutachter: Prof. Dr. Ingo Witzke
Zweitgutachter: Prof. Dr. Horst Struve
Tag der Disputation: 2. Juni 2021

ISSN 2661-8060   ISSN 2661-8079 (electronic)
MINTUS – Beiträge zur mathematisch- naturwissenschaftlichen Bildung
ISBN 978-3-658-36635-3   ISBN 978-3-658-36636-0 (eBook)
https://doi.org/10.1007/978-3-658-36636-0

Die Deutsche Nationalbibliothek verzeichnet diese Publikation in der Deutschen Nationalbibliografie; detaillierte bibliografische Daten sind im Internet über http://dnb.d-nb.de abrufbar.

Planung/Lektorat: Marija Kojic
Springer Spektrum ist ein Imprint der eingetragenen Gesellschaft Springer Fachmedien Wiesbaden GmbH und ist ein Teil von Springer Nature.
Die Anschrift der Gesellschaft ist: Abraham-Lincoln-Str. 46, 65189 Wiesbaden, Germany

Geleitwort

Frederik Dilling untersucht in der vorliegenden Schrift wie sich das Wissen von Schülerinnen und Schülern, insbesondere ihre Begründungskompetenzen, in einem durch sog. *empirische Settings* geprägten schulischen Mathematikunterricht entwickelt. Empirische Settings sind Lernumgebungen, in denen Schülerinnen und Schülern die Gelegenheit haben, mit Hilfe empirischer Objekte ihr mathematisches Wissen zu entwickeln.

Die verwendete Bezeichnung „empirisch" verweist dabei auf Arbeiten von Hans Joachim Burscheid und Horst Struve (z. B. 2018 und 2020) die in ihren grundlagentheoretischen Beiträgen zur Mathematikdidaktik den Ansatz des Strukturalismus zur präzisen Beschreibung (bzw. Rekonstruktion) von Wissensvermittlung und Lehr-Lernprozessen geprägt haben. Einige Forscherinnen und Forscher nutzen den deskriptiven Ansatz des Strukturalismus, in dem Sinne, als dass Wissens- und Kompetenzvermittlung – ja Lernen selbst – im Rahmen von Theoriendynamik adäquat beschrieben und einer mathematikdidaktischen Analyse zugeführt werden kann. Lernen im Sinne von Theoriendynamik, d. h. als Entwicklung, Ausdifferenzierung, Erweiterung, Ablösung und Erneuerung individueller Theorien zu empirischen Phänomenen unserer Umwelt aufzufassen, erscheint nicht zuletzt mit Blick auf das von Gopnik und Meltzoff beschriebene kognitionspsychologische Konzept der „Theory Theory" (1997) als angemessen.

Frederik Dilling konzentriert sich in seiner Arbeit nun wie bereits angedeutet auf die zentrale mathematische Tätigkeit des Begründens, Argumentierens und Beweisens in (empirischen) mathematischen Zusammenhängen und entwickelt dafür eine neue Beschreibungsebene. Dabei ist herauszuheben, dass die ausgewählten Fallstudien zur Diskussion empirischer Settings einen für die mathematikdidaktische Community so dringend gebrauchten wesentlichen Beitrag zur Beschreibung von Effekten der Einbindung digitaler Medien leisten – was mit Blick auf die fortschreitende Digitalisierung und der damit einhergehenden rasanten Entwicklung immer neuer (teilweise sehr komplexer) Lernkontexte von fundamentaler Bedeutung ist. Die dabei gewonnenen Ergebnisse sind auf erkenntnistheoretischer Ebene einzuordnen und tatsächlich (auch unabhängig von der Verwendung digitaler Medien) auf die Verwendung von Arbeits- und Anschauungsmitteln im Allgemeinen übertragbar.

Ein wesentliches Ergebnis der Arbeit von Frederik Dilling ist das von ihm entworfene *CSC-Modell*. Der Autor stellt damit ein auf theoretischer Ebene entwickeltes Beschreibungsinstrument zur Verfügung, welches erlaubt auf systematische Weise die Perspektiven von Lehrkräften auf der einen und Schüler*innen auf der anderen Seite präzise zu analysieren. Die beinahe prototypischen unterschiedlichen Deutungen des eigentlich „gleichen" empirischen Settings erscheinen dabei als wesentlich, um (schulische) Wissensentwicklungsprozesse im Mathematikunterricht adäquat zu erfassen und zu begleiten: So lässt sich beispielsweise mit dem CSC-Modell auf tiefgehende Art und Weise beschreiben, wie Lehrkräfte eine in empirischen Settings (aus ihrer Sicht) „eigentlich" abstrakte Mathematik „nur" zu veranschaulichen suchen – damit eigentlich aber die Konstruktion empirischer Theorien der Schülerinnen und Schüler über die (digitalen) Anschauungsmittel initiieren.

Es hat große Freude bereitet das Dissertationsprojekt von Frederik zu begleiten. In seiner vor Kreativität sprudelnden Art – aber gleichsam auch strukturierten und pragmatischen Herangehensweise – hat er eigenständig einen wichtigen neuen Zugang zur Beschreibung von Mathematiklernen in empirischen Theorien geschaffen. Dabei ist seine Veröffentlichungsleistung schon jetzt als durchaus bemerkenswert zu bezeichnen. In diesem Sinne wäre tatsächlich auch eine kumulative Dissertation möglich gewesen. Es zeichnet Frederik aber aus, dass er genau dies nicht wollte, sondern sich sehr intensiv mit der Entwicklung des nun für uns zur Verfügung stehenden theoretischen Instrumentariums beschäftigte und dieses systematisch in sehr kontrollierten „empirischen Settings" auch erprobte – die spannenden Aushandlungsprozesse gemeinsam mit Frederik und Horst Struve dazu werden in sehr guter Erinnerung bleiben.

Ingo Witzke

Vorwort

Die vorliegende Arbeit entstand in der Arbeitsgruppe für Didaktik der Mathematik an der Universität Siegen und wurde von der Naturwissenschaftlich-Technischen Fakultät als Dissertation angenommen. Die Abschlussprüfung fand am 2. Juni 2021 in Form einer Disputation statt. Neben den beiden Gutachtern, Herrn Prof. Dr. Ingo Witzke und Herrn Prof. Dr. Horst Struve, waren außerdem Frau Prof. Dr. Regina Möller und Herr Prof. Dr. Oliver Schwarz Mitglied der Prüfungskommission.

Beim Entstehen dieser Arbeit haben mich viele Personen unterstützt, denen ich an dieser Stelle danken möchte.

Dieser Dank gilt in erster Linie meinem Betreuer Ingo Witzke. Er hat mir von Beginn an die Freiheit und das Vertrauen gegeben, mich an einer Vielzahl spannender mathematikdidaktischer Fragestellungen auszuprobieren und hat dabei stets wichtige und kreative Impulse beigetrage. In zahlreichen inhaltlichen Diskussionen hat er den Weg für meine Promotion geebnet. In der Endphase hat er mich schließlich an vielen Stellen entlastet, sodass ich mich auf die Konkretisierung und schließlich auch Verschriftlichung meiner Ideen konzentrieren konnte.

Horst Struve danke ich für die Begleitung meiner Dissertation als Zweitbetreuer. Die Arbeit hat von seinen zahlreichen inhaltlich präzisen Hinweisen stark profitiert. Außerdem hat er mit der mathematikdidaktischen Aufbereitung des wissenschaftstheoretischen Strukturalismus die wesentliche Grundlage meiner Fallanalysen geschaffen.

Ein wesentlicher Dank gilt auch meinen Kolleginnen und Kollegen aus der Mathematikdidaktik der Universität Siegen. Die Rückmeldungen nach den Vorstellungen meines Projektes im Forschungskolloquium, die tiefgehenden Diskussionen von Texten im Reading Course und die Impulse in Einzelgesprächen außerhalb dieser Formate haben meine Arbeit wesentlich beeinflusst.

Nicht zuletzt bedanke ich mich bei meiner Familie, insbesondere meiner Frau Lisa Marie und meinen Kindern Finn und Lilly Marie. Sie haben mir stets den nötigen Freiraum und die Unterstützung gegeben, meiner Arbeit auch in vielen nächtlichen Stunden und am Wochenende nachzugehen. Außerdem haben sie mich motiviert und dafür gesorgt, auch mal anderes als mathematikdidaktische Fragestellungen im Kopf zu haben.

Ich freue mich sehr, dass ich die Arbeit in einem so tollen Arbeits- und privaten Umfeld schreiben durfte und von so vielen Stellen unterstützt wurde!

Frederik Dilling

Kurzfassung

Die vorliegende Arbeit beschäftigt sich mit Begründungsprozessen von Schülerinnen und Schülern in einem empirisch-gegenständlichen Mathematikunterricht, in welchem mathematisches Wissen anhand empirischer Objekte entwickelt wird. Es wird die Annahme zugrunde gelegt, dass Schülerinnen und Schüler in einem solchen Zusammenhang, wie ihn unter anderem aktuelle Schulbücher implizit nahelegen, eine empirische Auffassung von Mathematik entwickeln, bei der die mathematischen Begriffe ähnlich zu den Begriffen der Naturwissenschaften ontologisch gebunden sind. Das in diesem Sinne entwickelte Schülerwissen lässt sich daher mithilfe des wissenschaftstheoretischen Strukturalismus als empirische Theorien beschreiben.

Für Begründungen empirischer Theorien im Mathematikunterricht wie auch in den Naturwissenschaften kann zwischen der Wissenserklärung und der Wissenssicherung unterschieden werden. Durch die Wissenserklärung erfolgt die Beschreibung eines Satzes im Rahmen einer Theorie – das neue Wissen wird durch einen Beweis auf bereits bekanntes zurückgeführt. Durch die Wissenssicherung erfolgt die experimentelle Überprüfung der hypothetischen Zusammenhänge an der Empirie. Einen weiteren bedeutenden Faktor für Begründungsprozesse im Kontext empirischer Theorien stellt die Entwicklung einer adäquaten zugrundeliegenden Theorie dar, also insbesondere die Entwicklung adäquater theoretischer Begriffe.

Das Hauptforschungsinteresse der Arbeit liegt in mathematischen Begründungsprozessen mit empirischen Settings. Hierunter sollen Lernumgebungen verstanden werden, in denen empirische Objekte eine bedeutende Rolle spielen. Mit Hilfe eines Fallstudienansatzes werden Begründungsprozesse von Schülerinnen und Schülern mit empirischen Settings im Kontext von digitalen und traditionellen Medien untersucht. Hierzu werden insgesamt 14 Interviews mit fünf verschiedenen empirischen Settings interpretativ mit Bezug auf den obigen Theoriehintergrund analysiert, wodurch sich Charakteristika entsprechender Wissensentwicklungsprozesse identifizieren lassen.

Im Theorieteil der Arbeit werden hierzu der radikale Konstruktivismus sowie der Interaktionismus als erkenntnistheoretische Grundlage beschrieben. Zudem wird die Theorie der subjektiven Erfahrungsbereiche zur Rekonstruktion von kontextgebundenem Wissen angeführt. Anschließend erfolgt die Einführung des Auffassungsbegriffs, die Definition und Explikation der Begriffe „empirische" und „formalistische" Auffassung sowie die Beschreibung des strukturalistischen Theorienkonzepts mit Bezug auf Mathematikunterricht. Hierauf folgen die Definition der Begriffe Begründung, Argumentation und Beweis sowie ein systematischer Vergleich von Erkenntniswegen in empirischen Wissenschaften und einer formalistischen Mathematik, woraus Implikationen für den Mathematikunterricht abgeleitet werden. Schließlich wird der Begriff des empirischen Settings eingeführt und mit (digitalen) Medien in Verbindung gesetzt.

Der empirische Teil besteht aus der Beschreibung der Forschungsmethodik und der ausführlichen Darstellung von fünf Fallstudien zu Begründungsprozessen von Schülerinnen und Schülern mit digitalen und traditionellen Medien (Schulbuch, historisches Zeichengerät, dynamische Geometriesoftware, VR-Technologie, 3D-Druck) in den mathematischen Inhaltsbereichen Analysis, analytische Geometrie und Arithmetik. In einem abschließenden Fazit werden die Ergebnisse der Fallstudien zusammengeführt und gemeinsam mit dem Theoriehintergrund zur Beantwortung von acht Forschungsfragen herangezogen.

Abstract

This thesis deals with reasoning processes of students in an empirical mathematics education, in which mathematical knowledge is developed on the basis of empirical objects. It is assumed that in such a context, that is for example implicitly suggested by current textbooks, students develop an empirical view of mathematics, in which mathematical concepts are similar to concepts in the natural sciences ontologically bound. The student knowledge developed in this way can therefore be described as empirical theories using scientific structuralism.

For the reasoning of empirical theories in mathematics education as well as in the natural sciences, one can distinguish between knowledge explanation and knowledge verification. The knowledge explanation deals with the description of a theorem within a theory - – the new knowledge is related to already known knowledge by a proof. The knowledge verification is the experimental verification of the hypothetical relations in the physical reality. Another important factor for reasoning processes in the context of empirical theories is the development of an adequate grounding theory, especially the development of adequate theoretical concepts.

The main research interest of the thesis lies in mathematical reasoning processes with empirical settings. This term refers to learning environments in which empirical objects play a significant role. Using a case study approach, reasoning processes of students with empirical settings in the context of digital and traditional media are investigated. For this purpose, a total of 14 interviews with five different empirical settings are analyzed hermeneutically with reference to the above-mentioned theoretical background. This allows the identification of characteristics of such knowledge development processes.

In the theory part of the thesis, radical constructivism as well as interactionism are described as the epistemological basis for the explanations. In addition, the theory of subjective domains of experience is mentioned for the reconstruction of context-bound knowledge. This is followed by the introduction of the concept of views of mathematics, the definition and explication of the terms "empirical" and "formalistic" view of mathematics, and the description of the structuralistic theory-concept with reference to mathematics education. Hereupon, the terms reasoning, argumentation, and proof are defined, followed by a systematic comparison of the development of knowledge in empirical sciences and formalistic mathematics, deriving implications for mathematics education. Finally, the term empirical setting is introduced and related to (digital) media.

The empirical part of the thesis consists of the description of the research methodology and the detailed presentation of five case studies on reasoning processes of students using digital and traditional media (textbook, historical drawing device, dynamic geometry software, VR technology, 3D printing) in the mathematical domains calculus, analytic geometry, and arithmetic. In a conclusion, the results of the case studies are synthesized and combined with the theoretical background to answer eight research questions.

Inhaltsverzeichnis

Abbildungsverzeichnis

Einleitung

1

Der Erwerb mathematischen Wissens durch die Schülerinnen und Schüler gilt als das wesentliche Ziel des Mathematikunterrichts. Gestaltet man Mathematikunterricht aus einer konstruktivistischen Perspektive, so bekommen die Lernenden die Möglichkeit, eigene Erfahrungen mit mathematischen Objekten zu sammeln und auf dieser Basis eigene mathematische Wissenskonstrukte zu entwickeln. Verschiedene Untersuchungen haben nahegelegt, dass Schülerinnen und Schüler Mathematik nicht als abstrakte Strukturwissenschaft verstehen, sondern als eine Art Naturwissenschaft, die der Beschreibung im Unterricht kennengelernter empirischer Phänomene dient. Entsprechend bezieht sich das mathematische Wissen der Schülerinnen und Schüler auf empirische Objekte und kann als empirische Theorie rekonstruiert werden. Der Titel dieser Arbeit lautet:

Begründungsprozesse im Kontext von (digitalen) Medien im Mathematikunterricht – Wissensentwicklung auf der Grundlage empirischer Settings

Das Forschungsinteresse liegt damit in der Verwendung sogenannter empirischer Settings eingebunden in digitale und traditionelle Medien zur Entwicklung und Begründung mathematischen Wissens. Unter einem empirischen Setting wird dabei eine Zusammenstellung empirischer Objekte verstanden, die von einer Lehrperson in mathematische Lernprozesse eingebracht wird und von den Schülerinnen und Schülern zur Entwicklung von als empirische Theorien rekonstruierbarem Wissen herangezogen werden kann. Zur Untersuchung entsprechender Prozesse sollen die folgenden acht Forschungsfragen diskutiert werden:

© Der/die Autor(en), exklusiv lizenziert durch Springer Fachmedien
Wiesbaden GmbH, ein Teil von Springer Nature 2022
F. Dilling, *Begründungsprozesse im Kontext von (digitalen) Medien im
Mathematikunterricht*, MINTUS – Beiträge zur mathematisch-naturwissenschaftlichen
Bildung, https://doi.org/10.1007/978-3-658-36636-0_1

1. Welche Spezifika lassen sich für induktive und deduktive Schlüsse von Schüler*innen in Begründungssituationen mit empirischen Settings beschreiben?
2. Wie sind die verschiedenen Schlussweisen aufeinander bezogen und wie
   tragen diese zur Wissenssicherung und Wissenserklärung bei?
3. Welche Bedeutung hat Bereichsspezifität, also der Erwerb und die Speicherung
   des Gelernten in voneinander getrennten subjektiven Erfahrungsbereichen, für
   die Begründungsprozesse von Schüler*innen in empirischen Settings?
4. Wie setzen Schüler*innen ihre (Vor-)Theorien mit Objekten der mathematischen empirischen Settings in Beziehung und welche Rolle spielen dabei
   empirische und theoretische Begriffe?
5. Nutzen Schüler*innen die empirischen Settings zur Weiterentwicklung oder
   Begründung ihrer Theorien?
6. Inwiefern trägt die Auseinandersetzung mit empirischen Settings zu einer
   empirischen Auffassung von Mathematik bei?
7. Welche Gemeinsamkeiten und Unterschiede lassen sich zwischen der intendierten Interpretation eines empirischen Settings und den Interpretationen auf
   Grundlage der individuellen Schülertheorien beschreiben?
8. Sind Charakteristika für den Einsatz digitaler Medien in empirischen Settings
   beschreibbar?

Die genannten Forschungsfragen werden in dieser Arbeit sowohl vor einem theoretischen als auch einem empirischen Hintergrund untersucht. In den Kapiteln
2 bis 5 wird sich dem Thema zunächst auf einer theoretischen Ebene genähert,
indem für die Arbeit wichtige Begriffe geklärt und in ein konsistentes Theorie-
gerüst integriert werden. Die Kapitel 6 bis 11 stellen den empirischen Teil der
Arbeit dar, in dem ausgewählte Fallstudien zum Thema präsentiert und analysiert
werden.

In Kapitel 2 wird mit dem Konstruktivismus die epistemologische und lern-
theoretische Grundposition dieser Arbeit dargelegt. Hierzu wird die Entwicklung
des Konstruktivismus als Lerntheorie in der Mathematikdidaktik skizziert, wobei
insbesondere auf den Radikalen Konstruktivismus nach Ernst von Glasersfeld
sowie die mathematikdidaktische Theorie des Interaktionismus, entstanden in der
Arbeitsgruppe von Heinrich Bauersfeld, eingegangen wird.

Im Anschluss an diese kurze Einführung in die konstruktivistische Lerntheorie im Kontext der Mathematikdidaktik wird die Bereichsspezifität von Wissen
in den Blick genommen. Diese wurde in der Mathematik erstmals in den Arbeiten von Robert W. Lawler beschrieben und in seiner Theorie der Microworlds
ausgearbeitet. Heinrich Bauersfeld griff diese Ergebnisse auf und entwickelte

darauf aufbauend die Theorie der Subjektiven Erfahrungsbereiche, die Wissen
als Teil der Erfahrung und damit gebunden an die Situation des Wissenserwerbs
beschreibt.

Im dritten Kapitel wird das eng mit dem Konstruktivismus verbundene Konzept der Beliefs und Auffassungen in Bezug auf Mathematik betrachtet. Dazu
wird zunächst anhand eines bekannten Transkriptausschnitts aus Schoenfeld
(1985) die Bedeutung von Beliefs und Auffassungen aufgezeigt. Es folgt die
Definition dieser Begriffe für den Kontext dieser Arbeit. Anschließend werden die zwei für diese Arbeit entscheidenden Ausprägungen der Auffassung
von Mathematik diskutiert, welche sich in Bezug auf die ontologische Bindung
des mathematischen Wissens unterscheiden – die formalistische Auffassung und
die empirische Auffassung. Beide Auffassungen werden anhand von Schulbuch-
bzw. Hochschullehrwerksausschnitten expliziert und vor einem historischen sowie
entwicklungspsychologischen Hintergrund diskutiert. Schließlich wird das strukturalistische Theorienkonzept zur Beschreibung des mathematischen Wissens von
Schülerinnen und Schülern als empirische Theorien eingeführt.

In Kapitel 4 wird der Prozess des Begründens sowohl in einer empirischen
als auch einer formalistischen Mathematik in den Blick genommen. Dazu werden zunächst die Begriffe Begründung, Argumentation und Beweis erläutert und
miteinander in Beziehung gesetzt. Hierauf folgt der Vergleich von Erkenntniswegen in einer empirischen und formalistischen Wissenschaft. Hierzu werden
zunächst Funktionen von Begründungen beschrieben. Es folgt eine Beschreibung von Erkenntnisprozessen in empirischen Wissenschaften, in der sowohl auf
klassische Erkenntnismodelle wie die experimentelle Methode nach Galilei oder
das EJASE-Modell nach Einstein als auch auf das in dieser Arbeit zugrunde-
gelegte strukturalistische Theorienkonzept eingegangen wird. Diesbezüglich wird
insbesondere die Wahl theoretischer Begriffe und die damit verbundene Theoriebildung sowie die Hypothesenbildung, Wissenssicherung und Wissenserklärung
von Sätzen empirischer Theorien diskutiert. In Abgrenzung zu Erkenntnisprozessen in empirischen Wissenschaften werden anschließend Erkenntnisprozesse in
einer formalistischen Mathematik beschrieben. Schließlich folgt die Anwendung
der naturwissenschaftlichen Erkenntnisprozesse auf die Beschreibung des Lernens
von Mathematik in der Schule.

Das fünfte Kapitel nutzt die Begriffe der vorausgehenden Abschnitte, um
hieraus ein konsistentes Modell zur Beschreibung von Wissensentwicklungsprozessen mit empirischen Settings im obigen Sinne zu entwickeln – das
CSC-Modell. Außerdem wird der Zusammenhang von empirischen Settings mit
traditionellen und digitalen Medien ausgeführt.

Im sechsten Kapitel wird das Forschungsdesign des empirischen Teils der Arbeit vorgestellt. Hierzu werden die Forschungsfragen vor dem eingeführten theoretischen Hintergrund erneut aufgegriffen und präzisiert. Außerdem wird die in den empirischen Studien genutzte Methodik vorgestellt, bestehend aus der Datenerhebung in klinischen Interviews und der Datenauswertung mit einer interpretativen Analyse.

Das siebte Kapitel stellt die erste Fallstudie der Arbeit dar. In dieser werden Begründungsprozesse auf der Grundlage einer Schulbuchabbildung in den Blick genommen. Nach einer Spezifikation des Forschungsinteresses in Bezug auf die Fallstudie werden die Rolle des Schulbuchs im Mathematikunterricht diskutiert und die in der Studie verwendete Schulbuchabbildung vorgestellt. Hierauf folgt eine detaillierte Analyse von drei Interviewtranskripten sowie eine erste Ergebnisdiskussion.

In Kapitel 8 wird mit dem historischen Zeichengerät Integraph ein weiteres traditionelles Medium in den Blick genommen, mit dem weitere spezifische Forschungsinteressen verbunden sind. Dazu wird sich zunächst mit dem Potential historischer Zeichengeräte im Mathematikunterricht im Allgemeinen sowie dem Integraphen im Speziellen auseinandergesetzt. Anschließend werden die Begründungsprozesse von drei Schülern mit einem Integraphen analysiert und die Ergebnisse diskutiert.

Im neunten Kapitel wird mit dynamischer Geometriesoftware ein im Mathematikunterricht etabliertes digitales Werkzeug untersucht. Nach der Formulierung des spezifischen Forschungsinteresses werden die Besonderheiten des Einsatzes von dynamischer Geometriesoftware herausgestellt und am Beispiel des in der Studie genutzten Applets zu Ober- und Untersummen in der Integralrechnung expliziert. Schließlich werden drei Schülerinterviews detailliert analysiert und erste Ergebnisse formuliert.

Mit der Virtual Reality Technologie wird in Kapitel 10 ein für den Mathematikunterricht besonders neues digitales Medium in den Blick genommen. Nach der Darlegung des spezifischen Forschungsinteresses wird die Grundlage der VR-Technologie und ihr Einsatz im Mathematikunterricht thematisiert. Anschließend wird die App Calcflow zur Behandlung von Orthogonalprojektionen von Vektoren vorgestellt und es werden die Begründungsprozesse von drei Schülern mit dieser Anwendung analysiert. Erste Ergebnisse der Fallstudie werden zusammenfassend formuliert.

Das elfte Kapitel untersucht als letzte Fallstudie die 3D-Druck-Technologie, die ein im Mathematikunterricht bisher wenig verbreitetes, aber bereits in einigen Forschungsprojekten mit dem in dieser Arbeit genutzten Theoriehintergrund in den Blick genommenes digitales Werkzeug darstellt. Zunächst wird das mit dem Werkzeug verbundene Forschungsinteresse spezifiziert. Anschließend wird ein Überblick über die 3D-Druck-Technologie und die Einsatzmöglichkeiten im Mathematikunterricht gegeben sowie das empirische Setting der Fallstudie zu Summenformeln natürlicher Zahlen beschrieben. Schließlich werden zwei Doppelinterviews beschrieben und analysiert sowie Ergebnisse diskutiert.

In einem abschließenden Fazit in Kapitel 12 werden die Ergebnisse der einzelnen Fallstudien zusammengeführt und gemeinsam mit dem theoretischen Hintergrund zur Beantwortung der Forschungsfragen herangezogen. Zudem wird das Forschungsvorhaben kritisch reflektiert und es werden Implikationen für die Gestaltung mathematischer Lehr-Lern-Prozesse abgeleitet.

Teil I
Theoretischer Hintergrund zu Begründungsprozessen in einem empirisch-gegenständlichen Mathematikunterricht

Konstruktivistische Lerntheorie

2

2.1 Konstruktivistische Lerntheorie in der Mathematikdidaktik

Der Konstruktivismus ist eine Form der Erkenntnistheorie, die sich als Teilgebiet der Philosophie mit der Frage nach der Voraussetzung für Erkenntnis und dem Entstehen von Wissen beschäftigt. Den Ausgangspunkt des Konstruktivismus bildet das sogenannte Universalienproblem, also die Frage, ob Allgemeinbegriffe als ontologisch existent anzusehen sind oder stets menschliche Konstrukte darstellen. Der Konstruktivismus nimmt diesbezüglich die Position ein, dass Erkenntnis in einem Konstruktionsprozess vom Menschen entwickelt wird. Damit stehen in entsprechenden Theorien epistemologisch gemeinte Wie-Fragen anstelle onto-logisch gefasster Was-Fragen im Vordergrund. Ist Erkenntnis als menschliche Konstruktion zu verstehen, so hat dies zudem zur Folge, dass es keine vom Indi-viduum unabhängige Realität gibt, an der sich irgendeine Form von objektiver und absoluter Wahrheit erkennen lässt (vgl. Pörksen, 2011).

Diese theoretischen Annahmen bilden die Grundlage für teilweise sehr unterschiedliche Ausprägungen konstruktivistischer Theorien (z. B. Radikaler Konstruktivismus, Erlanger Konstruktivismus, Interaktionistischer Konstruktivis-mus). Diese wurden in gänzlich verschiedenen Wissenschaften, darunter die Philosophie, die Psychologie, die Soziologie und die Pädagogik, angewendet. Entsprechend wurde der Konstruktivismus auch zu Theorien über das Lehren und Lernen von Mathematik entwickelt. In den folgenden Unterkapiteln soll die Entwicklung des Konstruktivismus als Lerntheorie in der Mathematikdidaktik skizziert werden, wobei insbesondere auf den Radikalen Konstruktivismus nach

© Der/die Autor(en), exklusiv lizenziert durch Springer Fachmedien Wiesbaden GmbH, ein Teil von Springer Nature 2022
F. Dilling, *Begründungsprozesse im Kontext von (digitalen) Medien im Mathematikunterricht*, MINTUS – Beiträge zur mathematisch-naturwissenschaftlichen Bildung, https://doi.org/10.1007/978-3-658-36636-0_2

Ernst von Glasersfeld sowie die mathematikdidaktische Theorie des Interaktionismus, entstanden in der Arbeitsgruppe von Heinrich Bauersfeld, eingegangen wird.

2.1.1 Ernst von Glasersfeld und der Radikale Konstruktivismus

Die Theorie des *radikalen Konstruktivismus* geht auf die Arbeiten der Philosophen Ernst von Glasersfeld und Paul Watzlawick, des Physikers und Philosophen Heinz von Förster, sowie der Biologen und Philosophen Humberto R. Maturana und Francisco Varela zurück und fand ihren Ursprung in den Theorien von Jean Piaget. Da sich die verschiedenen Stränge des radikalen Konstruktivismus teilweise stark unterscheiden, beziehen sich die folgenden Ausführungen insbesondere auf die auch im Bereich der Pädagogik häufig genutzten Begriffe und Aussagen von Ernst von Glasersfeld. Diese werden im ersten Abschnitt historisch durch Ausführungen der genetischen Epistemologie nach Jean Piaget gerahmt. Anschließend erfolgt im zweiten Abschnitt die Darstellung der radikal konstruktivistischen Theorie nach von Glasersfeld. Im dritten Abschnitt folgt eine Anwendung dieser Theorie auf das Lernen im (Mathematik-)Unterricht.

Der historische Ursprung in der Genetischen Erkenntnistheorie Jean Piagets
Der Schweizer Entwicklungspsychologe Jean Piaget beschäftigte sich in seinen Werken, insbesondere in einem seiner Hauptwerke *L'épistémologie génétique* (Deutsch: Genetische Erkenntnistheorie), mit erkenntnistheoretischen Themen. Er gilt als einer der ersten, der Wissen als menschliche Konstruktion beschrieb und die von ihm entwickelte Theorie als Konstruktivismus bezeichnete. Piaget fasst den Grundgedanken seiner Theorie wie folgt zusammen:

> *„Die Erkenntnis ist auf keinen Fall prädeterminiert, weder in den inneren Strukturen des Subjekts, denn sie resultiert aus einer effektiven und ständigen Konstruktion, noch in den gegebenen Eigenschaften des Objekts, denn diese können nur dank der Vermittlung durch Strukturen erkannt werden, welche die erfassten Objekte bereichern (auch wenn die Bereicherung nur in ihrer Eingliederung in die Gesamtheit aller möglichen Objekte besteht). Mit anderen Worten, jede Erkenntnis beinhaltet eine Neuerarbeitung, und das große Problem der Erkenntnistheorie besteht darin, diese mit zwei Tatsachen zu versöhnen: Die Neuschöpfungen erhalten, sobald sie geschaffen sind, eine formale Notwendigkeit, und sie (und nur sie) erlauben die Erfassung der realen Objekte."*
> *(Piaget, Kohler & Kubli, 2015, S. 17)*

Jean Piaget entwickelte seine Theorie der kognitiven Entwicklung auf der Grundlage des biologischen Prinzips der Anpassung. Dieses stammt aus der Evolutionsbiologie und sagt aus, dass zufällige Merkmalsänderungen eines Organismus, die eine genetische Basis besitzen, unter Umständen zu einer besseren oder schlechteren Überlebenschance des Organismus führen, und damit als Anpassung dauerhaft in den Genpool einer Population einfließen können. Dieses Prinzip übertrug Piaget in den Bereich der kognitiven Entwicklung bzw. Begriffsbildung.

„[…]my efforts directed towards the psychogenesis of knowledge were for me only a link between two dominant preoccupations: the search for the mechanisms of biological adaption and the analysis of that higher form of adaption which is scientific thought, the epistemological interpretation of which has always been my central aim.“ (Piaget, Gruber & Vonèche, 1977, S. XI)

Die Anpassung erfolgt nach Piaget in sogenannten Handlungs- (*sensomotorisch*) und Denkmustern (*kognitiv*). Diese sind dynamisch und bestehen stets aus dem Wahrnehmen einer Situation, der Durchführung einer mit dieser Situation assoziierten motorischen Handlung oder mentalen Operation sowie einem zu erwartenden befriedigenden Ergebnis. Dabei können zwei entgegengesetzte Prozesse unterschieden werden. Die *Assimilation* bezeichnet das Erkennen einer gegebenen Situation als diejenige, mit der eine gewisse Handlung oder mentale Operation assoziiert wird. Situationen können von unterschiedlichen Subjekten verschieden betrachtet werden und entsprechend mit verschiedenen Handlungen und Operationen verknüpft werden. Die *Akkommodation* ist dagegen eine Reaktion auf ein unerwartetes Ergebnis der Handlung bzw. Operation. Die Überraschung oder Enttäuschung kann zu einer Änderung des Handlungsmusters oder zur Bildung eines neuen Handlungsmusters führen (vgl. Glasersfeld, 2001a).

Neben der Anpassung in den Prozessen der Assimilation und Akkommodation verspüren Menschen nach Piaget das Bedürfnis der Organisation, also der Integration von Prozessen in Systeme. Als Beispiel nennt Piaget das Erlernen der Hand-Augen-Koordination, die es ermöglicht, Beobachtungen und Handlungen in ein System zu ordnen. Diese Vorgehensweise lässt sich zurückführen auf das Prinzip der Äquilibration, nach welchem Menschen die Tendenz haben, sogenannte Pertubationen, also Störungen eines Systems, auszugleichen. Auf der sensomotorischen Ebene bedeutet dies, die Handlungsmuster entsprechend anzupassen, sodass zufriedenstellende Ergebnisse entstehen. Auf der kognitiven Ebene wird das sprachliche und begriffliche Denken genutzt, um Wahrheiten zu erkennen, zu formulieren und widerspruchslos in ein System zu integrieren, sodass dieses mit den Erfahrungen und sozialen Interaktionen kompatibel ist (vgl. Piaget et al., 2015; Piaget et al., 1977; Piaget & Aebli, 1974).

„ Wie unterschiedlich die Ziele von Handeln und Denken auch sein mögen, das Subjekt
versucht Unstimmigkeiten zu vermeiden und tendiert stets zu bestimmten Formen des
Gleichgewichts, ohne sie je endgültig zu erreichen. " (Piaget, 1975, S. 170, zitiert nach
Glasersfeld, 2011, S. 99)

Bei Wahrheiten im Sinne Piagets handelt es sich nicht um objektive Wahrheiten, also das Erkennen einer ontischen Realität. Stattdessen wird eine mehr oder
weniger stabile innere Erlebenswelt entwickelt, die die Wirklichkeit des Subjekts darstellt. Unter der objektiven, bzw. intersubjektiven, Wirklichkeit (*réalité*)
wird die Gesamtheit der Konstrukte verstanden, die sich in der Interaktion mit
anderen Subjekten als viabel, also als miteinander vereinbar erweisen (vgl. Glasersfeld, 2011). Entsprechend ist nach Piaget jede Beobachtung abhängig vom
beobachtenden Subjekt:

„ Eine Beobachtung ist niemals von den Instrumenten unabhängig, die dem Subjekt zur
Verfügung stehen, Instrumente, die nicht einfach wahrnehmen, sondern assimilieren. "
(Piaget, 1975, S. 50, zitiert nach Glasersfeld, 2011, S. 101)

Die Theorie von Piaget gilt als historischer Ausgangspunkt des Konstruktivismus
und hat in der Folgezeit verschiedene Strömungen des Konstruktivismus maßgeblich beeinflusst, wenngleich die ursprüngliche Piagetsche Theorie heutzutage
als weitgehend überholt gilt. Eine dieser Strömungen, die insbesondere in der
Pädagogik und verschiedenen Fachdidaktiken vielfach angewendet wurde, ist der
radikale Konstruktivismus, der im Folgenden mit Bezug auf Ernst von Glasersfeld
diskutiert wird.

Radikaler Konstruktivismus nach Glasersfeld
Die Grundlagen des radikalen Konstruktivismus lassen sich nach Glasersfeld
(1990) in den folgenden Annahmen ausdrücken:

- *"(1a) Knowledge is not passively received either through the senses or by way of*
  communication;
- *(1b) knowledge is actively built up by the cognizing subject.*
- *(2a) The function of cognition is adaptive, in the biological sense of the term,*
  tending towards fit or viability;
- *(2b) cognition serves the subject's organization of the experiential world, not the*
  discovery of an objective ontological reality." (Glasersfeld, 1990, S. 22)

In diesen Grundannahmen des radikalen Konstruktivismus lassen sich wesentliche Elemente der Piagetschen Entwicklungstheorie wiederfinden. So wird Wissen
nicht passiv aufgenommen, weder durch Sinneswahrnehmungen noch durch die

Kommunikation mit anderen Individuen. Kausalitäten liegen einzelnen Objekten nicht inne, sondern werden stets in einem Prozess der aktiven Konstruktion von einem Individuum gebildet. Wissen ist somit stets gebunden an ein Subjekt und dient der Organisation der Erfahrungswelt des Subjekts. Somit gibt es keine objektive Erkenntnis, sondern lediglich eine sogenannte Viabilität, also eine Eignung des konstruierten Wissens zur Beschreibung der Erfahrungswelt. Die aus der Theorie von Piaget bekannten Begriffe der Assimilation als Prozess des Erkennens einer Situation und das Ausführen einer vom Individuum festgelegten Handlung oder mentalen Operation sowie der Akkomodation als Anpassung des Handlungsschemas aufgrund eines nicht zufriedenstellenden Ergebnisses (Beseitigung einer als „Pertubation" bezeichneten Störung des Handlungsschemas zur Wiederherstellung eines als „Äquilibration" bezeichneten Gleichgewichts) werden im radikalen Konstruktivismus übernommen (vgl. Glasersfeld, 1996).

Die Grundlage für die Entwicklung von Handlungsschemata, also die Konstruktion von Wissen, sieht der radikale Konstruktivismus in vier Merkmalen kognitiver Organismen. Zunächst müssen kognitive Organismen die Fähigkeit und auch die Neigung besitzen, Wiederholungen in den Erfahrungen festzustellen. Hinzu kommt die Fähigkeit zur Erinnerung. Sie müssen Erfahrungen wieder aufrufen können, indem Objekte (wieder) vorgestellt werden. Diesen Vorgang nennen radikale Konstruktivisten „Re-Präsentation". Des Weiteren muss die Fähigkeit vorliegen, Vergleiche und Urteile in Bezug auf Ähnlichkeit oder Unterschiedlichkeit vorzunehmen. Schließlich müssen kognitive Organismen elementare Wertekriterien besitzen, um einzelne Erfahrungen anderen vorzuziehen. Nur, wenn diese Grundfähigkeiten vorhanden sind, können Situationen als gleich oder ähnlich aufgefasst werden und es kann eine entsprechende Handlung oder Operation zugeordnet werden (vgl. Glasersfeld, 1996).

Auf den vier Merkmalen aufbauend können wesentliche Schritte der kognitiven Entwicklung eines Kindes beschrieben werden. So ist ein wesentlicher erster Schritt zur Entwicklung von Handlungsschemata die Zuschreibung einer eigenen Existenz für Objekte. Unter der sogenannten Objektpermanenz wird die Annahme verstanden, dass ein Objekt auch dann noch existiert, wenn das Kind es nicht wahrnehmen kann (siehe hierzu auch Gopnik & Meltzoff, 1997). Somit kann ein Objekt Veränderungen (z. B. Bewegung) unterzogen sein und dennoch vom Individuum wiedererkannt und nicht als neues Objekt aufgefasst werden. Ist dieser Schritt vollzogen, kann das Objekt als Teil kausaler Prozesse gesehen werden – es können Handlungsschemata in Bezug auf das Objekt entwickelt werden (vgl. Glasersfeld, 1996).

Die Handlungsschemata stellen auf der sensomotorischen Ebene Reaktionen auf Veränderungen in der Erfahrungswelt des Individuums dar und dienen dem

Überleben des Subjekts. Auf der Ebene der sogenannten „reflexiven Abstraktion" werden hingegen mentale Operationen durchgeführt. Das Ziel ist hier die Entwicklung viabler Begriffe, also solcher, die innerhalb des Systems nicht zu Widersprüchen führen sowie eine ausreichende Passung mit der eigenen Erfahrungswelt und der sozialen Interaktion aufweisen. In Gedankenexperimenten können Handlungsschemata ausprobiert und ihre Viabilität beurteilt werden (vgl. Glasersfeld, 1996).

Andere Personen sind entsprechend des radikalen Konstruktivismus ebenfalls Konstruktionen eines Individuums und Teil der Außenwelt, über welche es auf Grundlage der Erfahrung Handlungsschemata entwickelt. Die Nichterfüllung von Erwartungen über andere, sogenannte soziale Pertubationen, können dabei ebenfalls zu Anpassungen der Handlungsschemata und damit der Konstruktion über die andere Person führen (vgl. Glasersfeld, 1996).

Eine objektive Realität, die von den verschiedenen kognitiven Individuen erkannt werden kann, gibt es im radikalen Konstruktivismus nicht. Jedes Individuum konstruiert Wissen zur Beschreibung der eigenen Erfahrungswelt, welche den anderen Individuen vorenthalten bleibt. Es kann lediglich in der sozialen Interaktion zwischen Individuen von ausreichend vielen Gemeinsamkeiten im Sinne einer Gesprächsbasis („consensual domain") ausgegangen werden, ob diese Gemeinsamkeiten aber wirklich bestehen, können die Individuen nicht überprüfen. Entsprechend kann Wissen lediglich als intersubjektiv passend zu den Erfahrungswelten der verschiedenen Personen gesehen werden. Somit beschränkt sich wissenschaftliche Erkenntnis auf das „Wissen wie" und kann keine Aussage über das „Wissen was" treffen (Glasersfeld, 1985, S. 14).

Folgerungen des radikalen Konstruktivismus für den (Mathematik-)Unterricht
Ein zentrales Anliegen von Ernst von Glasersfeld war die Übertragung der radikal konstruktivistischen Erkenntnistheorie auf die Pädagogik und insbesondere auf die Beschreibung des Lernens von Mathematik. Die Grundannahme dabei ist, dass Lernen ein aktiver Prozess ist und eine direkte Vermittlung von einer Art objektivem Wissen nicht möglich ist. Dies steht im Widerspruch zu sogenannten Abbildungstheorien, die Lernen als eine Übertragung von Wissen betrachten.

Eine wesentliche Unterscheidung wird in der radikal-konstruktivistischen Lerntheorie zwischen konventionellem Wissen und konzeptuellem Wissen getroffen (vgl. Glasersfeld, 2001b). Konventionelles Wissen kann nicht logisch abgeleitet werden, weder aus der Erfahrungswelt, noch aus Gründen der inneren Konsistenz. Ein Beispiel hierfür ist der Links- und Rechtsverkehr. Es gibt keine logischen Gründe, die für die Wahl der einen oder anderen Fahrspur sprechen, es handelt sich um eine soziale Konvention. Während in einem Großteil der Welt

Rechtsverkehr herrscht, haben sich einzelne Gebiete für das Fahren auf der linken Fahrspur entschieden. Solche Konventionen müssen vom Lernenden auswendiggelernt werden, es gibt keine Möglichkeit, diese aus rationalen Überlegungen heraus zu erarbeiten. Glasersfeld verwendet an dieser Stelle den englischen Begriff „training". Ähnliche konventionelle Entscheidungen lassen sich in der Mathematik vorfinden, z. B. Bezeichnungen für mathematische Objekte und Operationen oder die Auswahl der Prinzipien der Logik. Solche Entscheidungen wurden teilweise aus gutem Grund getroffen und liegen einem Aushandlungsprozess zwischen Wissenschaftlerinnen und Wissenschaftlern zugrunde, stellen aber letztendlich Entscheidungen der Fachcommunity dar, die vom einzelnen Individuum, sofern es in diesem Rahmen interagieren möchte, akzeptiert werden müssen. Sind diese Konventionen einmal getroffen, kann mit den jeweiligen Regeln im logischen Sinne umgegangen werden. Von anderer Art ist das sogenannte konzeptuelle Wissen. Es beruht auf rationalen Überlegungen und kann daher aus diesen heraus entwickelt werden. Dies verlangt nach Glasersfeld eine andere Form des Lernens, welche er als „conceptual learning" bezeichnet und welche im Fokus der konstruktivistischen Lerntheorie steht.

> *„What is conventional should be learned word for word, as it were; what is based on rational operations should be understood. [...] This implies the second type of learning, which I call conceptual learning since it is literally connected with the activity of conceptualization." (Glasersfeld, 2001b, S. 162)*

Glasersfeld (2001b) kritisiert, dass in der Schule zu häufig auch konzeptuelles Wissen auswendiggelernt wird und den Schülerinnen und Schülern nicht die Möglichkeiten gegeben werden, dieses auf rationale Gründe zurückzuführen. Stattdessen müsse konzeptuelles Wissen aber in einem aktiven Prozess durch die Lernenden selbst entwickelt werden, damit flexibles und vernetztes Wissen entstehen kann (siehe hierzu u. a. das Konzept der Realistic Mathematics Education nach Freudenthal). Daher müsse ihnen die Möglichkeit gegeben werden, durch Prozesse der Assimilation und Akkomodation auf der Grundlage eigener Erfahrungen (auf sensomotorischer oder mentaler Ebene) Handlungsschemata zu entwickeln und damit die neuen Konstrukte an das bestehende konstruierte Wissen anzuknüpfen.

> *„As long as students merely strive to find answers that are "right" because they satisfy the teacher, the students may learn to get through class more or less painlessly, but they will not learn mathematics. [...] Students who are trying to solve a problem, rather than please the teacher, do not answer randomly. What they produce makes sense to <u>them</u> at the time, no matter how little sense it might make to the more advanced mathematician. And it is this sense that the teacher must try to understand if he wants to find ways and means of modifying the students' thinking." (Glasersfeld, 1991, S. XVI)*

Somit ist es das Ziel eines entsprechend des Konstruktivismus konzipierten Unterrichts, dass das von den Lernenden entwickelte Wissen auf die eigenen Erfahrungen zurückgeführt wird und sich in diesem Zusammenhang als viabel erweist. Da sich die Konstrukte lediglich auf die eigene Erfahrungswelt beziehen können, unterscheiden sie sich sowohl zwischen den Schülerinnen und Schülern als auch zu denen der Lehrperson. Die Lehrperson hat keinen direkten Zugriff auf die Konstrukte der Schülerinnen und Schüler – vielmehr entwickelt sie selbst Konstrukte über die Konstrukte der Lernenden (vgl. Steffe, 1991). Sie sind lediglich viabel zur Erfahrungswelt der Lehrperson mit Bezug auf die Lernenden und können damit als Hypothesen verstanden werden. Gleiches gilt für Forscher, die die Konstrukte von anderen Personen (z. B. Schülerinnen und Schülern) verstehen wollen. Die Viabilität der Hypothesen kann durch gezielte Experimente überprüft werden (siehe hierzu auch Abschnitt 6.2 zur interpretativen Unterrichtsforschung):

> *„Nevertheless we can test the viability of our models of students' thinking by creating situations in which these ways of thinking would be likely to produce certain observable results. This is no different in principle from physicists who set up experiments to test their models of unobservable sub-atomic particles."* (Glasersfeld, 1991, S. XVII)

Die Aufgabe der Lehrperson in einem konstruktivistisch-konzipierten Unterricht ist somit die Begleitung der Lernenden bei der Konstruktion des konzeptuellen Wissens bzw. des konventionellen Wissens wenn nötig. Hierzu muss die Lehrperson sowohl einen Eindruck von den Konstrukten der Lernenden als auch eine Vorstellung vom Lernziel haben – beides sind stets Konstrukte der Lehrperson (vgl. Glasersfeld, 1983). Auf dieser Grundlage stellt sie den Schülerinnen und Schülern entsprechend eines problemorientierten Unterrichts gezielt Lernsituationen zur Verfügung, die eine Pertubation der Erfahrungswelten darstellen und damit Prozesse der Neukonstruktion (Äquilibration) bewirken. Die Pertubationen entstehen in der Auseinandersetzung mit der eigenen Erfahrungswelt. Sie können von außen stimuliert werden, müssen aber letztlich vom Lernenden selbst wahrgenommen und akzeptiert werden. Entsprechend führt es meist nicht zu Pertubationen, wenn eine Lehrperson ihre Vorstellung der Konstruktion eines Lernenden einfach als „falsch" deklariert. Gezielte Fragen der Lehrperson oder die Auseinandersetzung mit den Konstrukten der Mitschülerinnen und Mitschüler in Aushandlungsprozessen können dagegen eher zu Pertubationen führen (vgl. Glasersfeld, 1991).

Die gemeinsame Gesprächsbasis für die Kommunikation zwischen den Schülerinnen und Schülern und der Lehrperson ist durch die sogenannte „consensual domain" gegeben (vgl. Glasersfeld, 1991). Entsprechend der konstruktivistischen

Erkenntnistheorie gibt es keine vom Beobachter unabhängige Realität. Stattdessen einigen sich kommunizierende Personen auf ausreichend viele Gemeinsamkeiten in ihren Erfahrungswelten. Dies gilt ebenso für die verwendete Sprache, deren Bedeutung immer subjektiv ist, aber gewisse Grade an Intersubjektivität erreichen kann.

> *„If two people or even a whole society of people look through distorting lenses and agree on what they see, this does not make what they see any more* real *– it merely means that on the basis of such agreements they can build up a consensus in certain areas of their subjective experiential worlds. Such areas of relative agreement are called "consensual domains" [...]." (Glasersfeld, 1991, S. XV–XVI, Hervorhebung im Original)*

Eine „consensual domain" der am Unterricht beteiligten Personen gilt in der radikal konstruktivistischen Lerntheorie als Grundlage für Lehr-Lern-Prozesse. Diese sorgt dafür, dass sich die Schülerinnen und Schüler und die Lehrperson über ihre Erfahrungen austauschen können. In vielen Fällen ist die „consensual domain" entsprechend ausgeprägt, sodass den einzelnen Personen nicht bewusst wird, dass sie sich nicht über eine objektive Realität austauschen. Dies gilt für Begriffe aus dem Alltag aber auch in einem gewissen Maß für mathematische Begriffe, die bereits im Unterricht thematisiert wurden und in der Kommunikation zwischen Schülerinnen und Schülern und der Lehrperson ausgehandelt wurden.

In einem übergeordneten Sinne muss auch eine „consensual domain" als Grundlage für die Entwicklung wissenschaftlicher Erkenntnisse in einer Fachcommunity existieren. Dies gilt ebenso für die Mathematik und insbesondere ihre Grundlagen, wie es Glasersfeld (1991) feststellt:

> *„[...] one of the oldest in the Western world is the consensual domain of numbers. The certainty of mathematical "facts" springs from mathematicians' observance of agreed-on ways of operating, not from the nature of an objective universe." (Glasersfeld, 1991, S. XV–XVI)*

So gründet Mathematik im konstruktivistischen Sinne ebenfalls auf der Erfahrungswelt der Individuen. Dies liegt zum einen daran, dass eine Diskussion über Mathematik nur mithilfe von Sprache erfolgen kann. Diese kann allerdings nur von jedem Menschen individuell interpretiert werden – es gibt keine objektive Bedeutung von Sprache. Zum anderen wurden viele mathematische Begriffe aus konkreten physischen Handlungen heraus entwickelt und damit aus der subjektiven Erfahrungswelt abgeleitet, weshalb Glasersfeld (1992) Mathematik auch als empirische Wissenschaft bzw. Erfahrungswissenschaft bezeichnet (siehe hierzu Abschnitt 3.2 zu empirischen Auffassungen von Mathematik sowie 3.3 zu empirischen Theorien im Mathematikunterricht):

„Mathematics deals with constructs that no longer contain sensory or motor material because they are abstracted from mental operations carried out with that material; but this does not make them any less experiential – and 'empirical', after all, is but another word for 'experiential'." (Glasersfeld, 1992, S. 569)

Entsprechend fundieren auch die Inhalte des Mathematikunterrichts auf den Erfahrungen der am Unterricht teilnehmenden Personen. Dies soll im folgenden Abschnitt mit Bezug auf den sogenannten *Interaktionismus* weiter ausgeführt werden.

2.1.2 Heinrich Bauersfeld und der Interaktionismus

Der *Interaktionismus* ist ein Ansatz zur Beschreibung von Lehr-Lern-Prozessen im Mathematikunterricht, der insbesondere von Heinrich Bauersfeld, Jörg Voigt und Götz Krummheuer in Zusammenarbeit mit den amerikanischen Mathematikdidaktikern Paul Cobb, Terry Wood und Erna Yackel genutzt und weiterentwickelt wurde.

Der Interaktionismus geht von den Grundprinzipien des Konstruktivismus aus, bezieht aber soziale Interaktionen zwischen den am Unterricht beteiligten Personen stärker in die Beschreibung von Wissensentwicklungsprozessen mit ein. Damit versteht sich der Ansatz als vermittelnde Position zwischen individualistischen Perspektiven wie dem radikalen Konstruktivismus, die insbesondere den einzelnen Lernenden in den Blick nehmen, und kollektivistischen Perspektiven, die das Lernen insbesondere als Eingliederung in eine bereits bestehende und von der Lehrperson vertretene Kultur verstehen (vgl. Bauersfeld, 1994). Die Kritik an einer zu starken individualistischen Perspektive besteht insbesondere darin, dass Lernprozesse nicht isoliert voneinander gesehen werden können und „kulturelle und soziale Aspekte keine Randbedingungen des Mathematiklernens sind, sondern wesentliche Eigenschaften" (Voigt, 1994, S. 79–80). Bei einer zu starken kollektivistischen Perspektive verengt sich die Rolle des Lernenden auf die eines Objekts der Lehrerhandlungen, wodurch auch Unterschiede in der individuellen kognitiven Entwicklung nicht erklärt werden können (vgl. Cobb, 1990). Daher werden bei einer interaktionistischen Betrachtung von Unterricht sowohl konstruktivistische als auch soziokulturelle Prozesse in den Blick genommen:

„In particular, I will argue that mathematical learning should be viewed as both a process of active individual construction and a process of enculturation into the mathematical practices of a wider society. The central issue is then not that of adjudicating a dispute between opposing perspectives. Instead, it is to explore ways of coordinating constructivist and sociocultural perspectives in mathematics education." (Cobb, 1994, S. 13)

Der Interaktionismus kann damit als eine Form des sozialen Konstruktivismus bezeichnet werden, die auf dem radikal-konstruktivistischen Erkenntnismodell aufbaut. Er ist abzugrenzen von solchen Ausprägungen des sozialen Konstruktivismus, die eine sozial-konstruierte Realität auf der Grundlage geteilter Erfahrungen propagieren (vgl. Ernest, 1994). Dem Interaktionismus liegt die konstruktivistische Annahme zugrunde, dass Wissen vom einzelnen Individuum zur Beschreibung der subjektiven Erfahrungswelt konstruiert wird. Hinzu kommt die Annahme, dass dieser Konstruktionsprozess wesentlich durch Kultur, Sprache, das intersubjektiv geteilte Wissen einer bestimmten Gruppe und die Interaktion mit anderen Subjekten beeinflusst wird und somit nicht zufällig und unkontrolliert geschieht:

„The descriptive means and the models used in these subjective constructions are not arbitrary or retrievable from unlimited sources, as demonstrated through the unifying bonds of culture and language, through the intersubjectively shared knowledge among the members of social groups, and through the regulations of their related interactions." (Bauersfeld, 1988, S. 39)

Für die Bedeutungskonstruktion der Schülerinnen und Schüler im Mathematikunterricht hat entsprechend der interaktionistischen Lerntheorie die Kommunikation zwischen den am Unterricht beteiligten Personen die wichtigste Funktion. Unter Kommunikation wird dabei jede Form der gegenseitigen Wahrnehmung und Interpretation verstanden. Dies umfasst neben der Sprache unter anderem auch Proxemik, Gestik, Mimik oder Körperhaltung (vgl. Bauersfeld, 2000a).

Die Objekte der Unterrichtsgespräche können, da sie in den subjektiven Erfahrungswelten der einzelnen Personen entwickelt wurden, verschiedene Bedeutungen aufweisen. Diese Mehrdeutigkeit der Objekte kann im Unterrichtsgespräch durchaus für einen längeren Zeitraum bestehen bleiben und auch dann auftreten, wenn die Personen dieselben Worte benutzen. Dies konnte Krummheuer (1983a) an einem über mehrere Unterrichtsstunden andauernden Missverständnis zwischen einem Lehrer und Schülerinnen und Schülern im Bereich der Algebra aufzeigen. Die Mehrdeutigkeit der Objekte bildet die Grundlage für sogenannte Bedeutungsaushandlungsprozesse („negotiation of meaning"), in denen die Individuen miteinander kommunizieren und eine als geteilt geltende Bedeutung („taken-to-be-shared meaning") im Sinne einer intersubjektiven Übereinstimmung entwickeln:

„Negotiation of meaning: The interactive accomplishment of intersubjectivity. In principle, objects of the classroom discourse are plurisemantic, and it is typical of the

teaching-learning situation that the teacher conducts meanings of the objects that differ from those constructed by the students. Therefore, the participants have to negotiate meaning in order to arrive at a taken-to-be-shared meaning." (*Cobb & Bauersfeld, 1995, S. 295–296*)

Die mathematische Bedeutung existiert damit nicht unabhängig von den handelnden Individuen, sondern wird in der Interaktion zwischen ihnen gebildet. Wenn Personen die Bedeutung eines Objektes ausgehandelt und eine als geteilt geltende Bedeutung entwickelt haben, heißt dies nicht, dass es sich um gemeinsames Wissen handelt. Es lässt sich lediglich feststellen, dass die beteiligten Personen so interagieren, „als ob sie das mathematische Thema ihres Gesprächs in gleicher Weise verstehen" (Voigt, 1994, S. 91). Diese gemeinsame Gesprächsbasis nennt Cobb in Anlehnung an den radikalen Konstruktivismus „consensual domain", Krummheuer (1983b) verwendet den Begriff „Arbeitsinterim". Die intersubjektive Übereinstimmung ist dabei unter Umständen so weit ausgeprägt, dass die in Unterrichtsgesprächen interagierenden Personen den Eindruck haben, sich über eine objektive Realität auszutauschen:

„*[...] the public discourse in an inquiry mathematics classroom is such that the teacher and students appear to act as Platonists who are communicating about a mathematical reality that they experience as objective."* (*Cobb & Bauersfeld, 1995, S. 3*)

Dies gilt ebenso unter Mathematikern, wie es Davis und Hersh (1981) sehr anschaulich beschreiben:

„*Mathematicians know they are studying an objective reality. To an outsider, they seem to be engaged in an esoteric communication with themselves and a small group of friends."* (*Davis & Hersh, 1981, S. 43–44, zitiert nach Cobb & Bauersfeld, 1995, S. 3*)

Die intersubjektiv als geteilt geltenden Bedeutungen stellen die Grundlage für die Unterrichtsgespräche zwischen der Lerngruppe und der Lehrperson dar. Bei der Einführung neuer mathematischer Begriffe sind aber aus epistemologischen Gründen gerade die unterschiedlichen Erfahrungshintergründe von Bedeutung und nicht als Hindernis zu sehen (vgl. Steinbring, 1991). Die Lehrperson ist die einzige am Unterricht beteiligte Person, die die Bedeutungskonstruktionen der Schülerinnen und Schüler in Hinblick auf das von der mathematischen Fachcommunity entwickelte und ausgehandelte Wissen beurteilen kann. Damit kommt ihr die Aufgabe zu, mathematische Diskussionen zwischen den Schülerinnen und Schülern anzuregen und damit die individuelle Konstruktion mathematischen Wissens zuzulassen und gleichzeitig die Aktivitäten der Schülerinnen und Schüler in Bezug auf die möglichen zugrundeliegenden Sinnkonstruktionen zu bestätigen oder zu korrigieren und diese damit zu im größeren Kontext akzeptiertem Wissen zu leiten (vgl. Wood, Cobb & Yackel, 1995):

> „[…] *the teacher ideally provides a running commentary on the students' constructive activities from his or her vantage point as an acculturated member of the wider community, but in terms that he or she infers are comprehensible to the students given their current mathematical ways of knowing.*" (Cobb, Yackel & Wood, 1992, S. 102)

Die Bedeutungsaushandlungen zwischen den am Unterricht beteiligten Personen beschränkt sich nicht auf einzelne lokale Bedeutungen, sondern bezieht auch Beziehungsgefüge zwischen den Bedeutungen mit ein. Das Beziehungsgefüge wird in der interaktionistischen Theorie als „Thema" bezeichnet. Das „Thema" ist demnach nicht im Vorhinein gegeben, aus mathematischem Fachwissen abgeleitet oder durch die Lehrperson bestimmt – stattdessen konstruieren die Schülerinnen und Schüler sowie die Lehrperson gemeinsam in der Interaktion das „Thema". Damit bezieht es sich zwangsläufig auch auf die individuellen Konstruktionen der Schülerinnen und Schüler. Im Laufe der Aushandlungsprozesse ist das „Thema" Veränderungen unterworfen, kann sich aber auf Dauer stabilisieren und damit ebenfalls als geteilt gelten (vgl. Voigt, 1994).

Die Interaktion insbesondere in institutionellen Kontexten wie dem Mathematikunterricht ist stets von Regeln geprägt, die den Teilnehmerinnen und Teilnehmern der Interaktion häufig nicht bewusst sind. Solche „Interaktionsmuster" bilden sich in der Interaktion zwischen der Lehrperson und den Schülerinnen und Schülern mehr und mehr aus, ohne zwangsläufig beabsichtigt zu sein. Voigt (1984) definiert Interaktionsmuster wie folgt:

> „*Als ein Interaktionsmuster soll eine Struktur der Interaktion zweier oder mehrerer Subjekte verstanden werden, wenn*
>
> – *mit der Struktur eine spezifische soziale, themenzentrierte Regelmäßigkeit der Interaktion rekonstruiert wird,*
> – *die Struktur sich auf die Handlungen, Interpretationen, wechselseitigen Wahrnehmungen mindestens zweier Interaktionspartner bezieht und nicht als Summe der individuellen Aktivitäten darstellbar ist,*
> – *die Struktur nicht mit der Befolgung von vorgegebenen Regeln im Sinne einer expliziten oder impliziten Grammatik deduktiv erklärt werden kann und*
> – *die beteiligten Subjekte die Regelmäßigkeit nicht bewußt strategisch erzeugen und sie nicht reflektieren, sondern routinemäßig vollziehen.*" (S. 47)

Die Einzelhandlungen der Subjekte innerhalb eines Interaktionsmusters beziehen sich direkt aufeinander, weshalb diese nicht isoliert voneinander betrachtet werden können. Eine Einzelhandlung eines Subjektes setzt bestimmte Zugzwänge für die nächste Handlung der Interaktionsteilnehmer, wodurch die Interaktion „normative Züge" (S. 55) erhält (vgl. Voigt, 1984). Ein klassisches Interaktionsmuster im fragend-entwickelnden Mathematikunterricht, das unter anderem auch in der Fallstudie in Kapitel 11 dieser Arbeit eine Rolle spielt, ist das Erarbeitungsprozeßmuster, bei dem in der Interaktion zwischen Schülerinnen und Schülern und der Lehrperson die Schülerantworten auf eine offene Frage in Richtung der von der Lehrperson gewünschten Antwort verändert werden:

> *„Die erste Phase des Erarbeitungsprozeßmusters ist dadurch charakterisiert, daß der Lehrer eine Aufgabe stellt, die von den Schülern nicht eindeutig beantwortbar ist, und daß die Schüler, oft anderen als formal-logischen Prinzipien folgend, Lösungsansätze anbieten, die der Lehrer direkt oder indirekt als richtig, falsch, hilfreich oder ähnlich bewertet. Auf diese Weise wird ein vorläufiges Aufgabenverständnis hergestellt. In der zweiten Phase wird von den Beteiligten ein offiziell geltendes Ergebnis produziert, indem ein vom Lehrer bestimmter Ansatz entwickelnd verfolgt wird. In der dritten Phase werden die Aufgabe, die Lösung oder der Lösungsweg selbst zum Gegenstand eines interpretierenden Gesprächs gesetzt."* (Voigt, 1984, S. 128 f.)

Als eine besondere Form von Interaktionsmustern werden „thematische Interaktionsmuster" als fachspezifische Regelmäßigkeiten der Unterrichtsgespräche verstanden, die dann erkennbar sind, wenn eine Lehrperson und die Lernenden ein Thema routinemäßig entwickeln. Als prägnantes Beispiel nennt Voigt (1994) die Kurvendiskussion im Analysisunterricht. Thematische Interaktionsmuster sind als (unbewusste) Konventionen zu sehen, welche die Handlungsmöglichkeiten der Teilnehmerinnen und Teilnehmer der Interaktion und damit auch die Vielfalt der sich entwickelnden Themen begrenzt. Damit sind sie als wesentliche Voraussetzung von zielführenden Unterrichtsgesprächen zu sehen und verbinden die individuellen Konstruktionen der Schülerinnen und Schüler mit den Zielen der Lehrperson, werden aber häufig negativ konnotiert verwendet (vgl. Voigt, 1994).

Neben den im Unterrichtsgespräch entwickelten „Themen" werden auch sogenannte „mathematische Normen" gebildet. Hierbei handelt es sich um Wertekriterien für mathematische Aktivitäten, z. B. was als adäquate Begründung für einen mathematischen Zusammenhang gelten soll. Solche Normen werden nicht allein von der Lehrperson vorgegeben oder durch die Schülerinnen und Schüler bestimmt, vielmehr ergeben sie sich in der Interaktion zwischen den Personen und sind als Orientierungsrahmen für die mathematischen Aktivitäten zu verstehen (vgl. Voigt, 1994).

Neben den explizit ausgehandelten Bedeutungen wird ein Großteil des Wissens im Unterricht indirekt gelernt. Die Lehrperson und die Schülerinnen und Schüler bilden in der Interaktion einen gemeinsamen Handlungsrahmen, der ein „konfliktfreies und zugleich angemessenes Handeln" ermöglicht (Bauersfeld, 2000a, S. 25). Durch die Teilnahme am Unterrichtsgeschehen passen die Individuen ihre Konstruktionen laufend an, um viable Konzepte in Bezug auf die im Unterricht indirekt vertretenen Werte und Normen zu bilden. Dieser Handlungsrahmen wird laufend verändert und ist durch die Interaktion zwischen der Lehrperson und den Lernenden bestimmt (vgl. Bauersfeld, 1995a). Das durch die Interaktion implizit vertretene Wissen wird im Interaktionismus als Kultur einer mathematischen Lerngruppe („culture of a mathematics classroom") bezeichnet:

„With all this we are very near to forming an analogy between classroom realities and the functioning of a (sub-)culture. Both concern the person as a whole. Both are permanently changing and developing microworlds, intimately interrelated and intertwined with the change and the mutual development of their participants. Both undergo the impact of more powerful societal forces, and both are limited in time. Therefore, I like to speak of the culture of a mathematics classroom." (Bauersfeld, 1992a, S. 22, Hervorhebung im Original)

Ein entsprechend der konstruktivistischen und interaktionischen Lerntheorie aufgebauter Mathematikunterricht gibt den Schülerinnen und Schülern die Möglichkeit, eigene Bedeutungen mathematischer Objekte zu entwickeln und diese mit anderen Personen auszuhandeln. Dabei ist die Arbeit mit „Veranschaulichung[en] eines mathematischen Sachverhalts" (Bauersfeld, 2000a, S. 119) von zentraler Bedeutung. Die konstruktivistische Grundposition wirft dabei ein neues Licht auf das sogenannte Entdeckende Lernen (vgl. Bruner, 1975). Unter der Überschrift „The Illusion of Discovery" kritisiert Bauersfeld (1995b) dieses Verständnis des Lernens auf der Grundlage empirischer Erfahrungen. Hierzu führt er das Beispiel eines Bildes an, auf dem sieben Vögel zu sehen sind, von denen vier Vögel auf einer Stromleitung sitzen und drei von der Stromleitung wegfliegen und stellt die Frage, wie man zu einer Interpretation als „7 − 3 = 4" kommt. Eine Veranschaulichung kann als Teil der Erfahrungswelt eines Individuums auf ganz unterschiedliche Weise interpretiert werden (siehe unter anderem Schipper, 1982 und Radatz, 1986). So kann auch das Bild mit den Vögeln aus dem obigen Beispiel grundsätzlich verschieden gedeutet werden. Es ist kein mathematisches Wissen in einer Veranschaulichung im Sinne einer Selbstevidenz verankert, welches die Schülerinnen und Schüler herauslesen können. Vielmehr konstruieren die Lernenden aktiv Bedeutungen der Veranschaulichung, die sich von der intendierten Interpretation teilweise deutlich unterscheiden können (siehe hierzu

Abschnitt 5.1). Damit Schülerinnen und Schüler eine Veranschaulichung auf die von der Lehrperson intendierte Weise interpretieren, muss diese Möglichkeit der Interpretation durch Aushandlung gelernt werden:

> *„Die Vorstellungen von Anschauung bzw. dem Veranschaulichen von mathematischen Sachverhalten und den dazu benutzten didaktischen Materialien haben sich gewandelt. Die gegenständlichen Mittel, die doch an sich etwas bedeuten und einen mathematischen Sinn transportieren sollen, „sprechen" nicht. Jede Veranschaulichung eines mathematischen Sachverhalts, so treffend, isomorph und ablenkungsfrei Experten sie auch einschätzen mögen, muß gelernt werden. Und das heißt, ihre Bedeutung muß in der angeleiteten Auseinandersetzung mit der Sache vom lernenden Subjekt konstruiert werden […]. In der Regel stützt nicht die Veranschaulichung das mathematisch Gemeinte, sondern umgekehrt: Die Mathematik gibt der Veranschaulichung einen (bestimmten) Sinn." (Bauersfeld, 2000a, S. 119)*

Haben Schülerinnen und Schüler gelernt, einer Visualisierung eine bestimmte Bedeutung zuzuschreiben, so können sich Interpretationsmuster („routines of interpretation") bilden, ähnlich der Interaktionsmuster zwischen Personen (vgl. Bauersfeld, 1995b). Die Interpretationsmuster reduzieren die möglichen Bedeutungen einer Veranschaulichung und können bei entsprechender Ausprägung zu ähnlichen Bedeutungszuweisungen verschiedener Personen führen. Dies kann dann den Eindruck erwecken, es gäbe eine eindeutige Bedeutung einer Situation. So haben nach Bauersfeld (1992b) viele Lehrkräfte entsprechende Vorstellungen von einem entdeckenden Lernen. Stattdessen werden aber meist subtile und unbewusste Hinweise durch die Lehrperson hin zu der gewünschten Interpretation gegeben (siehe hierzu auch Trichter-Muster, vgl. Bauersfeld, 1978) (Wood, Cobb & Yackel, 1995).

Eine gewisse Übereinstimmung in der Interpretation verschiedener Personen, also die Entwicklung von Interpretationsroutinen ist für das Lernen mit und insbesondere den Austausch über Veranschaulichungen von essentieller Bedeutung und daher erwünscht, dennoch sollte nach Bauersfeld (1995b) im Unterricht genügend Raum für individuelle Konstruktionen und anschließende Bedeutungsaushandlungsprozesse gegeben werden.

> *„Perhaps the use of pictures and graphical representations to develop different mathematical interpretations – to compare them and to give reasons for the interpretation – could promote the development of flexibility and lead to a deepening of mathematical understanding." (Bauersfeld, 1995b, S. 146)*

2.2 Bereichsspezifität von Wissen

Der konstruktivistischen und interaktionistischen Lerntheorie liegt die Annahme zugrunde, dass Wissen auf der Grundlage von Erfahrungen aktiv durch die Lernenden konstruiert und in der Interaktion untereinander und mit der Lehrperson ausgehandelt wird. Damit hat die Lernsituation mit allen Dimensionen, die die menschliche Erfahrung umfasst, fundamentalen Einfluss auf das entwickelte Wissen. Diese Vorstellung steht im Gegensatz zu vielen traditionellen lerntheoretischen Ansätzen, die den Erwerb von objektivem Wissen postulieren, welches in keiner direkten Abhängigkeit zu der Erwerbssituation steht:

> „*Many methods of didactic education assume a separation between knowing and doing, treating knowledge as an integral, self-sufficient substance, theoretically independent of the situations in which it is learned and used. [...] The activity and context in which learning takes place are thus regarded as merely ancillary to learning – pedagogically useful of course, but fundamentally distinct and even neutral with respect to what is learned. Recent investigations of learning, however, challenged this separating of what is learned from how it is learned. The activity in which knowledge is developed and deployed, it is now argued, is not separable from or ancillary to learning and cognition. Nor it is neutral. Rather, it is an integral part of what is learned. [...] Learning and cognition, it is now possible to argue, are fundamentally situated.*" (Brown, Collins & Duguid, 1989, S. 32)*

Inzwischen handelt es sich in der Pädagogik und der Mathematikdidaktik um eine weitgehend akzeptierte Annahme, dass das Lernen von Mathematik nicht isoliert im Sinne einer reinen intellektuellen Aktivität stattfindet, sondern stets auch von sozialen, kulturellen, kontextuellen und physischen Faktoren bestimmt wird (vgl. u. a. Cobb 1986, 1994; Dapueto & Parenti, 1999; Lave 1988; Núñez, Edwards & Filipe Matos 1999). Das erworbene Wissen wird dann in Bezug auf die Erfahrungen der Erwerbssituation gespeichert und ist damit situativ gebunden, das heißt nur in bestimmten Situationen abrufbar. Diese Annahme führt zu gänzlich unterschiedlichen Forschungsbereichen und theoretischen Ansätzen. Beispielsweise wird unter dem Begriff „Situated Cognition" auf der Basis eines tätigkeitstheoretischen Ansatzes untersucht, weshalb dieselben Personen in unterschiedlichen Lebensbereichen wie Schule, Alltag oder Beruf Mathematik auf grundsätzlich verschiedene Weise betreiben (vgl. Lave, 1996; Watson & Winbourne, 2008). Dies ist insbesondere mit den Fragen verbunden, wie ein Wissenstransfer zwischen den verschiedenen Kontexten erreicht werden kann oder wie Wissen von vornherein realitätsnah vermittelt wird („Situated Learning") (vgl. Lave & Wenger, 1991).

Auch innerhalb des Mathematikunterrichts unterscheiden sich die Lernsituationen teilweise stark, sodass das Wissen der Schülerinnen und Schüler häufig nicht universell abrufbar und übertragbar ist. Heinrich Bauersfeld beschreibt die Situation folgendermaßen:

> *„Schüler handeln im Mathematikunterricht oft so, als seien ihr verfügbares Wissen, ihre Handlungsmöglichkeiten, ihr Sprachverstehen, ihre Sinnzuschreibungen usw. in getrennte Bereiche gegliedert, zwischen denen es keinen selbstverständlichen Austausch gibt, – gleichsam als wäre alles in Gedächtnisfächer abgelegt, die gezielt aufgezogen werden müßten: Ein Begriff ist nur in bestimmten Formulierungen abrufbar oder nur in einem bestimmten Sachzusammenhang, eine Fertigkeit wird nur bei spezifischen Auslösern verfügbar, scheinbar einfache Zusammenhänge oder Querverbindungen werden nicht hergestellt usw. [...] Je geläufiger dem teilnehmenden Beobachter die skizzierten Ereignisse sind, um so mehr fällt das rarere Gegenstück zu diesen partiellen Blindheiten auf: Die einsichtige Abkürzung eines Denkweges, das unerwartet rasche Herstellen einer Beziehung, das Aha-Ereignis mit allen Begleiterscheinungen der Begeisterung oder des Betroffenseins, das rückwirkend und schlagartig Bedeutungen verändert und neue Perspektiven der Ausarbeitung öffnet."* (Bauersfeld, 1983, S. 1–2)

Einer theoretisch fundierten Erklärung dieser von Heinrich Bauersfeld beschriebenen Situation soll in den folgenden beiden Unterkapiteln genauer nachgegangen werden, indem zwei aufeinander aufbauende, konzise Theoriekonzepte vorgestellt werden, die mit der konstruktivistischen bzw. interaktionistischen Sichtweise auf das Lernen vereinbar sind bzw. diese vertreten. Zunächst wird die Theorie der *Microworlds* nach Robert W. Lawler dargestellt, die als eine der ersten Theorien die Bereichsspezifität von Wissen aufgreift. Anschließend wird die auf den Gedanken von Lawler aufbauende Theorie der *Subjektiven Erfahrungsbereiche* vorgestellt, die diese insbesondere um die Ganzheitlichkeit von Lernprozessen sowie die Bedeutung der Interaktion zwischen Individuen erweitert und verändert.

2.2.1 Microworlds nach Robert W. Lawler

Die Theorie der *Microworlds* geht zurück auf die Arbeiten von Seymour Papert, Marvin Minsky und Robert W. Lawler am Artificial Intelligence Laboratory des Massachusetts Institute of Technology. Im Bereich der Pädagogik wurde dieses insbesondere durch die Untersuchung des Lernens auf der Basis von computerunterstützten Lernumgebungen mit einem konstruktivistischen Ansatz bekannt (u. a. Papert, 1980, 1993, Minsky & Papert, 1974). Robert W. Lawler hat seine Dissertation bei Seymour Papert geschrieben und dabei die Spezifität von Wissen, also die Entwicklung von voneinander abgegrenzten, hochspezifischen kognitiven Strukturen, in den Blick genommen:

„Our focus on the particularity of knowledge is a primary stance of this research. We hope to avoid abstractions and the process of 'abstraction' by describing the emergence of broadly applicable skills from the interaction of highly particular knowledge." (Lawler, 1981, S. 2)

In der sogenannten "Intimate Study" hat Lawler seine Tochter Miriam sechs Monate lang kurz vor dem Beginn ihrer Schulzeit beim Spielen mit verschiedenen Computerprogrammen der Lernumgebung „Turtle Geometry" (siehe hierzu Abelson & DiSessa, 1981) sowie bei weiteren mathematischen Erfahrungen insbesondere aus dem Bereich der Arithmetik begleitet und die Lernsituationen per Audio und teilweise auch Video aufgezeichnet. Wesentliches Ziel seiner Arbeit bestand in der Entwicklung einer konsistenten Theorie zur Beschreibung von voneinander getrennten Wissensstrukturen, die er als Microworlds[1] bezeichnete:

„[...] observing that how a problem is presented affects which specific structure engages the problem confirms the disparateness of cognitive structures in general. [...] I propose for consideration problem-solving structures I call microworlds; they are called so because they reflect in little, in the microcosm of the mind, the things and processes of that greater universe we all inhabit." (Lawler, 1981, S. 4)

Bei seiner Tochter Miriam konnte Lawler unter anderem die folgenden Microworlds beschreiben (Auflistung nach Bauersfeld, 1983):

- Die *„Zähl-Welt"* („Count world") tritt bei Miriam bereits im Alter von vier Jahren auf und zeichnet sich dadurch aus, dass sie ihre Finger abzählt und mit dieser Hilfe auch die Anzahl konkreter Objekte bestimmen kann. Im Rahmen der Studie äußert sich die Zähl-Welt, wenn Miriam mündlich gestellte Additionsaufgaben lösen soll und hierfür an den Fingern abzählt.
- Die *„Geld-Welt"* („Money world") stellt Miriams Erfahrung mit dem (rechnerischen) Umgang mit Geldstücken dar. Beispielsweise weiß sie im Alter von sechs Jahren abgeleitet aus ihren Alltagserfahrungen beim Kauf von Kaugummis, dass 15 Cents plus 15 Cents gleich 30 Cents sind.
- In der *„Dekaden-Welt"* („Decadal world") ist das Wissen verortet, welches Miriam durch die Arbeit mit der Anwendung „Turtle Geometry" entwickelt hat. Bewegungen werden hier in Zehnerschritten gesteuert, was dazu führt,

---

[1] Der Begriff der Microworld geht zurück auf Minsky und Papert (1974), die mit diesem weniger kognitive Strukturen als speziell entwickelte Lernumgebungen wie „Turtle Geometry" bezeichnen. Lawler verwendet den Begriff konsequent zur Beschreibung von kognitiven Strukturen und prägte ihn damit im Bereich der Psychologie. In der deutschsprachigen Literatur ist insbesondere die letzte Verwendungsform des Begriffs gebräuchlich (u. a. Bauersfeld, 1983).

dass Miriam im Alter von sechs Jahren und sechs Monaten 90 plus 90 (Erfahrungen von der Zusammensetzung von Drehungen) richtig berechnet, nicht aber das Ergebnis von 9 + 9 angeben oder über die Zahl 100 hinaus zählen kann.

• Die „*Papiersummenwelt*" („Paper sum world") entstand schließlich durch Miriams Erfahrungen mit dem spaltenweisen schriftlichen Addieren, in welches sie mit sechs Jahren und einem Monat eingeführt wurde und das sie acht Monate später fehlerfrei beherrscht.

In der Studie hat sich gezeigt, dass Miriam in unterschiedlichen Situationen dasselbe Problem lediglich mit einer leicht abgewandelten Aufgabenstellung in unterschiedlichen Microworlds mit den je spezifischen Ansätzen löst. Beispielsweise wurde sie gefragt, „wieviel ist fünfundsiebzig plus sechsundzwanzig?". Das Problem löst sie durch lautes abzählen der Finger in der Zähl-Welt (tatsächlich können Zähl-Welt und Dekaden-Welt zu diesem Zeitpunkt schon als verbunden beschrieben werden). Später wird ihr die Frage gestellt, „wieviel ist fünfundsiebzig Cents und sechsundzwanzig?". Hierzu gibt sie die Antwort „Das sind drei Quarter, vier und ein Penny, ein Dollar eins". Schließlich wird ihr auch die Aufgabe schriftlich untereinander geschrieben gestellt, was dazu führt, dass Miriam sie durch spaltenweise Addition mit Übertrag löst (vgl. Bauersfeld, 1983). Der durch die Aufgabenstellung gesetzte Kontext scheint somit die Aktivierung des Wissens und damit die verwendete Lösungsstrategie zu beeinflussen.

Die Struktur einer Microworld beschreibt Lawler durch zwei Klassen von Prozeduren – die sogenannte Perspektive und die Funktionen. Die Elemente der Perspektive stellen die Beschreibungen von Elementen der Erfahrungswelt bzw. konstruierter Begriffe dar. Im obigen Beispiel sind unter anderem „wieviel ist", „fünfundsiebzig", „plus" und „sechsundzwanzig" Elemente der Perspektive der Zähl-Welt, „Quarter", „Penny" und „Dollar" sind Beispiele aus der „Geld-Welt". Lawler (1981) beschreibt die Perspektive einer Microworld wie folgt:

> „*The perspective is comprised of elements [...] which are active descriptions. Such elements derive from antecedents in perspectives of microworlds already existing. Refinement is a process by which such elements become progressively differentiated from antecedents in these pre-existing or ancestral worlds and from others within the same microworld.*" (Lawler, 1981, S. 4–5)

Mit dem Prozess der Verfeinerung („refinement") wird somit die Eigenschaft beschrieben, dass sich Perspektiven einer Microworld verändern können. Beispielsweise hat Miriam in einem früheren Stadium ihres Lernprozesses in der

Geld-Welt nur zwischen „rot" und „gold" mit Bezug auf die Kupfer- und Sil-
bermünzen unterschieden, die Stückelung mit dem unterschiedlichen Wert der
einzelnen Münzen lernt sie erst später kennen.
Für diesen Zweck hat Lawler den Begriff der „Funktionen" eingeführt. Diese
beschreiben, was mit den durch die Perspektive beschriebenen Elemente der
Erfahrungswelt bzw. konstruierten Begriffe gemacht wird, also welche Rolle
ihnen in der Microworld zukommt:

> *„The functions of a microworld are what can happen to those identifiable parts of
> the problem posed. The functions are activated when the perspective elements assign
> values to parts of the problem posed." (Lawler, 1981, S. 5)*

Die Microworlds sind nach Lawler als aktive Bereiche zu verstehen, die bei Vorliegen eines Problems um eine Lösung konkurrieren. Situationsspezifisch setzt
sich dann eine der Microworlds durch und unterdrückt die konkurrierenden
Microworlds. Damit existiert in der Microworld-Theorie keine kontrollierende
Exekutive – stattdessen steuert sich das System durch die Konkurrenz der
einzelnen Microworlds:

> *„In immediate contrast with the traditional view of knowledge, we choose to view the
> microworlds of mind as inherently active, as searching for problems to work on. We
> replace the executive control structure with one based on the competition in parallel
> of active microworlds." (Lawler, 1981, S. 6)*

Microworlds sind durch Aktivierung in verschiedenen Situationen fortlaufenden
Veränderungen unterworfen. So können sich die Elemente der Perspektive aus-
differenzieren und es können weitere Funktionen hinzukommen. Auf diese Weise
können neue Microworlds auf bereits bestehenden aufbauen und beispielsweise
Elemente der Perspektiven und Funktionen verschiedener Microworlds verbinden.
Dies geschieht im Falle von Miriam mit der Zähl-Welt und der Dekaden-Welt.
Sie erkennt bei einer Aufgabe, dass die in den beiden Microworlds unterschiedlichen Vorgehensweisen zu demselben Ergebnis führen. Diese Einsicht
führt zur Entwicklung der sogenannten „Serien-Welt" („Serial world"), die es
Miriam ermöglicht, Aufgaben seriell zu bearbeiten, das heißt Funktionen aus den
verschiedenen Microworlds zur Lösung zu aktivieren. Eine andere Form der Verbindung von Microworlds erfolgt, wenn eine strukturelle Äquivalenz zwischen
den Perspektiven verschiedener Microworlds identifiziert wird. In der sogenannten „Konformen Welt" („Conformal world") werden Perspektiven verschiedener
Microworlds in Beziehung zueinander gesetzt (vgl. Bauersfeld, 1983).

Auf der Grundlage der verschiedenen spezifischen Microworlds, die Lawler
bei seiner Tochter Miriam identifiziert hat, entwickelt er eine Kategorisie-
rung möglicher Microworlds. „Instrumentale Welten" („Task-rooted worlds")
sind solche, deren Perspektive Elemente der Erfahrungswelt beschreiben. Bei
Miriam handelt es sich um die Zähl-Welt, die Geld-Welt, die Dekaden-Welt
und die Papiersummen-Welt. „Kontroll-Welten" („Control worlds") sind entweder „koordinierende Welten", die Perspektiven und Funktionen untergeordneter
Microworlds aufgreifen wie die Serien-Welt bei Miriam, oder „relationale Welten", deren Perspektive durch Äquivalenzen zwischen Microworlds konstituiert
sind wie die Konforme Welt bei Miriam (vgl. Bauersfeld, 1983).

Es entsteht eine kognitive Struktur aus instrumentellen und kontrollierenden
Microworlds, die teilweise aufeinander aufbauen und bei der Entwicklung einer
Problemlösung gleichsam aktiv zueinander in Konkurrenz stehen. Es ergibt sich
eine konkurrierende und dennoch teilweise hierarchische Struktur:

> *„Task-rooted and control microworlds compete among themselves in a race for solu-
> tion, a race open to bias by the presentation of the problem, and they invoke the
> knowledge of ancestral microworlds where appropriate. [...] The structure is a mixed
> form, basically competitive but hierarchical at need. This vision of mind, the system of
> cognitive structures, presents disparate microworlds of knowledge based on particular
> experiences." (Lawler, 1981, S. 20)*

Die Theorie der *Microworlds* nach Robert W. Lawler soll im folgenden Kapitel
aufgegriffen und durch die Darstellung der Theorie der *Subjektiven Erfahrungsbereiche* nach Heinrich Bauersfeld erweitert und teilweise modifiziert
werden.

2.2.2 Subjektive Erfahrungsbereiche nach Heinrich Bauersfeld

Die von Heinrich Bauersfeld entwickelte Theorie der *Subjektiven Erfahrungsbereiche* baut wesentlich auf Robert W. Lawlers *Microworld*-Theorie auf. Während
sich Lawlers Modell jedoch auf kognitive Aspekte beschränkt, ist es das Ziel von
Bauersfeld, alle Dimensionen der Erfahrung mit einzubeziehen:

> *„Nie lerne ich nur kognitiv, stets sind phylogenetisch ältere Dimensionen beteiligt,
> wie Gefühle (Zwischenhirn) und Motorik (Kleinhirn). Stets lerne ich dabei auch etwas
> über mich selbst und über beteiligte Andere. Stets sind alle meine Sinne beteiligt, d.h.
> die Erfahrung ist total." (Bauersfeld, 1985, S. 11)*

Die Theorie der Subjektiven Erfahrungsbereiche beschreibt das Lernen im schulischen, aber auch außerschulischen Kontext als Erwerb von sogenannten Subjektiven Erfahrungsbereichen (kurz: SEB). Ein SEB stellt die situativ gebundene Speicherung der Erfahrung eines Individuums dar und umfasst stets alle subjektiv wichtigen Erfahrungen und deren Verarbeitung. Damit ist ein SEB nicht auf die kognitive Dimension beschränkt, sondern bezieht u. a. Körpererfahrungen, Emotionen, Wertungen, den mathematischen Habitus und die Ich-Identität mit ein. Die SEB haben Prozesscharakter – sie entstehen, können sich verändern und schließlich möglicherweise vergessen werden. SEB konkurrieren um Aktivierung und ermöglichen durch die Durchsetzung eines SEB und die gleichzeitige Unterdrückung der anderen die subjektive Wahrnehmung und damit das Verstehen und Handeln in einer Situation. Durch die Entstehung neuer SEB, die auch bereits existierende SEB verknüpfen können, bildet sich das Gesamtsystem der SEB, welches in Anlehnung an Marvin Minsky (1980) als „society of mind" bezeichnet wird, zunehmend heraus (vgl. Bauersfeld, 1983).

Für die Entwicklung entsprechender Strukturen führt Bauersfeld (1985) insbesondere entwicklungsgeschichtliche Gründe an. So ermöglicht die schnelle Deutung einer Situation und Aktivierung eines SEB die schnelle Verfügbarkeit geeigneter Handlungsmöglichkeiten. Auf diese Weise kann auf mögliche Gefahren schnell und angemessen reagiert und damit das Überleben gesichert werden. Entsprechende Situationen entstehen beim Lernen in der Schule nicht, die angelegten Strukturen, beschrieben durch die SEB, sind aber weiterhin vorhanden. Bauersfeld (2000b) begründet die SEB-Theorie zudem auf neurowissenschaftlicher Grundlage. So existieren im assoziativen Kortex Neuronenverbände, die für die Integration der Wahrnehmung sorgen. Entsprechend können Erfahrungen nur in integrierten Zuständen – also mit allen an der Wahrnehmung der spezifischen Situation beteiligten Elementen – abgespeichert werden.

Durch den Begriff der Subjektiven Erfahrungsbereiche, hebt Bauersfeld die Unterschiede zur Microworld-Theorie von Lawler hervor:

„Die Bezeichnung enthält den Hinweis auf das „Subjekt" als Träger. Sie thematisiert, daß es um „Erfahrung" geht und nicht nur um Wissen [...]. Und schließlich ist der „Bereich" weniger universell als eine Welt. Gerade die Begrenztheit und Besonderheit trennen die Subjektiven Erfahrungsbereiche [...] voneinander." (Bauersfeld, 1983, S. 28)

Die wesentlichen Unterschiede sieht er somit zum einen in der Ganzheitlichkeit der Erfahrung, die mehr als die kognitive Dimension umfasst und auch integriert abgespeichert wird, sowie zum anderen in der Absolutheit der Erfahrung und ihrer Abspeicherung, die Bauersfeld als durch die subjektive Wahrnehmung bestimmt sieht.

Die Begriffe der Perspektive und der Funktionen übernimmt Bauersfeld aus der Microworld-Theorie. Die Perspektive gibt die jeweiligen Bedeutungszuschreibungen an. Bauersfeld (1983) betont, dass er diesen Begriff durch Lawler sinnvoll gewählt findet, da seine Konnotation die Denotation unterstütze. „Die Perspektive besteht aus Repräsentationen der Elemente eines bestimmten SEB's (Denotation) und bezeichnet zugleich eine bestimmte Sichtorientierung oder eine Sichtweise, wie Realität dem Subjekt erscheint (Konnotation)." (S. 56) Auf diese Weise wird der Subjektivität der Erfahrung im Sinne des Konstruktivismus nachgekommen. Die Funktionen eines SEB bestimmen die Handlungsmöglichkeiten in Bezug auf die Elemente der Perspektive.

Die SEB sind als Teil der „society of mind" einem ständigen Wandel unterzogen. So werden neue SEB auf der Grundlage bestehender SEB gebildet oder bereits bestehende SEB aktiviert und situationsspezifisch umgeformt. „Ihre Grenzen überschreitet das Individuum aktiv entwerfend, erprobend und aushandelnd in Situationen sozialer Interaktion" (Bauersfeld, 1983, S. 31) (siehe hierzu Abschnitt 2.1.2 zum Interaktionismus). Ein für die Mathematik spezifisches Vorgehen ist die Übertragung von bestehenden Konstruktionsprinzipien in neue Situationen. Dabei können neue SEB gebildet werden, sodass sich die Konstruktionsprinzipien stabilisieren und als Teil mehrerer SEB (mit jeweils spezifischer Bedeutungsverschiebung) an Aktivierbarkeit gewinnen (vgl. Bauersfeld, 1983).

Entsprechend der konstruktivistischen und interaktionistischen Lerntheorie gibt es keine objektive Bedeutung von Sprache. Ein Begriff erhält lediglich im Zusammenhang mit anderen Begriffen eine Bedeutung und wird damit verständlich und erklärbar. Entsprechend hat ein Begriff als Teil eines SEB eine spezifische Bedeutung und damit jeder SEB einen spezifischen Sprachgebrauch. Ein SEB stellt gemeinsam mit seinen Vorläufer-SEB und den durch ihn verknüpften SEB einen geschlossenen Kontext dar, aus dem die einzelnen Begriffsnetze nicht hinausreichen:

„Ein Wort hat somit nicht eine Bedeutung an sich. Es hat immer nur Bedeutung in einem bestimmten Handlungszusammenhang (SEB), das gilt für Sprechen, Lesen und Hören. Auch das in einer konkreten Situation gehörte Wort erfährt zunächst nur die in dem aktivierten SEB geläufige Deutung, anders kann es ohne zusätzlichen Aufwand (Aktivierung anderer SEB) nicht verstanden werden. In diesem Sinne ist auch die universelle Sprache der Mathematik im subjektiven Gebrauch eben nicht universell verfügbar." (Bauersfeld, 1985, S. 14)

Damit kann dasselbe Wort in unterschiedlichen Situationen aufgrund der Aktivierung unterschiedlicher SEB auch auf unterschiedliche Weise verstanden werden.

Dies kann beispielsweise dazu führen, dass eine Schülerin oder ein Schüler Erklärungsversuche der Lehrperson nicht in die eigene Wissenskonstruktion einbinden kann, da die gleichen Begriffe in den aktivierten SEB der Beteiligten grundsätzlich verschiedene Bedeutungen aufweisen. Die Sprache stellt aber nicht nur „mächtige Repräsentationsmittel in Form der in ihr aufgehobenen direkten Bezeichnungs- und indirekten Umschreibungs-Möglichkeiten" (Bauersfeld, 1983, S. 33) bereit, sie hat auch einen zentralen Einfluss auf die Konstitution von SEB:

„Als Medium unseres Denkens und der sozialen Interaktion stehen sie nicht erst nach Vollzug der Einsicht quasi zur Etikettierung bereit, sondern bestimmen den subjektiven Vollzug durch ihre Strukturen mit." (Bauersfeld, 1983, S. 33–34)

SEB und die in ihnen gespeicherten Bedeutungszuschreibungen (Perspektive) und Handlungsmöglichkeiten (Funktionen) werden auf der Grundlage der individuellen Erfahrungen gebildet und aktiviert. Damit unterscheiden sie sich zwischen den einzelnen Individuen. Interaktion und Verständigung zwischen Individuen ist dennoch möglich und für die Konstitution von SEB entscheidend. Die Grundlage hierfür bildet die „consensual domain" interagierender Personen, also die Annahme, dass ausreichend Gemeinsamkeiten in den Erfahrungswelten der einzelnen Personen bestehen (siehe Abschnitt 2.1 zum Konstruktivismus und Interaktionismus). Als geteilt geltende Bedeutungen können insbesondere durch Aushandlungsprozesse zwischen Personen entstehen, werden aber auch implizit durch „die weitreichende Normierung unseres Alltags […] und die Gemeinsamkeit der kulturellen Tradition" (Bauersfeld, 1983, S. 33) erzeugt. Somit kann im Sinne von „consensual domains" gesamtgesellschaftlich, aber auch lokal zwischen den am Unterricht teilnehmenden Personen von einer gewissen Übereinstimmung der SEB in Bezug auf einen Ausschnitt der als geteilt geltenden Realität ausgegangen werden (auch wenn diese nach dem Konstruktivismus nicht überprüft werden kann). Diese intersubjektiv übereinstimmenden SEB werden als „Erfahrungsbereiche" bezeichnet (vgl. Bauersfeld, 1983).

Nach der Theorie der Subjektiven Erfahrungsbereiche kann grundsätzlich kein Begriff verallgemeinert werden (im Sinne einer allgemeinen Anwendbarkeit). Stattdessen ist eine Verallgemeinerung immer mit der Bestrebung verbunden, die Perspektiven unterschiedlicher SEB zu verknüpfen und damit auf weitere Anwendungsbereiche zu übertragen. Dies soll am Beispiel des Einsatzes von Veranschaulichungen mathematischer Sachverhalte ausgeführt werden. Aus Sicht der Lehrperson oder eines Mathematikdidaktikers gibt es „einen Morphismus zwischen der zu erklärenden mathematischen Struktur und der Gegenstandsstruktur eines Erfahrungsbereiches oder mehrerer Erfahrungsbereiche" (Bauersfeld, 1983, S. 34). Dieser Zusammenhang kann allerdings nicht ohne Weiteres hergestellt werden – es handelt sich bei den strukturellen Gemeinsamkeiten entsprechend des Konstruktivismus um aktive Bedeutungskonstruktionen. Damit können weder im Sinne einer Abstraktion das Gemeinsame ohne Weiteres erkannt, noch im Sinne einer Übertragung die Perspektive und Funktionen eines SEB transferiert werden:

> *„Für eine derartige Grenzüberschreitung reichen die Perspektiven aus den betroffe-nen SEB eben wegen ihrer Kontexteinbindung – Spezifität des Sprachgebrauchs, der Handlungen und der Sinnzuschreibungen – nicht aus. Wenn man nicht auf Kommando kreativ werden kann, so wird ein dritter, vermittelnder SEB erforderlich, der die Mittel zum Vergleichen und Zielvorstellungen als Elemente enthält und von dem aus man sich auf die Suche nach dem Neuen einlassen kann, wie vorläufig dieser dritte SEB auch entwickelt sein mag." (Bauersfeld, 1985, S. 16)*

Der im Zitat angesprochene dritte SEB kann nicht durch Aktivierung der ursprünglichen SEB, sondern nur als Folge von „spontane[n] aktive[n] Sinn-konstruktionen aus zuhandenen Elementen" (Bauersfeld, 1983, S. 29) entstehen und ist damit eine höchst konstruktive und kreative Erweiterung. Diese kann von außen durch die Interaktion mit der Lehrperson oder mit anderen Schülerinnen und Schülern unterstützt werden, muss aber letztendlich durch den Lerner aktiv gebildet werden (siehe hierzu auch die Ergebnisse von Pielsticker, 2020). Ist die Konstitution eines (vorersten) vermittelnden SEB nicht möglich, so erfolgt eine Ersatzkonstruktion innerhalb der ursprünglich aktivierten SEB, die teilweise zu richtigen Lösungen führt und dem Individuum daher sinnvoll erscheint, allerdings die Ursache für Fehlstrategien bilden kann (vgl. Bauersfeld, 1983).

Die Bildung eines „konformen" SEB, der die Perspektiven bestehender SEB vergleicht, ist durch die Einsicht, dass ein gewisser Zusammenhang bestehen muss, noch nicht beendet. Auf diese spontane Sinnkonstruktion folgt die Ausar-beitung der Perspektiven und Funktionen. In diesem besonders instabilen Prozess können negative Emotionen, wie die Frustration aufgrund fehlerhafter Lösun-gen, schnell zu einer sogenannten Regression – dem Rückfall in einen älteren SEB – und der Bildung von Ersatzkonstruktionen führen (vgl. Bauersfeld, 1983).

Die Gesamtheit der SEB eines Individuums wird, wie bereits zu Anfang des Kapitels angeführt, als „society of mind" bezeichnet. Der Begriff stammt von Marvin Minsky (1980) und beschreibt die Aufteilung des Verstandes in einzelne, unabhängig voneinander arbeitende Teile, denen keine hierarchische Ordnung zugrunde liegt:

> *"One could say little about 'mental states' if one imagined the Mind to be a single, unitary thing. Instead, we shall envision the mind (or brain) as composed of many partially autonomous 'agents' – as a 'society' of smaller minds." (Minsky, 1980, S. 118–119)*

In der „society of mind" herrscht das Kumulationsprinzip, was bedeutet, dass die SEB „die aktiv konkurrierenden und nicht-hierarchisch geordneten Glieder bilden" (Bauersfeld, 1983, S. 48). Die Konkurrenz gilt sowohl zwischen SEB, deren Elemente Repräsentationen von Objekten der Erfahrungswelt sind, als auch solchen, die Perspektiven verschiedener SEB verbinden. „Verknüpfungen zerstören die selbstständige Aktivierbarkeit eines SEB nicht" (ebd., S. 49) – die SEB bleiben erhalten und können nicht aktiv gelöscht werden. Dies kann unter anderem dazu führen, dass in bestimmten Situationen ältere SEB mit „recht robuste[n] Handlungsorientierungen für das Individuum" (ebd., S. 43) aktiviert werden, obwohl bereits ein weiterentwickelter SEB mit für die Situation angemesseneren Vorstellungen zur Verfügung steht – man spricht dann von einer „Regression" (ebd., S. 43). Ein SEB, der von einem Individuum nicht mehr aktiviert wird, kann mit der Zeit verblassen, insbesondere, wenn er nur wenig mit Emotionen besetzt ist. Ein SEB, der dagegen häufig aktiviert wird oder mit starken Emotionen besetzt ist, stabilisiert sich, kann aber durch die situationsspezifischen Aktivierungen zunehmend überformt und verändert werden (vgl. Bauersfeld, 1983).

Zum Abschluss dieses Kapitels soll noch auf die Rekonstruktion von SEB eingegangen werden. Bauersfeld (1983) betont, dass die Identifikation eines SEB und dessen Grenzen mit Schwierigkeiten verbunden sei und ein SEB daher „nur interpretierend rekonstruiert werden [kann], und dies gerade hinsichtlich der Subjektivität nur unvollständig" (S. 49). Zur Identifizierung nennt er die folgenden Kriterien:

- Komplettheit: Der SEB muss die Handlungsfähigkeit in der Situation ermöglichen, das heißt „Sinn (Identität), Bedeutungszuschreibungen (Perspektive) und Handlungsmöglichkeiten (Funktionen) müssen in der erforderlichen Komplexität aufweisbar sein" (S. 49).
- Kohärenz: Der SEB muss einen einheitlichen Kontext bilden, das heißt „es muß ein Zusammenhang zwischen den Elementen und ihren Funktionen von relativer Abgeschlossenheit hergestellt werden können" (S. 49).
- Spezifität: Die subjektiven Repräsentationen müssen im SEB eine spezifische Bedeutung haben, das heißt „insbesondere die Spezifität des Sprach- und Symbolgebrauchs in Abhebung gegen den Gebrauch in anderen Kontexten (SEB'en)" (S. 49).

Auffassungen von Mathematik 3

In diesem Kapitel wird das Konzept der Auffassung und dessen Bedeutung für die Beschreibung von Lehr-Lern-Prozessen in den Blick genommen. Hierzu soll mit der kurzen Darstellung einer Fallgeschichte aus dem bekannten Buch von Alan H. Schoenfeld „Mathematical Problem Solving" (Schoenfeld, 1985) begonnen werden. Dieser beschreibt den Problemlöseprozess der beiden College-Zweitsemester AM und CS, die an dem folgenden mathematischen Problem arbeiten:

Problem 1.1: Gegeben seien zwei sich schneidende Geraden und ein Punkt P auf einer der Geraden (siehe Abbildung 3.1). Zeigen Sie, wie man nur mit Lineal und Zirkel einen Kreis konstruiert, der tangential zu beiden Geraden liegt und den Punkt P als Tangentialpunkt an die eine Gerade besitzt (vgl. Schoenfeld, 1985, S. 15)

Abbildung 3.1 Abbildung zum Problem 1.1 des Problemlöseprozesses von SH und BW (© Schoenfeld, 1985, S. 161)

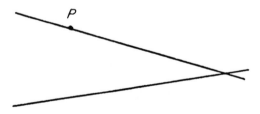

Die beiden Studierenden beginnen mit groben Skizzen, um erste Lösungsideen für das mathematische Problem zu entwickeln. Dazu zeichnet AM zunächst einen ungefähren Kreis, der die beiden Geraden berührt. Er erkennt einen Zusammenhang mit der Konstruktion des Inkreises eines Dreiecks und versucht daher, die Skizze so abzuwandeln, dass das ihm bereits bekannte Problem entsteht (siehe

F. Dilling, *Begründungsprozesse im Kontext von (digitalen) Medien im Mathematikunterricht*, MINTUS – Beiträge zur mathematisch-naturwissenschaftlichen Bildung, https://doi.org/10.1007/978-3-658-36636-0_3

Abbildung 3.2, links). Er unterbricht seine Ausführungen aber schließlich, da er nicht weiß, wie er den Radius des Kreises bestimmen kann. CS äußert stattdessen die Idee, eine Strecke zwischen dem Punkt P und dem gegenüberliegenden Punkt auf der zweiten Geraden mit gleichem Abstand zum Schnittpunkt zu zeichnen und den Mittelpunkt der Strecke als Mittelpunkt des Kreises anzunehmen (siehe Abbildung 3.2, rechts).

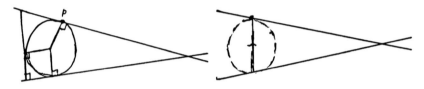

Abbildung 3.2 Skizzen der Studierenden

Die von CS erstellte Zeichnung zeigt deutlich, dass sich der Mittelpunkt des Kreises nicht auf der Strecke befinden kann, sondern einen größeren Abstand vom Schnittpunkt haben muss. Daher nimmt AM an, dass man stattdessen einen Kreisbogen durch Punkt P um den Schnittpunkt der Geraden ziehen müsse. Den Mittelpunkt des Berührkreises erhalte man dann als Schnittpunkt des Kreisbogens mit der Winkelhalbierenden zwischen den zwei Geraden. AM versucht diese Idee mit den Konstruktionswerkzeugen umzusetzen und erhält schließlich die Zeichnung in Abbildung 3.3 links. Da der auf diese Weise entstandene Kreis sehr deutlich die zweite Gerade schneidet und nicht berührt, führt der Student dies nicht auf Ungenauigkeiten der Zeichnung, sondern eine fehlerhafte Konstruktion zurück. Daher verfolgt AM anschließend einen anderen Ansatz und zeichnet anstelle des Kreisbogens ein Lot in Punkt P zur Geraden durch P und ermittelt den Schnittpunkt des Lots mit der Winkelhalbierenden als Mittelpunkt des gesuchten Kreises. Da der Student auch hier ungenau arbeitet, entsteht die Zeichnung in Abbildung 3.3 rechts.

Abbildung 3.3 Zeichnungen der Studierenden

Da die Zeichnung falsch aussieht, fasst AM auch diesen Ansatz als fehlerhaft auf und führt dies auf die Verwendung der Winkelhalbierenden zurück. Daher versucht er den Kreismittelpunkt stattdessen durch das Lot in Punkt P sowie ein weiteres Lot durch einen Punkt mit gleichem Abstand zum Geradenschnittpunkt auf der zweiten Geraden zu bestimmen. Er führt die Zeichnung vergleichsweise präzise durch und erhält die Zeichnung in Abbildung 3.4 links. Gleichzeitig versucht CS die zwei ursprünglichen Ansätze mit der Winkelhalbierenden präziser nachzukonstruieren. Dies führt zu den zwei Zeichnungen in Abbildung 3.4 rechts und unten.

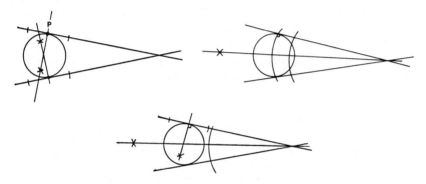

Abbildung 3.4 Zeichnungen der Studierenden

Bei allen drei Zeichnungen sieht es so aus, als ob die Geraden tangential am Kreis liegen. Daher gehen die Studierenden davon aus, dass sowohl AM als auch CS richtige Lösungen entwickelt haben, was auch der folgende Transkriptausschnitt zeigt:

CS: So... we proved it two different ways.

AM: Yeah, because it's tangent. All right, that's good.

Die von Schoenfeld (1985) beschriebene Problemlösesituation zeigt sehr deutlich, dass die Studierenden AM und CS die Richtigkeit ihrer Problemlösungen ausschließlich auf der Grundlage der erstellten Zeichnung beurteilen. Sie erstellen zunächst grobe Skizzen und entwickeln daraufhin erste Lösungsideen. Diese führen sie dann möglichst präzise aus und beurteilen mit dem Ergebnis die Richtigkeit des zugrundeliegenden Konstruktionsansatzes. Dies führt aufgrund von Ungenauigkeiten in den Zeichnungen zunächst dazu, dass zwei Lösungsansätze (siehe Abbildung 3.3) wieder verworfen werden. Der eine Studierende verfolgt daraufhin einen weiteren Konstruktionsansatz, während der andere die zwei ursprünglichen Ideen erneut möglichst präzise zeichnet. Auf diese Weise entstehen drei neue Zeichnungen, bei denen die Geraden augenscheinlich tangential zum Kreis liegen (siehe Abbildung 3.4). Folglich beurteilen die Studierenden alle drei Zeichnungen und die zugrundeliegenden Konstruktionen als korrekte Lösungen für das Problem. Die Studierenden greifen dabei nicht auf bekanntes Wissen zurück und leiten die Problemlösung daraus ab. Stattdessen wird lediglich das gezeichnete Ergebnis beurteilt. Dies wird besonders daran deutlich, dass die Konstruktion mit dem Kreisbogen (Abbildung 3.4, rechts) notwendigerweise zu einem anderen Kreismittelpunkt führt als die Konstruktionen mit der Lotgeraden durch den Punkt P (Abbildung 3.4, links und unten). Dieser logische Widerspruch hindert die Studierenden allerdings nicht daran, alle drei Konstruktionen als korrekt zu beurteilen. Ein solches Verhalten bezeichnet Schoenfeld als das typische Vorgehen eines naiven Empiristen:

> *„[...] they appear to be naive empiricists. They make rough sketches to get a sense of what is important in the problem and, guided by those sketches, conjecture what a solution should be. They test their conjectures by performing and evaluating them: A hypothesized solution is accepted as correct if and only if that construction, when performed, yields a picture that meets stringent empirical standards."* (Schoenfeld, 1985, S. 41)

Ein ähnliches Vorgehen konnte Schoenfeld bei einer Vielzahl anderer Studierender und der Bearbeitung weiterer Probleme beobachten. Daher kommt er zur Schlussfolgerung, dass solche Studierende naive Empiristen sind, die der Auffassung sind, dass mathematische Sätze und Operationen zur Lösung solcher Probleme nicht nützlich sind.

Die kurze Darstellung der bekannten Fallgeschichte Schoenfelds hat gezeigt, dass die Beliefs bzw. die Auffassung, welche ein Individuum über Mathematik hat, wesentlich das mathematische Handeln der Person bestimmen.

Dieser Arbeit wird das epistemologische Modell des Konstruktivismus (siehe Kapitel 2) zugrunde gelegt. Werden in diesem Sinne die mentalen Konstruktionen und die darauf aufbauenden Aushandlungsprozesse zwischen Schülerinnen und Schülern und der Lehrperson in den Blick genommen, so kommt den Mathematikauffassungen der beteiligten Personen eine besondere Bedeutung zu. Diesen Zusammenhang beschreibt auch Pehkonen (1994):

> *„Falls wir die Theorie des Konstruktivismus [...] als die Grundlage für das Verstehen des Lehrens und Lernens von Mathematik betrachten, werden wir als Folgerung*

u.a. die folgende Tatsache erhalten: Die mathematischen Vorstellungen (beliefs) von Lehrern und Schülern nehmen eine Schlüsselrolle ein, wenn wir deren mathematisches Verhalten zu verstehen versuchen. Dasselbe gilt auch beim Forschen: Um das mathematische Verhalten im Klassenzimmer zu verstehen, sollte man auch die mathematischen Vorstellungssysteme von Lehrern und Schülern berücksichtigen [...]. Wenn also die Forscher der Mathematikdidaktik den Schulunterricht im Rahmen des Konstruktivismus beschreiben, treten die Vorstellungen von Lehrern und Schülern zwangsläufig auf [...]." (S. 2)

In der Literatur wird häufig die Bedeutung der Beliefs der Lehrenden hervorgehoben, die wesentlich die Entwicklung von Beliefs bei den Schülerinnen und Schülern beeinflusst. Grigutsch, Raatz und Törner (1998) schreiben in diesem Zusammenhang:

„Weil Einstellungen in Lernprozessen erworben werden, in die die (sozialen) Umweltbedingungen wesentlich eingehen, kann man auch die These aufstellen, daß die Einstellungen der Lehrer die Einstellungen der Schüler maßgeblich beeinflussen – zum einen in der direkten Kommunikation und Interaktion im Mathematikunterricht, zum anderen indirekt über die konkrete Ausgestaltung (Stoff- und Methodenauswahl, Beurteilungssystem) des Mathematikunterrichts." (S. 4)

Neben den Beliefs der Lehrpersonen haben auch die Beliefs anderer Personengruppen Einfluss auf die mathematikbezogenen Beliefs der Schülerinnen und Schüler. Underhill (1990) spricht in diesem Zusammenhang von einem „web of beliefs" (S. 207), bestehend aus den Beliefs der Mitschülerinnen und Mitschüler, der Freundinnen und Freunde, der Mathematiklehrperson, anderer Lehrpersonen, der Eltern und anderer Verwandter.

Goldin, Rösken und Törner (2009) sehen die Bedeutung von Beliefs nicht nur in der individuellen Beschreibung von Lehr-Lernprozessen, sondern auch in globaleren Situationen wie beispielsweise der Umsetzung von Bildungsreformen:

„To sum up, beliefs matter. Their influence ranges from the individual mathematical learner and problem solver and the classroom teacher, to the success or failure of massive curricular reform efforts across entire countries." (S. 14, Hervorhebung im Original)

Green (1971) nimmt zudem eine normative Perspektive auf Beliefs ein, indem er die Veränderungen der Beliefs der Schülerinnen und Schüler als eines der entscheidenden Ziele des Unterrichts betrachtet:

„Teaching is an activity which has to do, among other things, with the modification and formation of belief systems. If belief systems were impervious to change, then teaching, as a fundamental method of education, would be a fruitful activity." (S. 48)

In den folgenden Unterkapiteln soll das Konzept der Beliefs und Auffassungen in Bezug zu Mathematik detaillierter erläutert und in den theoretischen Hintergrund dieser Arbeit eingebunden werden. Dazu werden zunächst verschiedene Definitionsansätze des Begriffs Belief gegenübergestellt, um anschließend die in dieser Arbeit verwendeten Definitionen von Beliefs und Auffassungen zu präzisieren. In dem darauffolgenden Kapitel werden dann in Bezug auf den ontologischen Status mathematischer Begriffe zwei für diese Arbeit bedeutende Auffassungen von Mathematik ausgeführt – die empirische und die formalistische Auffassung. Abschließend wird das Konzept der empirischen Theorien zur Beschreibung von Schülerwissen im Mathematikunterricht dargestellt.

3.1   Präzisierung des Begriffs der Auffassung

Die Forschung zu Beliefs über Mathematik geht bereits weit zurück. Alan H. Schoenfeld gilt als einer der ersten Personen aus der Mathematikdidaktik, die das Thema als ein zentrales Mittel zur Beschreibung von Schülerhandeln angesehen und in ihren theoretischen Hintergrund eingebaut haben. Dennoch war die Forschung in dem Bereich lange Zeit wenig ausgebaut, wie es auch Gilah C. Leder, Erkki Pehkonen und Günter Törner mit dem Titel ihres bekannten Sammelwerkes „Beliefs: A Hidden Variable in Mathematics Education" (Leder, Pehkonen & Törner, 2002) beschreiben. Bereits sieben Jahre später revidieren Gerald Goldin, Bettina Rösken und Günter Törner diese Aussage in ihrem Artikel „Beliefs – No longer a hidden variable in mathematical teaching and learning processes" (Goldin, Rösken & Törner, 2009) und erklären, dass es nun eine Vielzahl an Beiträgen zur Anwendung und Fundierung des Beliefs-Begriffs gebe.

Dennoch werde in vielen dieser Beiträge, so Törner (2018), der Begriff der Beliefs nicht ausreichend präzise definiert:

> *„By now, the amount of research articles dealing with the role of beliefs in mathematical teaching and learning processes has become almost unmanageable. It is questionable what exactly the respective researchers refer to when using the term 'belief', only very few of them explicitly explain the terminology underlying their works." (S. 1)*

Alba G. Thompson formuliert in ihrem bekannten Review im „Handbook of Research on Mathematics Teaching and Learning", dass viele Autoren stillschweigend davon ausgingen, dass dem Leser klar ist, was sie unter dem Begriff der Beliefs verstehen:

> *„For the most part, researchers have assumed that readers know what beliefs are."*
> *(Thompson, 1992, S. 129)*

Dass dies nicht ohne Weiteres der Fall ist, lässt sich an der Vielzahl von sich teilweise deutlich unterscheidenden Definitionen des Belief-Begriffs erkennen, welche in Auszügen im Folgenden dargestellt werden. Hinzu kommen die vielen ähnlich definierten Begriffe, die in der mathematikdidaktischen Forschung verwendet werden. Pajares (1992) beschreibt unter anderem, dass die Begriffe "attitudes, values, judgments, axioms, opinions, ideology, perceptions, conceptions, conceptual systems, preconceptions, dispositions, implicit theories, explicit theories, personal theories, internal mental processes, action strategies, rules of practice, practical principles, perspectives, repertories of understanding, and social strategy" (S. 309) in der englischsprachigen Literatur häufig zu finden sind. Nach Pehkonen (1995), der eine Reihe von Texten aus dem ZDM-Journal untersucht hat, werden im Deutschen insbesondere „Einschätzung, Einstellung, Meinung, Sichtweise, Überzeugung, Vorstellung" (S. 10) häufig äquivalent zum englischen Begriff Belief verwendet. Den Begriff der Auffassung setzt er dem englischsprachigen Begriff „Conception" gleich und versteht hierunter die Untermenge der bewusst gehaltenen Beliefs, von denen „zumindest das Individuum selbst denkt, dass seine Vorstellungen berechtigt und dadurch genehmigt sind" (Pehkonen, 1994, S. 6). In dieser Arbeit soll der Begriff der Auffassung allerdings auf andere Weise verwendet werden, wie es zu einem späteren Zeitpunkt in diesem Unterkapitel ausgeführt werden soll.

Lange Zeit wurden Beliefs überwiegend in Zusammenhang mit negativ konnotierten Begriffen wie dem der Fehlvorstellung definiert und verwendet (vgl. Törner, 2002). Dies hat sich inzwischen grundlegend gewandelt und Beliefs werden im Allgemeinen als bedeutende Elemente bei der mathematischen Wissensentwicklung von Schülerinnen und Schülern angesehen. Betrachtet man die Literatur zu Beliefs, so lassen sich insbesondere drei viel verwendete definitorische Ansätze zum Begriff der Beliefs unterscheiden:[1]

1. Definition von Beliefs durch Abgrenzung vom Wissensbegriff (u. a. Pehkonen & Pietilä, 2004; Thompson, 1992; Goldin, 2002)
2. Definition von Beliefs in Bezug auf den Einstellungsbegriffs (u. a. Grigutsch, Raatz & Törner, 1998; Philipp, 2007)
3. Definition von Beliefs als verhaltensbestimmende mentale Strukturen (u. a. Schoenfeld, 1985; Frank, 1985)

---

[1] Die verschiedenen Ansätze finden sich nicht immer trennscharf in der Literatur wieder. Zudem gibt es verschiedene weitere Definitionsansätze des Beliefbegriffs (siehe z. B. Hannula, 2012; Stoffels, 2020), die in einzelnen theoretischen Konzepten vorzufinden sind, an dieser Stelle aber nicht tiefer beleuchtet werden.

Das, was Autorinnen und Autoren unter Beliefs verstehen, unterscheidet sich somit teilweise erheblich voneinander. In den Fallgeschichten dieser Arbeit werden Schülerinnen und Schüler in klinischen Interviews beim Umgang mit bestimmten Lernumgebungen beobachtet und befragt. Aus dem Verhalten der Schülerinnen und Schüler sollen dann Implikationen abgeleitet werden. Aus diesem Grund wird im Rahmen dieser Arbeit dem dritten Ansatz zur Definition von Beliefs unter Verweis auf Schoenfeld (1985) gefolgt. Dieser definiert den Begriff Belief indirekt über den des Belief Systems – eine Zusammenfassung einzelner Beliefs – und schreibt diesen eine potentiell verhaltenssteuernde Funktion zu:

> *„Belief systems are one's mathematical world view, the perspective with which one approaches mathematics and mathematical tasks. One's beliefs about mathematics can determine how one chooses to approach a problem, which techniques will be used or avoided, how long and how hard one will work on it, and so on. Beliefs establish the context within which resources, heuristics and control operate.“ (Schoenfeld, 1985, S. 45)*

Schoenfeld (1985) definiert den Begriff Belief System[2] somit bezogen auf das Verhalten einer Person im Umgang mit mathematischen Fragestellungen. Er wendet den Begriff insbesondere zur Beschreibung von Problemlösesituationen wie

---

[2] In Bezug auf den Begriff das Belief Systems wird in der Literatur häufig auch auf die Arbeit von Thomas F. Green (1971) verwiesen. Dieser erklärt, dass Beliefs nie vollständig isoliert voneinander bestehen, sondern stets in Gruppen auftreten – sogenannte Belief Systeme. Für solche Systeme von Beliefs unterscheidet er zwischen drei Dimensionen. Als erste Dimension bezeichnet er mit der „quasi-logical structure" die Anordnung von Beliefs in einem Belief System in dem Sinne, dass manche Beliefs von anderen Beliefs abhängen. Daher macht er eine Unterscheidung zwischen primären und abgeleiteten Beliefs. Die Ableitung eines Beliefs aus einem anderen folgt dabei keiner objektiven logischen Struktur, sondern ist bestimmt durch das Belief System der einzelnen Person. Die zweite Dimension nach Green ist durch die „psychological centrality" gegeben. Demnach sind manche Beliefs für eine Person bedeutender als andere, wobei dies der Person nicht bewusst sein muss. Beliefs innerhalb eines Belief Systems können somit verschieden stark ausgeprägt sein. Green unterscheidet zwischen zentralen bzw. „core beliefs" (S. 46) und peripheren Beliefs. Diese Einteilung ist unabhängig von ihrer quasi-logischen Struktur – entsprechend muss es beispielsweise keine Übereinstimmung zwischen zentralen und primären Beliefs geben. In der dritten Dimension beschreibt Green die Cluster-Struktur von Belief Systemen. Demnach sind Beliefs im Belief System in voneinander isolierten Clustern organisiert, innerhalb denen die Beliefs entsprechend der quasi-logischen Struktur miteinander verbunden sind. Mithilfe der Cluster-Struktur von Beliefs lässt sich unter anderem erklären, warum eine Person verschiedene sich widersprechende Beliefs aufweisen kann (siehe hierzu u. a. die empirischen Studien von Hoyles, 1992 oder Skott, 2001).

In den empirischen Analysen und dem theoretischen Konzept dieser Arbeit werden die verschiedenen Dimensionen nach Green (1971) nicht zur Beschreibung herangezogen. Stattdessen wird die Definition nach Schoenfeld (1985) verwendet.

der eingangs dargestellten Fallgeschichte an, wobei in dieser Arbeit eine Anwendung auf mathematische Wissensentwicklungsprozesse im Allgemeinen erfolgen soll. Nach Schoenfeld handelt es sich bei Beliefs und Belief Systemen um mentale Strukturen mit einer kognitiven und einer affektiven Komponente (vgl. Schoenfeld, 1985, 1992), die das Verhalten neben anderen Faktoren (mathematisches Wissen – *Resources*, heuristische Strategien und Techniken – *Heuristics*, Planungs- und Kontrollentscheidungen – *Control*) wesentlich mitbestimmen.[3]

Der für diese Arbeit wichtige Begriff der Auffassung soll in dieser Arbeit synonym zum Begriff des Belief Systems i. S. v. Schoenfeld verstanden werden (wie dies auch Stoffels, 2020 und Witzke, 2009 machen). So wird von der Auffassung von Mathematik gesprochen, wenn gemeint ist, dass bestimmte Beliefs in Bezug auf Mathematik im Rahmen eines übergeordneten Belief System gemeinsam fungieren.[4] Ein besonderer Fokus wird dabei auf Beliefs über die Natur der Mathematik gesetzt.

Neben den allgemeinen Beliefs über Mathematik (sogenannten globalen Beliefs) lassen sich auch Beliefs über einzelne mathematische Teilgebiete („Domain-Specific Beliefs", S. 87) oder einzelne Begriffe („Subject-Matter Beliefs", S. 86) beschreiben (Törner, 2002). Diese stehen häufig in Zusammenhang mit den globalen Beliefs bzw. der Auffassung von Mathematik, es lassen

---

[3] Die von Schoenfeld (1985) beschriebene Steuerungsrolle von Beliefs führt Frank (1985) aus, indem sie beschreibt, dass die mathematischen Beliefs einer Person als eine Art Filter fungieren. Die bisherigen Erfahrungen in Mathematik und das mathematische Wissen können nur über die mathematischen Beliefs das Verhalten beeinflussen. Hinzu kommen die Motivation und die Bedürfnisse im Mathematikunterricht, die häufig mit den mathematischen Beliefs in Verbindung stehen.

Damit dienen Beliefs der Strukturierung der Wahrnehmung und entsprechend der Steuerung des Verhaltens (vgl. Törner, 2002). Die Erfahrungen der Schülerinnen und Schüler und ihre entwickelten Beliefs in Bezug auf Mathematik bilden dabei eine wechselseitige Beziehung. Auf der einen Seite sind die Erfahrungen beim Lernen von Mathematik die Ursache und Grundlage für die Entwicklung von Beliefs. Die entwickelten Beliefs dienen auf der anderen Seite der Strukturierung der Erfahrungen und damit der Steuerung des Verhaltens beim Lernen von Mathematik (vgl. Spangler, 1992).

[4] Alan H. Schoenfeld hat in diesem Zusammenhang den Begriff des „mathematical world view" geprägt: *„Belief systems are one's mathematical world view, the perspective with which one approaches mathematics and mathematical tasks."* (Schoenfeld, 1985, S. 45).

Diesen Begriff greifen Grigutsch, Raatz und Törner (1998) auch in der deutschsprachigen Mathematikdidaktik auf und beschreiben das „mathematische Weltbild" wie folgt: *„Der Mathematik als komplexe Erfahrungs- und Handlungswelt steht somit eine relational strukturierte , Welt' der Einstellungen gegenüber, die wir als* mathematisches Weltbild *bezeichnen wollen. Ein mathematisches Weltbild ist im obigen Sinne ein System von Einstellungen gegenüber (Bestandteilen) der Mathematik."* (S. 10, Hervorhebung im Original).

sich aber beispielsweise Unterschiede in Domain-Specific Beliefs in Bezug auf verschiedene mathematische Teildisziplinen feststellen (vgl. Eichler & Schmitz, 2018).

Nachdem in diesem Abschnitt der Begriff der Beliefs bzw. der Auffassung für diese Arbeit definiert wurde, stellt sich die Frage, wie die Beliefs von Personen oder Personengruppen bestimmt werden können.[5] Die Wahl einer Messmethode hängt eng mit der zugrunde gelegten Definition von Beliefs bzw. Auffassungen zusammen. Werden Beliefs auf der Grundlage des Verhaltens einer Person in Situationen individueller mathematischer Wissensentwicklung definiert, wie es in dieser Arbeit erfolgt, so sollten die Auffassung von Mathematik sowie die zugehörigen einzelnen Beliefs auch durch Verhaltensbeobachtungen rekonstruiert werden. Diese werden in den in dieser Arbeit dargestellten empirischen Studien durch gezielte Interviewfragen ergänzt. Da die Rekonstruktion der Beliefs einer Person wesentlich von den mathematikbezogenen Beliefs und den subjektiven Erfahrungsbereichen des Beobachters in Bezug auf die beobachtete Person basieren[6], ist es besonders wichtig, festzulegen welche Aspekte des Verhaltens der Forscher in seine Rekonstruktion einbezieht. Aus diesem Grund soll im folgenden Kapitel die in dieser Arbeit angewendete Unterscheidung zwischen einer empirischen und einer formalistischen Auffassung von Mathematik eingeführt werden.

---

[5] Leder und Forgasz (2002) stellen verschiedene Methoden zur Messung von Beliefs gegenüber. In vielen empirischen Studien werden nach Angaben der Autoren Skalen zur quantitativen Messung von Beliefs verwendet. Beispielsweise sollen die untersuchten Personen ihre Zustimmung zu verschiedenen Aussagen auf einer Likert-Skala bewerten. Des Weiteren werden in verschiedenen Studien Reaktionen von Personen auf spezifische erzeugte Reize gemessen. Die Messung kann dabei entweder körperliche Reaktionen (z. B. elektrodermale Aktivität) oder sprachliche Ausdrücke (z. B. Vervollständigen eines Satzes) einer Person betreffen. Zuletzt können Beliefs in Interviewsituationen erfragt oder in unterschiedlichen Situationen durch Verhaltensbeobachtungen rekonstruiert werden.

[6] Diesen Aspekt legt Stoffels (2020) explizit seiner Definition von Beliefs zugrunde, indem er Belief Systeme nicht als mentale Strukturen, sondern als von einem Beobachter vorgenommene Zusammenfassung rekonstruierter subjektiver Erfahrungsbereiche definiert: *„Ein Belief-System verweist auf verschiedene Subjektive Erfahrungs-Bereiche, die gleiche oder ähnliche Perspektiven und Funktionen für das Subjekt beinhalten. Die Zusammenfassung rekonstruierter subjektiver Erfahrungsbereiche zu Belief-Systemen anhand einer identifizierten Gleichheit oder Ähnlichkeit erfolgt durch eine Beobachter*in des Subjekts. In dieser Arbeit wird diese Identifikation durch folgende Sprechweise beschrieben, dass Belief-Systeme gewisse Subjektive Erfahrungs-Bereiche zusammenfassen. Eine Möglichkeit diese Beobachtung zu präzisieren, liegt darin festzulegen, dass Belief-Systeme eines Subjekts Äquivalenzklassen subjektiver Erfahrungsbereiche bilden."* (S. 153).

Diesem definitorischen Ansatz soll in dieser Arbeit nicht gefolgt werden. Stattdessen soll die Abhängigkeit vom Beobachter als Aspekt der Rekonstruktion von Beliefs bzw. Auffassungen verstanden werden.

3.2 Empirische und formalistische Auffassungen von Mathematik

Ein wesentliches Anliegen der Forschung zu Auffassungen von Mathematik ist die Identifikation möglicher Ausprägungen von Mathematikauffassungen, also die Darstellung typischer Auffassungen von Mathematik. Die dabei zugrundeliegende Hypothese ist, dass sich die Belief-Systeme verschiedener Personen als hinreichend ähnlich beschreiben lassen und damit entsprechend kategorisiert werden können. Goldin (2002) spricht in diesem Zusammenhang von „socially or culturally shared belief systems" (S. 64).

Für diese Arbeit wird die ontologische Bindung der mathematischen Begriffe bzw. der mathematischen Theorien als das bedeutende Unterscheidungsmerkmal von Auffassungen i. S. v. Belief Systemen verstanden und diesbezüglich wird eine Differenzierung zwischen zwei Auffassungen von Mathematik (bzw. im engeren Sinne von der Natur der Mathematik) vorgenommen – eine empirische und eine formalistische Auffassung von Mathematik. Beide Auffassungen sollen in den folgenden Abschnitten genauer in den Blick genommen werden.

3.2.1 Empirische und formalistische Auffassung am Beispiel der reellen Zahlen

Die *formalistische Auffassung* von Mathematik entspricht der allgemein anerkannten wissenschaftlichen Art und Weise Mathematik zu betreiben und zu verstehen. Sie wird verkörpert durch „den Idealfall der Hochschulmathematik" (Grigutsch, Raatz & Törner, 1998, S. 11) und wird von manchen Autorinnen und Autoren durch einen strengen deduktiven Aufbau der Theorie charakterisiert. Diese Charakterisierung soll in dieser Arbeit explizit nicht zugrunde gelegt werden. Stattdessen werden der Formalismus und die dazugehörige formalistische Auffassung von Mathematik in dieser Arbeit im Sinne Hilberts verstanden. Einen wesentlichen Punkt dieser Auffassung formulieren Hilbert und Bernays wie folgt:

> „Eine Verschärfung, welche der axiomatische Standpunkt in Hilberts „Grundlagen der Geometrie" erhalten hat, besteht darin, daß man von dem sachlichen Vorstellungsmaterial, aus dem die Grundbegriffe einer Theorie gebildet sind, in dem axiomatischen Aufbau der Theorie nur dasjenige beibehält, was als Extrakt in den Axiomen formuliert ist, von allem sonstigen Inhalt aber abstrahiert." (Hilbert & Bernays, 1968, S. 1)

Ein möglicher anschaulicher Charakter mathematischer Begriffe wird im Formalismus nach Hilbert somit bewusst in der Theorie außen vorgelassen. Stattdessen sind die Begriffe Variablen, die keine empirischen Referenzobjekte haben. Wie eine solche formalistische Theorie aufgebaut sein kann, konnte Hilbert in den „Grundlagen der Geometrie" explizieren. Eine notwendige Folgerung der gelösten ontologischen Bindung der mathematischen Begriffe (vgl. Freudenthal, 1961) ist die Formulierung von Axiomen als Aussageformen (und nicht als Aussagen) sowie eine ausschließlich hierauf aufbauende, deduktiv geordnete Theorie. Der streng axiomatische Aufbau ist damit aber keineswegs ein Alleinstellungsmerkmal einer formalistischen Theorie, sondern kann auch im Rahmen präzise gefasster empirischer Theorien (siehe Abschnitt 3.3) erfolgen.

Stellt man einem Mathematiker die Frage „Was ist Mathematik?", so wird dieser vermutlich antworten, dass es sich um eine Wissenschaft zur Untersuchung abstrakter Strukturen handelt. Bei einer formalistischen Auffassung werden in der Mathematik keine empirischen Objekte (z. B. Zeichenblattfiguren, Funktionsgraphen, Spielwürfel) untersucht, sondern in Axiomen festgelegte Aussageformen. Harro Heuser beschreibt dies im Vorwort zu seinem bekannten Lehrwerk zur Analysis wie folgt:

> „[...] was die Mathematik erst zur Mathematik macht: die Helle und Schärfe der Begriffsbildung, die pedantische Sorgfalt im Umgang mit Definitionen (kein Wort darf man dazutun und keines wegnehmen – auch nicht und gerade nicht unbewußt), die Strenge der Beweise (die nur mit den Mitteln der Logik, nicht mit denen einer wie auch immer gereinigten Anschauung zu führen sind – und schon gar nicht mit den drei traditionsreichsten „Beweis"-Mitteln: Überredung, Einschüchterung und Bestechung), schließlich die abstrakte Natur der mathematischen Objekte, die man nicht sehen, hören, fühlen, schmecken oder riechen kann." (Heuser, 2009, S. 12)

Diese insbesondere im wissenschaftlichen Bereich an Universitäten aufzufindende Auffassung spiegelt sich auch in den Lehrwerken und Lehrveranstaltungen wider. Stoffels (2020) konnte dies durch eine systematische Analyse des Lehrwerks von Georgii (2009) im Bereich der Stochastik aufzeigen. Wie am folgenden Beispiel deutlich zu sehen ist, vermittelt auch das Analysis-Lehrwerk von Harro Heuser Mathematik als Strukturwissenschaft. Dieses beginnt im ersten Kapitel mit einer kurzen Einführung in die Mengenlehre, in der der Begriff der Menge bewusst von seiner umgangssprachlichen Bedeutung als Menge empirischer Objekte abgegrenzt wird („Die Umgangssprache benutzt das Wort „Menge" üblicherweise, um eine Ansammlung zahlreicher Gegenstände zu bezeichnen [...]. Der mathematische Mengenbegriff ist jedoch von solchen unbestimmten Größenvorstellungen völlig frei [...].", S. 18). Es folgt ein Unterkapitel über die historische Entwicklung hin zu irrationalen Größen, das insbesondere der Motivation für die im Anschluss folgenden Ausführungen zu dienen scheint. Sodann folgt ein expliziter Bruch:

„Wir wollen diese Überlegungen hier nicht ausführen. Sie sind weniger schwierig als langweilig. [...] Wir dürfen uns ihrer umso eher entheben, als wir uns im nächsten Abschnitt auf einen ganz anderen, den sogenannten <u>axiomatischen Standpunkt</u> stellen werden." (Heuser, 2009, S. 31, Hervorhebung im Original)

Im dritten Unterkapitel folgt schließlich die Einführung der reellen Zahlen, die nun genauer betrachtet werden soll. Zunächst werden zur axiomatischen Bestimmung der reellen Zahlen zwei Operationen – die Addition ($a + b$ für zwei reelle Zahlen a und b) und die Multiplikation (ab oder $a \cdot b$ für zwei reelle Zahlen a und b) – eingeführt. In den Worten „Wie diese Summen und Produkte zu bilden sind, spielt keine Rolle; entscheidend ist ganz allein, daß sie den folgenden Axiomen genügen" (S. 35) wird das formalistische Konzept deutlich, bei dem die Begriffe ontologisch nicht gebunden, sondern „ganz allein" durch die Axiome bestimmt sind. Ein Algorithmus, wie zwei als Dezimalzahlen gegebene reelle Zahlen addiert werden, wird nicht angegeben. Es folgen die fünf bekannten Körperaxiome der Kommutativität, der Assoziativität, der Distributivität, der Existenz neutraler Elemente sowie der Existenz inverser Elemente in mengentheoretischer Sprache (siehe Abbildung 3.5).

Die Körperaxiome

Diese Axiome formulieren die Grundregeln für die „Buchstabenalgebra". Wir gehen davon aus, daß in **R** eine Addition und eine Multiplikation erklärt ist, d.h., daß je zwei reellen Zahlen a, b eindeutig eine reelle Zahl $a + b$ (ihre Summe) und ebenso eindeutig eine weitere reelle Zahl ab — auch $a \cdot b$ geschrieben — (ihr Produkt) zugeordnet ist. *Wie diese Summen und Produkte zu bilden sind, spielt keine Rolle;* entscheidend ist ganz allein, daß sie den folgenden Axiomen genügen:

(A 1) Kommutativgesetze: $a + b = b + a$ *und* $ab = ba$.

(A 2) Assoziativgesetze: $a + (b + c) = (a + b) + c$ *und* $a(bc) = (ab)c$.

(A 3) Distributivgesetz: $a(b + c) = ab + ac$.

(A 4) Existenz neutraler Elemente: *Es gibt eine reelle Zahl* 0 *(„Null") und eine hiervon verschiedene reelle Zahl* 1 *(„Eins"), so daß für jedes a gilt*
$$a + 0 = a \quad und \quad a \cdot 1 = a.$$

(A 5) Existenz inverser Elemente: *Zu jedem a gibt es eine reelle Zahl* $-a$ *mit*
$$a + (-a) = 0;$$
ferner gibt es zu jedem von 0 *verschiedenen a eine reelle Zahl* a^{-1} *mit*
$$a \cdot a^{-1} = 1.$$

Abbildung 3.5 Körperaxiome im Analysis-Lehrbuch von Harro Heuser (© Heuser, 2009, S. 35)

Auf die Körperaxiome folgt ohne weiterführende Erläuterungen die Einführung der „Kleiner-Beziehung" ($a < b$ oder die alternative Schreibweise $b > a$ für zwei reelle Zahlen a und b). Zu erkennen ist, dass die häufig als „Größer-Beziehung" bezeichnete Relation ($a > b$ für zwei reelle Zahlen a und b) nicht als eigene Relation eingeführt wird, wie es beispielsweise im Schulunterricht häufig der Fall ist. Stattdessen wird die Beziehung lediglich als alternative Schreibweise eingeführt, da sie sich vollständig (und zwar unmittelbar) aus der „Kleiner-Beziehung" herleiten lässt und somit maximal eine abkürzende und für einfachere Lesbarkeit sorgende Funktion hat. Die Teilmenge der positiven und negativen reellen Zahlen werden durch in Beziehung setzen mit der Zahl 0 durch die „Kleiner-Beziehung" in den beiden Schreibweisen definiert. Es folgt wie bereits bei der Einführung der Addition und Multiplikation der Satz „Wie die Kleiner-Beziehung im übrigen definiert ist, bleibt dahingestellt; für uns ist einzig und allein interessant, daß sie den folgenden Axiomen genügt" (S. 36). Hiermit meint Heuser vermutlich, dass kein Verfahren angegeben wird, mit dem sich zwei reelle Zahlen vergleichen lassen, denn definiert ist die „Kleiner-Beziehung" vollständig durch die angegebenen Axiome. Daraufhin werden die drei Ordnungsaxiome der Trichotomie, Transitivität und Monotonie in mengentheoretischer Sprache dargelegt (siehe Abbildung 3.6).

Die Ordnungsaxiome

Hier gehen wir davon aus, daß in **R** eine „Kleiner-Beziehung" $a < b$ erklärt ist (lies: „a ist kleiner als b" oder kürzer, aber sprachvergewaltigend: „a kleiner b"). Das Zeichen $a > b$ (lies: „a ist größer als b" oder kürzer: „a größer b") soll nur eine andere Schreibweise für $b < a$ sein (merke: „die kleinere Zahl wird gestochen"). Eine Zahl heißt positiv bzw. negativ, je nachdem sie > 0 bzw. < 0 ist. Die Menge aller positiven reellen Zahlen bezeichnen wir mit $\mathbf{R}^+$. *Wie die Kleiner-Beziehung im übrigen definiert ist, bleibt dahingestellt*; für uns ist einzig und allein interessant, daß sie den folgenden Axiomen genügt:

(A 6)   Trichotomiegesetz: *Für je zwei reelle Zahlen a, b gilt stets eine, aber auch nur eine, der drei Beziehungen*

        $a < b, \qquad a = b, \qquad a > b.$

(A 7)   Transitivitätsgesetz: *Ist $a < b$ und $b < c$, so folgt $a < c$.*

(A 8)   Monotoniegesetze: *Ist $a < b$, so gilt*

        $a + c < b + c$ *für jedes* c

und $ac < bc$ *für jedes* $c > 0.$

Abbildung 3.6   Ordnungsaxiome im Analysis-Lehrbuch von Harro Heuser (© Heuser, 2009, S. 35 f.)

Die bisherigen Axiome können auch zur Axiomatisierung der rationalen Zahlen herangezogen werden. Die Entscheidung, die reellen aus den rationalen (oder sogar den natürlichen) Zahlen zu entwickeln, trifft das betrachtete Lehrwerk allerdings bewusst nicht.

> *„Dieses Verfahren, von Axiomen über reelle Zahlen selbst auszugehen, hat Hilbert vorgeschlagen und hat die Vorzüge desselben vor dem langwierigen genetischen Verfahren (das die reellen Zahlen etwa aus den natürlichen konstruiert) gepriesen. Der geistvolle Russel hat dazu gemeint, diese Vorzüge seien denen ähnlich, die der Diebstahl vor ehrlicher Arbeit hat: Man eignet sich mühelos die Früchte fremder Leistung an. Wir versuchen nicht, dem Reiz der mühelosen Aneignung zu widerstehen und folgen deshalb dem Hilbertschen Rat."* (Heuser, 2009, S. 35)

Diese Entscheidung ist charakteristisch für ein axiomatisches Vorgehen, bei dem es mit Blick auf die axiomatisch definierten Begriffe (hier die reellen Zahlen) gleichgültig ist, ob diese direkt als Axiome gewählt oder aus einer grundlegenderen bzw. alternativen Auswahl an Axiomen gefolgert werden. Eine formalistische Theorie im Sinne Hilberts folgt notwendigerweise einem solchen axiomatischen Aufbau.[7]

Im Anschluss an die Ordnungsaxiome werden einige abkürzende Bezeichnungen eingeführt wie beispielsweise die Nichtnegativität oder Nichtpositivität einer Zahl. Schließlich folgt die Einführung von Dedekindschen Schnitten und das Schnittaxiom (Abbildung 3.7).

Die dargestellte Einführung der reellen Zahlen aus dem Analysis-Lehrwerk von Harro Heuser ist prototypisch für eine formalistische Theorie in universitären Lehrveranstaltungen, bei der mathematische Begriffe ontologisch nicht gebunden sind und stattdessen Axiome als Aussageformen grundgelegt werden. Auch wenn teilweise zu der hier gewählten Fassung äquivalente Axiomatisierungen verwendet werden, in der beispielsweise anstelle der Dedekindschen Schnitte Äquivalenzklassen von Intervallschachtelungen (z. B. Analysis-Lehrwerk Königsberger, vgl. Königsberger, 2004) oder Cauchyfolgen (z. B. „Logische Grundlagen der Mathematik", vgl. Schindler, 2009) betrachtet werden, ist die Herangehensweise in den bekannten Lehrwerken vergleichbar und erfolgt entsprechend des

---

[7] Auch empirische Theorien wie beispielsweise die Euklidische Geometrie können axiomatisch aufgebaut sein. Die axiomatische Methode ist kein Alleinstellungsmerkmal formalistischer Theorien, aber eine notwendige Folge der nicht vorhandenen ontologischen Bindung.

Das Schnittaxiom

Hier knüpfen wir an die Betrachtungen der Nr. 2 an. Ein (Dedekindscher) Schnitt $(A \mid B)$ liegt vor, wenn folgendes gilt:

1. A und B sind nichtleere Teilmengen von **R**,
2. $A \cup B = \mathbf{R}$,
3. für alle $a \in A$ und alle $b \in B$ ist $a < b$.

Eine Zahl t heißt Trennungszahl des Schnittes $(A \mid B)$, wenn

$$a \leqslant t \leqslant b \quad \text{für alle} \quad a \in A \quad \text{und alle} \quad b \in B$$

ist. Unser letztes Axiom lautet nun folgendermaßen:

(A 9)   Schnittaxiom oder Axiom der Ordnungsvollständigkeit: *Jeder Dedekindsche Schnitt besitzt eine, aber auch nur eine, Trennungszahl.*

Abbildung 3.7   Schnittaxiom im Analysis-Lehrbuch von Harro Heuser (© Heuser, 2009, S. 36 f.)

formalistischen Aufbaus der Mathematik, bei dem Strukturen anstelle konkreter Objekte betrachtet werden. Die damit verbundene Lösung der ontologischen Bindung der reellen Zahlen stellt nach Burscheid und Struve (2018) eine große Herausforderung für viele Studierende dar:

> „Sich von einem empirischen Zahlverständnis zu lösen dürfte zu den Hauptschwierigkeiten eines Studienanfängers gehören, der eine Analysisvorlesung besucht, die von ihm mehr verlangt als das Beherrschen gewisser Techniken. Denn mit einem empirischen Zahlverständnis sind tragende Begriffe der Analysis (z. B. solche, die auf Konvergenz fußen) nicht zu verstehen." (S. 56)

Die Untersuchungsgegenstände formalistischer Mathematik sind somit nicht mehr Objekte, sondern Strukturen, welche durch Systeme von Axiomen festgelegt werden. Aussagen über die Strukturen werden in formalen Beweisen auf der Grundlage logischer Schlüsse auf die Axiome zurückgeführt. Solche Tupel aus Mengen und Relationen, auf die die Axiome eines Systems zutreffen, werden als Modelle ebendieses bezeichnet. Die Axiome eines Systems bedürfen in einer formalistischen Mathematik keinerlei Begründung. Sie können zwar auf der Grundlage von Erfahrungen gewählt werden und haben damit einen gewissen Bezug zur Empirie, wurde sich aber einmal für ein Axiomensystem entschieden, so sind die in diesem System gültigen Zusammenhänge unabhängig von der Empirie und der untersuchenden Person. Über Modelle haben formalistische Theorien aber dennoch Relevanz für empirische Wissenschaften. Dieses Vorgehen der formalistischen Mathematik unterscheidet sich grundlegend von anderen

Bestrebungen der Axiomatisierung von Mathematik, wie sie bereits früh von Euklid vorgenommen wurden und bei welchen sich die Axiome auf gewisse empirische Objekte beziehen.

Der beschriebenen formalistischen Auffassung von Mathematik steht eine *empirische Auffassung* gegenüber, bei der die Untersuchungsgegenstände der Mathematik aus der Empirie stammen und die mathematische Theorie an diese gebunden ist. Innerhalb der Theorie werden mathematische Sätze deduktiv hergeleitet und zur Beschreibung der empirischen Objekte herangezogen. Neueren Studien zufolge (vgl. u. a. Witzke & Spies, 2016) scheinen Schülerinnen und Schüler oder Studierende zu Studienbeginn häufig eine solche Auffassung von Mathematik zu vertreten. Dies kann unter anderem auf die Art und Weise zurückgeführt werden, wie Mathematik an der Schule unterrichtet wird. Betrachtet man beispielsweise die Einführung der reellen Zahlen im Schulbuch Elemente der Mathematik für die 8. Jahrgangsstufe (Griesel, Postel & Suhr, 2008), so erkennt man fundamentale Unterschiede zu dem oben dargestellten formalistischen Zugang zu den reellen Zahlen.

Den Schülerinnen und Schülern einer 8. Jahrgangsstufe sind Brüche und Dezimalbrüche bereits aus den vorherigen Schuljahren bekannt. Aufbauend auf diesem Wissen wird im ersten Unterkapitel von Kapitel 5 des betrachteten Schulbuchs die Quadratwurzel aus einer Zahl a als „diejenige nichtnegative Zahl, die mit sich selbst multipliziert die Zahl a ergibt" (S. 174) eingeführt. Es folgen einige Übungsaufgaben, bei denen (allesamt rationale) Quadratwurzeln von rationalen Zahlen berechnet werden sollen. Schließlich fällt im zweiten Unterkapitel der Blick auf Quadratwurzeln natürlicher Zahlen und es wird im Anschluss an eine kurze Einführungsaufgabe festgestellt: „Die Wurzel aus einer natürlichen Zahl n ist entweder eine natürliche Zahl (falls n eine Quadratzahl ist) oder ein nichtabbrechender Dezimalbruch." (S. 177). Es folgen einige näherungsweise Berechnungen von Quadratwurzeln und schließlich im dritten Unterkapitel das Intervallhalbierungsverfahren, das ausgiebig erläutert wird und mit dem dann Näherungen einer festgelegten Güte bestimmt werden. Im vierten Unterkapitel werden dann rationale Zahlen als „die Zahlen, die sich mit Brüchen angeben lassen" definiert. Außerdem wird angegeben, dass sie als Dezimalbrüche „abbrechend oder periodisch" sind (S. 183). Irrationale Zahlen werden dagegen als nichtrationale Zahlen beschrieben, die sich nicht als Bruch darstellen lassen. „Als Dezimalbruch geschrieben sind solche Zahlen nichtabbrechend und auch nichtperiodisch" (S. 183).

Damit werden die Begriffe der rationalen und irrationalen Zahlen auf Brüche bzw. Dezimalbrüche zurückgeführt. Brüche werden im Band der Lehrwerkreihe für das 6. Schuljahr mithilfe von Tortenmodellen eingeführt (vgl. Griesel, Postel & Suhr, 2003a). Die Einführung von Dezimalbrüchen erfolgt im Band für das

7. Schuljahr am Zahlenstrahl (vgl. Griesel, Postel & Suhr, 2003b). Brüche werden hier somit als Maßzahlen von Größen eingeführt – und weisen damit eine ontologische Bindung zu empirischen Größen auf (z. B. Längen auf einem Zahlenstrahl oder Stücke eines Tortenmodells).

Im Anschluss an die Behandlung von Quadratwurzeln werden die reellen Zahlen eingeführt. Hierzu steht den Schülerinnen und Schülern zunächst eine Einstiegsaufgabe zur Verfügung, in der sie einen Kreis mit einem Radius von „3" und dem Mittelpunkt im Ursprung eines Koordinatensystems zeichnen sollen. Zusätzlich sollen die Durchmesser gezeichnet werden, die die Winkel zwischen den Koordinatenachsen halbieren. Die entstehenden Schnittpunkte sollen zu einem Viereck verbunden werden. Die Schülerinnen und Schüler sollen dann angeben, an welchen Stellen sich „genau" die Seiten des Vierecks und die Koordinatenachsen schneiden. In einer weiteren Aufgabe ist ein Quadrat mit einer Diagonalenlänge von „2" gegeben, dessen Seitenlänge mit einem Kreisbogen auf einen Zahlenstrahl übertragen wird. Es soll erläutert werden, warum an der Zahlengerade an dieser Stelle die Zahl $\sqrt{2}$ liegt. Die Lösung zu dieser Aufgabe ist im Buch angegeben (siehe Abbildung 3.8).

Einstieg   Zeichnet um den Ursprung eines Koordinatensystems einen Kreis mit dem Radius 3. Zeichnet in diesen Kreis die Durchmesser, die die Winkel zwischen den Koordinatenachsen halbieren. Verbindet die Endpunkte der Durchmesser zu einem Viereck. Was für ein Viereck entsteht? An welchen Stellen schneiden die Seiten dieses Vierecks die Koordinatenachsen genau?

Aufgabe 1   Erläutere, warum an der markierten Stelle x auf der Zahlengeraden die irrationale Zahl $\sqrt{2}$ liegt.

Lösung   Der Flächeninhalt des Quadrates hat die Maßzahl 2, denn es setzt sich zusammen aus vier zueinander kongruenten Dreiecken, die jeweils den Flächeninhalt $\frac{1}{2} \cdot 1 \cdot 1$, also $\frac{1}{2}$ haben. Die Seitenlänge hat demnach die Maßzahl $\sqrt{2}$. Sie wurde mithilfe eines Zirkels auf die Zahlengerade übertragen.

Abbildung 3.8 Einstiegsaufgabe zum Thema reelle Zahlen im Schulbuch Elemente der Mathematik (© Griesel, Postel & Suhr, 2008, S. 187)

Die Einführungsaufgaben dienen der Motivation und sollen den Schülerinnen und Schülern nahelegen, warum es sinnvoll ist, reelle Zahlen einzuführen. Hierzu wird sich eines geometrischen Kontextes bedient. Die Untersuchungsobjekte sind im ersten Fall eine selbstständig konstruierte und im zweiten Fall eine bereits vorgegebene Zeichenblattfigur, die Objekte der Empirie darstellen. Auch die Bestrebungen, überhaupt Gründe für die Einführung der neuen Zahlenmenge anbieten zu wollen, legen eine empirische Auffassung von Mathematik nahe.

Im Anschluss an die Einführungsaufgabe werden dann die reellen Zahlen definiert. Hierzu wird in einem erläuternden Text auf die Darstellung rationaler Zahlen auf einem Zahlenstrahl aus den vorherigen Schuljahren verwiesen. Mit Blick auf das Beispiel der Zahl $\sqrt{2}$ aus der Einführungsaufgabe wird erklärt, dass nicht jeder Punkt auf einer Zahlengerade zu einer rationalen Zahl gehört. Schließlich werden die reellen Zahlen durch die Menge der Punkte auf der Zahlengeraden definiert: „Jeder Punkt auf der Zahlengeraden stellt eine reelle Zahl dar. Umgekehrt gehört zu jeder reellen Zahl ein Punkt auf der Zahlengeraden." Nach der Definition der reellen Zahlen wird noch die Schreibweise als Dezimalbruch diskutiert (siehe Abbildung 3.9).

Information

Nicht alle Wurzeln sind irrational. $\sqrt{4}$ z.B. ist rational.

(1) Reelle Zahlen

In früheren Schuljahren haben wir nur Punkte auf der Zahlengeraden betrachtet, die rationalen Zahlen zugeordnet waren. In Aufgabe 1 haben wir gesehen, dass man der irrationalen Zahl $\sqrt{2}$ genau einen Punkt auf der Zahlengeraden zuordnen kann. Es gibt also Punkte auf der Zahlengeraden, denen keine rationale Zahl zugeordnet ist. Will man jeden Punkt der Zahlengeraden erfassen, so muss man eine neue Zahlenmenge betrachten; die rationalen Zahlen reichen nicht mehr aus.
Rationale und irrationale Zahlen fasst man zur **Menge $\mathbb{R}$ der reellen Zahlen** zusammen.

Jeder Punkt auf der Zahlengeraden stellt eine reelle Zahl dar. Umgekehrt gehört zu jeder reellen Zahl ein Punkt auf der Zahlengeraden.

(2) Darstellung reeller Zahlen durch Dezimalbrüche

In Abschnitt 5.1.4 hast du gesehen, dass beim Umwandeln eines Bruches in einen Dezimalbruch entweder ein abbrechender oder ein periodischer Dezimalbruch entsteht.

Jede reelle Zahl lässt sich als Dezimalbruch schreiben. Ist die reelle Zahl rational, so ist dieser Dezimalbruch abbrechend oder periodisch. Ist die reelle Zahl irrational, so hat der zugehörige Dezimalbruch unendlich viele Nachkommastellen ohne Periode.

Abbildung 3.9 Definition und Einführung weiterer Eigenschaften der reellen Zahlen im Schulbuch Elemente der Mathematik (© Griesel, Postel & Suhr, 2008, S. 187)

Der an dieser Stelle des analysierten Schulbuchs gewählte Zugang zu den reellen Zahlen erfolgt über die Punkte auf der Zahlengeraden. Hierbei handelt es sich um ein empirisches Objekt mit Hilfe dessen sich die reellen Zahlen definieren lassen. Die reellen Zahlen dienen wiederum der Bestimmung der Lage von Punkten auf der Zahlengeraden. Eine Zahlengerade ist im beschriebenen Buchabschnitt nicht abgedruckt, was die empirische Referenziertheit des Begriffs aber nicht beeinflusst. In einer Abbildung neben dem Text sind zudem prototy- pische rationale und reelle Zahlen in verschiedenen Schreibweisen zu sehen. Die Zahlengeraden-Definition wird durch diese Abbildung ostensiv unterstützt.

Bei dem beschriebenen Zugang zu den reellen Zahlen über die Lückenhaftig- keit einer rationalen Zahlengeraden handelt es sich um ein typisches Vorgehen in Schulbüchern. Es lassen sich diverse Unterschiede im Vergleich zu dem zuvor beschriebenen axiomatischen Zugang im Hochschul-Lehrwerk von Harro Heuser erkennen. Neben den Unterschieden in der Komplexität der Aussagen und der formalen Darstellung ist dies insbesondere die ontologische Bindung des Begriffs der reellen Zahl und weiterer verwendeter Begriffe. Im Hochschul-Lehrwerk wird ganz bewusst auf empirische Bezüge verzichtet und die Einführung erfolgt rein auf der Basis von Axiomen. Im Schulbuch bilden dagegen gerade die empiri- schen Bezüge zur Zahlengeraden die Basis für die Entwicklung des Begriffs der reellen Zahlen, der wiederum insbesondere der Lösung des Problems der Lücken- haftigkeit der rationalen Zahlengeraden und damit der besseren Beschreibung empirischer Zusammenhänge dient.

Die Ausführungen von Horst Struve auf der Grundlage detaillierter Analy- sen von unterrichtlichen Zugängen unter anderem im Bereich der Geometrie legen nahe, dass Schülerinnen und Schüler Mathematik in einem solchen empirisch-gegenständlichen Mathematikunterricht mit vielen Bezüge zu empiri- schen Phänomenen wie in unserem obigen Schulbuchbeispiel nicht als abstrakte Strukturwissenschaft auffassen, sondern vielmehr eine empirische Auffassung von Mathematik entwickeln (vgl. Burscheid & Struve, 2009 sowie Struve, 1990):

„Die so beschriebene Auffassung kann man mit der Sichtweise eines Naturwissen- schaftlers vergleichen." (Struve, 1990, S. 35)

Die im Mathematikunterricht vermittelten Begriffe haben ihren Ursprung in der Empirie und so bedienen sich auch die Methoden zur Entwicklung von Hypothesen, zur Sicherung des Wissens und zu dessen Erklärung denen der Naturwissenschaften (siehe hierzu Abschnitt 4.2). Dabei geht es tatsächlich um die Beschreibung realer Objekte und Phänomene der Erfahrungswelt der Schü- lerinnen und Schüler – nicht um die Betrachtung idealisierter Objekte im Sinne des Idealismus.

„Der Vergleich mit physikalischen Theorien zeigt, daß es weder notwendig noch zweckmäßig ist, statt realer Objekte ideale Objekte als Gegenstände der Theorien zu betrachten." (Struve, 1990, S. 55)

Hefendehl-Hebeker (2016) schreibt mit Bezug auf Freudenthal (1983) über den ontologischen Status der Begriffe der Schulmathematik das Folgende:

> *„Im Sinne dieser Sprechweise haben die Begriffe und Inhalte der Schulmathematik ihre phänomenologischen Ursprünge überwiegend in der uns umgebenden Realität. [...] Die Geometrie (synthetisch und analytisch) ist auf das Erkennen und Beschreiben von Strukturen in unserer Umwelt und somit auf den dreidimensionalen Anschauungsraum bezogen, der Umgang mit Zahlen, Größen und Funktionen findet seine Sinngebung vorwiegend in der Lösung lebensweltlicher Probleme und die Stochastik betrachtet Zufallserscheinungen in alltagsweltlichen Situationen. „Dies alles kann durchaus intellektuell anspruchsvoll behandelt werden, auch mit lokalen Deduktionen, wo sie der Erkenntnissicherung dienen oder der Arbeitsökonomie.“ (Kirsch 1980, S. 231). Jedoch bleibt insgesamt die ontologische Bindung an die Realität bestehen, wie es bildungstheoretisch und entwicklungspsychologisch durch Aufgabe und Ziele der allgemeinbildenden Schule gerechtfertigt ist.“ (S. 16)*

3.2.2 Historische Entwicklung der Auffassungen von Mathematik

Der beschriebene Unterschied zwischen Schul- und Hochschulmathematik kann auf epistemologische Gründe zurückgeführt werden. Historisch hat sich die Mathematik von einer empirisch-fundierten Wissenschaft hin zum Formalismus entwickelt. Diese Entwicklung erfolgte nicht stetig – vielmehr wird den Erkenntnissen von Hilbert über die Grundlagen der Geometrie zu Beginn des 20. Jahrhunderts der Bruch in der Auffassung von Mathematik zugeschrieben.

Der Wandel der Auffassung von Mathematik kann daher besonders eindrücklich am Beispiel der Geometrie aufgezeigt werden (vgl. Schlicht, 2016, Struve, 1990). Die Axiomatisierung einer mathematischen Theorie erfolgte erstmalig in den Elementen von Euklid. Euklid startete mit der Formulierung von Begriffen in Form von Definitionen. Hierzu gehören unter anderem die folgenden bekannten Beschreibungen:

> *„1. Ein Punkt ist, was keine Teile hat.*

> *2. Eine Linie breitenlose Länge.*

> *3. Die Enden einer Linie sind Punkte.*

> *4. Eine gerade Linie (Strecke) ist eine solche, die zu den Punkten auf ihr gleichmäßig liegt.“ (Euklid, 1996, S. 1)*

Insgesamt lassen sich in den Elementen des Euklid 35 solcher Definitionen finden. Sie dienen der möglichst genauen Beschreibung von Zeichnungen. Hinzu kommen fünf Postulate, die im heutigen Sprachgebrauch auch als Axiome bezeichnet werden können, und gewisse geometrische Grundannahmen festlegen:

„Gefordert soll sein:

1. Daß man von jedem Punkt nach jedem Punkt die Strecke ziehen kann,

2. Daß man eine begrenzte gerade Linie zusammenhängend gerade verlängern kann.

3. Daß man mit jedem Mittelpunkt und Abstand den Kreis zeichnen kann,

4. (Ax. 10) Daß alle rechten Winkel einander gleich sind,

5. (Ax. 11) Und daß, wenn eine gerade Linie beim Schnitt mit zwei geraden Linien bewirkt, daß innen auf derselben Seite entstehende Winkel zusammen kleiner als zwei Rechte werden, dann die zwei geraden Linien bei Verlängerung ins Unendliche sich treffen auf der Seite, auf der die Winkel liegen, die zusammen kleiner als zwei Rechte sind." (Euklid, 1996, S. 2–3)

Auf die Postulate folgen fünf Axiome, die logische Grundsätze des Vorgehens Euklids darstellen, wie zum Beispiel:

„1. Was demselben gleich ist, ist auch einander gleich.

2. Wenn Gleichem Gleiches hinzugefügt wird, sind die Ganzen gleich.

3. Wenn von Gleichem Gleiches weggenommen wird, sind die Reste gleich." (Euklid, 1996, S. 3)

Schließlich wird in den Elementen des Euklid eine Vielzahl sogenannter Propositionen formuliert, die wir heute als mathematische Sätze bezeichnen würden. Diese werden durch Rückführung auf die Postulate mithilfe der Axiome und Definitionen bewiesen. Dabei arbeitet er axiomatisch-deduktiv, wobei er gewisse Existenzaussagen, wie beispielsweise die Existenz gewisser Schnittpunkte (wenngleich nicht bewusst) der Anschauung entnimmt. Das Ziel der Euklidischen Theorie lag in der Beschreibung der Konstruktion von Zeichenblattfiguren mithilfe von Zirkel und Lineal.

Lange Zeit war Euklids Auffassung von Mathematik federführend und mathematische sowie auch naturwissenschaftliche Theorien wie beispielsweise die Mechanik Newtons wurden „more geometrico", also nach dem Vorbild der Elemente des Euklid axiomatisch aufgebaut. Die von Euklid aufgestellten Postulate bezogen sich auf konkrete Objekte und waren unbezweifelbare Grundsätze, deren Gültigkeit durch Evidenz gegeben war. So war man davon überzeugt, dass genau die in den Elementen aufgestellten Postulate und Axiome die Wirklichkeit wiedergeben.

Diese Auffassung von Mathematik wurde im 16. Jahrhundert mit der Entwicklung der projektiven Geometrie erweitert. Diese hatte das Ziel, dreidimensionale Objekte perspektivisch darzustellen. Hierzu lässt sich beispielhaft das folgende Axiomensystem angeben (vgl. Pickert, 1975[8]):

$E = (P, G, I)$, mit P Menge der Punkte, G Menge der Geraden und I einer Relation auf $P \times G$ (Inzidenz), nennt man Projektive Ebene, wenn gilt:

Axiom 1: Sind P und Q zwei verschiedene Punkte, so gibt es genau eine Gerade g, mit der P und Q inzidieren.

Axiom 2: Sind g und h zwei verschiedene Geraden, so gibt es genau einen Punkt P, der mit g und h inzidiert.

Axiom 3: Es gibt mindestens vier Punkte, von denen je drei nicht kollinear sind und es gibt mindestens vier Geraden, von denen je drei nicht kopunktal sind.

Aus den Axiomen lässt sich ohne großen Aufwand das für die projektive Geometrie grundlegende Dualitätsprinzip folgern. Dieses besagt, dass mit einem Satz der projektiven Geometrie auch der duale Satz gilt, der durch Vertauschen der Worte „Punkt" und „Gerade" aus einem Satz entsteht. So ist beispielsweise der Satz von Pascal dual zum Satz von Brianchon. Die duale Aussage zum Satz von Desargues ist seine Umkehrung; der Satz und seine Umkehrung sind äquivalent. Die Gültigkeit des Dualitätsprinzips erkennt man, indem man in den oben angegebenen

---

[8] Axiom 3 wurde im Vergleich zu Pickert (1975) abgeändert. Dieser fasst nur den ersten Teil („Es gibt mindestens vier Punkte, von denen je drei nicht kollinear sind.") als Axiom und folgert den zweiten Teil aus dem Axiomensystem („Es gibt mindestens vier Geraden, von denen je drei nicht kopunktal sind."). Für die folgenden Ausführungen wurde das erweiterte Axiomensystem verwendet, damit das Dualitätsprinzip unmittelbar aus dem Axiomensystem hervorgeht.

Axiomen die Worte Punkte und Geraden sowie kollinear und kopunktual austauscht. Man erhält dasselbe Axiomensystem, bei dem lediglich die Reihenfolge der ersten zwei Axiome getauscht wurde.

Bei der damaligen projektiven Geometrie handelt es sich somit weiterhin um eine Theorie zur Erklärung empirischer Phänomene, die neue intendierte Anwendungen beschreibt, insbesondere im Zuge des perspektivischen Zeichnens. Dennoch werden mit der Entwicklung der projektiven Geometrie und dem Dualitätsprinzip die Notwendigkeit ontologischer Bindungen für die Mathematik infrage gestellt. Die Begriffe Punkt und Gerade besitzen aber auch in der projektiven Geometrie empirische Referenzobjekte.

Eine weitere Veränderung in der Auffassung von Mathematik erfolgte mit der Entwicklung der nichteuklidischen Geometrie. Der Ursprung der Entwicklung war die Frage nach der Evidenz des euklidischen Parallelenpostulats, des fünften euklidischen Postulats, als einer der Grundpfeiler der euklidischen Geometrie. Da dessen Evidenz angezweifelt wurde, entwickelten Mathematiker im 18. Jahrhundert alternative Formulierungen, die ihnen evidenter erschienen. Darüberhinaus versuchten sie, das Parallelenaxiom aus den anderen Axiomen abzuleiten – dann wäre es ein Satz der Theorie und damit als Axiom überflüssig. Dabei gingen unter anderem Lobatschewski und Bolyai im 19. Jahrhundert von der Annahme aus, dass es zu einer Geraden durch einen nicht auf dieser liegenden Punkt mehrere Parallelen gibt. Diese Annahme führte zu einer widerspruchsfreien Theorie, einer hyperbolischen Geometrie, weshalb das Parallelenpostulat auch nicht aus den anderen Axiomen ableitbar sein konnte. Die hyperbolische Geometrie wurde schließlich Anfang des 20. Jahrhunderts von Felix Klein in der projektiven Geometrie begründet und es wurde ihm damit möglich, anschauliche Modelle zu entwickeln (vgl. Struve & Struve, 2004a). Setzt man alternativ zur Annahme von Lobatschewski und Bolyai voraus, dass es zu einer Geraden durch einen nicht auf dieser liegenden Punkt keine Parallele gibt, so erhält man eine elliptische Geometrie. Felix Klein konnte zeigen, dass es neun ebene Geometrien mit einer sogenannten Caley-Klein-Metrik gibt (vgl. Struve & Struve, 2004b).

Die Entwicklung nichteuklidischer Geometrien hat dazu geführt, dass die euklidischen Postulate nicht mehr als evidente, unumstößliche Wahrheiten angesehen wurden. Klaus Volkert (2013) beschreibt dies in einem Buch über nichteuklidische Geometrien wie folgt:

> *„Neben der Frage, ob eine derartige Geometrie überhaupt zulässig oder nicht doch in Bausch und Bogen zu verwerfen sei, warf die nichteuklidische Geometrie auch grundlegende Fragen zum Wesen der Mathematik und der mathematischen Erkenntnis auf, etwa diejenige, ob Kants Lehre, die Sätze der Mathematik seien synthetisch apriori,*

nun noch haltbar sei. Wenn schon die Grundlagen der Geometrie nicht mehr uneinge-
schränkt Gültigkeit hatten, was konnte dann noch Anspruch auf Absolutheit erheben?
So gesehen drohte mit der nichteuklidischen Geometrie der Relativismus Einzug zu
halten [...]." (Volkert, 2013, S. 203)

Trotz der einschneidenden Veränderungen blieb die Geometrie zu dieser Zeit
auch eine Erfahrungswissenschaft, mit dem Ziel der Beschreibung des realen
Raumes und die Frage, welche Geometrie diesem Anspruch gerecht wird und
die wahre Geometrie ist, rückte in den Vordergrund. So schrieb Johann August
Grunert 1867 in der von ihm herausgegebenen und für Lehrerinnen und Lehrer bestimmten Zeitschrift „Archiv für Mathematik und Physik" das Folgende
über die Winkelsumme im Dreieck, das zu zum Parallelenpostulat äquivalenten
Aussagen führt:

„[...] da scheinen sich nun, um hierüber [nämlich über die Winkelsumme im Dreieck]
zur Entscheidung zu kommen, die Ansichten der neueren Geometer, und zwar zum Theil
sehr gewichtiger Stimmen [!], darin zu vereinigen, dass die apriorische theoretische
Betrachtung mit dem Obigen [den in 6.4 genannten Sätzen von Legendre] ihre End-
schaft erreicht habe, und nichts Anderes übrig bleibe, als die Erfahrung zu befragen.
Also die Geometrie doch wenigstens in einem Punkte eine Erfahrungswissenschaft!!"
(Zitiert nach Scriba & Schreiber, 2010, S. 419, Einfügungen und Hervorhebungen im
Original)

Eine dieser „gewichtigen Stimmen" war Karl Friedrich Gauß, der zwar nicht
selbst zur nichteuklidischen Geometrie veröffentlichte, sich aber in verschiedenen
Briefwechseln für die Möglichkeit alternativer Geometrien zur Beschreibung des
realen Raumes aussprach (vgl. Scriba & Schreiber, 2010). Zudem soll Gauß im
Zuge der Hannoverschen Landesvermessungen versucht haben, zu prüfen, ob der
physikalische Raum tatsächlich durch die euklidische Geometrie korrekt beschrieben wird oder durch eine nicht-euklidische. Hierzu habe er die Winkelsumme
eines Dreiecks zwischen dem Brocken im Harz, dem Inselberg im Thüringer
Wald und dem Hohen Hagen in der Nähe von Göttingen gemessen, wobei die
Abweichung innerhalb der Messungenauigkeit lag (vgl. Garbe, 2001).

Die Geometrie hatte auch in der Folgezeit den Anspruch, den realen (physikalischen) Raum zutreffend zu beschreiben. Beispielsweise schrieb Moritz Pasch,
der das euklidische Axiomensystem um Anordnungsaxiome erweiterte und damit
vervollständigte, in der Einleitung seiner „Vorlesung über neuere Geometrie" aus
dem Jahr 1882:

„Die geometrischen Begriffe bilden eine besondere Gruppe innerhalb der Begriffe, die
überhaupt zur Beschreibung der Außenwelt dienen; sie beziehen sich auf Gestalt, Maß
und gegenseitige Lage der Körper. Zwischen den geometrischen Begriffen ergeben sich

unter Zuziehung von Zahlbegriffen Zusammenhänge, die durch Beobachtung erkannt werden. Damit ist der Standpunkt angegeben, den wir im folgenden festzuhalten beabsichtigen, wonach wir in der Geometrie einen Teil der Naturwissenschaft erblicken." (Pasch, 1976, S. 3)

Der Umbruch der Auffassung von Mathematik in Bezug auf ihre ontologische Bindung erfolgte zu Beginn des 20. Jahrhunderts mit der Arbeit von David Hilbert über die Grundlagen der Geometrie. Diese beginnt mit der Postulierung von drei Mengen, die Hilbert als „Systeme" bezeichnet und deren Elemente er „Dinge" nennt:

„Wir denken drei verschiedene Systeme von Dingen: die Dinge des ersten Systems nennen wir Punkte und bezeichnen sie mit A, B, C, ...; die Dinge des zweiten Systems nennen wir Geraden und bezeichnen sie mit a, b, c, ...; die Dinge des dritten Systems nennen wir Ebenen und bezeichnen sie mit α,β,γ, ...; die Punkte heißen auch die Elemente der linearen Geometrie, die Punkte und Geraden heißen die Elemente der ebenen Geometrie, und die Punkte, Geraden und Ebenen heißen die Elemente der räumlichen Geometrie oder des Raumes." (Hilbert, 1968, S. 2)

Damit handelt es sich bei Punkt, Gerade und Ebene lediglich um Namen für die Elemente der Systeme und es ist unerheblich, was sie sind oder was man sich unter ihnen vorstellt. Eine mathematische Theorie hat in diesem Sinne nicht mehr den Anspruch, etwas empirisch Gegebenes zu beschreiben – wie es bei Euklid und Pasch noch der Fall war. So soll Hilbert einmal gesagt haben, man müsse jederzeit an Stelle von „Punkte, Geraden, Ebenen" auch „Tische, Stühle, Bierseidel sagen können" (vgl. Meschkowski, 1980). Bestimmt werden die Systeme einzig und allein durch die zwischen ihnen durch die Axiome festgelegten Beziehungen:

„Wir denken die Punkte, Geraden, Ebenen in gewissen gegenseitigen Beziehungen und bezeichnen diese Beziehungen durch Worte wie „liegen", „zwischen", „kongruent"; die genaue und für mathematische Zwecke vollständige Beschreibung dieser Beziehungen erfolgt durch die Axiome der Geometrie." (Hilbert, 1968, S. 2)

Sodann formuliert Hilbert die Axiome zur Festlegung der Beziehungen zwischen den Elementen Punkte, Geraden und Ebenen der drei Systeme. Hilberts Axiomensystem umfasst acht Inzidenzaxiome, vier Anordnungsaxiome, fünf Kongruenzaxiome, das Parallelenaxiom sowie zwei Stetigkeitsaxiome. Die Axiome sollen so weitreichend sein, dass die Euklidische Geometrie „vollständig" daraus ableitbar ist in dem Sinne, dass die Euklidische Ebene sich als isomorph zur Koordinatenebene über dem reellen Zahlkörper erweist. Damit lassen sich alle Sätze, die für die reelle Koordinatenebene gelten auch aus dem Axiomensystem herleiten:

„Das Ziel, die Mathematik sicher zu begründen, ist auch das meinige; ich möchte der Mathematik den alten Ruf der unanfechtbaren Wahrheit, der ihr durch die Paradoxien der Mengenlehre verloren zu gehen scheint, wiederherstellen; aber ich glaube, daß dies bei voller Erhaltung ihres Besitzstandes möglich ist. Die Methode, die ich dazu einschlage, ist keine andere als die axiomatische; ihr Wesen ist dieses." (Hilbert, 1935, S. 160)

Bei Hilbert besaßen die Grundbegriffe der Geometrie (Punkt, Gerade, etc.) erstmals keine empirischen Referenzobjekte mehr, sondern sind Variablen. Damit hat sich der Bruch von einer empirischen Auffassung mit dem Zweck der Beschreibung empirischer Phänomene in Form von Zeichenblattfiguren, zu einer formalistischen Auffassung, zur Untersuchung von Systemen ohne Bezug zu empirischen Objekten, ergeben. Freudenthal (1961) beschreibt den damit einhergehenden fundamentalen Umbruch sehr anschaulich:

„ ‚Wir denken uns drei verschiedene Systeme von Dingen...' – damit ist die Nabelschnur zwischen Realität und Geometrie durchschnitten. Die Geometrie ist reine Mathematik geworden, und die Frage, ob und wie sie auf die Wirklichkeit angewendet werden kann, beantwortet sich bei ihr ganz wie bei irgendeinem anderen Zweige der Mathematik. Die Axiome sind nicht mehr evidente Wahrheiten, ja es hat nicht einmal mehr Sinn, nach ihrer Wahrheit zu fragen." (Freudenthal, 1961, S. 14)

Die mit Hilbert entstandene und seitdem im wissenschaftlichen Bereich beibehaltene Auffassung einer klaren Trennung von Mathematik und Realität bedeutet allerdings nicht, dass die in der Mathematik in einem Axiomensystem entwickelten Erkenntnisse nicht auf empirische Sachverhalte übertragen werden können. Durch die Entwicklung von Modellen, also Tupel aus Mengen und Relationen, auf die die Axiome eines Systems zutreffen, ist eine Anwendung formalistischer Mathematik sehr wohl möglich, allerdings nicht mehr nötig.

Auch in anderen Themengebieten wie der Analysis (vgl. Witzke, 2009) oder der Stochastik (vgl. Stoffels, 2020) lassen sich entsprechende Entwicklungen von einer zunächst empirischen hin zu einer formalistischen Auffassung und damit verbundenen Theorien beschreiben. Historisch hat sich somit in vielen mathematischen Teilgebieten eine formalistische Auffassung aus einer empirischen heraus entwickelt, wie es auch Freudenthal für die Geometrie mit seiner Metapher der Nabelschnur ausdrückt. Aus diesem Grund kann davon ausgegangen werden, dass die Entwicklung einer empirischen Auffassung von Mathematik in der Schule der Entwicklung einer formalistischen Auffassung zu einem späteren Zeitpunkt an der Hochschule nicht entgegensteht. Vielmehr kann eine formalistische Auffassung ihren Ursprung in einer aktiven Auseinandersetzung mit einer empirischen Auffassung und der bewussten Entscheidung, empirische Interpretationen nicht

in die mathematische Theorie einzubeziehen, nehmen (vgl. Stoffels, 2020). Beispielsweise wird im Konzept der didaktischen Phänomenologie nach Freudenthal
auf Grund der historischen Bedeutung der Mathematik als Theorien zur Beschreibung empirischer Phänomene eine entsprechende Einführung von Begriffen im
Mathematikunterricht der Schule vorgeschlagen :

> *„Our mathematical concepts, structures, ideas have been invented as tools to organise
> the phenomena of the physical, social and mental world. Phenomenology of a mathe-
> matical concept, structure, or idea means describing it in its relation to the phenomena
> for which it was created, and to which it has been extended in the learning process of
> mankind […].“ (Freudenthal, 2002, S. IX)*

3.2.3 Eine lerntheoretische und entwicklungspsychologische Perspektive auf Mathematikauffassungen

Auch aus lerntheoretischen und entwicklungspsychologischen Gründen kann
die Entwicklung einer empirischen Auffassung von Mathematik in der Schule
gerechtfertigt werden und insbesondere in Hinblick auf die Entwicklung einer
formalistischen Auffassung im Rahmen einer wissenschaftlichen Ausbildung als
tragfähig gelten. Hierzu wird im Folgenden auf die Arbeiten von Jerome Bruner,
David Tall und Heinrich Bauersfeld eingegangen.

Bei der von dem Entwicklungspsychologen Jerome Bruner entworfenen
„Theorie der Darstellungsebenen" handelt es sich um einen in der Mathematikdidaktik weit verbreiteten Ansatz zur Beschreibung von Darstellungsmodi. Bruner
geht davon aus, dass (mathematische) Inhalte und Problemstellungen auf drei
unterschiedlichen Ebenen dargestellt werden können.

> *„[…] durch eine Zahl von Handlungen, die geeignet sind, ein bestimmtes Ziel zu
> erreichen (<u>enaktive Repräsentation</u>), durch eine Reihe zusammenfassender Bilder oder
> Grafiken, die eine bestimmte Konzeption versinnbildlichen, ohne sie ganz zu definieren
> (<u>ikonische Repräsentation</u>), und durch eine Folge symbolischer oder logischer Lehr-
> sätze, die einem symbolischen System entstammen, in dem nach Regeln oder Gesetzen
> Sätze formuliert und transformiert werden (<u>symbolische Repräsentation</u>).“ (Bruner,
> 1974, S. 49)*

Der Umgang mit verschiedenen Darstellungsformen und die Möglichkeit des
Transfers zwischen diesen baut sich mit der kognitiven Entwicklung einer Person
zunehmend aus:

„Zuerst kennt das Kind seine Umwelt hauptsächlich durch die gewohnheitsmäßigen Handlungen, die es braucht, um sich mit ihr auseinanderzusetzen. Mit der Zeit kommt dazu eine Methode der Darstellung in Bildern, die relativ unabhängig vom Handeln ist. Allmählich kommt dann eine neue und wirksame Methode hinzu, die sowohl Handlung wie Bild in die Sprache übersetzt, woraus sich ein drittes Darstellungssystem ergibt. Jede dieser drei Darstellungsmethoden, die handlungsmäßige, die bildhafte und die symbolische, hat ihre eigene Art, Vorgänge zu repräsentieren. Jede prägt das geistige Leben des Menschen in verschiedenen Altersstufen, und die Wechselwirkung ihrer Anwendungen bleibt ein Hauptmerkmal des intellektuellen Lebens des Erwachsenen. " (Bruner, 1971, S. 21)

Damit sind nach der Theorie der Darstellungsebenen enaktive Handlungen sowie der Umgang mit Bildern als Teil der Empirie für die Entwicklung mathematischen Denkens essenziell. Diese Erfahrungen dann auch in symbolischer Form notieren zu können ermöglicht die Weiterentwicklung der mathematischen Theorie. Da Bruners Theorie nicht die ontologische Bindung mathematischer Begriffe in den Blick nimmt, grenzt er keinen formalistischen Zugang zu mathematischem Wissen von den anderen Darstellungsformen ab. Sie kann zudem, auch wenn sie stets symbolisch notiert wird, nur schwierig in diese Theorie eingebunden werden, da der für Bruner essenzielle Transfer zwischen den Ebenen im Formalismus bewusst vermieden wird, um die mathematische Theorie und die Realität zu trennen.

Aufbauend unter anderem auf der Brunerschen Theorie zu Darstellungsebenen, hat David Tall die Theorie der „Three Worlds of Mathematics" entwickelt (vgl. Tall, 2013). Tall unterscheidet drei mentale Mathematikwelten, die vergleichbar sind mit verschiedenen Auffassungen von Mathematik:

„A world of (conceptual) embodiment building on human perceptions and actions developing mental images verbalized in increasingly sophisticated ways to become perfect mental entities in our imagination;
A world of (operational) symbolism developing from embodied human actions into symbolic procedures of calculation and manipulation that may be compressed into procepts to enable flexible operational thinking;
A world of (axiomatic) formalism building formal knowledge in axiomatic systems specified by set-theoretic definition, whose properties are deduced by mathematical proof." (Tall, 2013, S. 133, Hervorhebung im Original)

Die Welt des Conceptual Embodiment entwickelt sich ausgehend von den Erfahrungen und Handlungen im Alltag von Kindern. Mit Bezug auf die Geometrie umfasst dies beispielsweise das Wahrnehmen und Beschreiben von Figuren. Um hierauf aufbauend eine Theorie zur Beschreibung dieser sogenannten Embodiments zu entwickeln und weitere Erkenntnisse zu gewinnen, wird ein Lösen vom konkreten Embodiment nötig. Dies führt zur Entwicklung der Welt des Operational Symbolism, in der beispielsweise Gleichungen formuliert und gelöst werden.

Das Lösen vom Embodiment stellt somit lediglich eine Abstraktion in Bezug auf die verwendete Darstellung als Symbole mit spezifischen Regeln dar und sollte nicht missverstanden werden als eine Auflösung der ontologischen Bindung der verwendeten Begriffe.

Die mathematischen Erkenntnisse im Rahmen des Conceptual Embodiment und des Operational Symbolism sind somit stets gebunden an empirische Objekte, die Tall im Rahmen von Embodiments beschreibt. Lernen Schülerinnen und Schüler Mathematik in der Welt des Conceptual Embodiment und des Operational Symbolism, so entwickeln sie, beschrieben mit dem Theorieansatz dieser Arbeit, empirische Theorien über diese Objekte. Die beiden Mathematikwelten können damit einer empirischen Auffassung von Mathematik zugeordnet werden. Während sich diese beiden Welten im Laufe der Schulzeit parallel und aufeinander bezogen entwickeln, wird die Welt des Axiomatic Formalism meist nicht erreicht. Die Entstehung dieser Mathematikwelt ist mit einem Auffassungswechsel verbunden. Anstatt Objekte oder Handlungen mit empirisch gegebenen Eigenschaften zu untersuchen, sind die Begriffe einer formalistischen Theorie Variablen, die keine empirischen Referenzobjekte haben. Als Sprache einer mathematischen Theorie kann daher nicht mehr die Umgangssprache verwendet werden, sondern die Mengenlehre („set-theoretic definitions"). Ein streng axiomatischer Aufbau der Theorie, bei der Axiome als Aussageformen definiert werden, ist eine notwendige Folge des Wegfalls der ontologischen Bindung. Damit sind Beweise innerhalb der Theorie nicht mehr kontextabhängig – ein Satz einer formalistischen Theorie gilt in jedem Modell der Theorie.

Entsprechend der Theorie der „Three Worlds of Mathematics" bilden die Erfahrungen mit realen Phänomenen den Ausgangspunkt für mathematisches Denken:

> *„Mathematical thinking builds initially through making sense of our perceptions and actions." (Tall, 2013, S. 139)*

Hierauf aufbauend können symbolische Elemente und Schemata zur Beschreibung und Weiterentwicklung der mathematischen Theorien über die Phänomene aufgebaut werden. Die spätere Entwicklung formalistischen mathematischen Denkens baut schließlich auf den Erfahrungen mit empirischen und symbolischen Elementen der Mathematik auf, ist aber mit einem Auffassungswechsel verbunden (vgl. Abbildung 3.10):

> *"The later transition to the formal axiomatic world builds on these experiences of embodiment and symbolism to formulate formal definitions and to prove theorems using mathematical proof." (Tall, 2008, S. 10)*

Die Verfügbarkeit einer formalistischen mathematischen Theorie schließt die Anwendbarkeit dieser nicht aus. Dies kann erfolgen, indem Modelle der Theorie gebildet und damit die Variablen interpretiert werden:

> *"This gives a natural parsimony to the framework of three worlds: as human embodiment leads to the mathematical operations of symbolism and on to the formalism of pure mathematics and back again at higher levels to more embodiment and symbolism. Meanwhile those who use mathematics in physics, applied mathematics, economics and so on, formulate mathematical models and symbolism to process the mathematics in the models – an approach justified by the accompanying formal framework that interlinks embodiment, symbolism and formalism." (Tall, 2008, S. 10)*

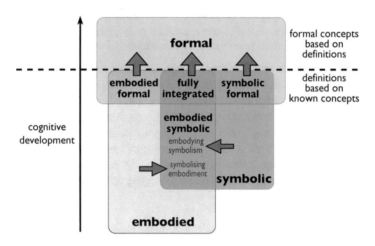

Abbildung 3.10 Verbindungen der „Three Worlds of Mathematics" (© Tall, 2008, S. 9)

Auch in Hinblick auf die Theorie der Subjektiven Erfahrungsbereiche nach Bauersfeld (1983), mit derer sich das Lernen von Mathematik auf der Grundlage von Erfahrungen beschreiben lässt, kann die Entwicklung einer empirischen Auffassung von Mathematik und entsprechender Theorien als sinnvolle und vielleicht sogar notwendige Voraussetzung für eine formalistische Auffassung und formalistische Theorien betrachtet werden (vgl. Stoffels, 2020). Hat eine Person eine empirische Auffassung von Mathematik, so liegen subjektive Erfahrungsbereiche vor bzw. werden aktiviert, deren kognitiver Anteil sich als empirische mathematische Theorie beschreiben lässt, also der Beschreibung empirischer Objekte dient. Eine formale Auffassung sollte dagegen nicht missverstanden werden als Wissen, dass ausschließlich subjektive Erfahrungsbereiche ohne empirische Bezüge umfasst, sondern in Anlehnung an Stoffels (2020) als subjektive Erfahrungsbereiche, in denen diese empirischen Bezüge bewusst nicht als Teil der Theorie aufgefasst werden, was aber die Anwendung auf empirische Phänomenbereiche nicht ausschließt:

> *„Entsprechend der Erläuterungen [...] könnte angenommen werden, dass sich eine formal-abstrakte Auffassung von Mathematik dadurch kennzeichnet, dass in der Regel nur nicht-empirisch-gegenständliche subjektive Erfahrungsbereiche aktiviert werden würden, d. h. mit Perspektiven, die keine empirischen Referenzobjekte haben. Es ist fraglich, ob es solche nicht-empirisch-gegenständlichen subjektiven Erfahrungsbereiche überhaupt gibt [...]. Dies ist aber nicht die Bedeutung der „formal-abstrakter Auffassung von Mathematik" [sic!], die hier angestrebt ist. Vielmehr folgt man Hilberts zugeschriebenen Worten „man solle jederzeit anstatt Punkte, Geraden und Ebenen, Tische, Stühle und Bierseidel sagen können" sehr genau, die nicht die empirische Deutung oder Interpretation einer mathematischen Theorie ausschließt sondern diese bewusst in der Betrachtung der Theorie außen vor lässt." (S. 160)*

Die Anwendung einer formalistischen Mathematik erfolgt durch die Entwicklung von Modellen. Stammen diese Modelle aus der Realität, so handelt es sich um eine Anwendung auf empirische Phänomenbereiche.

Nimmt man eine empirische Auffassung von Mathematik als tragfähige Grundlage für eine formalistische Auffassung, so stellt sich die Frage, wie der Übergang zwischen beiden Auffassungen erfolgen kann. Struve (1990) betont in diesem Zusammenhang, ähnlich wie Stoffels, der den Wechsel als bewusste Entscheidung bezeichnet, dass ein solcher Übergang epistemologisch nicht stetig stattfinden kann:

> *„Faßt man eine mathematische Theorie im Hilbertschen Sinne auf, so ist ein ,stetiger Übergang' von einer empirischen Theorie zu einer mathematischen Theorie nicht möglich: denn der ontologische Status der Objekte ist in den Theorien verschieden. Die eine Theorie macht Aussagen über die Realität, die andere über Variable. Der Übergang von einer Theorie zur anderen erfordert einen ,sprunghaften' Auffassungswechsel." (Struve, 1990, S. 79 f.)*

Er führt weiter aus, dass dies für die historische Entwicklung, nicht aber für den individuellen Lernprozess gelten muss:

> *„Dies ist eine epistemologische Aussage. Eine ganz andere Frage ist, wie der Lernprozeß aussieht, der von einer empirischen Auffassung von Geometrie ausgehend zur Hilbertschen Auffassung führt. Es wäre durchaus denkbar, daß hier mehrere ,Sprünge' notwendig sind oder für eine gewisse Zeit ein ,Nebeneinander' verschiedener Auffassungen." (Struve, 1990, S. 80)*

Die Entwicklung einer empirischen Auffassung im Mathematikunterricht der Schule lässt sich somit entwicklungspsychologisch und lerntheoretisch rechtfertigen. Insbesondere steht sie der Entwicklung einer formalistischen Auffassung zu einem späteren Zeitpunkt nicht im Weg, sondern kann vielmehr als tragfähige Basis fungieren. Wie der individuelle Übergang von einer empirischen zu einer formalistischen Auffassung bei einzelnen Personen vonstatten geht, soll an dieser Stelle aber nicht weiter thematisiert werden.

3.3 Das strukturalistische Theorienkonzept

Im vorherigen Kapitel wurden in Bezug auf den ontologischen Status mathematischer Begriffe und ihrer Theorien zwei Auffassungen von Mathematik unterschieden – eine *empirische Auffassung*, bei der eine mathematische Theorie der Beschreibung empirischer Phänomene dient (empirische Theorie) und die Begriffe mit Bezug auf empirische Objekte definiert werden, sowie eine *formalistische Auffassung*, bei der die Begriffe der mathematischen Theorie (formalistische Theorie) keine Referenzobjekte besitzen, sondern Variablen sind. Zur Beschreibung einer empirischen mathematischen Theorie kann das Theorienkonzept des Strukturalismus angewendet werden. Dieses soll im folgenden Abschnitt detailliert dargestellt werden, um die Begrifflichkeiten für die Rekonstruktion von Schülertheorien nutzbar zu machen.

Beim strukturalistischen Theorienkonzept handelt es sich um einen wissenschaftstheoretischen Ansatz zur präzisen Beschreibung und Analyse empirischer Theorien, also solcher, die der Beschreibung, Vorhersage und Erklärung empirischer Phänomene dienen. Hierzu zählen beispielsweise naturwissenschaftliche, psychologische oder soziologische Theorien. Das strukturalistische Theorienkonzept wurde aus der durch Probleme des logischen Empirismus entstandenen Erkenntnis heraus entwickelt, dass sich nicht jede empirische Theorie auf Beobachtungen reduzieren lässt. Dies führte zum Einbezug sogenannter *theoretischer Begriffe*, welche zunächst negativ charakterisiert wurden, als diejenigen Begriffe, welche nicht auf Beobachtungen zurückgeführt werden können und damit keine Referenzobjekte besitzen. Mit dem Strukturalismus erfolgte dann durch das von Joseph D. Sneed aufgestellte Kriterium für Theoretizität eine positive Charakterisierung theoretischer Begriffe (vgl. Sneed, 1971). Stegmüller (1986) beschreibt dieses wie folgt:

> *„In diesem, jeweils auf eine Theorie T zu relativierenden Kriterium, werden die theo-*
> *retischen Größen nicht negativ ausgezeichnet, z. B. als die nicht-beobachtbaren etc.,*
> *sondern positiv: Eine Größe ist T-theoretisch, wenn ihre Messung stets die Gültigkeit*
> *eben dieser Theorie T voraussetzt."* (S. 33)

Die Theoretizität eines Begriffs ist damit anders als im logischen Empirismus nicht universell gegeben, sondern immer abhängig von einer betrachteten Theorie T zu verstehen, was durch die Bezeichnung T-theoretisch ausgedrückt wird. T-theoretische-Begriffe (oder kurz theoretische Begriffe[9]) erlangen ihre Bedeutung erst innerhalb dieser Theorie T:

> *„Vereinfacht formuliert handelt es sich bei den (T-)theoretischen Begriffen um solche,*
> *die keine Referenzobjekte haben und nicht in von T verschiedenen (Vor-) Theorien*
> *definiert werden können."* (Witzke, 2009, S. 49)

Theoretische Begriffe sind für die Wissenserweiterung, also die Erkenntnisgewinnung durch eine Theorie von großer Bedeutung. Diese kann nicht allein auf der Grundlage nichttheoretischer Begriffe erfolgen, da diese lediglich Einsichten liefern, die aus den Objekten durch direkte Beobachtung ableitbar sind oder bereits in einer anderen Theorie bestimmt wurden:

> *„Die theoretischen Terme/Begriffe stellen sicher, daß die empirischen Theorien nicht*
> *nur Wissen enthalten, das aus realem Handeln oder realen Objekten herausgefiltert*
> *wird, sondern daß mit ihnen neue Einsichten formuliert werden, die unser Wissen über*
> *die WELT erweitern."* (Burscheid & Struve, 2018, S. 37)

Nicht-T-theoretische Begriffe (oder kurz nichttheoretische Begriffe) sind dagegen solche, die eindeutige empirische Referenzobjekte besitzen oder in einer von T verschiedenen Theorie definiert werden können. Die *nichttheoretischen Begriffe*, für die es ein empirisches Referenzobjekt gibt, wollen wir im Folgenden als *empirische Begriffe* bezeichnen (vgl. Pielsticker, 2020). Sie lassen sich entweder ostensiv oder operational definieren. Eine ostensive Definition definiert einen Begriff durch das Darlegen von Beispielen und Gegenbeispielen. Eine operationale Definition definiert einen Begriff hingegen mittels einer Konstruktionsvorschrift. Beide Arten der Definition sind mit Problemen in Bezug auf die Eindeutigkeit und den Begriffsumfang verbunden. So können die Beispiele und Gegenbeispiele der ostensiv gegebenen Definition oder die mit der Konstruktionsbeschreibung erzeugbaren Objekte für mehrere Begriffe gelten und damit nicht

---

[9] Die Theoretizität und Nichttheoretizität eines Begriffes ist immer relativ zu einer Theorie T zu sehen, weshalb im Strukturalismus von T-theoretisch und T-nichttheoretisch gesprochen wird. Aus Gründen der Lesbarkeit wird im Folgenden das T allerdings nicht mitgeführt, wenn klar ist, auf welche Theorie sich der Begriff bezieht.

eindeutig sein. Ebenso kann der Begriffsumfang ostensiv oder operational nicht eindeutig bestimmt werden, da solchen Definitionen eine gewisse Unbestimmtheit anhaftet, die die Menge an zugehörigen und nicht zugehörigen Objekten nicht klar abgrenzt (vgl. Struve, 1990).

Das Ziel einer empirischen Theorie ist die Beschreibung eines (oder mehrerer) Phänomene aus der Realität und sie lässt sich durch die Angabe von bestimmten formalen und empirischen Elementen rekonstruieren. Eine empirische Theorie $T = \langle K, I \rangle$ ist ein geordnetes Paar aus einem Kern K und den intendierten Anwendungen I. Bei dem *Kern* $K = \langle M_P, M, M_{PP}, Q \rangle$ handelt es sich um das formale Grundgerüst der Theorie, das aus den potentiellen Modellen M_P, den Modellen M, den partiell-potentiellen Modellen M_{PP} und den Querverbindungen Q besteht. Der Bezug zur Realität wird durch die Angabe von *intendierten Anwendungen I* geschaffen, die die Phänomene angeben, welche mit der aufgestellten Theorie beschrieben werden sollen. Der zu beschreibende Phänomenbereich wird dabei durch die Angabe von paradigmatischen Beispielen der Theorie abgegrenzt.

Der Kern K der Theorie T wird durch die Definition eines mengentheoretischen Prädikates P axiomatisiert. Er besteht insbesondere aus den potentiellen Modellen, den Modellen und den partiell-potentiellen Modellen der Theorie. Bei den potentiellen Modellen M_P handelt es sich um die Strukturen, von denen es sinnvoll ist, zu fragen, ob sie Modelle sind. Ihr Begriffsgerüst erfüllt das des Prädikates P, ohne dass die inhaltlichen Axiome erfüllt sein müssen. Als Modelle M werden die potentiellen Modelle bezeichnet, die zusätzlich die inhaltlichen Axiome, also das gesamte Prädikat P erfüllen. Sie sind eine Teilmenge der potentiellen Modelle und bestimmen den Begriffsumfang des Prädikates P. Die dritte Art von Modell dient der Lösung einer durch die Einführung theoretischer Begriffe entstandenen Problematik. So ist zur empirischen Überprüfung einer empirischen Theorie T die Messung der theoretischen Begriffe notwendig. Diese setzt allerdings die Gültigkeit der Theorie T voraus – es entsteht ein logischer Zirkel. Dieser lässt sich auf Basis des sogenannten Ramsey-Substituts lösen, das Stegmüller (1974) folgendermaßen beschreibt:

„Zur Beantwortung der Frage nach dem wissenschaftstheoretischen Status der theoretischen Terme macht Ramsey einen ganz neuartigen und höchst interessanten Vorschlag. Der Grundgedanke läßt sich mit wenigen Worten so charakterisieren: Den Ausgangspunkt bilde eine in ihrem außerlogischen Teil endlich axiomatisierte interpretierte Theorie. Man verknüpfe die Axiome konjunktiv mit den Zuordnungsregeln zu einem einzigen Satz. Nach Beseitigung evtl. vorkommender theoretischer Individuenkonstanten ersetze man alle theoretischen Prädikatkonstanten durch verschiedene freie Variable und stelle dem so gebildeten Ausdruck ein Präfix voran, bestehend aus Existenzquantoren, durch welche alle neu eingeführten Variablen gebunden werden. […]

Ramseys wichtige Einsicht bestand somit darin, daß durch seine Methode gleichzeitig zweierlei erreicht wird: Einerseits wird die Originaltheorie so weit abgeschwächt, daß die ihr anhaftende Dunkelheit verschwindet; denn in dem ihr zugeordneten Ramsey-Substitut finden sich keine obskuren Prädikationen mehr. Auf der anderen Seite ist der Ramsey-Satz stark genug, um alle deduktiven Systematisierungen von Beobachtungssätzen vorzunehmen, die mit Hilfe der Originaltheorie gestiftet werden konnten." (S. 403–406)

Streicht man nun aus den potentiellen Modellen M_P von T alle T-theoretischen Begriffe, so erhält man die sogenannten partiell-potentiellen Modelle M_{PP}. Die nun zu prüfende Aussage ist, ob man die partiellen Modelle, die die intendierten Anwendungen beschreiben, durch Hinzufügen von geeigneten theoretischen Begriffen zu Modellen der Theorie T ergänzen kann, also zu potentiellen Modellen, die die Modellaxiome erfüllen.

„Dies ist tatsächlich in dem Sinn eine empirische Aussage, als sie nachprüfbar ist und nicht mehr in den geschilderten epistemologischen Zirkel hineinführt. Denn an die Stelle der (unlösbaren) Aufgabe, ermittelte Werte theoretischer Größen anzugeben, ist die neue Aufgabe getreten, <u>eine geeignete Ergänzung eines partiellen Modells zu finden</u>." (Stegmüller, 1987, S. 487)

Ein neben den drei Arten von Modellen weiterer Teil des Theoriekerns K sind die Querverbindungen Q. Sie enthalten die sogenannten Constraints C, die beim Übergang von einem Modell einer Theorie in ein anderes gelten müssen, wie Erhaltungssätze, sowie die Links L, die Verknüpfungen zwischen den Modellen verschiedener Theorien herstellen und beispielsweise Konzepte wie die Masse in den Theorien auf gleiche Weise nutzbar machen.

Die beschriebenen Begriffe sollen nun exemplarisch zur Rekonstruktion der klassischen Stoßmechanik (kurz: KSM) herangezogen werden – ein besonders einfaches Beispiel einer empirischen Theorie, das unter anderem häufig von Wolfgang Balzer herangezogen wird (vgl. u. a. Balzer & Mühlhölzer, 1982). Die KSM ordnet zwei kollidierenden Teilchen jeweils eine Geschwindigkeit vor und nach der Kollision zu. Die Axiomatisierung der KSM erfolgt durch das mengentheoretische Prädikat „ist eine KSM". Dieses wird folgendermaßen definiert:

x ist eine KSM, wenn es P, t_1, t_2, v und m gibt, sodass gilt:

1. $x = \langle P, \{t_1, t_2\}, \mathbb{R}^+, \mathbb{R}^3, v, m \rangle$.

2. P ist eine endliche, mindestens zweielementige Menge.

3. $t_1, t_2 \in \mathbb{R}$ und $t_1 < t_2$. (Zeitmomente)

4. $v : P \times \{t_1, t_2\} \to \mathbb{R}^3$. (Geschwindigkeitsfunktion)

5. $m : P \to \mathbb{R}^+$. (Massenfunktion)

6. $\sum_{p \in P} m(p)v(p, t_1) = \sum_{p \in P} m(p)v(p, t_2)$ (Gesetz der Impulserhaltung)

Alle Entitäten x, die die Axiome und damit die definierte Struktur sowie das Fundamentalgesetz der Impulserhaltung erfüllen, sind Modelle der KSM. Die potentiellen Modelle erhält man durch Entfernen des Gesetzes der Impulserhaltung. Die partiell-potentiellen Modelle entstehen durch zusätzliches Entfernen der Massenfunktion als theoretischen Begriff. Mögliche Querverbindungen zwischen Modellen und Theorien sind die Erhaltung der Masse (Constraint) oder die Übertragung der Massenfunktion (Link).

In den bisherigen Ausführungen dieses Kapitels wurde häufig von der Beschreibung von Phänomenen der Realität oder der Empirie gesprochen. Dies mag vielleicht etwas verwundern, da dieser Arbeit das radikal-konstruktivistische Erkenntniskonzept zugrunde gelegt wird, nach dem es eine objektive, vom Betrachter unabhängige Realität nicht gibt (siehe Abschnitt 2.1.1). Stattdessen hat jede Person eine eigene Erfahrungswelt und bildet entsprechend Theorien über diese, die man durch empirische Theorien beschreiben kann. Den empirischen Wissenschaften liegt die Annahme zugrunde, dass die Erfahrungswelten hinreichend ähnlich und stabil sind:

> „We simply need to believe that, on the whole, our experience presents us with a more or less stable world. But this belief should not lead us to suppose that this world must be similar to a reality situated beyond that experience. [...] Physicists, for example, must of course assume that the world they experience and observe experimentally is a stable world. But this assumption, whatever its validity, does not enable us to conclude that their explanations can provide an account of a reality independent of the observer."
> (Glasersfeld, 2001b, S. 165)

Wissenschaftlicher Austausch und die gemeinsame (Weiter-) Entwicklung von empirischen Theorien kann damit zu einer „consensual domain" führen, die unter anderem dafür sorgt, dass den beteiligten Personen die Individualität ihrer Erfahrungswelten nicht bewusst wird und aufgrund derer sie meinen, dass sie die gleiche „Realität" untersuchen.

Wie wir im vorherigen Unterkapitel gesehen haben, entwickeln Schülerinnen und Schüler ihr Wissen im Mathematikunterricht anhand empirischer Objekte und bilden dabei eine empirische Auffassung von Mathematik aus – vergleichbar mit der einer Naturwissenschaft. Aus diesem Grund lässt sich das Verhalten der Schülerinnen und Schüler und das in diesem Zusammenhang entwickelte Wissen als empirische Theorien rekonstruieren. Das Theorienkonzept des wissenschaftstheoretischen Strukturalismus wurde bereits an verschiedener Stelle zur Beschreibung von Schülertheorien angewendet. Die systematische Analyse einer Vielzahl von Schulbüchern aus verschiedenen Bereichen (Struve, 1990 zur Geometrie; Witzke, 2014 zur Analysis; Schiffer, 2019 zur Arithmetik und Algebra; Stoffels, 2020 zur Stochastik) legt nahe, dass die Lehrwerke zur Entwicklung einer empirischen mathematischen Theorie beitragen. Dies bedeutet nicht, dass die Schülerinnen und Schüler über die formale Darstellung als empirische Theorie verfügen, sondern dass sie sich verhalten, als verfügten sie über eine solche Theorie:

> *„Wenn wir sagen, Kinder entwickeln eine empirische Theorie, erwerben eine empirische Theorie oder verfügen über eine empirische Theorie, so wollen wir damit ausdrücken, daß die Kinder die Objekte und die Relationen zwischen ihnen so handhaben, als bestimme eine solche Theorie ihr handeln, nicht, daß sie formal über ein solches Konstrukt verfügen.“ (Burscheid & Struve, 2018, S. 27)*

Die von Schülerinnen und Schülern (bzw. Kindergartenkindern) in Interview- (Schlicht, 2016 zum Mengen- und Zahlbegriff; Dilling, Pielsticker & Witzke, 2019 und Dilling & Witzke, 2020a zur Analysis) sowie in Unterrichtssituationen (Pielsticker, 2020 zum Wahrscheinlichkeitsbegriff, der binomischen Formel sowie zum Flächeninhalt von Dreiecken) entwickelten bzw. geäußerten und gezeigten Theorien ließen sich in verschiedenen Studien adäquat als empirische Theorien rekonstruieren und stützen damit die These, dass Schülerinnen und Schüler im obigen Sinne in der Schule eine empirische Auffassung von Mathematik entwickeln. Daher halten wir für die Rekonstruktion von Schülerwissen das Folgende fest:

> *„Eine angemessene Rekonstruktion des mathematischen Wissens von Schülern beinhaltet zum einen eine Beschreibung der Bereiche, auf die sich das Wissen bezieht und zum anderen eine Darstellung der Referenzbeziehungen (Bedeutungen) der Begriffe.“ (Burscheid & Struve, 2009, S. 32)*

Die Rekonstruktion des Schülerwissens im Rahmen der Fallstudien in dieser Arbeit soll diese Aspekte ebenfalls einbeziehen. Dazu werden die in diesem Unterkapitel eingeführten Begrifflichkeiten verwendet, auf eine (möglichst) vollständige Rekonstruktion als empirische Theorie und deren formale Darstellung wird dagegen zugunsten einer interpretativen Analyse verzichtet.

Begründungen in einer formalistischen und empirischen Mathematik

4

4.1 Begriffliche Grundlagen – Begründung, Argumentation und Beweis

Bei der Entwicklung einer Theorie, unabhängig davon, ob es sich um eine empirische oder nichtempirische Theorie handelt, werden im Allgemeinen zwei fundamentale Schritte unterschieden – die Entdeckung und die Überprüfung („context of discovery" und „context of justification"). Dabei muss differenziert werden zwischen der Entdeckung und Überprüfung einer ganzen Theorie verbunden mit der Formulierung neuer Axiome oder der Entdeckung und Überprüfung eines einzelnen Satzes (eines „Gesetzes") innerhalb einer bereits existierenden Theorie. Das Wort „Entdeckung" soll an dieser Stelle nicht missverstanden werden im Sinne des Realismus, sondern vielmehr die Phase der Hypothesenentwicklung beschreiben. Die Hypothese stellt das Ergebnis dieser Phase dar und ist eine Annahme, die noch nicht bestätigt ist. Sie wird in der Phase der Überprüfung im Rahmen einer Theorie erklärt und zudem gesichert. Die Erklärung und Sicherung von Wissen gestalten sich in empirischen und nichtempirischen Wissenschaften unterschiedlich. Wir wollen die Erklärung und Sicherung von Wissen im Folgenden mit dem Begriff *Begründung* kennzeichnen. Eine weitere Konkretisierung erfolgt diesbezüglich in Abschnitt 4.2.

Der Begriff der Begründung wird in der Philosophie, wenngleich nicht immer im vorherigen Sinne verstanden, häufig mit dem Begriff der *Argumentation* in Verbindung gesetzt:

© Der/die Autor(en), exklusiv lizenziert durch Springer Fachmedien
Wiesbaden GmbH, ein Teil von Springer Nature 2022
F. Dilling, *Begründungsprozesse im Kontext von (digitalen) Medien im
Mathematikunterricht*, MINTUS – Beiträge zur mathematisch-naturwissenschaftlichen
Bildung, https://doi.org/10.1007/978-3-658-36636-0_4

„In einer Argumentation stellen ein A[rgument] oder eine Reihe von A[rgument]en Schritte zur Begründung einer Aussage dar." (Prechtl & Burkard, 2008, S. 43)

Der klassische Argumentationsbegriff aus der sogenannten Argumentationstheorie als wissenschaftliche Disziplin setzt dabei den Aufbau einer Argumentation in den Vordergrund. Demnach besteht eine Argumentation aus einem oder mehreren aufeinander bezogenen Argumenten. Ein Argument sind wiederum Aussagen, die mithilfe eines Schlusses verbunden werden. Unterschieden werden die Konklusion, welche die zu begründende Aussage, und die Prämissen, welche die begründenden Aussagen darstellen (vgl. Bayer, 2007) (siehe Abbildung 4.1).[1]

---

[1] Ein in der Mathematikdidaktik vielfach verwendetes Schema zur Analyse von Argumentationen ist das Begründungsschema nach Stephen Toulmin (2003). Dieser beschreibt den Aufbau eines Arguments bestehend aus sechs Komponenten. Die Grundlage eines Arguments bildet das Datum (D für „data"). Hierin sind die als wahr angenommen bzw. vorausgesetzten Aussagen zusammengefasst, auf die der Sprecher seine Behauptung gründet. Sie beschreiben einen vorliegenden Fall in Bezug auf die für die Argumentation wichtigen Aspekte. Von dem Datum kann dann auf eine Konklusion (C für „claim") geschlossen werden, die die behauptete Aussage darstellt. Hierzu wird sich einer Regel (W für „warrant") bedient, welche die Beziehung von Datum und Konklusion beschreibt und wiederum durch eine Stützung (B für „backing") untermauert sein kann. Zudem wird der Schluss mit einem modalen Operator (Q für „qualifier") wie „sicher" oder „vermutlich" versehen, der die Stärke des Arguments beschreibt. Hinzu kommt noch die Formulierung von Ausnahmebedingungen (R für „rebuttals"), bei denen das Argument nicht greift. Damit unterscheidet sich das Toulmin-Schema vom logischen Aufbau eines Arguments. Die Prämissen werden in Datum, Regel, Stützung und Ausnahmebedingung unterteilt. Außerdem wird ein modaler Operator zur Einschätzung der Stärke des Arguments hinzugefügt.

Die Methode wurde von Toulmin insbesondere zur Analyse von alltäglichen Argumentationen entwickelt. In der Mathematik treten modale Operatoren allerdings im Allgemeinen nicht auf und Ausnahmebedingungen werden als Teil der Voraussetzungen gefasst. Deshalb verwendet Krummheuer (1995) ein vereinfachtes Schema, das lediglich aus Datum, Regel und Konklusion besteht. Inglis, Mejia-Ramos und Simpson (2007) betonen, dass eine solche Vereinfachung zur Analyse von Argumentationsprozessen nicht sinnvoll sei, da bei der Entwicklung einer Argumentation bzw. eines Beweises durchaus Schlüsse vorkommen, die nicht rein deduktiv sind, und die Gültigkeit durch das Hinzufügen von Ausnahmebedingungen zunehmend spezifiziert wird. Daher scheint eine entsprechende Vereinfachung des Toulmin-Schemas bei der Betrachtung von Prozessen, die zur Entwicklung von Argumenten führen, anstelle von fertig ausformulierten Argumentationen nicht sinnvoll.

Im Rahmen dieser Arbeit soll zur Beschreibung des Aufbaus eines Arguments nicht das Toulmin-Schema, sondern das Schema nach Bayer (2007) Anwendung finden, da in diesem die einem Argument zugrundeliegenden deduktiven oder induktiven Schlüsse stärker betont werden.

Aufbau eines Arguments

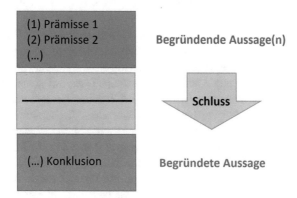

Abbildung 4.1 Schema zum Aufbau eines Arguments

Die Prämisse und die Konklusion werden durch einen Schluss in Beziehung gesetzt (z. B. Modus ponens), der ein deduktiver oder ggf. ein induktiver Schluss sein kann. Unter Deduktion wird die „Anwendung allgemeiner Regeln auf besondere Fälle" (Peirce und Walther, 1967, S. 128) verstanden. Beim deduktiven Schließen wird somit die Gültigkeit einer „Regel" ($\forall i : F(x_i) \Rightarrow R(x_i)$) vorausgesetzt, die sich auf eine bestimmte Klasse von Fällen $F(x_i)$ anwenden lässt und dabei ein bestimmtes Resultat $R(x_i)$ hervorbringt. Diese Regel und ein vorliegender Fall $F(x_1)$, auf den die Regel angewendet werden kann, können die Prämissen eines Argumentes bilden. Mit einem deduktiven Schluss kann sicher auf das Resultat $R(x_1)$ geschlossen werden, welches die Konklusion des Argumentes bildet. Damit überträgt ein deduktiver Schluss die Gültigkeit der Prämissen auf die Konklusion.

Induktion bezeichnet dagegen das Generieren einer „Regel aus der Beobachtung eines Ergebnisses in einem bestimmten Fall" (Peirce und Walther, 1967, S. 128). Die Voraussetzung eines solchen Schlusses ist somit das Vorliegen eines bestimmten Resultates $R(x_1)$ in einem bestimmten Fall $F(x_1)$ bzw. bestimmter Resultate in bestimmten Fällen. Der Fall und das Resultat bzw. die Fälle und die Resultate können die Prämissen eines Argumentes bilden, in dem mithilfe eines induktiven Schlusses eine allgemeine Regel als Konklusion gefolgert wird, die auf mehr als die vorliegenden Fälle anwendbar ist ($\forall i : F(x_i) \Rightarrow R(x_i)$). Der induktive Schluss überträgt die Gültigkeit der Prämissen anders als die Deduktion nicht mit Sicherheit auf die Konklusion. Die Rolle der Induktion im Prozess der wissenschaftlichen Erkenntnis wird daher teilweise sehr unterschiedlich eingestuft (siehe Abschnitt 4.2).

Insbesondere wird die Induktion zur Generierung neuen Wissens durch induktive Schlüsse vielfach kritisch gesehen (siehe hierzu Meyer, 2007). Zur Generierung von Hypothesen über mögliche allgemeine Regeln hat Charles Sanders Peirce die sogenannte Abduktion eingeführt. Diese hat keine begründende Funktion und wird deshalb meist nicht als Schluss im Rahmen des Argumentierens mit dem Ziel der Begründung betrachtet. Die Abduktion dient der Feststellung, dass gewisse Einzelfälle unter eine noch zu bestätigende allgemeine Regel fallen. Hierzu wird bei einem vorliegenden Resultat (z. B. $R(x_1)$) eine allgemeine Regel ($\forall i : F(x_i) \Rightarrow R(x_i)$) angenommen, mit der sich dann auf einen bestimmten Fall (z. B. $F(x_1)$) schließen lässt. Im Rahmen dieser Arbeit werden insbesondere deduktive und induktive Schlüsse betrachtet, da der Fokus auf der Begründung von Theorien liegt. In Abbildung 4.2 ist ein schematischer Vergleich von Deduktion, Induktion und Abduktion zu sehen.

Abbildung 4.2 Schematische Darstellung deduktiver, induktiver und abduktiver Schlüsse in Anlehnung an Meyer (2007)

Wie sehr eine Konklusion in einem Argument gestützt wird, hängt neben der bereits angesprochenen Stärke des Schlusses auch von der Stichhaltigkeit der Prämissen ab.[2] Handelt es sich um falsche oder wenig gesicherte Prämissen, so

---

[2] Ein von Fischer und Malle (2004) für den Mathematikunterricht geprägter Begriff, der im Zusammenhang mit Prämissen häufig fällt, ist der der Argumentationsbasis. Diese umfasst die Annahmen, die einer Argumentation zugrunde liegen, also die in der Lerngruppe akzeptierten Prämissen und Schlussweisen:

„Eine Menge von Aussagen, die als richtig angesehen werden, soll zusammen mit den Schlussweisen, die als zulässig anerkannt werden, als Argumentationsbasis bezeichnet werden. Eine Begründung auf Grund einer vorgegeben Argumentationsbasis soll als ein Beweis bezüglich dieser Argumentationsbasis bezeichnet werden." (Fischer & Malle, 2004, S. 180).

kann auch ein deduktiver Schluss zu einer falschen Konklusion führen. Ebenso können Prämissen aufgeführt sein, die für den Schluss keine Bedeutung haben, oder es können für den Schluss nötige Prämissen fehlen (vgl. Bayer, 2007). Damit ergeben sich insbesondere drei Analyseebenen einer Argumentation – Status der Prämissen, Stärke des Schlusses, Status der Konklusion.

Der in dieser Arbeit verwendete Argumentationsbegriff nutzt die vorherigen Ausführungen zum Aufbau eines Arguments, soll sich aber bei der Definition des Begriffs nicht auf diesen beschränken, da in den Fallstudien insbesondere Argumentationsprozesse, i.S.v. Prozessen, die zur Entwicklung einer Argumentation führen, untersucht werden. Hierbei handelt es sich nach dem interaktionisch geprägten Argumentationsbegriff nach Krummheuer um soziale Prozesse, in denen die am Unterricht beteiligten Personen gemeinsam Argumentationen entwickeln und dabei Begriffe aushandeln[3]:

> *„Da dies ein wechselseitiger Prozeß ist, stellen die einzelnen Individuen in der Inter-aktion nicht isolierte Argumente dar. Vielmehr entwickeln die Beteiligten <u>gemeinsam</u> einen Argumentationsprozeß. Als Ergebnis werden als gemeinsam geltende Situations-definitionen hervorgebracht. Argumentieren wird somit als <u>sozialer Prozeß</u> verstanden. […] „Kollektive Argumentation“ ist eine Folge kommunikativer Handlungen, in der die Beteiligten in einer Situation eine gemeinsame Lösung für die Koordination ihrer Inter-aktionsbeiträge herzustellen versuchen. Kollektive Argumentation ist ein vor allem mit sprachlichen Mitteln vorgetragener Prozeß. […] Es zeigt sich, daß derartige kollek-tive Argumentationen zumeist vorstrukturiert sind und nicht in einer situativ-spontanen Genese jedesmal neu strukturiert werden.“ (Krummheuer, 1991, S. 60 f.)*

Im Rahmen dieser Arbeit soll allerdings der aus Sicht des Autors dieser Arbeit kla-rere Begriff der Prämisse verwendet werden, um die einem Argument zugrundeliegenden Annahmen zu beschreiben.

[3] Ein ebenfalls interaktionistisch geprägter Begriff im Zusammenhang mit Argumentationen, der insbesondere im englischsprachigen Raum verwendet wird, ist die sogenannte Argu-mentationskultur. Yackel und Cobb (1996) betrachten die Entwicklung soziomathematischer Normen im Unterricht unter anderem mit Bezug auf die Frage, was in einer Lerngruppe als akzeptierte Begründung gilt. Sie beschreiben die Entwicklung einer Argumentationskultur als Aushandlungsprozess zwischen den Schülerinnen und Schülern sowie der Lehrperson:

> *„We have also attempted to demonstrate that these norms are not predetermined crite-ria introduced into the classroom from outside. Instead, these normative understandings are continually regenerated and modified by the students and the teacher through their ongoing interactions. As teachers gain experience with an inquiry approach in mathematics instruc-tion they may have some clear ideas in advance of norms of that they might wish to foster. Even in such cases these norms are, of necessity, interactively constituted by each classroom community. Consequently, the sociomathematical norms that are constituted might differ substantially from one classroom to another.“ (Yackel & Cobb, 1996, S. 474).*

In kollektiven Argumentationen können teilnehmende Schülerinnen und Schüler ihre subjektiven Wissenskonstruktionen zur Diskussion stellen und auf diese Weise deren Viabilität prüfen.[4] Damit wird im Unterricht zwischen Schülerinnen und Schülern aber auch der Lehrperson ausgehandelt, was und in welchem Sinne etwas als Argument gilt. Mit Bezug auf das Schema nach Bayer (2007) wird somit festgelegt, welche Prämissen und Schlüsse anerkannt werden.

In den Fallstudien dieser Arbeit werden keine Situationen aus dem Unterricht, sondern klinische Interviewsituationen mit ein bis zwei Lernenden analysiert. Dennoch wird das interaktionistische Verständnis einer Argumentation nach Krummheuer zugrunde gelegt, da zum einen die individuellen Prozesse der Einzelschüler*innen zur Entwicklung einer Argumentation im Interview durch die vorherigen Aushandlungen im Mathematikunterricht geprägt sind und zum anderen Interaktion mit dem Interviewer und ggf. einem anderen Lernenden stattfindet und so Argumente kollektiv entwickelt werden. Der verwendete Argumentationsbegriff beschränkt sich wie auch bei Krummheuer nicht auf mündliche Äußerungen. Ebenso werden schriftliche Äußerungen als Argumente aufgefasst, sofern sie einen Versuch darstellen, einen Begründungsbedarf zu befriedigen (vgl. Schwarzkopf, 2001). Dies ist häufig, muss aber nicht zwangsläufig mit einer expliziten Aushandlung der Konstrukte mit Mitschülerinnen und Mitschülern oder der Lehrperson verbunden sein.

Nachdem die Begriffe der Begründung und der Argumentation betrachtet wurden, soll nun der für die Mathematik bedeutende Begriff des *Beweises* definiert werden. In der Mathematik als Fachwissenschaft lässt sich der Begriff des Beweises vergleichsweise eindeutig definieren und wird von den meisten in der Mathematik als Fachwissenschaft tätigen Personen als solcher verwendet:

> *„Etwas genauer könnte man den vollständigen Beweis auf folgende Weise charakterisieren: man baut eine ganze Kette von Sätzen auf, deren erste Glieder Sätze sind, die schon früher als wahr anerkannt wurden, jedes folgende Glied aus den ihm vorausgehenden durch Anwendung einer Regel des Beweisens gewonnen werden kann und schließlich das letzte Glied der zu beweisende Satz ist." (Tarski, 1937, S. 28)*

---

[4] Die Bedeutung entsprechender sozialer Prozesse für die Begründung von Wissenskonstruktionen stellt auch Glasersfeld (2003) heraus, wenn auch in einem anderen Sinne als Krummheuer:

„[…] wenn die Modelle, die wir uns von Dingen, Verhältnissen und Vorgängen in der Erlebenswelt aufgebaut haben, sich auch in sprachlichen Interaktionen mit anderen bewähren, dann ist dies eine Steigerung ihrer Viabilität, ähnlich der Steigerung, die sie durch Wiederholung und Koordination mit unterschiedlichen Sinneseindrücken gewinnen." (S. 37).

Die von Tarski angesprochenen „Regeln des Beweisens" sichern den deduktiven Aufbau einer mathematischen Theorie. Beispielsweise gibt die Abtrennungsregel an:, „[…] wenn man zwei Sätze als wahr anerkennt, von denen der eine die Form einer Implikation hat und der andere die Voraussetzung dieser Implikation ist, so darf man auch den Satz als wahr anerkennen, der die Behauptung der Implikation ist […]." (Tarski, 1937, S. 27).

Im Kontext des Mathematikunterrichts scheint es sinnvoll zu sein, den Begriff des Beweises auf den der Argumentation zurückzuführen. Im Rahmen dieser Arbeit soll ein Beweis als Sonderform einer Argumentation betrachtet werden, bei der lediglich deduktive Schlüsse verwendet werden und bei dem der zu beweisende Satz oder Zusammenhang auf eine als akzeptiert geltende theoretische Basis zurückgeführt wird. Damit kommt dem Beweis wie auch der Argumentation eine interaktionistische Komponente hinzu.[5] Somit können auch Beweise mithilfe des Argumentationsschemas nach Abbildung 4.1 analysiert werden. Begrifflichkeiten wie beispielsweise „experimenteller Beweis" (Wittmann & Müller, 1988) für induktive Schlüsse werden in dieser Arbeit bewusst nicht verwendet, um die Begriffe klar auseinander halten zu können. Dies soll aber nicht bedeuten, dass der Beweis als einziges begründendes Mittel im Mathematikunterricht auftritt. Dies soll im folgenden Kapitel genauer dargestellt werden, indem Erkenntniswege empirischer Wissenschaften und der formalistischen mathematischen Wissenschaft in den Blick genommen werden.

4.2 Erkenntniswege in empirischen Wissenschaften und einer formalistischen Mathematik

Ziel dieses Unterkapitels ist der detaillierte Vergleich von Erkenntniswegen empirischer wissenschaften und der formalistischen mathematischen Wissenschaft. Ein für beide Formen der Wissenschaft wesentliches Ziel ist die Entwicklung von Theorien, die Erkenntnisse über bestimmte Untersuchungsbereiche liefern. Der

---

[5] Auch in der Mathematik als Fachwissenschaft kann das Beweisen ein Stück weit als ein sozialer Prozess aufgefasst werden. Der Begriff des Beweises ist hier zwar klar definiert, die Entscheidung, ob etwas diesen Kriterien genügt, muss allerdings im konkreten Fall von der Fachcommunity geklärt werden:

„A proof becomes a proof after the social act of 'accepting it as a proof'." (Manin, 1977, S. 48).

Diesen sozialen Aspekt konnte Bettina Heintz (2000) bei der Untersuchung des Vorgehens von Mathematikern am Max-Planck-Institut für Mathematik in Bonn auch empirisch nachweisen.

Status dieser Erkenntnisse unterscheidet sich jedoch bezogen auf die Gültigkeit fundamental in der formalistischen mathematischen Wissenschaft und einer
zur Beschreibung realer Gegenstandsbereiche entwickelten empirischen Wissenschaft wie der Physik. Hempel (1945) unterscheidet diesbezüglich zwischen einer
mathematischen Erkenntnis, bei der mathematische Sätze sicher sind und notwendigerweise aus den Axiomen folgen, und der Erkenntnis in den empirischen
Wissenschaften, deren Sätze bzw. Gesetze und Axiome lediglich als akzeptiert gelten können, mit anderen neuen Erkenntnissen aber womöglich wieder
verworfen werden:

> *"The most distinctive characteristic which differentiates mathematics from the various
> branches of empirical science, and which accounts for its fame as the queen of the
> sciences, is no doubt the peculiar certainty and necessity of its results. No proposition
> in even the most advanced parts of empirical science can ever attain this status; a
> hypothesis concerning "matters of empirical fact" can at best acquire what is loosely
> called a high probability or a high degree of confirmation on the basis of the relevant
> evidence available; but however well it may have been confirmed by careful tests,
> the possibility can never be precluded that it will have to be discarded later in the
> light of new and disconfirming evidence. Thus, all the theories and hypotheses of
> empirical science share this provisional character of being established and accepted
> "until further notice," whereas a mathematical theorem, once proved, is established
> once and for all; it holds with that particular certainty which no subsequent empirical
> discoveries, however unexpected and extraordinary, can ever affect to the slightest
> extent." (Hempel, 1945, S. 7)*

Die Sicherheit mathematischer Sätze beruht nach Hempel auf ihrer Wenn-Dann-
Form (wenn ein zugrundegelegtes Axiomensystem gilt, dann gelten auch die
aus diesem gefolgerten Sätze), die zu einer logischen Beweisbarkeit der Sätze
führt. Als Nicht-Strukturalist sieht Hempel Sätze empirischer Theorien dagegen
als Aussagen über die Realität an, die entsprechend unsicher sind.

Mit Blick auf den Vergleich von formalistischen mathematischen Theorien
und strukturalistisch beschriebenen empirischen Theorien lässt sich erklären, dass
Sätze bzw. Gesetze in empirischen Theorien, wie denen der Naturwissenschaften, durch die Einführung empirischer und theoretischer Begriffe Aussagen über
empirische Phänomenbereiche machen, die durch die intendierten Anwendungen
der Theorie festgelegt werden, während die „Sätze" einer formalistischen Theorie
Aussageformen sind. Diese werden erst dann zu einer Aussage, wenn die Variablen („Begriffe") interpretiert werden, also Modelle der Theorie gebildet werden.
Entsprechend unterscheidet sich der Status von Sätzen empirischer Theorien und
„Sätzen" formalistischer Theorien.

Nachdem gezeigt wurde, dass sich der Status der Erkenntnisse einer empirischen Theorie wie denen der Naturwissenschaften und einer formalistischen mathematischen Theorie deutlich unterscheidet, soll der Blick nun auf die Entwicklung von Theorien und die Entwicklung und Prüfung von Hypothesen über Sätze bzw. Gesetze im Rahmen von Theorien fallen. Dazu soll nicht nur die fertige und „geschönte" Darstellung einer Theorie oder eines Gesetzes als Produkt beschrieben werden, in der beispielsweise meist nicht aufgeführt wird, wie die Hypothese oder eine Beweisidee entwickelt wurden; vielmehr soll der Prozess betrachtet werden, der zur Entwicklung einer empirischen oder formalistischen Theorie sowie zur Entwicklung und Prüfung von Gesetzen bzw. Sätzen innerhalb von empirischen und formalistischen Theorien führt. Der Ausgangspunkt hierfür soll die Forschung zu Funktionen von Beweisen bilden.

4.2.1 Funktionen von Begründungen

Reuben Hersh (1993) unterscheidet zwei wesentliche Funktionen eines Beweises – die Überzeugung und die Erklärung. Ein Beweis wird als überzeugend angesehen, wenn die Richtigkeit der logischen Schlüsse durch die wissenschaftliche Community bestätigt wird. Damit lässt sich feststellen, ob ein mathematischer Satz gültig ist. Ein Beweis kann als Erklärung aufgefasst werden, wenn er den Zusammenhang zwischen dem zu beweisenden Satz und den für den Beweis notwendigen Voraussetzungen darlegt und damit ein tieferes Verständnis der Theorie ermöglicht. Die überzeugende Funktion sei insbesondere für die mathematische Forschung, die erklärende Funktion dagegen im Mathematikunterricht von Bedeutung:

> *„The role of proof in the classroom is different from its role in research. In research its role is to convince. […] What a proof should do for the students is provide insight into why the theorem is true." (S. 396)*

Diese beiden Funktionen von mathematischen Beweisen werden auch von anderen Autoren hervorgehoben. Manin (1977) betrachtet die Funktionen von Beweisen in der Mathematik als Fachwissenschaft. Wesentliche Anforderungen an einen Beweis stellen für sie dar, dass er zum einen zeigt, dass der mathematische Satz wahr ist („that it is true"), und zum anderen auch erklärt, warum er wahr ist („why it is true"). Hanna (1995) spricht von „proofs that prove" und „proofs that explain". Die Erklärungsfunktion würde häufig durch Begründungen, die das Phänomen in den Vordergrund setzen, besser erfüllt werden als durch einen formalen Beweis:

„A proof that proves shows that a theorem is true. A proof that explains does that as well, but the evidence which it presents derives from the phenomenon itself [...]."
(Hanna, 1995, S. 48)

Eine besonders detaillierte und bekannte Liste von Funktionen von Beweisen ist von De Villiers (1990) erstellt worden. Sie umfasst fünf Funktionen, die Beweise erfüllen können:

- Überprüfung („verification"): Die Gültigkeit des Satzes wird durch den Beweis gesichert.
- Erklärung („explanation"): Der Beweis erklärt, warum der Satz gültig ist.
- Systematisierung („systematisation"): Der Beweis ordnet die Ergebnisse in einem deduktiv geordneten System.
- Entdeckung („discovery"): Durch den Beweis werden neue Ergebnisse entdeckt oder konstruiert.
- Kommunikation („communication"): Der Beweis ermöglicht die Überlieferung von und Diskussion über mathematisches Wissen.

Diese detaillierte Liste an Beweisfunktionen gibt teilweise sehr spezifische Aspekte an, die sich auch unter den beiden wichtigsten Funktionen eines Beweises subsumieren lassen – der Funktion der Überprüfung und der der Erklärung:

„But just such a richly differentiated view of proof and proving could arise only as the product of a long historical development, so must every student just entering the world of mathematics start with the fundamental functions: verification and explanation."
(Hanna, 2000, S. 8)

Die besondere Stellung dieser beiden Funktionen konnten auch Healy und Hoyles (1998) bei der Befragung von Schülerinnen und Schülern feststellen. Das Konzept der Funktionen von Beweisen und insbesondere die beiden fundamentalen Funktionen der Überprüfung und Erklärung sollen nun in einem größeren Zusammenhang als *Funktionen von Begründungen* im Kontext von empirischen naturwissenschaftlichen und formalistischen mathematischen Theorien betrachtet werden.

Hierzu sollen zunächst zwei klassische Modelle für naturwissenschaftliche Erkenntnisprozesse betrachtet werden, die experimentelle Methode nach Galileo Galilei sowie das EJASE-Modell nach Albert Einstein, um anschließend den in dieser Arbeit vertretenen strukturalischen Standpunkt zu beschreiben.

4.2.2 Erkenntnisprozesse in empirischen Wissenschaften

Ein in den Naturwissenschaften bekanntes Modell der Erkenntnisgewinnung ist die experimentelle Methode, die meist auf die Arbeiten von Galileo Galilei zurückgeführt wird. Ihm wird zugesprochen, die Mathematik in die Naturwissenschaften eingeführt und damit die quantitative Erfassung von empirischen Phänomenen ermöglicht zu haben. Dies gelang durch die Entwicklung einer empirischen Theorie, die durch deduktives Schließen Vorhersagen in Bezug auf das Phänomen ermöglicht. Anschließend wird ein Experiment durchgeführt, das empirische Vorhersagen der Theorie entweder bestätigt oder widerlegt (vgl. Kuhn, 1983). Schwarz (2009) beschreibt den Vorzug dieser Methode gegenüber der vor Galilei verbreiteten Methodik:

> *„Bei Galilei wird die Durchführung des Experiments durch theoretisch-mathematische Modellvorstellungen geleitet. Bei ihm tritt an die Stelle des mühsamen, oft irreführenden und unsystematischen „Herauslesens" von Naturzusammenhängen das zielgerichtete Überprüfen eines bereits im Vorfeld formulierten oder infrage gestellten Zusammenhangs."* *(Schwarz, 2009, S. 18)*

Auch Emanuel Kant bezieht sich in seinem Vorwort zur Kritik der reinen Vernunft auf die Methode Galileis und im Speziellen auf dessen Versuch zum freien Fall:

> *„Als Galileo seine Kugel die schiefe Ebene mit einer von ihm selbst gewählten Schwere herabrollen [...] ließ, so ging allen Naturforschern ein Licht auf. Sie begriffen, daß die Vernunft nur das einsieht, was sie selbst nach ihrem Entwurfe hervorbringt, daß sie mit Prinzipien ihrer Urteile nach beständigen Gesetzen vorangehen und die Natur nötigen müsse, auf ihre Fragen zu antworten, nicht aber sich von ihr allein gleichsam am Leitbande gängeln lassen müsse; denn sonst hängen zufällige, nach keinem vorher entworfenen Plane gemachten Beobachtungen gar nicht in einem notwendigen Gesetze zusammen, welches doch die Vernunft sucht und bedarf. [...] Hierdurch ist die Naturwissenschaft allererst in den sicheren Gang einer Wissenschaft gebracht worden, da sie so viel Jahrhunderte durch nichts weiter als ein bloßes Herumtappen gewesen war."* *(Kant, 1787, S. 19)*

Das von Kant angesprochene Experiment baut wesentlich auf der von Galilei zuvor durch geometrische Überlegungen getroffenen Annahme auf, dass das Quadrat der Fallzeit proportional zum Fallweg sein müsse. Das Fallgesetz, welches aufbauend auf den Grundbegriffen der Theorie deduktiv entwickelt wurde, konnte dann durch gezielte Experimente auf einer geneigten Ebene bestätigt werden.[6]

---

[6] Für eine detaillierte Darstellung von Galileis Experiment und dessen Nutzung im Mathematikunterricht siehe Dilling und Krause (2020).

Zur Durchführung der experimentellen Methode nach Galilei ist es somit notwendig, die Hypothese zunächst als Satz einer zugrundeliegenden Theorie zu beschreiben (vgl. Schwarz, 2009). Wie die Theorie und die Hypothese entwickelt wurden ist für Galilei keine relevante Frage, in platonischer Tradition sieht er diese als von der Natur gegeben an und nutzt unter anderem geometrische Überlegungen:

> *„Ich habe ein Experiment darüber angestellt, aber zuvor hatte die natürliche Vernunft mich ganz fest davon überzeugt, daß die Erscheinung so verlaufen mußte, wie sie auch tatsächlich verlaufen ist." (Zitiert nach Koyré, 1988, S. 26)*

Diese von Galilei vertretene Sichtweise auf die Entwicklung von Theorien gilt nach den Arbeiten von T. Kuhn und der neueren Historiographie der Naturwissenschaften als überholt. Entsprechend des wissenschaftstheoretischen Strukturalismus, dessen Sichtweise in dieser Arbeit zugrunde gelegt wird, ist die Konstruktion von neuen T-theoretischen Begriffen der wesentliche Schritt bei der Entwicklung einer neuen Theorie. Hypothesen über einzelne Phänomene können dann als Gesetze der empirischen Theorie formuliert und experimentell überprüft werden. Mit dem strukturalistischen Begriff des T-theoretischen Begriffs, der erst in der Theorie T geklärt wird und damit kein empirisches Referenzobjekt besitzt oder in einer Vortheorie definiert ist, lässt sich auch die im obigen Zitat von Kant beschriebene Notwendigkeit der Entwicklung von Theorien für naturwissenschaftliche Erkenntnis erklären („daß die Vernunft nur das einsieht, was sie selbst nach ihrem Entwurfe hervorbringt", Kant, 1787, S. 19).

Ein neueres Modell zur Beschreibung naturwissenschaftlicher Erkenntniswege stammt von Albert Einstein. Dieser kritisiert den von Galilei dargelegten Weg der Theoriebildung über die „natürliche Vernunft" sowie insbesondere auch die in der Zeit nach Galilei vielfach aufzufindenden Versuche, auf rein induktivem Weg ausgehend von Einzelbeobachtungen ohne eine deduktive Theoriebildung zu allgemeinen Erkenntnissen zu gelangen. Für Einstein steht fest:

> *„Es gibt keine induktive Methode, welche zu den Grundbegriffen der Physik führen könnte. Die Verkennung dieser Tatsache war der philosophische Grundirrtum so mancher Forscher des 19. Jahrhunderts [...]. Logisches Denken ist notwendig deduktiv, auf hypothetische Begriffe und Axiome gegründet." (Einstein, 1990, S. 85)*

Diese Aussagen Einsteins können mit T-theoretischen Begriffen im Sinne des Strukturalismus genauer erklärt werden. Während nicht-T-theoretische Begriffe durchaus empirische Referenzobjekte haben können, sind T-theoretische Begriffe notwendigerweise referenzlos. Mit „hypothetische Begriffe" könnte Einstein etwas Ähnliches im Sinne gehabt haben. Nimmt man an, dass die Konstruktion von neuen T-theoretischen Begriffen der wesentliche Schritt bei der Entwicklung einer neuen Theorie ist, so muss man Einstein zustimmen, dass es „keine induktive Methode" gibt, die diese Begriffe hervorbringt. Der Wissenschaft kommt nach Einstein folgende Aufgabe zu:

> „*Wissenschaft ist der Versuch, der chaotischen Mannigfaltigkeit der Sinneserlebnisse ein logisch einheitliches gedankliches System zuzuordnen; in diesem System sollen die einzelnen Erlebnisse derart ihr gedanklich- theoretisches Korrelat finden, daß die Zuordnung eindeutig und überzeugend erscheint. Sinnerlebnisse finden wir vor. Sie sind das unverrückbar Gegebene. Das Gedankliche aber, das uns zu dieser Erfassung dient, ist Menschenwerk, Ergebnis eines äußerst mühevollen Anpassungsprozesses, hypothetisch, niemals völlig gesichert, stets gefährdet und in Frage gestellt.*" (Einstein, 1990, S. 107)*

Der Erkenntnisprozess gestaltet sich nach dem EJASE-Modell, das Einstein in einem Brief an den Philosophen und Mathematiker Maurice Solovine beschrieb, wie folgt. Ausgehend von der „Mannigfaltig der Sinneserlebnisse", die in der schematischen Darstellung (Abbildung 4.3) durch eine Linie mit der Bezeichnung E symbolisiert wird, werden Axiome A einer physikalischen Theorie gebildet. Der Übergang von E nach A erfolgt durch einen „Jump" J, symbolisiert durch einen gebogenen Pfeil. Dies soll ausdrücken, dass kein direktes Ableiten der Axiome aus der Empirie möglich ist, beispielsweise durch verallgemeinernde Induktion. Es handelt sich bei den Axiomen um reine menschliche Konstruktionen, zu denen man durch einen logischen Sprung gelange:

> „*Psychologisch beruhen die A auf E. Es gibt aber keinen logischen Weg von den E zu den A, sondern nur einen intuitiven (psychologischen) Zusammenhang, der immer ‚auf Widerruf' ist.*" (Holton, 1981, S. 378–379)

Der Grund hierfür kann mit dem wissenschaftstheoretischen Strukturalismus in der Konstruktion T-theoretischer Begriffe identifiziert werden. Diese können aufgrund ihrer Referenzlosigkeit nicht unmittelbar aus realen Phänomenen gewonnen werden, sondern sind erst innerhalb der Theorie T bestimmt.

Ausgehend von den Axiomen der Theorie werden dann nach Einstein durch deduktives Schließen Sätze S', S", S"', usw. gebildet.[7] Die Sätze dieser empirischen Theorie müssen sich anschließend in der Empirie bewähren, indem sie in einem Experiment auf die „Sinneserlebnisse" E zurückgeführt werden. Dies kann dann

---

[7] Im wissenschaftstheoretischen Strukturalismus wird eine Unterteilung in Fundamental- und Spezialgesetzt vorgenommen. Das Fundamentalgesetz soll in allen intendierten Anwendungen Gültigkeit haben, während die Spezialgesetze nur in speziellen intendierten Anwendungen als geltend vorausgesetzt werden und nicht in allen. Dies führt zu einem Netz aus

zu einer Bestätigung oder einer Widerlegung verbunden mit einer Veränderung des Experimentes oder der theoretischen Setzungen in Form der Axiome führen (vgl. Krause, 2017). Somit handelt es sich bei dem von Einstein vorgeschlagenen Erkenntnismodell um einen zyklischen Prozess. Das Modell von Einstein wurde durch Gerald Holton um sogenannte Themata ergänzt, die metaphysische Hintergrundüberzeugungen darstellen und den bei Einstein als „Jump" umschriebenen Übergang von den „Sinneserlebnissen" zu den Axiomen der Theorie durch eine Art Filter-Funktion verständlich machen sollen (vgl. Holton, 1981).

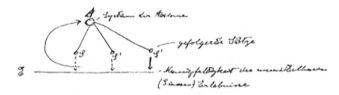

Abbildung 4.3 Skizze von Einstein zu seinem physikalischen Erkenntnismodell (©Holton, 1981, S. 376)

Nachdem zwei bekannte naturwissenschaftliche Erkenntnismodelle diskutiert wurden, soll nun der dieser Arbeit zugrundeliegende strukturalistische Standpunkt erläutert und in einzelnen Aspekten von den obigen Erkenntnismodellen abgegrenzt werden. Dabei soll, wie bereits im vorherigen Unterkapitel beschrieben, zwischen der Entdeckung und Überprüfung einer ganzen Theorie oder der Entdeckung und Überprüfung eines einzelnen Satzes (eines „Gesetzes") innerhalb einer bereits existierenden Theorie unterschieden werden.

Die *Entwicklung einer neuen Theorie T* ist nach dem wissenschaftstheoretischen Strukturalismus mit der Formulierung von potentiellen Modellen, Modellen und partiell-potentiellen Modellen mithilfe T-theoretischer und nicht-T-theoretischer Begriffe verbunden. Nicht-T-theoretische Begriffe wurden entweder in einer von T verschiedenen Vortheorie geklärt oder besitzen eindeutige empirische Referenzobjekte innerhalb der intendierten Anwendungen. T-theoretische Begriffe werden wiederum erst innerhalb der Theorie T festgelegt und ihre Messung setzt die Gültigkeit der Theorie T voraus. Die Konstruktion von

---

unterschiedlichen Theorieelementen, ein sogenanntes Theorienetz. Einstein geht von Axiomen einer Theorie aus, zu denen natürlich das Fundamentalgesetz gehören muss. Die Sätze S, S', S'', usw. sind dann Spezialgesetze.

neuen T-theoretischen Begriffen stellt den wesentlichen Schritt bei der Entwicklung einer neuen Theorie T dar. Mit der Aufstellung der potentiellen Modelle, der Modelle und der partiell-potentiellen Modelle sowie der Festlegung der intendierten Anwendungen und der Querverbindungen ist die Theorie T vollständig bestimmt. Die Überprüfung der mit der Theorie verbundenen empirischen Behauptung, dass die intendierten Anwendungen partielle Modelle sind, die sich durch Hinzufügen der theoretischen Begriffe so zu Modellen ergänzen lassen, dass die Querverbindungen gelten, ist nur mit einem Experiment möglich.

Zusätzlich betrachten wir die *Entdeckung und Überprüfung eines Satzes innerhalb einer bereits formulierten Theorie T*. Entsprechende Entwicklungen finden in einer normalen Wissenschaft nach Kuhn statt, bei der „eine Person oder eine Personengruppe *an ein und derselben Theorie festhält, obwohl die theoretischen Überzeugungen, Vermutungen und Hypothesen ständig wechseln*" (Stegmüller, 1973, S. 180). Die Theorie, an der festgehalten wird, ist im Sinne des Strukturalismus durch das Fundmentalgesetz festgelegt, die wechselnden „Überzeugungen, Vermutungen und Hypothesen" beziehen sich auf die zum „Strukturkern" (Stegmüller, 1980) hinzukommenden Spezialgesetze. In diesem Zusammenhang soll eine Unterscheidung zwischen drei Phasen vorgenommen werden, wobei diese nicht als zeitliche Phasen mit einer festen Reihenfolge aufgefasst werden sollen. In der ersten Phase werden Hypothesen explorierend entwickelt. Bei einer Hypothese handelt es sich um einen angenommenen Zusammenhang, dessen Gültigkeit aber noch nicht begründet wurde. Die Begründung erfolgt dann durch zwei weitere Phasen. In der Phase der Wissenserklärung erfolgt die Beschreibung der Hypothese im Rahmen der Theorie T. Der zuvor angenommene Zusammenhang wird durch deduktive Schlüsse im Rahmen eines Beweises auf die Fundamental- und Spezialgesetze der Theorie T zurückgeführt. Auf diese Weise wird die Hypothese mit bereits bekanntem Wissen in Verbindung gesetzt. Dies ist vergleichbar mit der oben erläuterten Funktion der Erklärung. Damit ist eine empirische Theorie aber noch nicht bestätigt. In der Phase der Wissenssicherung erfolgt die experimentelle Überprüfung der hypothetischen Zusammenhänge. Erst durch die Messung entsprechender Zusammenhänge zwischen empirischen Objekten der intendierten Anwendungen im Rahmen eines Experiments kann induktiv auf die Adäquatheit des Satzes der Theorie zur Beschreibung eines bestimmten empirischen Phänomens geschlossen werden. Diese Phase entspricht der oben beschriebenen Funktion der Überprüfung. Bei dieser dreischrittigen Phasierung handelt es sich um eine vereinfachte Darstellung der Entwicklung von Sätzen einer empirischen Theorie T, die für den Zweck dieser Arbeit dienlich ist.

4.2.3 Erkenntnisprozesse in einer formalistischen Mathematik

Während die Entwicklung einer empirischen Theorien T insbesondere durch die Formulierung neuer T-theroetischer Begriffe und damit einer neuen axiomatischen Basis geschieht, und die Entwicklung von Sätzen einer empirischen Theorie durch die drei Phasen der Hypothesenbildung, Wissenserklärung und Wissenssicherung adäquat beschrieben werden kann, weicht die Entwicklung von formalistischen mathematischen Theorien sowie von Sätzen dieser Theorien von der dargestellten Struktur ab.

Der Unterschied einer formalistischen mathematischen Theorie gegenüber einer empirischen Theorie liegt im ontologischen Status der Begriffe. In einer formalistischen Theorie haben Begriffe keine empirischen Referenzobjekte, sie sind Variablen. Sind die Axiome einer formalistischen Theorie definiert, so ist diese damit vollständig festgelegt (*Entwicklung einer neuen Theorie*). Eine formalistische Theorie hat nicht den Anspruch, reale Phänomene zu beschreiben und in irgendeiner Art und Weise empirisch geprüft zu werden.

Die „Sätze" einer formalistischen Theorie sind Aussageformen. Die *Entdeckung und Überprüfung eines „Satzes" innerhalb einer bereits formulierten Theorie* kann vereinfacht durch zwei Phasen beschrieben werden. Innerhalb der Theorie können in der ersten Phase Hypothesen über mögliche Zusammenhänge gebildet werden, die in der zweiten Phase durch einen mathematischen Beweis bestehend aus deduktiven Schlüssen auf die Axiome zurückgeführt werden. Damit erfolgt in einer formalistischen mathematischen Theorie die Wissenssicherung und -erklärung in einem mathematischen Beweis. Eine Überprüfung der Theorie in der Empirie wird nicht vorgenommen. Dies ist auch gar nicht möglich, da die Begriffe Variablen sind. Eine Anwendung der Theorie kann aber sehr wohl erfolgen, indem Modelle der Theorie gebildet und damit die Variablen interpretiert werden. Die Anwendung hat allerdings keine begründende Funktion in Bezug auf die formalistische Theorie.

Die Generierung von Hypothesen findet auch in einer formalistischen wissenschaftlichen mathematischen Theorie nicht ausschließlich deduktiv statt. Dies wurde auch in der mathematischen Wissenschaftsgeschichte an verschiedener Stelle betont. Ein besonders bekannter Vertreter dieses Standpunktes ist der ungarische Mathematiker und Wissenschaftstheoretiker Imre Lakatos. Er beschreibt in seinem Werk „Proofs and Refutations" (vgl. Lakatos, 1976) die Ergebnisse der Mathematik als quasi-empirisch und entstanden in einem Zusammenspiel aus Vermutungen und Widerlegungen:

> *„Es beginnt mit Problemen, für die kühne Lösungen vorgeschlagen werden, dann kommen strenge Prüfungen, Widerlegungen. Vehikel des Fortschritts sind kühne Spekulationen, Kritik, Streit zwischen konkurrierenden Theorien, Problemverschiebungen. Das Augenmerk richtet sich dabei stets auf die undeutlichen Grenzen. Fortschritt und permanente Revolution heißt die Lösung, nicht Grundlagenforschung und Ansammlung ewiger Wahrheiten."* *(Lakatos, 1982, S. 28)*

Lakatos betont allerdings auch, dass das Beschriebene nicht bei jeder mathematischen Theorie der Fall ist und macht dies an der Gruppentheorie deutlich:

> *„Not all formal mathematical theories are in equal danger of heuristic refutations in a given period. For instance, elementary group theory is scarcely in any danger; in this case the original informal theories have been so radically replaced by the axiomatic theory that heuristic refutations seem to be inconceivable."* *(Lakatos, 1978, S. 36)*

Auch außerhalb der Entwicklung von Hypothesen oder Beweisideen können induktive Schlüsse in der Mathematik nützlich sein. George Pólya untersucht in seinem Werk „Mathematik und plausibles Schließen" (vgl. Pólya, 1962) die Entwicklung mathematischer Theorien genauer und nimmt dabei unter anderem Bezug auf heuristische Vorgehensweisen zur Überprüfung von bereits entwickelten Hypothesen. So könne es aus Effizienzgründen sinnvoll sein, vor der langwierigen und unter Umständen aussichtslosen Suche nach einem Beweis für die Gültigkeit einer Aussage zunächst systematisch Beispiele auszuprobieren und damit induktiv darauf zu schließen, dass die Hypothese sinnvoll, aber eben noch nicht bewiesen ist:

> *„Zweitens haben wir durch die Verifizierung des Satzes in verschiedenen Einzelfällen starke induktive Beweisstützen dafür gesammelt. Die induktive Phase überwand unseren ursprünglichen Verdacht, daß der Satz falsch sei, und vermittelt uns festes Vertrauen zu ihm. Ohne ein solches Vertrauen hätten wir kaum den Mut gefunden, den Beweis, der gar nicht wie eine Aufgabe nach Schema F aussah, in Angriff zu nehmen. ‚Wenn man sich vergewissert hat, daß der Lehrsatz wahr ist, beginne man, ihn zu beweisen' […]."* *(Pólya, 1962, S. 134)*

4.2.4   Erkenntnisprozesse im Mathematikunterricht

Wie in Abschnitt 3.2 und 3.3 gezeigt wurde, entwickeln Schülerinnen und Schüler im Mathematikunterricht häufig eine empirische Auffassung von Mathematik und das von ihnen entwickelte Wissen lässt sich als empirische Theorien rekonstruieren. Die zu beschreibenden intendierten Anwendungen dieser Theorien liegen in den im Unterricht diskutierten empirischen Objekten wie Zeichenblattfiguren in der Geometrie oder Kurven in der Analysis. Damit ergeben sich in Bezug auf die Erkenntniswege im Mathematikunterricht vielfältige Parallelen zum Vorgehen in den Naturwissenschaften:

> *„Die so beschriebene Auffassung kann man mit der Sichtweise eines Naturwissenschaftlers vergleichen. Die Ergebnisse eines Experiments „erklärt" er mit einer Theorie. Die Theorie gibt ihm aber nicht die Gewißheit, daß die Tatsache gilt, die er im Experiment nachgewiesen hat."* (Struve, 1990, S. 35)

Ähnlich wie in den Naturwissenschaften werden in einem empirisch-orientierten Mathematikunterricht (vgl. Pielsticker, 2020), in dem die Schülerinnen und Schüler Mathematik zur Beschreibung empirischer Objekte entwickeln, Hypothesen über mögliche Sätze einer Theorie durch exploratives Handeln gewonnen. Schülerinnen und Schüler sollten im Unterricht an geeigneten Stellen die Möglichkeit bekommen, explorativ mit den konkreten zu beschreibenden Objekten umzugehen:

> *„Unsere Analyse legt nahe, dass es für die Entwicklung einer sinnvollen (empirischen) Mathematikauffassung im Schulunterricht notwendig ist, Schülern den Raum zu geben, Hypothesen für paradigmatische Beispiele selbstständig entwickeln zu können, zu erproben und auf weitere Anwendungsbereiche übertragen zu lassen."* (Witzke, 2009, S. 359)

Zur Wissenserklärung im Unterricht muss dann die Rückführung auf bereits bekanntes Wissen im Rahmen eines mathematischen Beweises erfolgen. Die Wissenserklärung stellt sicher, dass im Unterricht zusammenhängende Theorien entwickelt werden:

> *„Die Formulierung von Erklärungen bzw. Beweisen – im Sinne der Rückführung von neuem Wissen auf Bekanntes – stellt dabei ein wichtiges grundständiges Entwicklungsmerkmal dar. Auf Beweise dieser Art können wir im Schulunterricht nicht verzichten, wenn wir Mathematik nicht als eine bloße – den Charakteristika empirischer Theorien widerstrebende – Phänomenologie vermitteln wollen."* (Witzke, 2009, S. 359)

Sieht man die empirische Auffassung von Mathematik, die im Rahmen der Entwicklung empirischer Theorien durch die Schülerinnen und Schüler angebahnt wird, als förderlich an, so ist es notwendig, neben der theoretischen Wissenserklärung auch die experimentelle Wissenssicherung zu berücksichtigen. Nur durch diese Phase des induktiven Schließens kann die Adäquatheit der Theorie zur Beschreibung der intendierten Anwendungen untersucht werden.

Um zu zeigen, dass ein solches Vorgehen bestehend aus Hypothesenbildung, Wissenserklärung und Wissenssicherung durchaus die Entdeckung und

Begründung von mathematischen Sätzen im (alltäglichen) Mathematikunterricht beschreibt[8], soll im Folgenden die Einführung des Winkelsummensatzes aus dem aktuelleren Schulbuch Lambacher Schweizer für die 7. Jahrgangsstufe (Jörgens et al., 2018) betrachtet werden.[9] Da sich der Mathematikunterricht häufig wesentlich auf den Aufbau des verwendeten Schulbuchs stützt, bieten diese einen guten Einblick in das unterrichtliche Vorgehen (siehe Abschnitt 7.2). Dabei sollte jedoch beachtet werden, dass die Schulbuchautorinnen und -autoren ihr Werk (vermutlich) nicht mit der Intention geschrieben haben, eine empirische Theorie zu vermitteln. Dennoch lassen sich im Verständnis der Schülerinnen und Schüler entsprechende Vorgehensweisen ausmachen.

Zu Beginn des Kapitels zur Winkelsumme in Dreiecken wird ein Experiment beschrieben, welches die Schülerinnen und Schüler durchführen sollen (siehe Abbildung 4.4). Dazu werden „einige" Dreiecke auf ein Blatt Papier gezeichnet und ausgeschnitten. Jeweils zwei Ecken der Dreiecke sollen abgerissen und an die dritte angelegt werden. Eine Entdeckung soll formuliert werden.

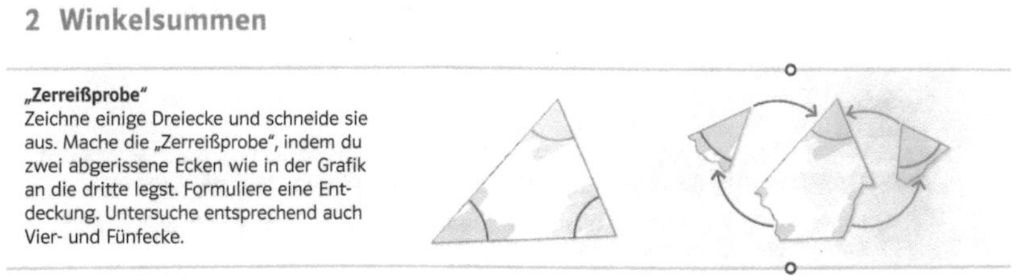

2 Winkelsummen

„Zerreißprobe"
Zeichne einige Dreiecke und schneide sie aus. Mache die „Zerreißprobe", indem du zwei abgerissene Ecken wie in der Grafik an die dritte legst. Formuliere eine Entdeckung. Untersuche entsprechend auch Vier- und Fünfecke.

Abbildung 4.4 Winkelsummenexperiment im Schulbuch Lambacher Schweizer (©Jörgens et al., 2018, S. 187)

Das beschriebene Einführungsexperiment dient der Entwicklung von Hypothesen bezogen auf die Winkelsumme in Dreiecken. Das Vorgehen wird sehr detailliert beschrieben, sodass die Schülerinnen und Schüler mit hoher Wahrscheinlichkeit die erwartete Vermutung entwickeln. Ihnen ist vermutlich auch bei

---

[8] Während die Fallstudien in den späteren Kapiteln dieser Arbeit die Entwicklung mathematischen Wissens in speziell entwickelten Settings im Rahmen klinischer Interviews beschreiben, soll durch die folgenden Ausführungen eine Brücke zum institutionellen Lernen im Mathematikunterricht geschlagen werden.

[9] Die Darstellung dieses Themas im Schulbuch Gamma war bereits Diskussionsgegenstand in Struve (1990) sowie Witzke (2009).

einem leichten Abweichen von einem 180°-Winkel aufgrund des typischen unterrichtlichen Interaktionsmusters bewusst, dass es sich nicht um „krumme" Werte handeln wird. Durch die Betrachtung mehrerer Dreiecke kann dies neben der Hypothesengenerierung auch als eine erste Ergebnissicherung beschrieben werden, sodass die meisten Schülerinnen und Schüler im Anschluss an diese Phase kaum noch an den Zusammenhängen zweifeln werden.

Zudem können im Experiment erster Begründungsideen entwickelt werden. Diese werden im Anschluss in einem kurzen Text ausgeführt und nicht von den Schülerinnen und Schülern selbst weiterentwickelt (siehe Abbildung 4.5). Hierzu wird eine Parallele zu einer der Dreiecksseiten gezeichnet. Die dadurch zu den Dreiecksseiten entstehenden Winkel sind Wechselwinkel und folglich gleich groß. Damit wird der Winkelsummensatz deduktiv auf den Wechselwinkelsatz zurückgeführt. Dies wird auch explizit gemacht, indem erklärt wird: „Bisher wurden Beziehungen zwischen Winkeln an sich schneidenden Geraden untersucht. Diese Erkenntnisse werden nun zur Untersuchung von Winkeln in Dreiecken genutzt." (Jörgens et al., S. 187). Im Rahmen empirischer Theorien lässt sich dies als Wissenserklärung beschreiben. Der Winkelsummensatz im Dreieck wird schließlich in einem Kasten formuliert.

Bisher wurden Beziehungen zwischen Winkeln an sich schneidenden Geraden untersucht. Diese Erkenntnisse werden nun zur Untersuchung von Winkeln in Dreiecken genutzt.

Die Winkel α, β und γ im Inneren eines Dreiecks nennt man kurz **Innenwinkel**. Ihre Summe ist 180°. Das kann man wie folgt begründen:

Man zeichnet am Dreieck ABC eine Parallele zur Seite c durch den Punkt C.
Die Winkel α und ε sind Wechselwinkel an parallelen Geraden, also gilt $\alpha = \varepsilon$.
Die Winkel β und δ sind ebenfalls Wechselwinkel an parallelen Geraden, also gilt $\beta = \delta$.

Da δ, γ und ε zusammen einen gestreckten Winkel bilden, gilt $\varepsilon + \gamma + \delta = 180°$.
Somit gilt auch $\alpha + \beta + \gamma = 180°$.

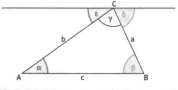

Winkelsummensatz im Dreieck
In jedem Dreieck beträgt die Summe der Innenwinkel 180°.
Es gilt: $\alpha + \beta + \gamma = 180°$.

Abbildung 4.5 Herleitung des Winkelsummensatzes im Schulbuch Lambacher Schweizer (©Jörgens et al., 2018, S. 187)

Es folgen zwei kurze Aufgaben zur Anwendung des Winkelsummensatzes. Anschließend sollen die Schülerinnen und Schüler mit einer dynamischen Geometriesoftware ein Dreieck zeichnen (siehe Abbildung 4.6). Durch Ziehen an den Punkten können in kurzer Zeit eine Vielzahl an Beispieldreiecken untersucht werden. Die Größen der einzelnen Winkel und ihre Summe sollen in einer Tabelle erfasst werden. Dies entspricht einer systematischen Wissenssicherung, wenn man das Vorgehen im Rahmen empirischer Theorien interpretiert. Mit Blick auf die Bereichsspezifität des mathematischen Schülerwissens stellt sich allerdings die Frage, ob Lernende nicht die Dreiecke am Computer und die Dreiecke auf dem Zeichenblatt als unterschiedliche Objekte auffassen könnten, mit denen unterschiedliche subjektive Erfahrungsbereiche verbunden sind.

○ 1   ⬚ Zeichne mit einem dynamischen Geometrieprogramm ein Dreieck ABC. Verändere die Dreiecke durch Ziehen an den Punkten. Bestimme für verschiedene Dreiecke die Größe der Winkel und bilde ihre jeweilige Summe.
Erfasse die Beispiele und Ergebnisse in einer Tabelle.

Abbildung 4.6 Systematische Überprüfung des Winkelsummensatzes im Schulbuch Lambacher Schweizer (©Jörgens et al., 2018, S. 187)

Dass Schülerinnen und Schüler zur Begründung eines mathematischen Zusammenhangs, der Aussagen über empirische Objekte macht, die Bezugnahme auf diese empirischen Objekte zur Begründung für notwendig halten, erklärt auch Hanna (2000) im Zusammenhang mit der Innenwinkelsumme im Dreieck. Demnach stelle es für Lernende im Mathematikunterricht keine Selbstverständlichkeit dar, dass sich deduktiv aufgebaute Theorien auf Dreiecke als Teil der Empirie anwenden lassen:

„Students are often taught, for example, that the angle-sum theorem for triangles is true in general only because it has been proven mathematically. There is no reference to the measurement of real triangles. This practice implies a very specific and limited view of the nature of mathematics and in particular of its relationship to the outside world. Students do not share this view, however; they typically come to class with the belief that geometry has something to say about the triangles they find around them. For this reason it should come as no surprise to educators when students misinterpret the teacher's assertion that mathematical proof is sufficient in geometry to mean that empirical truth can be arrived at by pure deduction.“ (Hanna, 2000, S. 19)

Mit der Unterscheidung von Wissenssicherung und -erklärung im Kontext empirischer Theorien lässt sich auch die in vielen Veröffentlichungen angemerkte mangelnde Beweisbedürftigkeit von Schülerinnen und Schülern aus einem neuen

Blickwinkel betrachten. So spricht zum Beispiel Balacheff (1991) davon, dass sich Lernende häufig nicht am Beweisprozess beteiligen, weil sie keine Notwendigkeit eines allgemeingültigen Beweises zur Begründung sehen. Für sie genüge bereits die Betrachtung von Einzelbeispielen, was Walsch (1975) als große Herausforderung im Mathematikunterricht sieht. Dieses Verhalten von Schülerinnen und Schülern wird von vielen Autorinnen und Autoren auf die Autorität der Lehrperson zurückgeführt (u. a. Mormann, 1981).

Betrachtet man die mathematische Wissensentwicklung von Schülerinnen und Schülern dagegen als empirische Theorie, so wird deutlich, dass das Wissen bereits durch die systematische Untersuchung von Einzelbeispielen in einem Experiment gesichert sein kann. Das Bedürfnis nach der Entwicklung eines allgemeinen Beweises stellt sich unter Umständen zunächst nicht ein:

> *„Dieses Verhalten vieler Schüler ist insofern verständlich, als es auch jedem Naturwissenschaftler zunächst um die Sicherung von Wissen geht und erst danach um seine Erklärung." (Struve, 1990, S. 46)*

Dem Beweis kommt in der empirischen mathematischen Schülertheorie „nur" noch die Aufgabe der Wissenserklärung zu. Das Problem kann somit als mangelndes Erklärbedürfnis der Schülerinnen und Schüler umschrieben werden. Die Notwendigkeit einer Erklärung durch Rückführung auf bekanntes Wissen im Rahmen einer Theorie sollte daher im Unterricht explizit diskutiert werden, ohne dabei aber die Betrachtung von konkreten Beispielen und das induktive Schließen abzutun.

Die Begründung einer Hypothese im Rahmen einer empirischen mathematischen Schülertheorie bedarf somit sowohl der Erklärung durch deduktives Schließen innerhalb der Theorie als auch der Sicherung durch induktives Schließen im Rahmen von Experimenten mit den zu beschreibenden empirischen Objekten. Auf ähnliche Weise unterscheidet Hempel (1945) (nicht in Bezug auf den Mathematikunterricht) zwischen einer reinen Geometrie, die auf axiomatischen Strukturen aufbaut, und einer physikalischen Geometrie, deren Ziel die Beschreibung des physikalischen Raumes ist. Die Frage, ob eine reine Geometrie den Anforderungen einer physikalischen Geometrie entspricht, also den physikalischen Raum beschreibt, ist nicht mit deduktiven Mitteln innerhalb der Theorie zu klären, sondern stellt ein empirisches Problem dar und verlangt die induktive Überprüfung entsprechend einer naturwissenschaftlichen Theorie:

> *"Thus, the physical interpretation transforms a given pure geometrical theory – euclidean or non-euclidean – into a system of physical hypotheses which, if true, might be said to constitute a theory of the structure of physical space. But the question whether*

a given geometrical theory in physical interpretation is factually correct represents a problem not of pure mathematics but of empirical science; it has to be settled on the basis of suitable experiments or systematic observations. The only assertion the mathematician can make in this context is this: If all the postulates of a given geometry, in their physical interpretation, are true, then all the theorems of that geometry, in their physical interpretation, are necessarily true, too, since they are logically deducible from the postulates." (Hempel, 1945, S. 14)

Im Mathematikunterricht können neben einer Wissenssicherung durch ein Experiment und einer Wissenserklärung durch einen Beweis auch andere Formen der Argumentation auftreten. Um dies zu erläutern, soll an dieser Stelle kurz auf das mathematikdidaktische Konzept des *beispielgebundenen Beweisens* eingegangen werden. Einen Überblick über eine Vielzahl verschiedener Veröffentlichungen in diesem Bereich gibt Julian Krumsdorf in seiner Dissertation (Krumsdorf, 2017) und erklärt diesbezüglich:

„In der deutsch- und englischsprachigen mathematikdidaktischen Literatur der letzten vierzig Jahre begegnen dem Forscher nun eine Vielzahl von Bezeichnungen für das beispielgebundene Beweisen – es konnten über dreißig sinnverwandte Bezeichnungen ausgemacht werden." (S. 24)

Häufig auftretende Bezeichnungen seien unter anderem prämathematisches Beweisen, präformales Beweisen, paradigmatische Beweise, generic proving, inhaltlich-anschauliches Beweisen, operatives Beweisen und visual proofs. Wenngleich sich hinter den Bezeichnungen im Detail unterschiedliche Konzeptionen verbergen, so gleichen sie sich doch darin, dass auf den allgemeinen Fall übertragbare Schlüsse an einzelnen Fällen expliziert werden. Die Übertragung von einzelnen Fällen auf den allgemeinen Fall kann unter anderem durch die Betrachtung sogenannter generischer Beispiele nahegelegt werden, welche damit in beispielgebundenen Beweisen eine besondere Rolle spielen können. Den Begriff „generic example", der insbesondere im englischsprachigen Raum verwendet wird, definieren Mason und Pimm (1984) wie folgt:

„A generic example is an example, but one presented in such a way as to bring out its intended role as the carrier of the general. This is done by means of stressing and ignoring various key features, of attempting to structure one's perception of it. Different ways of seeing lead to different ways of knowing. Unfortenately it is almost impossible to tell whether someone is stressing or ignoring in the way as you are." (S. 284)

Ein generisches Beispiel soll demnach aufgrund von strukturellen Merkmalen etwas Allgemeines repräsentieren. Mason und Pimm (1984) grenzen das generische Beispiel vom „particular example" (besonderes Beispiel) ab, bei dem solche

Strukturen nicht vorhanden sind bzw. nicht im Fokus stehen. Die Frage, ob ein Beispiel in einer bestimmten Situation generisch ist und wenn ja generisch für was, kann nicht unabhängig vom einzelnen Lernenden beantwortet werden. Betrachtet man dies vor dem Hintergrund der Theorie der Subjektiven Erfahrungsbereiche (siehe Abschnitt 2.2.2), so lässt sich beschreiben, dass sich Wissen stets auf konkrete Erfahrungssituationen bezieht und an diese gebunden ist. Bauersfeld (1985) schreibt unter anderem, dass es „keine allgemeinen Begriffe, Strategien oder Prozeduren" gibt. In einem generischen Beispiel identifizierte strukturelle Gemeinsamkeiten mit anderen Situationen sind entsprechend des Konstruktivismus aktive Bedeutungskonstruktionen. Entsprechend ist eine einfache Übertragung von einem Beispiel auf einen in irgendeiner Art allgemeinen Fall gar nicht möglich, sondern immer mit der Bestrebung verbunden, die Perspektiven bestehender SEB zu verknüpfen und damit auf weitere Fälle zu übertragen, was zwangsläufig mit der Entwicklung eines neuen SEB in Zusammenhang steht. Die Bildung dieses neuen, verbindenden SEB kann nicht durch Aktivierung der ursprünglichen SEB erfolgen, sondern nur als Folge von „spontane[n] aktive[n] Sinnkonstruktionen aus zuhandenen Elementen" (Bauersfeld, 1983, S. 29) entstehen und ist damit eine höchst konstruktive und kreative Erweiterung. Diese kann durch ein oder mehrere Beispiele sowie die Interaktion mit der Lehrperson und mit anderen Schülerinnen und Schülern unterstützt werden, muss aber letztendlich durch den Lerner aktiv gebildet werden. Ist die Konstitution eines (vorersten) vermittelnden SEB nicht möglich, so erfolgt eine Ersatzkonstruktion innerhalb der ursprünglich aktivierten SEB, die teilweise zu richtigen Lösungen führt und dem Individuum daher sinnvoll erscheint, allerdings die Ursache für Fehlstrategien bilden kann. Beispielsweise könnte eine Schülerin oder ein Schüler ein in den Lernprozess eingebrachtes Beispiel nicht als generisches Beispiel für andere Fälle verstehen und dennoch das konkrete Beispiel korrekt beschreiben.[10]

---

[10] In verschiedenen mathematikdidaktischen Veröffentlichungen werden Herausforderungen in Bezug auf generische Beispiele diskutiert. Jahnke und Otte (1979) sprechen davon, dass anschauliche Abbildungen unter Umständen „eine blockierende Funktion für die Gedankenentwicklung besitzen" (S. 236), da die Schülerinnen und Schüler sich auf die speziellen Gegebenheiten der Objekte konzentrieren, die in anderen Fällen nicht vorliegen. Sie sehen es somit als herausfordernd an, dass Lernende Beispiele als generische und nicht als besondere Beispiele auffassen.

Hering (1991) erklärt zudem, dass keine Sicherheit darüber besteht, dass die Lernenden die betrachteten Fälle als generische Beispiele erkennen.

Der Begriff des generischen Beispiels bezieht sich somit auf den individuellen Erkenntnisprozess – er ist relativ zum aktivierten subjektiven Erfahrungsbereich und der empirischen Schülertheorie zu betrachten. Entsprechend kann ein Beobachter die Verwendung generischer Beispiele durch Lernende nicht ohne Weiteres identifizieren, wie es auch Krumsdorf (2017) herausstellt:

> *„Der generische Charakter des generic example bildet sich demnach erst in der subjektiven Bewusstwerdung des Allgemeinen am Besonderen aus. Demnach kann eine einzelne Schüleräußerung, eine Planskizze oder ein niedergelegtes Beispiel nicht per se generisch sein, sondern allenfalls in dieser Weise intendiert, vermittelt oder aufgefasst werden."* (S. 41)

Um den generischen Charakter eines Beispiels im Rahmen einer Schüleräußerung beurteilen zu können, sollten die Aussagen der Lernenden als Teil des weiteren Erkenntnisprozesses und nicht isoliert voneinander betrachtet werden. Dies soll in dieser Arbeit durch eine interpretative Rekonstruktion klinischer Interviews und mit Bezug auf die Theorie der Subjektiven Erfahrungsbereiche geschehen.

Im Rahmen dieser Arbeit soll des Weiteren anstelle von einem beispielgebundenen Beweis von einer *anschaulichen heuristischen Argumentation* gesprochen werden, um auszudrücken, dass es sich hierbei nicht um einen Beweis im Sinne dieser Arbeit handelt, welcher der Wissenserklärung im Rahmen einer empirischen Theorie dient und in dem ausschließlich deduktiv geschlossen wird. Stattdessen kann eine anschauliche heuristische Argumentation bei der Entwicklung einer Beweisidee hilfreich sein und Schülerinnen und Schüler unter Umständen auch (vorerst) von der Korrektheit des noch zu beweisenden Satzes überzeugen. Hierfür werden die konkreten empirischen Objekte als generische Beispiele für die Gesamtheit der Fälle betrachtet, die gemeinsame strukturelle Merkmale besitzen. Entsprechend des in dieser Arbeit zugrundegelegten interaktionistischen Verständnisses einer Argumentation basieren auch anschauliche heuristische Argumentationen auf inhaltlichen Aushandlungsprozessen zwischen den am Unterricht beteiligten Personen, beispielsweise zur Frage, ob ein bestimmtes Beispiel als generisches Beispiel akzeptiert wird. Es sei an dieser Stelle angemerkt, dass generische Beispiele nicht zwingend empirische Objekte sein müssen (z. B. ein Zahlenbeispiel an dem man eine bestimmte Struktur erkennt), im Rahmen der in dieser Arbeit verwendeten Definition anschaulicher heuristischer Argumentationen treten sie aber als solche auf. Die Begriffe anschauliche heuristische Argumentation und generisches Beispiel, wie sie in dieser Arbeit verwendet werden, sollen im Folgenden an zwei Beispielen expliziert werden.

Eines dieser Beispiele stammt von Kirsch (1979)[11] und behandelt den Satz, dass der Umfang u eines konvexen Vierecks größer ist als die Summe s der beiden Diagonalenlängen.[12] Dazu werden vier Nägel in ein Brett geschlagen, die die Eckpunkte eines konvexen Vierecks darstellen. Jeweils ein Gummiring wird längs der Diagonalen gespannt (Abbildung 4.7, links). Um die Gummibänder außen um alle vier Nägel legen zu können, müssen die Gummis gedehnt werden (Abbildung 4.7, Mitte und rechts). Damit muss der doppelte Umfang des Vierecks größer sein als die doppelte Diagonalensumme. Folglich ist der Umfang eines konvexen Vierecks größer als die Summe der Diagonalen. Der in dieser anschaulichen heuristischen Argumentation durch das Strecken des Gummibandes begründete Zusammenhang lässt sich formal durch die Dreiecksungleichung beschreiben und kann damit als tragfähig bezeichnet werden. Die konkrete Situation, welche durch die vier Nägel bestimmt ist, kann als generisches Beispiel für konvexe Vierecke verstanden werden. In der anschaulichen heuristischen Argumentation wird daher davon ausgegangen, dass die am konkreten Beispiel gezeigten Zusammenhänge auch auf alle anderen konvexen Vierecke übertragen werden können.

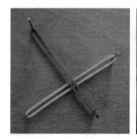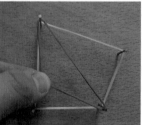

Abbildung 4.7 Anschauliche heuristische Argumentation mithilfe eines Gummibandvierecks (© Frederik Dilling)

Ein weiteres besonders bekanntes Beispiel für eine anschauliche heuristische Argumentation, das auch in der Fallstudie in Kapitel 11 von Bedeutung

---

[11] Kirsch würde den Sachverhalt mit seinem Konzept der präformalen bzw. prämathematischen Beweise (vgl. Blum & Kirsch, 1989, 1991) auf andere Weise beschreiben, als es im Folgenden mit den Begriffen anschauliche heuristische Argumentation und generisches Beispiel in dieser Arbeit erfolgt.

[12] Die Aussage gilt auch für nicht-konvexe Vierecke. Dann unterscheiden sich allerdings die Operationen mit den Gummibändern im Rahmen der anschaulichen heuristischen Argumentation von dem hier beschriebenen Fall.

ist, betrachtet die Summe der ersten n natürlichen Zahlen. Dazu werden die natürlichen Zahlen bis zu einer Zahl n durch entsprechende Anzahlen an Einheitsquadraten dargestellt. Verdoppelt man die Anzahl dieser Einheitsquadrate, so entspricht der Flächeninhalt der Gesamtfläche dem eines Rechtecks mit den Seitenlängen n und $n+1$. Man erhält somit $n \cdot (n+1)$ Einheitsquadrate. Die Summe der ersten n natürlichen Zahlen ergibt sich somit aus halb so vielen Einheitsquadraten, weshalb man die Formel $\sum_{k=1}^{n} k = \frac{n(n+1)}{2}$ erhält. In Abbildung 4.8 ist das Beispiel für den Fall $n = 5$ zu sehen. Dieses kann wie im beschriebenen Sinne als generisches Beispiel für die Summenformel aufgefasst werden und unmittelbar als anschauliche heuristische Argumentation für die Summenformel fungieren. Eine alternative Sichtweise betrachtet das Beispiel als generisches Beispiel für die Wenn-Dann-Aussage im Rahmen einer anschaulichen heuristischen Argumentation. Hierbei zeigt das generische Beispiel, dass sich stets aus einem Rechteck mit den Seitenlängen n und $n+1$ durch Hinzufügen von $2n+2$ Einheitsquadraten ein Rechteck mit den Seitenlängen $n+1$ und $n+2$ bilden lässt. Wird dies angenommen, so benötigt man zusätzlich das Prinzip der vollständigen Induktion und die Betrachtung des Falls $n = 1$, um eine anschauliche heuristische Argumentation für die Summenformel zu erhalten. Beide Sichtweisen spielen in der Fallstudie in Kapitel 11 eine wichtige Rolle und zeigen, dass eine anschauliche heuristische Argumentation durchaus unterschiedlich geführt werden kann und ein generisches Beispiel auch ein Beispiel für unterschiedliche Zusammenhänge darstellen kann.

Abbildung 4.8 Abbildung zur Formel zur Berechnung der Summe der ersten n natürlichen Zahlen (© Frederik Dilling)

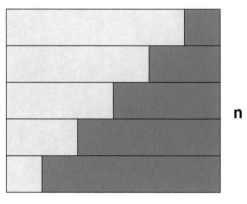

n

n+1

Als Ergebnis dieses Kapitels kann festgehalten werden, dass die Entwicklung theoretischer Begriffe und entsprechender neuer Theorien ein entscheidendes Element der Wissensentwicklungsprozesse von Schülerinnen und Schülern darstellt, da sich deren mathematisches Wissen adäquat als empirische Theorien rekonstruieren lässt. Für die Entwicklung von Sätzen dieser Theorien sind die drei Phasen der Hypothesenbildung, der experimentellen Wissenssicherung und der deduktiven Wissenserklärung zu unterscheiden. Zur Entwicklung einer Beweisidee kann zudem auf anschauliche heuristische Argumentationen zurückgegriffen werden. Der Fokus dieser Arbeit liegt dabei auf Begründungsprozessen von Schülerinnen und Schülern im Unterricht, weshalb insbesondere die Wahl adäquater theoretischer Begriffe, die experimentelle Wissenssicherung und die deduktive Wissenserklärung betrachtet werden.

Empirische Settings und digitale Medien

5

5.1 Das CSC-Modell

Lernende mit einer empirischen Auffassung von Mathematik entwickeln und begründen mathematische Aussagen auf der Grundlage von empirischen (Referenz-)Objekten. Dass sich die Entwicklung von mathematischen Begriffen und Beziehungen zwischen diesen Begriffen im Unterricht nicht ausschließlich auf die formale Definition oder formale Herleitung beschränken sollte, gilt als allgemein anerkanntes Prinzip und wird durch viel verwendete Konzepte, wie beispielsweise das der Grundvorstellungen (vom Hofe, 1992) oder das des Concept Image (Tall & Vinner, 1981) gestützt. Zur Initiierung von Wissensentwicklungsprozessen werden den Schülerinnen und Schülern daher im Unterricht häufig empirische Objekte zur Verfügung gestellt, mit denen sich nach Ansicht der Lehrperson bestimmte intendierte mathematische Aussagen entwickeln oder begründen lassen. Eine Lernumgebung, in der empirische Objekte eine tragende Rolle spielen, soll im Folgenden als *(heuristisches) empirisches Setting* bezeichnet werden (vgl. Dilling, 2020a).[1]

Der Begriff des empirischen Settings ist damit sehr breit angelegt und geht von Zeichenblattfiguren bis hin zu naturwissenschaftlichen und lebensweltlichen Phänomenen. Die Objekte können direkt vorliegen (Bsp. geometrische Konstruktion)

---

[1] An dieser Stelle ist anzumerken, dass ein Setting nicht zwangsläufig Teil eines empirisch-orientierten Mathematikunterrichts (vgl. Pielsticker, 2020) sein muss, in dem die Lehrkraft explizit eine empirische Theorie vermitteln will. Die Beschreibung als empirische Theorie muss entsprechend nicht von der Lehrperson oder den Erstellern des Settings intendiert sein.

F. Dilling, *Begründungsprozesse im Kontext von (digitalen) Medien im Mathematikunterricht*, MINTUS – Beiträge zur mathematisch-naturwissenschaftlichen Bildung, https://doi.org/10.1007/978-3-658-36636-0_5

oder auch in Textform (verbal, algebraisch, numerisch etc.) beschrieben[2] und damit der Vorstellungskraft überlassen sein (Bsp. in einem Gedankenexperiment) oder durch den Lernenden selbst gebildet werden (Bsp. Konstruktionsbeschreibung). Die Darstellungsform ist somit nicht entscheidend, sondern der Bezug eines empirischen Settings auf empirische Objekte bzw. als empirische Objekte beschreibbare Entitäten.

In Abbildung 5.1 ist ein empirisches Setting im obigen Sinne zu sehen. Es handelt sich um einen Auszug aus dem Schulbuch *Elemente der Mathematik* (Griesel, Gundlach, Postel & Suhr, 2010) und behandelt den Monotoniesatz aus der Analysis. Die Aussage des Monotoniesatzes wird zu Beginn des Abschnitts in Textform wiedergegeben. Unter dem Text befinden sich die Funktionsgraphen einer Funktion und ihrer Ableitung. Es folgt der Satz „Der Monotoniesatz ist anschaulich

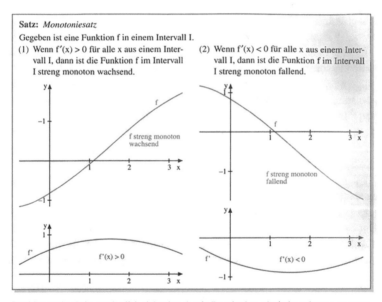

Abbildung 5.1 Formulierung und Begründung des Monotoniesatzes im Schulbuch Elemente der Mathematik (© Griesel et al., 2010, S. 205)

---

[2] Hiermit ist nicht ein Zeichenspiel im Sinne der Semiotik gemeint (vgl. u. a. Brunner, 2017), sondern eine Beschreibung empirischer Objekte.

einleuchtend, sein Beweis aber schwieriger als man vermutet." (S. 205). Die Aussage wird somit mit einem interpretierten Zusammenhang der Funktionsgraphen, welche als empirische Objekte im Sinne des Strukturalismus bezeichnet werden können, begründet.

Empirische Settings sind keineswegs als selbstevident zu betrachten. Die fehlerhafte Vorstellung, man könne einen Zusammenhang aus einem empirischen Setting herauslesen und damit nur auf die im Unterricht vorgesehene Weise interpretieren, ist aber weiterhin bei vielen Lehrenden vorhanden und wird durch einseitige Perspektiven auf beliebte Konzepte wie dem des entdeckenden Lernens gestützt. Dearden (1967) beschreibt die Vorstellung vieler Lehrender treffend:

> *„Now the point I want to make is this. When a teacher presents a child with some apparatus or materials, such as Cuisenaire rods, Dienes blocks or an assortment of objects on an investigation table, he typically has in mind some one particular conception of what he presents in this way. But then the incredible assumption seems to be made that the teacher's conception of the situation somehow confers a special uniqueness upon it such that the children must also quite inevitably conceive of it in this way too, even though they may not even possess the concepts involved." (Dearden, 1967, S. 100)*

Wie bereits in Abschnitt 2.1.2 im Zusammenhang mit der interaktionistischen Lerntheorie beschrieben wurde, kann ein empirisches Setting als Teil der Erfahrungswelt eines Individuums auf ganz unterschiedliche Weise interpretiert werden. Es ist kein mathematisches Wissen in einem empirischen Setting verankert, welches die Schülerinnen und Schüler lediglich herauslesen müssen. Stattdessen konstruieren die Lernenden aktiv Bedeutungen der empirischen Objekte, die sich von der intendierten Interpretation auf der Grundlage der Lehrertheorie teilweise deutlich unterscheiden können. Die Interpretation eines empirischen Settings auf die intendierte Weise kann dann als ein Ergebnis von unterrichtlichen Aushandlungsprozessen verstanden werden. Dies kann zur Entwicklung von Interpretationsmustern führen, welche die möglichen Bedeutungen eines empirischen Settings einschränken und dauerhaft zu ähnlichen Bedeutungszuweisungen verschiedener Personen führen können. Die Mehrdeutigkeit der Objekte eines empirischen Settings bleibt aber prinzipiell bestehen und kann zu systematisch unterschiedlichen Interpretationen zwischen Schülerinnen und Schülern und der Lehrperson führen:

> *„Die Mehrdeutigkeit der Objekte ist nicht nur eine Besonderheit einzelner Episoden oder einzelner Aufgaben. Die Mehrdeutigkeit der Objekte kann eine grundsätzliche und lang andauernde Eigenschaft des Unterrichtsgesprächs sein, wenn Lehrer und Schüler die Objekte in systematisch unterschiedlicher Weise interpretieren." (Voigt, 1994, S.86)*

Der Grund für unterschiedliche Bedeutungszuweisungen ist in den zugrundeliegenden Schüler- und Lehrertheorien zu sehen. Damit Wissensentwicklung mit
einem empirischen Setting möglich wird, muss die betreffende Person dieses in
die eigene Theorie einbinden. Dies geschieht, indem die Begriffe der eigenen
Theorie mit den empirischen Objekten in Beziehung gesetzt werden. Im Sinne
des Konzeptes der Subjektive Erfahrungsbereiche wird beim Deutungsprozess
des empirischen Settings entweder ein bereits existierender SEB aktiviert oder
ein neuer SEB gebildet.

Durch die Interpretation eines empirischen Settings kann dieses als intendierte
Anwendung mithilfe der nicht-theoretischen Begriffe als partielles Modell der
Theorie beschrieben werden. Die Identifikation von Eigenschaften des empirischen Settings und die Beschreibung mithilfe einer Theorie erfolgt durch die mit
dem Setting arbeitende und dieses damit interpretierende Person. Welche Eigenschaften in dem Setting wahrgenommen werden und mit welchen Eigenschaften
der partiellen Modelle diese in Beziehung gesetzt werden, hängt von der einzelnen Person ab. Ein Physiker nimmt beispielsweise bei der Beschreibung eines
Pendels nicht auf dessen Farbe Bezug. Für Schülerinnen und Schüler, die mit
einem (neuen) empirischen Setting arbeiten, ist allerdings anfangs nicht unbedingt klar, welche Eigenschaften des Pendels in der Theorie eine Rolle spielen.
Bei der Entwicklung T-theoretischer Begriffe sind den Wissensentwicklungsprozessen zudem gewisse Grenzen gesetzt – ein empirisches Setting kann in diesem
Fall zwar im Rahmen gewisser Kontexte und mit Blick auf gewisse Aspekte ein
heuristisches Hilfsmittel darstellen, ein T-theoretischer Begriff lässt sich hieraus
aber nicht ableiten, wie es bereits in Abschnitt 4.2.2 dargestellt wurde.

Die einem Subjekt zugeschriebene Auffassung von Mathematik bestimmt
wesentlich, für welche Zwecke das empirische Setting genutzt wird. Im Sinne
einer formalen Auffassung von Mathematik können empirische Settings als Veranschaulichung bezeichnet werden, auf die gewisse Aspekte des mathematischen
Wissens angewendet werden. Das empirische Setting wird dabei insbesondere
zur Verdeutlichung von Zusammenhängen genutzt, hat also rein heuristischen
Wert. Bei einer empirischen Auffassung von Mathematik bilden die Objekte
des empirischen Settings dagegen die Referenzobjekte der empirischen Theorie – entsprechend kann dieses zur Weiterentwicklung und Begründung verwendet
werden. Welche im empirischen Setting interpretierten Eigenschaften auf die
eigene mathematische Theorie übertragen werden und welche nicht betrachtet
werden, wird dabei durch die das Setting nutzende Person bestimmt.

Die bisherigen Ausführungen können zu einem Konzept zur Beschreibung von Wissensentwicklungsprozessen mit empirischen Settings im Mathematikunterricht zusammengeführt werden. Dieses soll als *CSC-Modell* (Dilling, 2020a) bezeichnet werden und bezieht sich auf die englischsprachigen Begriffe *Concept, Setting* und *Conception*.

Entsprechend des CSC-Modells werden empirische Settings für den Mathematikunterricht gezielt ausgewählt oder entwickelt, um eine bestimmte mathematische Theorie zu vermitteln. Der Prozess der Entwicklung bzw. Auswahl eines als adäquat geltenden empirischen Settings wird auf verschiedener Ebene unter anderem durch Wissenschaftlerinnen und Wissenschaftler der Mathematikdidaktik, Schulbuchautorinnen und –autoren sowie Lehrerinnen und Lehrer vollzogen und geschieht auf der Basis des von den (einzelnen) beteiligten Personen akzeptierten mathematischen Wissens – wir sprechen in diesem Zusammenhang im Weiteren von dem Begriff des *Concepts*. Dieses Vorgehen ist vornehmlich als stoffdidaktisch zu bezeichnen und es lassen sich unter anderem Konzepte wie das der Grundvorstellungen (vom Hofe, 1992) anführen. Ob von den genannten Personengruppen hierzu eine formalistische oder präzise gefasste empirische Theorie zugrundegelegt wird, soll an dieser Stelle nicht diskutiert werden und ist für die empirischen Fallstudien im Rahmen dieser Arbeit nicht entscheidend.[3] Das mathematische Wissen der einzelnen Personen kann als kognitiver Anteil der subjektiven Erfahrungsbereiche beschrieben werden und basiert auf dem im Hochschulstudium und in weiteren Kontexten kennengelernten und von den einzelnen Personen akzeptierten mathematischen Wissen, weshalb im Sinne von Bauersfeld auch von Erfahrungsbereichen gesprochen werden kann. Betrachtet man ein empirisches Setting aus der Perspektive einer formalistischen Auffassung, so kommt diesem die Aufgabe einer intendierten Veranschaulichung von mathematischen Begriffen und Beziehungen zu. Aus der Sichtweise einer empirischen Auffassung ist es dagegen eine intendierte Anwendung einer empirischen mathematischen Theorie.

Schülerinnen und Schüler entwickeln im Unterricht nach dem in dieser Arbeit vertretenen Ansatz eine empirische Auffassung von Mathematik. Ein Lernender, der im Mathematikunterricht mit einem empirischen Setting umgeht, interpretiert dieses, indem er die Objekte und Beziehungen als partielles Modell einer empirischen mathematischen Theorie mithilfe der nicht-theoretischen Begriffe

---

[3] Diese Frage bezieht sich im Übrigen auch nicht nur auf die Mathematikauffassung der Person selbst, sondern zudem auf die Vorstellungen davon, welche Mathematikauffassung Schülerinnen und Schüler im Unterricht erwerben (sollten). So kann eine Lehrperson eine formalistische Auffassung von Mathematik haben, gleichzeitig aber für die Planung und Durchführung von Unterricht eine empirische Auffassung von Mathematik zugrundelegen.

beschreibt. Die individuelle empirische Theorie kann dabei als kognitiver Anteil von subjektiven Erfahrungsbereichen beschrieben werden und muss nicht dem oben beschriebenen, von den Entwickelnden oder Auswählenden des Settings akzeptierten mathematischen Wissen entsprechen. Die Aktivierung eines subjektiven Erfahrungsbereiches bestimmt wesentlich die vom Lernenden zur Beschreibung herangezogene empirische Theorie und damit auch die Interpretation der empirischen Objekte mithilfe der Begriffe der Theorie. Daher hat der Kontext, in dem ein empirisches Setting eingesetzt wird, einen wesentlichen Einfluss auf die Wissensentwicklungsprozesse der Schülerinnen und Schüler.

Im Umgang mit einem empirischen Setting entwickelt der Lernende eine zur Beschreibung herangezogene empirische mathematische Theorie T_1 weiter (Hypothesenbildung, Wissenssicherung, Wissenserklärung) oder bildet (wohl meist mit umfassenden äußeren Impulsen) eine neue Theorie T_2 durch die Entwicklung T_2-theoretischer Begriffe (*Conception*).

Der Begriff *Concept* steht somit im Verhältnis zu dem von den ein Setting entwickelnden oder auswählenden Personen (z. B. eine konkrete Lehrperson im Unterricht sowie die Autorinnen und Autoren des verwendeten Schulbuches) akzeptierten mathematischen Wissen, während *Conception* die individuelle Theorie einer Person, z. B. einer Schülerin oder eines Schülers, beschreibt. Die Begriffe Concept und Conception werden in dieser Arbeit somit in einem engeren Sinne verwendet, als es beispielsweise in den Arbeiten von Anna Sfard der Fall ist, die mit „conception" das gesamte mit einem „concept" (i.S.v. Begriff) verbundene Wissen einer Person beschreibt:

„*The word 'concept' [...] will be mentioned whenever a mathematical idea is concerned in its 'official' form as a theoretical construct within 'the formal universe of ideal knowledge'. [...] [T]he whole cluster of internal representations and associations evoked by the concept – the concept's counterpart in the internal, subjective 'universe of human knowing' – will be referred to as 'conception'.*" *(Sfard, 1991, S. 43)*

Das empirische Setting wird somit in die einzelnen Schülertheorien individuell und unter Umständen auf andere Weise eingebunden als in die Theorien der Entwickelnden bzw. Auswählenden. Die unterschiedliche Verwendung des Settings ist auch durch die teilweise unterschiedliche Auffassung der Beteiligten von Mathematik geprägt. So kann Mathematiklehrerinnen und -lehrern sowie - didaktikerinnen und -didaktikern im Allgemeinen eine formalistische oder unter Umständen auch eine mit einem präzisen Begriffsaufbau verbundene empirische

Auffassung zugesprochen werden.[4] Die Schülerinnen und Schüler im Mathematikunterricht entwickeln wohl ausschließlich empirische Auffassungen (bzw. u. U. auch naiv-empirische Auffassungen) von Mathematik:

> *„Der Konstruktionsprozeß dürfte bei einer unterschiedlichen Behandlung folglich auf zwei völlig verschiedenen Ebenen ablaufen:*
> *– Der Ebene des Lehrers, auf der dieser einen begrifflich präzisen mathematischen Theorieteil formuliert,*
> *– der Ebene des Schülers, auf der die Objekte, von denen die Konstruktion handelt, empirischer Natur sind, auf der der Schüler eine Theorie entwickelt, die den Theorien der experimentellen Naturwissenschaften gleicht, eine empirische Theorie."*
> *(Burscheid & Struve, 2018, S. 57)*

Die unterschiedlichen Interpretationen empirischer Settings und damit verbundene mathematische Begründungsprozesse von Schülerinnen und Schülern sollen in dieser Arbeit systematisch analysiert und mit den auf der Grundlage des als geteilt geltenden Wissens intendierten Interpretation in Beziehung gesetzt werden. Eine schematische Darstellung des hierfür verwendeten CSC-Modells ist in Abbildung 5.2 zu sehen.

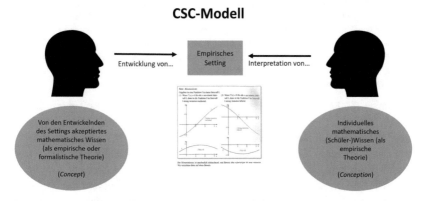

Abbildung 5.2 CSC-Modell zur Beschreibung von Wissensentwicklungsprozessen mit empirischen Settings (© Frederik Dilling)

---

[4] Manche Lehrpersonen können u. U. auch bewusst in unterschiedlichen Situationen zwischen verschiedenen Auffassungen unterscheiden und damit eine reflektierte Haltung gegenüber ihrer eigenen Mathematikauffassung und der anderer Personen wie von Schülerinnen und Schülern einnehmen.

5.2 Empirische Settings als Elemente von (digitalen) Medien

Der Begriff Medium kann aus dem Lateinischen mit „Mitte" übersetzt werden. Im Alltag werden Medien meist mit Kommunikationsmedien gleichgesetzt, die eine vermittelnde Rolle in der zwischenmenschlichen Kommunikation einnehmen. Ein sehr breit angelegter Medienbegriff umfasst daher auch Sprache, Gestik, Mimik oder Papier als Medien (vgl. Schmidt-Thieme & Weigand, 2015). In Bezug auf das Lehren und Lernen von Mathematik eignet sich allerdings ein engerer Medienbegriff, der sich auf technische Unterrichtsmedien beschränkt (vgl. Hischer, 2010). In diesem Fall dienen Medien dem „ver-Mittel-n bei der Entwicklung mathematischer Kompetenzen und dem Verstehen mathematischer Begriffe und Zusammenhänge" (Barzel & Greefrath, 2015).

Der Begriff des Mediums kann im Mathematikunterricht als Oberbegriff für Arbeitsmittel und Anschauungsmittel gesehen werden. Schmidt-Thieme und Weigand (2015) unterscheiden Arbeitsmittel, Werkzeuge und Anschauungsmittel wie folgt:

> „Arbeitsmittel repräsentieren mathematische Objekte und erlauben zudem Handlungen oder Operationen mit diesen Objekten. Werkzeuge sind dabei spezielle Arbeitsmittel, deren Anwendungsbereich vielfältiger ist und, die dem Benutzer im Allgemeinen alternative Möglichkeiten der Verwendung ermöglichen, wie etwa Zirkel, Geodreieck oder Computer. [...] Dagegen repräsentiert ein Medium als Anschauungsmittel im Allgemeinen mathematische Inhalte ohne Einwirkungsmöglichkeit des Benutzers, wie etwa Körpermodelle, Schulbuch oder Film [...]." (S. 461 f.)

Steinmetz (2000) weist Medien im Unterricht drei potentielle Rollen zu, die des Lerngegenstandes, des Lernwerkzeugs und des Lernmediums. Als Lerngegenstand lernen die Schülerinnen und Schüler etwas über das Medium, zum Beispiel wie ein bestimmtes Computerprogramm bedient wird. Als Lernwerkzeug wird das Medium zum Bearbeiten von Aufgaben, zur Recherche oder zur Kommunikation beim Lernen verwendet. Schließlich dient ein Lernmedium der konkreten Vermittlung von Inhalten. Damit betont Steinmetz, dass Medien nicht nur als Unterstützung in Lern- und Arbeitsprozessen, sondern auch als eigene Unterrichtsinhalte gerechtfertigt sind. Dieser Aspekt der Medienbildung im Rahmen von Mathematikunterricht soll in dieser Arbeit allerdings nicht tiefer untersucht werden.

Neben einer Unterteilung in Arbeitsmittel, Werkzeuge und Anschauungsmittel lassen sich traditionelle von digitalen Medien unterscheiden. Das für den Unterricht wohl bedeutendste traditionelle Medium ist das Schulbuch, welches in beinahe jeder Unterrichtsstunde verwendet wird und so zum Teil auch die Unterrichtsinhalte bestimmt. Hinzu kommen traditionelle, d. h. nicht digitale Arbeitsmittel wie Dienes-Material oder Galton-Brett, Werkzeuge wie Zirkel, Lineal oder Geodreieck, Anschauungsmittel wie Körpermodelle oder Filme, gedruckte Medien wie Kopiervorlagen oder Formelsammlungen sowie Präsentationsmedien wie Tafeln und Overheadprojektoren.

Der Einsatz digitaler Medien und Werkzeuge findet im Mathematikunterricht bereits seit vielen Jahren statt und ist in letzter Zeit von zunehmender Bedeutung. Digitale Medien und Werkzeuge nehmen neben den klassischen Medien und Werkzeugen im Lernprozess eine zentrale Rolle ein. Sie haben viele Gemeinsamkeiten mit diesen, verändern und erweitern sie aber um wichtige Funktionen. Dies führt zu neuen Potentialen und Herausforderungen, deren Beforschung sich die Mathematikdidaktik seit einigen Jahren widmet. In den Bildungsstandards im Fach Mathematik für die allgemeine Hochschulreife wird der Einsatz digitaler Werkzeuge im Unterricht und in Prüfungen auch explizit gefordert:

„Das Potential dieser Werkzeuge entfaltet sich im Mathematikunterricht beim Entdecken mathematischer Zusammenhänge, insbesondere durch interaktive Erkundungen beim Modellieren und Problemlösen, durch Verständnisförderung mathematischer Zusammenhänge, nicht zuletzt mittels vielfältiger Darstellungsmöglichkeiten, mit der Reduktion schematischer Abläufe und der Verarbeitung größerer Datenmengen, durch die Unterstützung individueller Präferenzen und Zugänge beim Bearbeiten von Aufgaben einschließlich der reflektierten Nutzung von Kontrollmöglichkeiten. Einer durchgängigen Verwendung digitaler Mathematikwerkzeuge im Unterricht folgt dann auch deren Einsatz in der Prüfung." (KMK 2012, S. 13)

Im Mathematikunterricht der Sekundarstufen wird somit insbesondere der Einsatz digitaler Werkzeuge gefordert. Diese lassen sich auf eine Vielzahl von Problemen anwenden und stellen von einer einzelnen Thematik unabhängige Hilfsmittel dar. Indem digitale Werkzeuge in Lernumgebungen eingebunden werden, können sie aber auch zur Vermittlung konkreter inhaltlicher Themen genutzt werden (vgl. Barzel & Weigand, 2008), wie es auch in einigen in dieser Arbeit untersuchten Fallstudien erfolgt.

Die für den Mathematikunterricht gebräuchlichsten digitalen Werkzeuge sind Dynamische Geometrie-Software, Tabellenkalkulationsprogramme, Funktionenplotter und Computeralgebrasysteme (vgl. Heintz, Elschenbroich, Laakmann, Langlotz, Schacht & Schmidt, 2014). Der Trend geht zunehmend zu Multifunktionsprogrammen, die die einzelnen Werkzeuge in einem System verbinden (siehe u. a. GeoGebra in Kapitel 9). Die zur Verfügung stehenden Werkzeuge und Medien verändern den Mathematikunterricht nicht nur organisatorisch, sondern automatisch auch inhaltlich. Sträßer (2008) zieht hierzu einen Vergleich zur historischen Entwicklung der Mathematik:

„ The history of mathematics is full of examples showing that the availability of certain tools definitely influences, if not decides the course of the conceptual development of mathematics as a scientific discipline. [...] With the history and development of the scientific discipline being most influential for the teaching and learning of a related subject [...], the use and development of tools is also most important for the teaching and learning of a certain subject." (S. 1)

Die mit dem Einsatz digitaler Medien einhergehenden Veränderungen des Mathematikunterrichts beschreiben Hegesus, Laborde, Brady, Dalton, Siller, Tabach, Trgalova und Moreno-Armella (2017) in einem Topical Survey zur ICME-13. Hier nennen sie unter anderem den Bedeutungsgewinn von graphischen und numerischen Lösungsverfahren, des anwendungsbezogenen Arbeitens in Modellierkontexten, der Entwicklung und Anwendung von Grundvorstellungen in Problemsituationen sowie experimenteller Vorgehensweisen zur Hypothesenbildung. Digitale Medien und Werkzeuge scheinen somit einen Fokus auf das Arbeiten mit empirischen Objekten zu legen, da sie Anlass zu experimentellen, beispielgebundenen und anwendungsbezogenen Begründungen liefern und zudem häufig kalkülhaftes Arbeiten reduzieren (vgl. Dilling, Pielsticker & Witzke, 2020a).

Empirische Settings lassen sich im Bereich von traditionellen und digitalen Medien vielfach beschreiben und werden im Unterricht zur Hypothesenentwicklung, Wissenserklärung oder Wissenssicherung genutzt. Dies umfasst sowohl Abbildungen in Schulbüchern, wie den in Abbildung 5.1 des letzten Unterkapitels zu sehenden Schulbuchausschnitt zum Monotoniesatz, oder Lernumgebungen mit digitalen Medien wie beispielsweise Konstruktionen mit einer dynamischen Geometriesoftware. Damit können empirische Settings als Elemente (digitaler) Medien beschrieben werden, stellen aber bei einem weit gefassten Medienbegriff auch selbst Medien dar, da sie zur Wissensvermittlung zwischen dem als geteilt geltenden mathematischen Wissen (Concept) und der empirischen mathematischen Schülertheorie (Conception) im Unterricht verwendet werden.

Bei den in dieser Arbeit in Fallstudien untersuchten empirischen Settings wurde bewusst das breite Spektrum von traditionellen bis digitalen Medien sowie von Medien im engeren Sinne bis Werkzeugen mit einem breiten Anwendungsfeld abgedeckt, um die damit einhergehenden Spezifika einzubeziehen. Aus diesem Grund wird sowohl das wohl bedeutendste traditionelle Medium Schulbuch wie auch mit dem Integraphen ein historisch bedeutendes traditionelles Werkzeug in den Blick genommen. Hinzu kommen das sehr verbreitete digitale Multifunktionsprogramm GeoGebra sowie die neueren und daher weniger verbreiteten digitalen Werkzeuge 3D-Druck und Virtual-Reality.

Teil II
Fallstudien zu Begründungsprozessen mit empirischen Settings in der Sekundarstufe II

Forschungsdesign

6

6.1 Spezifikation der Forschungsfragen in Bezug auf den Theorieteil

Im Anschluss an die Darstellung des Theorierahmens im ersten Teil dieser Arbeit sollen an dieser Stelle die Forschungsfragen aus der Einleitung wieder aufgegriffen und mit den Konzepten aus dem Theorieteil in Verbindung gesetzt werden. Grundlegend für diese Arbeit ist der Begriff des empirischen Settings, bei dem es sich um eine Zusammenstellung empirischer Objekte handelt, die zur Unterstützung von Wissensentwicklungsprozessen von Schülerinnen und Schülern in den Unterricht eingebracht wird (siehe Abschnitt 5.1).

Ein Fokus soll in den folgenden Kapiteln auf Begründungsprozesse von Schülerinnen und Schülern gelegt werden (siehe Abschnitt 4.1). In diesem Zusammenhang ist die Unterscheidung von induktiven und deduktiven Schlüssen von Bedeutung. Beschreibt man Schülerwissen im Mathematikunterricht als empirische Theorien so scheint nesben der Wissenserklärung als deduktive Rückführung auf bereits bekanntes Wissen im Rahmen eines mathematischen Beweises die Wissenssicherung als induktive Überprüfung des Wissens an den empirischen Objekten im Rahmen eines Experimentes ein entscheidendes Element der Begründung von mathematischen Sätzen zu werden (siehe Abschnitt 4.2). Die Begründungsprozesse in den folgenden Fallstudien behandeln allerdings nicht immer klassische mathematische Sätze, sondern beziehen sich teilweise auch auf konkretere Zusammenhänge wie beispielsweise die Frage, ob und wenn ja warum ein Integraph eine Stammkurve zu einer gegebenen Kurve zeichnet. Auch die Hypothesenentwicklung wird in den Fallstudien einbezogen, da sie meist nicht sinnvoll von der Phase der Begründung getrennt werden kann. Schließlich ist auch

F. Dilling, *Begründungsprozesse im Kontext von (digitalen) Medien im Mathematikunterricht*, MINTUS – Beiträge zur mathematisch-naturwissenschaftlichen Bildung, https://doi.org/10.1007/978-3-658-36636-0_6

die adäquate Wahl theoretischer Begriffe bei der Analyse von Begründungen entscheidend. Betrachtet werden in Bezug auf die verwendeten Schlussweisen und
ihre Rolle in mathematischen Wissensentwicklungsprozessen von Schülerinnen
und Schülern die folgenden zwei Forschungsfragen:

1. Welche Spezifika lassen sich für induktive und deduktive Schlüsse von Schüler*innen in Begründungssituationen mit empirischen Settings beschreiben?
2. Wie sind die verschiedenen Schlussweisen aufeinander bezogen und wie
   tragen diese zur Wissenssicherung und Wissenserklärung bei?

Betrachtet man Wissensentwicklungsprozesse aus einer konstruktivistischen Perspektive und Mathematik in der Schule als Erfahrungswissenschaft, so rückt auch
die Bereichsspezifität von Wissen bzw. Erfahrungen in den Vordergrund (siehe
Abschnitt 2.2). Diese wurde in Bezug auf das Mathematiklernen erstmals in der
Theorie der Microworlds nach Robert W. Lawler systematisch dargestellt. Heinrich Bauersfeld hat dieses Konzept aufgegriffen und zur Theorie der Subjektiven
Erfahrungsbereiche ausgearbeitet. Diese besagt, dass menschliche Erfahrung stets
in einem bestimmten Kontext gemacht wird und die Speicherung dieser subjektiven Erfahrungen in voneinander getrennten subjektiven Erfahrungsbereichen
erfolgt. Damit sind das im Unterricht gelernte Wissen und andere Dimensionen
der Erfahrung situativ gebunden. Ein in einer Situation aktivierter subjektiver
Erfahrungsbereich bestimmt die jeweils zur Verfügung stehenden Konzepte und
Vorgehensweisen. In Bezug auf die Fallstudien stellt sich daher die folgende
Frage:

3. Welche Bedeutung hat Bereichsspezifität, also der Erwerb und die Speicherung
   des Gelernten in voneinander getrennten subjektiven Erfahrungsbereichen, für
   die Begründungsprozesse von Schüler*innen in empirischen Settings?

Im theoretischen Hintergrund dieser Arbeit wurde ausführlich das Konzept der
Beliefs und Auffassungen besprochen (siehe Abschnitt 3.1). Der Begriff Auffassung soll in dieser Arbeit synonym zum Terminus Belief System nach Schoenfeld
(1985) wie folgt verwendet werden:

> *„Belief systems are one's mathematical world view, the perspective with which one
> approaches mathematics and mathematical tasks. One's beliefs about mathematics
> can determine how one chooses to approach a problem, which techniques will be used
> or avoided, how long and how hard one will work on it, and so on. Beliefs establish the
> context within which resources, heuristics and control operate." (Schoenfeld, 1985,
> S. 45)*

Insbesondere das Begriffspaar einer empirischen Auffassung von Mathematik, bei der diese als eine Art Naturwissenschaft aufgefasst wird, deren Begriffe ontologisch gebunden sind, und einer formalistischen Auffassung, bei der Mathematik getrennt von der Realität betrachtet wird und mathematische Begriffe ontologisch nicht gebunden sind, wurde eingeführt (siehe Abschnitt 3.2). Die Beschreibung von Schülertheorien im Mathematikunterricht kann als empirische Theorien über die im Unterricht diskutierten empirischen Objekte (auch im Rahmen empirischer Settings) erfolgen (siehe Abschnitt 3.3). Bei empirischen Theorien lassen sich vereinfacht empirische Begriffe, welche eindeutige empirische Referenzobjekte besitzen und durch diese bestimmt werden, von theoretischen Begriffen, welche erst innerhalb der betrachteten Theorie bestimmt werden, unterscheiden (eine spezifizierte Unterteilung kann zwischen theoretischen und nichttheoretischen Begriffen erfolgen). Mit Bezug auf die Entwicklung einer empirischen Auffassung von Mathematik und der Beschreibung des Wissens als empirische Theorien werden die folgenden Forschungsfragen betrachtet:

4. Wie setzen Schüler*innen ihre (Vor-)Theorien mit Objekten der mathematischen empirischen Settings in Beziehung und welche Rolle spielen dabei empirische und theoretische Begriffe?
5. Nutzen Schüler*innen die empirischen Settings zur Weiterentwicklung oder Begründung ihrer Theorien?
6. Inwiefern trägt die Auseinandersetzung mit empirischen Settings zu einer empirischen Auffassung von Mathematik bei?

In dieser Arbeit wird das Erkenntnismodell des radikalen Konstruktivismus bzw. des auf unterrichtliche Prozesse bezogenen Interaktionismus verwendet (siehe Abschnitt 2.1). Hiermit verbunden ist die Grundannahme, dass Wissen durch menschliche Konstruktionen gebildet wird und sich auf eine subjektive Erfahrungswelt anstelle einer objektiven Realität bezieht. Die subjektiven Bedeutungen werden an der Erfahrungswelt getestet sowie in Interaktionsprozessen zwischen Individuen ausgehandelt, sodass als geteilt geltende Bedeutungen entstehen. Diese Mehrdeutigkeit bezieht sich auch auf die Verwendung von empirischen Settings (siehe Abschnitt 5.1). Nach dem CSC-Modell wird ein empirisches Setting mit einer von der Lehrperson intendierten Einbindung in eine von der Community akzeptierte mathematische Theorie (Concept) in den Unterricht eingebracht. Die Schülerinnen und Schüler interpretieren das Setting auf der Grundlage ihrer individuellen empirischen mathematischen Theorien (Conception). Daher stellt sich die folgende Forschungsfrage:

7. Welche Gemeinsamkeiten und Unterschiede lassen sich zwischen der intendierten Interpretation eines empirischen Settings und den Interpretationen auf
Grundlage der individuellen Schülertheorien beschreiben?

Die empirischen Settings sind in den folgenden Fallstudien allesamt in traditionelle oder digitale Medien eingebunden (siehe Abschnitt 5.2). Als traditionelle
Medien werden eine Abbildung in einem Schulbuch sowie das historische Zeichengerät Integraph in den Blick genommen. Die betrachteten digitalen Medien
sind ein Applet der dynamischen Geometriesoftware GeoGebra, eine Virtual-
Reality-App zur Vektorrechnung sowie eine Lernumgebung zu Summenformeln
unter Verwendung der 3D-Druck-Technologie. Bezogen auf traditionelle und
digitale Medien soll die folgende Forschungsfrage untersucht werden:

8. Sind Charakteristika für den Einsatz digitaler (oder traditioneller) Medien in
empirischen Settings beschreibbar?

In den einzelnen Fallstudien dieser Arbeit rücken bestimmte dieser übergeordneten Forschungsfragen in den Vordergrund, während andere weniger ausführlich
betrachtet werden. Aus diesem Grund wird am Ende von jeder Fallstudie ein
erstes Zwischenfazit gezogen. In einem Gesamtfazit am Ende der Arbeit werden die Ergebnisse der verschiedenen Fallstudien dann zusammengeführt, um die
übergeordneten Forschungsfragen zu beantworten.

6.2   Methodik

Die im empirischen Teil dieser Arbeit angewendete Methodik ist angelehnt an die
interpretative Unterrichtsforschung. Der Begriff wurde im deutschen Sprachraum
von Terhart (1978) eingeführt und stellt einen Sammelbegriff für verschiedene
methodische auf den Unterricht bezogene Forschungsansätze dar (vgl. Schütte,
2011). Das Ziel der interpretativen Unterrichtsforschung ist die detaillierte
Beschreibung und das bessere Verständnis von alltäglichen Unterrichtsprozessen
(vgl. Krummheuer & Naujok, 1999).

   In der Mathematikdidaktik wurde der interpretative Ansatz erstmals von
der Arbeitsgruppe um Heinrich Bauersfeld genutzt. Er ist deshalb eng verbunden mit der interaktionistischen Sichtweise auf Mathematikunterricht (siehe
Abschnitt 2.1.2), der die Annahme zugrunde liegt, dass Wissen vom einzelnen
Individuum zur Beschreibung der subjektiven Erfahrungswelt konstruiert wird

und dieser Konstruktionsprozess wesentlich durch Kultur, Sprache, das intersubjektiv geteilte Wissen einer bestimmten Gruppe und die Interaktion im Rahmen des Unterrichts beeinflusst wird. Bei der interpretativen Unterrichtsforschung geht es damit insbesondere um die Beschreibung von Bedeutungsaushandlungsprozessen:

„In der interpretativen Unterrichtsforschung werden Videoaufnahmen und Wortprotokolle extensiv interpretiert, um die subjektiven Vorstellungen von Lernenden und die Entstehung eines gemeinsamen Verständnisses von Mathematik zwischen Lernenden und Lehrenden zu erschließen." (Maier & Voigt, 1994, S. 7)

Entsprechend der konstruktivistischen Sichtweise auf das Lernen von Mathematik und dessen Beforschung bildet der Beobachter einer Unterrichtssequenz auf der Grundlage der Handlungen und sprachlichen Äußerungen der untersuchten Personen Interpretationen über deren Bedeutung:

„Beim Beobachten von Lehrer und Schüler ist zu berücksichtigen, daß der Wissenschaftler keinen direkten Zugang zum Denken der Handelnden hat; er interpretiert die beobachteten Handlungen allerdings mit dem Ziel, die Bedeutungen zu erfassen, die ihnen von den Handelnden selbst zugeschrieben werden. Der Beobachter konstruiert Vorstellungen, die er dem beobachteten Subjekt unterstellt und die möglichst gut zu dessen Verhalten passen." (Maier & Voigt, 1991, S. 8)

Im Gegensatz zu stoffdidaktischen Vorgehensweisen, welche die Entwicklung von Normen für den Unterricht in den Vordergrund stellen, ist das Ziel der interpretativen Unterrichtsforschung in erster Linie rekonstruierender und damit deskriptiver Natur. Ausgehend von einem tieferen Verständnis von Unterrichtsprozessen können dann auch Implikationen für den Unterricht abgeleitet werden (vgl. Schütte, 2011).

„Während sich wesentliche andere Bereiche der Mathematikdidaktik als vorschreibende Disziplin verstehen, nimmt die interpretative Forschungsrichtung bescheiden eine _beschreibende_ Funktion ein." (Maier & Voigt, 1991, S. 9)

Interpretative Unterrichtsforschung erfolgt im Rahmen von Fallstudien. Dazu werden Fälle, wie einzelne Personen, Unterrichtseinheiten oder ähnliches, besonders detailliert untersucht, anstatt ein möglichst breites Spektrum und eine große Anzahl an Personen oder Inhalten in den Blick zu nehmen:

„Fallstudien bilden die Einheiten der interpretativen Unterrichtsforschung. [...] Die Dichte der Erfahrungen in einer Fallstudie sind dem Interpreten wichtiger als vermeintlich kontextreine Experimente im Labor oder statistische Überblicke; denn die

Eigenarten des Unterrichtsalltags treten oft erst in der Vernetzung verschiedener Momente hervor. Gleichwohl beläßt man es nicht bei der Beschreibung singulärer Ereignisse, sondern man versucht, an typischen Fällen das Allgemeine im Besonderen darzustellen." (Maier & Voigt, 1991, S. 9)

Die in dieser Arbeit dargestellte empirische Forschung erfolgt ebenfalls mit einem Fallstudienansatz. Dazu werden insgesamt fünf Fälle in den Blick genommen, die mathematische Begründungsprozesse von Schülerinnen und Schülern auf der Grundlage unterschiedlicher empirischer Settings unter der Verwendung digitaler Medien beschreiben. Die Situationen stellen, anders als in der interpretativen Forschung üblich, keine Ausschnitte aus dem Mathematikunterricht dar, sondern stammen aus klinischen Interviewsituationen. Der interpretative Ansatz lässt sich aber auch zur Analyse von außerunterrichtlichen Gesprächen anwenden (vgl. u. a. Schlicht, 2016). Eine detaillierte Beschreibung der einzelnen Fallstudien erfolgt in den Kapiteln 7 bis 11.

6.2.1   Datenerhebung und -auswahl

Die Erhebung der den einzelnen Fallstudien zugrundeliegenden Daten erfolgte im Rahmen klinischer Interviews. Diese wurden für die ersten vier Fallstudien mit einzelnen Schülerinnen und Schülern geführt, bei der fünften Fallstudie wurden zwei Personen gleichzeitig interviewt.

Die Methode des klinischen Interviews geht auf die Arbeiten von Jean Piaget zur genetischen Epistemologie (siehe auch Abschnitt 2.1.1) und die damit verbundenen Untersuchungen des Denkens von Kindern und Jugendlichen zurück. Dieser empfand die damals in der Psychologie üblichen standardisierten Tests, bei denen die Reihenfolge und der Wortlaut der Fragen und die erwünschten Antworten im Vorhinein definiert werden, zur Untersuchung komplexer Denkvorgänge aufgrund mangelnder Flexibilität als nicht sinnvoll. Ebenso betrachtete er die Methode der freien Beobachtung, bei der versucht wird, Verhaltensweisen von Personen zu erfassen, ohne dabei mit der Person zu interagieren, als zu wenig systematisch und damit nicht zielführend. Daher übertrug er die sogenannte klinische Methode aus der Psychotherapie, bei der ein Psychotherapeut seinen Patienten durch vorsichtiges Nachfragen zur Offenlegung der Gedanken animiert, auf die psychologische Forschung. Da Piaget bei seiner Arbeit mit Kindern festgestellt hat, dass für diese die Verbalisierung ihrer Gedanken teilweise herausfordernd ist, nimmt er in seine Ausführung der klinischen Methode zusätzlich die Analyse von Handlungen mit Material sowie des nonverbalen Verhaltens auf (auch revidierte klinische Methode genannt) (vgl. Selter & Spiegel, 1997).

Bei klinischen Interviews in der Psychologie wie auch in der Mathematikdidaktik zur Untersuchung mathematischen Denkens handelt es sich somit um eine flexible und dennoch systematische Methode. Mithilfe von vorher festgelegten Leitfragen kann zielführend ein spezifisches Forschungsinteresse fokussiert werden. Gleichzeitig hängen weitere Fragen von den spezifischen Antworten des Interviewten ab und werden in der Interviewsituation spontan entwickelt (vgl. Voßmeier, 2012). Klinische Interviews können somit als Zwischenform von standardisierten Tests und einer freien Beobachtung betrachtet werden, weshalb sie auch den halbstandardisierten Verfahren zugeordnet werden:

> *„In Abgrenzung zur freien Beobachtung auf der einen Seite und zum standardisierten Test auf der anderen Seite kann sie als ein halbstandardisiertes Verfahren beschrieben werden. Sie trägt sowohl der Unvorhersehbarkeit der Denkwege durch einen nicht im Detail vorherbestimmten Verlauf als auch dem Kriterium der Vergleichbarkeit durch verbindlich festgelegte Leitfragen bzw. Kernaufgaben Rechnung." (Selter & Spiegel, 1997, S. 101)*

Klinische Interviews können mit unterschiedlichen Zielen geführt werden. Ginsburg (1981) unterscheidet drei Anwendungen klinischer Interviews, die auch mit einem unterschiedlichen Vorgehen verbunden sind:

> *„More than one research goal may be involved in a given investigation, and the boundaries among goals are often indistinct. When exploration is involved, the method is open-ended and employs a kind of naturalistic observation. When the aim is identification of structure, the method is relatively focused and may employ elements of experimental procedure. When the evaluation of competence is involved, the method focuses on the variation of instructions and presentation of tasks." (S. 10)*

Das Anliegen der in dieser Arbeit zu findenden klinischen Interviews ist insbesondere die Identifikation von Strukturen zur Beschreibung kognitiver Aktivitäten, also dem zweiten der von Ginsburg angesprochenen Ziele. Zu diesem Zweck werden dem Interviewten zunächst eine oder mehrere Aufgaben gestellt, die die zu untersuchende Aktivität anregen. Der Interviewte reflektiert die eigene Aktivität. Dabei nimmt der Interviewer die Antworten des Interviewten auf und entwickelt mögliche Hypothesen, die er dann durch gezielte Fragen oder weitere Aufgaben überprüft (vgl. Ginsburg, 1981). Um das Interview zu strukturieren, wurde in den Interviews dieser Arbeit ein Leitfaden verwendet, auf dem obligatorische und mögliche Fragen aufgeführt waren, der aber genügend Spielraum für abweichende Fragen bot.

Voßmeier (2012) formuliert verschiedene Verhaltensweisen, die bei der Durchführung klinischer Interviews beachtet werden sollten. So sollte sich der Interviewer zurückhaltend verhalten, damit der Redeanteil des Interviewten möglichst
hoch ist. Damit die Denkprozesse des Interviewten nicht unterbrochen werden,
sollte der Interviewer auch bei längerem Schweigen nicht intervenieren. Es ist
nicht die Aufgabe des Interviewers, die Lösungen des Interviewten als richtig
oder falsch zu deklarieren. Stattdessen sollte er nachfragen, wie der Interviewte
zu einer Lösung gekommen ist, und durch das Erzeugen kognitiver Konflikte
weiterführende Denk- und Verbalisierungsprozesse anregen. Im Interview sollte
eine angenehme Gesprächsatmosphäre herrschen, damit sich der Interviewte frei
äußert.

Selter und Spiegel (1997) fassen dieses Verhalten wie folgt zusammen:

*„Zusammenfassend gesagt, sollte das Vorgehen der Interviewerin also von bewus-
ster Zurückhaltung geprägt sein. Das schließt ein, dass sie sparsam, aber gezielt
interveniert, indem sie durch situationsadäquate Fragen oder Impulse ihr offenkundi-
ges Interesse an den Denk- und Handlungsweisen der Kinder deutlich zum Ausdruck
bringt." (S. 101)*

Die für diese Arbeit durchgeführten klinischen Interviews wurden mithilfe mehrerer Videokameras aus verschiedenen Blickwinkeln aufgezeichnet, sodass auch
noch im Nachhinein die verbalen und nonverbalen Äußerungen sowie Handlungen des Interviewten und des Interviewers rekonstruiert werden konnten.
Das Rohmaterial lag somit in Form von Videodateien mit einer Tonspur vor.
Zusätzlich wurden während der Interviews erstellte Texte oder Zeichnungen
miteinbezogen.

Zu den Fallstudien dieser Arbeit wurden mehr Interviews geführt, als anschließend in der Analyse berücksichtigt werden konnten. Damit eine tiefgehende
Analyse der einzelnen Interviews entsprechend des Fallstudienansatzes möglich
wurde, wurde zunächst geleitet durch die zugrundeliegenden Forschungsfragen
und den theoretischen Rahmen eine Auswahl getroffen. Hierzu wurden die Aus-
wahlkriterien „Offensichtliche Relevanz zur Fragestellung" und „Krisenhaftigkeit
der Episode" von Krummheuer (1992) verwendet.

Das ausgewählte Video- und Audiomaterial wurde anschließend transkribiert.
Dazu wurden die in Tabelle 6.1 zu sehenden vereinfachten Transkriptionsregeln verwendet, die wesentlich in Anlehnung an Schlicht (2016) entwickelt
wurden. Anders als nach sonst üblichen Transkriptionsregeln wurden verbale
Äußerungen der Schülerinnen und Schüler, die mathematische Symbolsprache
umschreiben, als Formeln notiert. Beispielsweise wurde eine Aussage „Die Funktion F von X gleich X Quadrat..." als „Die Funktion $f(x) = x^2$" transkribiert.

Auch wenn es sich hierbei bereits um eine gewisse Interpretation handelt, die allerdings aufgrund der vergleichsweise vereinheitlichten mathematischen Symbolsprache wenig Deutungsspielraum bietet, wurde eine entsprechende Notation vorgenommen, um die Lesbarkeit der Transkripte zu steigern.

Tabelle 6.1 Verwendete Transkriptionsregeln in Anlehnung an Schlicht (2016)

Linguistische Zeichen	
Identifizierung des Sprechers	
I	Interviewer
A, B, C, ...	Einzelne Schülerin oder Schüler
Paralinguistische Zeichen	
(3 s)	Sprechpause, Länge in Sekunden (bei Pausen unter drei Sekunden wird keine Markierung vorgenommen)
und du/	Abgebrochener Satz
Weitere Charakterisierungen	
(flüstert), u. Ä	Charakterisierung von Tonfall und Sprechweise
(zeigen), u. Ä	Charakterisierung von Mimik und Gestik
(unv.)	Unverständliche Aussage
<u>alle</u>	Auffällige Betonung eines Wortes
$f(x) = x^2$, u. Ä	Verbalisierte mathematische Symbolsprache

Die Transkripte der Interviews bilden die Grundlage für die interpretative Analyse zur Rekonstruktion des mathematischen Denkens der interviewten Schülerinnen und Schüler:

> *„Ausgangspunkt sind stets Texte, da die interpretative Forschung ja an dem überdauernden Sinngehalt interessiert ist, der nur darin aufgehoben ist. Texte als Ausgangsbasis liegen bei bestimmten Arbeiten direkt vor [...]. Ansonsten ist die Transkription von nichtschriftlichen Daten der erste Schritt, bevor die Analyse beginnt."* (Jungwirth, 2003, S. 193)

6.2.2 Datenanalyse

Die Analyse der ausgewählten Transkripte erfolgt in Anlehnung an die systematisch-extensionale Analyse, die in der Arbeitsgruppe von Heinrich Bauersfeld mit Bezug auf die objektive Hermeneutik entwickelt wurde.

Bei dem Verfahren werden die Transkripte zunächst in Episoden eingeteilt. Die Einteilung basiert auf dem Interaktionsverlauf der teilnehmenden Personen und hängt zudem vom jeweiligen Forschungsinteresse ab. Anschließend werden das gesamte Transkript sowie mehrfach die einzelnen Episoden gelesen, um festzulegen, bei welcher Episode mit der Analyse begonnen werden soll. Die Analyse erfolgt zunächst wenig systematisch „nach dem gesunden Menschenverstand" (Beck & Maier, 1994, S. 51), damit subjektive Anfangsdeutungen erfasst werden können. Daran anschließend werden Einzelhandlungen innerhalb einer Episode, wie beispielsweise eine Schüleräußerung im Interview, extensiv interpretiert. Mögliche Deutungen werden erörtert, die dann aufgrund der weiteren Interaktionen innerhalb der Episode gestützt oder verworfen werden. Dazu wird auch beispielsweise das Verständnis des Interviewers von bestimmten Schüleräußerungen während des Interviews in den Blick genommen, das die weiteren Äußerungen der Schülerin oder des Schülers beeinflusst. Schließlich wird eine Deutung der gesamten Episode vorgenommen, die dann wiederum durch andere Episoden gestützt oder verworfen werden kann (vgl. Beck & Maier, 1994).

Eine systematisch-extensionale Analyse sollte immer von mehreren Personen und Personengruppen durchgeführt werden, damit den einzelnen Interpretationen eine gewisse Intersubjektivität zugrunde gelegt werden kann. Daher wurden auch die Interpretationen der empirischen Daten dieser Arbeit mit verschiedenen Personen abgeglichen.

Auch wenn das Ziel einer systematisch-extensionalen Analyse die Entwicklung von Theorien über Interaktionsprozesse im Rahmen des Lehrens und Lernens von Mathematik ist, spielen theoretische Vorannahmen eine bedeutende Rolle:

> „Zur Fassung der spezifischen Gegenstände werden verschiedene andere theoretische Konzepte herangezogen [...] oder es werden auf diesen aufbauend eigene Entwürfe entwickelt. Interpretative Forschung beginnt nie gleichsam ex nihilo – theorielos [...]."
> (Jungwirth, 2003, S. 190)

Beschreibungen im Rahmen interpretativer Unterrichtsforschung beziehen sich daher immer auf eine bereits „interpretierte Wirklichkeit" (vgl. Beck & Maier, 1994):

> „Hingewiesen sei an dieser Stelle auch darauf, dass die vorausgesetzte Interpretativität des Tuns ebenfalls für das Forschungshandeln gilt: Seine Gegenstände wie auch seine Ergebnisse sind Interpretationen der Gegebenheiten, und zwar von immer schon interpretierten Gegebenheiten [...]." (Jungwirth, 2003, S. 190)

Um wissenschaftlich kontrollierbare Interpretationen zu erzeugen ist es daher wichtig, den Kontext der untersuchten Situationen wie auch den der Analyse zugrunde gelegten Theoriehintergrund möglichst explizit auszuführen (vgl. Beck & Maier, 1994). Diesem Kriterium wurde mit den Kapiteln 2 bis 5 dieser Arbeit Folge geleistet. Damit die Argumentationen innerhalb dieser Arbeit konsistent bleiben, werden mögliche Interpretationen außerhalb des zugrunde gelegten theoretischen Hintergrundes bei der Darstellung der Analysen nicht aufgeführt. Jeder Leser soll sich aber wie in der interpretativen Forschung üblich dazu aufgefordert fühlen, „eigene Interpretationen der Fälle zu finden und diese mit den Blickwinkeln de[s] Autoren zu vergleichen" (Maier & Voigt, 1991, S. 12).

Begründung auf der Grundlage einer Schulbuchabbildung

7

7.1 Das spezifische Forschungsinteresse

Das Schulbuch stellt das wohl bedeutendste Medium des Mathematikunterrichts dar. Als Leitmedium stellt es Zugänge zu den in den Lehrplänen beschriebenen Inhalten bereit. Es wird von den Lehrpersonen zur Planung des Unterrichts verwendet und in diesen eingebunden. Die Schülerinnen und Schüler nutzen das Schulbuch dann zum Erarbeiten und Festigen mathematischer Inhalte. Die Bedeutung des Schulbuchs für die am Unterricht beteiligten Personen stellt auch Struve (1990) heraus:

> *„[...] [E]in Lehrer muß sich beim begrifflichen Aufbau des Schulstoffs mit Rücksicht auf die Schüler an Schulbüchern orientieren." (Struve, 1990, S. 3)*

Es wurde bereits in verschiedenen systematischen Schulbuchanalysen gezeigt, dass sich das in Schulbüchern beschriebene Wissen vielfach als empirische Theorie rekonstruieren lässt (vgl. Struve, 1990; Witzke, 2014; Schiffer, 2019; Stoffels, 2020). Empirische Settings im Sinne von Abschnitt 5.1 stellen in solchen Schulbüchern zur Entwicklung und Begründung von Wissen ein bedeutendes Element dar. Um zu untersuchen, ob sich das auf der Grundlage eines empirischen Settings entwickelte Wissen tatsächlich als empirische Theorie beschreiben lässt und zur Entwicklung einer empirischen Auffassung von Mathematik beiträgt, ist es notwendig, den Umgang mit den Settings empirisch zu untersuchen.

Aus diesem Grund soll in dieser Fallstudie untersucht werden, wie Schülerinnen und Schüler mit einem empirischen Setting aus einem Schulbuch umgehen und dabei Wissen entwickeln und begründen. Bei dem empirischen Setting handelt es sich um einen für die Zwecke der Studie veränderten Ausschnitt eines

© Der/die Autor(en), exklusiv lizenziert durch Springer Fachmedien Wiesbaden GmbH, ein Teil von Springer Nature 2022
F. Dilling, *Begründungsprozesse im Kontext von (digitalen) Medien im Mathematikunterricht*, MINTUS – Beiträge zur mathematisch-naturwissenschaftlichen Bildung, https://doi.org/10.1007/978-3-658-36636-0_7

Schulbuchs für die Einführungsphase der gymnasialen Oberstufe zum Thema Symmetrie von Funktionsgraphen. Die Erkenntnisse zum Schulbuchsetting lassen sich allerdings auch auf andere gedruckte Medien übertragen.

Insgesamt wurden klinische Leitfadeninterviews mit fünf Schülerinnen und Schülern geführt. Die Teilnehmenden befanden sich zum Zeitpunkt der Interviews am Ende der 10. Jahrgangsstufe und besuchten eine Sekundarschule. Mit dem Thema Symmetrie haben sie im Bereich der Geometrie im Mathematikunterricht Erfahrungen gesammelt, im Kontext von Funktionen wurde das Thema allerdings noch nicht besprochen. Die Interviews mit drei Schülern werden im Folgenden genauer analysiert. Diese Auswahl wurde getroffen, da sich die Interviews als besonders kontrastreich und in Bezug auf die Forschungsfragen aufschlussreich darstellten.

7.2   Das Schulbuch im Mathematikunterricht

Das Schulbuch gehört zweifellos zu den wichtigsten und auch ältesten Medien im Mathematikunterricht. Bereits seit 500 Jahren existieren Schulbücher und wurden zunächst von Lehrern individuell für den eigenen Rechenunterricht entwickelt. Ab Mitte des 19. Jahrhundert wurden Schulbücher dann in Massenproduktion durch Verlage entworfen und auch staatlich geprüft. Ein Schulbuch beschreibt die auf der Grundlage der Lehrpläne für ein Schuljahr vorgesehenen Inhalte und bildet damit eine Art Leitmedium für den Unterricht. Einige Autorinnen und Autoren sprechen in Zusammenhang mit der Rolle von Schulbüchern im Unterricht von einem „heimlichen Lehrplan", da die Schulbücher auf der einen Seite die Inhalt des Lehrplans in den Unterricht bringen (vgl. Valverde, Bianchi, Wolfe, Schmidt & Houang, 2002), auf der anderen Seite aber auch eigene Akzente setzen und damit die Inhalte des Unterrichts mitbestimmen (vgl. Schmidt-Thieme & Weigand, 2015).

Howson (1995) betont die bedeutende Rolle von Schulbüchern und anderen gedruckten Medien für den Mathematikunterricht und setzt sie deutlich von denen digitaler Medien ab:

> *„But despite the obvious powers of the new technology it must be accepted that its role in the vast majority of the world's classrooms pales into insignificance when compared with that of textbooks and other written materials." (S. 21)*

Auch wenn die Bedeutung digitaler Medien seit der Aussage von Howson sicherlich deutlich zugenommen hat, stellt das Schulbuch weiterhin eine Art

Leitmedium im Unterricht dar, an dem sich Lehrpersonen bei der Planung ihres Unterrichts orientieren und das Schülerinnen und Schüler in beinahe jeder Mathematikstunde verwenden:

> *„Das Lehrbuch wendet sich an Schüler und Lehrer zugleich, denn beide arbeiten mit ihm, verwenden es im Unterricht."* (Griesel & Postel, 1983, S. 289)

Betrachtet man die Entwicklungsgeschichte von Schulbüchern, so lässt sich eine Veränderung „vom Lehrbuch zum Lern- und Arbeitsbuch" (Stein, 1995, S. 582) feststellen. In der heutigen Zeit werden Schulbücher im Allgemeinen als „Schülerbücher" deklariert und sehen damit insbesondere die Schülerinnen und Schüler als Leserschaft (vgl. Rezat, 2009). Für die Lehrpersonen gibt es häufig eine Sonderausgabe, mit zusätzlichen Materialien und pädagogischen Handlungsanweisungen. Die Erklärungen und Aufgaben in Schulbüchern richten sich damit an Schülerinnen und Schüler als Lernende im Mathematikunterricht:

> *„Damit ist das Schulbuch [...] für Schüler vielfach die zentrale zur Verfügung stehende Fachliteratur [...]. Schulbücher enthalten die wesentlichen Inhalte des Faches und definieren in diesem Sinne das jeweilige Schulfach für Schüler [...]. Damit werden sie auch zu unverzichtbaren Hilfsmitteln selbstregulierten Lernens [...]."* (Rezat, 2011, S. 155)

Das Mathematikschulbuch wird damit neben der Lehrperson zu einer weiteren Quelle gesicherter Informationen, auf die Schülerinnen und Schüler zurückgreifen können. Die meisten Schulbücher setzen nach dem Konzept des „teacher-proof" eine Wissensvermittlung durch die Lehrperson nicht voraus, sondern sollen auch von den Schülerinnen und Schülern selbstständig verwendet werden können (vgl. Keitel, Otte & Seeger, 1980). Das Schulbuch bildet somit ein Hilfsmittel, das von der Lehrperson gezielt eingebunden werden kann, aber den Lernenden auch beim eigenständigen Arbeiten zur Verfügung steht. Newton (1990) spricht vom Schulbuch und weiteren gedruckten Medien als Team-Teacher:

> *„In the classroom, textual material may play the role of team-teacher. The student then has two teachers: the live one and the text."* (S. 30)

Der Einsatz des Schulbuchs im Mathematikunterricht und insbesondere die Nutzung durch die Lehrperson und die Schülerinnen und Schüler war bereits Gegenstand verschiedener empirischer Studien (u. a. Johansson, 2006, Rezat, 2009, Zimmermann, 1992). In Deutschland aber auch international vielfach rezipiert wird die Studie von Rezat (2009) zum „Mathematikbuch als Instrument des Schülers". Als Ergebnis einer Grounded-Theorie Studie unterscheidet er zwischen vier Nutzungszusammenhängen von Mathematikschulbüchern, die bei der Verwendung durch die Schülerinnen und Schüler auftreten können:

- *Bearbeiten von Aufgaben:* Die Lernenden bearbeiten eine Aufgabe, was das Verstehen des Aufgabentextes (z. B. Nachschlagen in einem Stichwortverzeichnis), das Erhalten von Lösungshinweisen (z. B. Musterbeispiele, Kasten mit Merkwissen) und das Kontrollieren der Lösungen (z. B. Musterlösungen) umfasst.
- *Festigen:* Um bereits im Unterricht behandelte Inhalte besser zu beherrschen, werden inhaltsvermittelnde Teile und Aufgaben zum Wiederholen (z. B. Regellernen) und Üben (z. B. ähnliche Aufgaben bearbeiten) genutzt.
- *Aneignen von Wissen:* Die Lernenden eignen sich bisher noch nicht im Unterricht behandelte Inhalte an, was insbesondere im Rahmen von Vorbereitungen der Fall ist (z. B. Erkundung einer noch folgenden Lerneinheit).
- *Interessenmotiviertes Lernen:* Schülerinnen und Schüler wählen Inhalte aus Eigenmotivation heraus aus.

In Rezat (2011) wird zusätzlich das Nutzungsszenario „Metakognitive Zwecke" genannt, bei dem das Mathematikbuch dazu dient, den eigenen Lernfortschritt zu überprüfen. Auf der Basis der Nutzungszusammenhänge und der Aussagen der Schülerinnen und Schüler in der Studie konnten sieben Schulbuch-Nutzertypen aufgestellt werden: der unselbstständige Nutzer, der interessemotivierte Lerner, der Festigungstyp, der Regellerner, der Nachschlager, der Aufgabenbearbeiter und der Experte (vgl. Rezat, 2009). Die Studie zeigt deutlich, dass Mathematikschulbücher von Schülerinnen und Schülern zu verschiedenen Zwecken genutzt werden und dem Schulbuch als Hilfsmittel für das Lernen von Mathematik somit verschiedene Funktionen zukommen.

Der Aufbau eines Schulbuchs wird im Allgemeinen auf drei unterschiedlichen Ebenen beschrieben. Die Makrostruktur beschreibt die im Buch behandelten Themen und ihre Anordnung innerhalb des Buches. Diesbezüglich lassen sich Jahrgangsstufenbände (z. B. für die 5. Klasse) von geschlossenen Themenbänden (z. B. zur Analysis) unterscheiden. In der Mesostruktur wird der Aufbau eines einzelnen Kapitels festgelegt, also beispielsweise welche thematischen Abschnitte in welchem Umfang an einer bestimmten Stelle des Kapitels auftreten. Schließlich beschreibt die Mikrostruktur den Aufbau eines einzelnen thematischen Abschnitts, also beispielsweise einer Lerneinheit (vgl. Rezat, 2008). Auf den einzelnen Ebenen ist das Schulbuch aus einzelnen Strukturelementen aufgebaut:

„Den Büchern liegt ein modulares Konzept zugrunde. Makro- (Buch-), Meso- (Kapitel-) und Mikrostruktur (Lerneinheitsebene) sind aus verschiedenen typographisch voneinander unterschiedenen Textsorten bausteinartig zusammengesetzt [...]."
(Rezat, 2011, S. 158)

Auf der Mikroebene lassen sich die Strukturelemente Einstieg, Einstiegsaufgabe, Aufgabe mit Lösung, weiterführende Aufgabe, Lehrtext, Kernwissen, Musterbeispiel, Übungsaufgabe, Aufgabe zur Wiederholung und Zusatzinformationen unterscheiden (vgl. Rezat, 2008). Den einzelnen Strukturelementen werden im Schulbuch spezifische Funktionen zugeschrieben.

Empirische Settings zur Wissensentwicklung und -begründung können ebenfalls als Elemente der Mikrostruktur eines Schulbuches aufgefasst werden. Sie treten meist im Rahmen der Strukturelemente Lehrtext, Kernwissen oder Zusatzinformationen auf. Empirische Settings nehmen im Schulbuch eine vermittelnde Rolle ein, ihre Bedeutung muss aber stets durch den Lernenden aktiv konstruiert werden. Rezat (2009) betont dies mit Bezug auf Schulbuchtexte:

„[Es] wird deutlich, dass auch der Schulbuchtext letztlich nicht von seinem Leser getrennt werden kann. Der Sinn des Textes ist keine textimmanente Eigenschaft, sondern entsteht erst in der Interaktion des Lesers mit dem Text. Eine rein inhaltliche Analyse von Schulbuchtexten lässt daher nur bedingt Aussagen darüber zu, was anhand des Textes gelernt werden kann." *(S. 5)*

Im folgenden Unterkapitel soll das in dieser Fallstudie verwendete empirische Setting zur Symmetrie von Funktionsgraphen vorgestellt werden.

7.3 Schulbuchabbildung zu Symmetriekriterien für Funktionsgraphen

Die Grundlage für die im Folgenden beschriebene Fallstudie bildet ein Auszug aus dem Lehrwerk Elemente der Geometrie für die Einführungsphase der gymnasialen Oberstufe zum Thema Symmetrie von Funktionsgraphen (vgl. Griesel, Gundlach, Postel & Suhr, 2014) (siehe Abbildung 7.1).

Bei den Studienteilnehmern handelt es sich um Schülerinnen und Schüler einer 10. Klasse einer Sekundarschule in Nordrhein-Westfalen. Ihnen waren zum Zeitpunkt der Interviews außerhalb von linearen und quadratischen Funktionen keine Funktionstypen, wie zum Beispiel Polynome höheren Grades, bekannt. Den Begriff der Symmetrie haben sie im Unterricht im Bereich der Geometrie kennengelernt und noch nicht im Kontext von Funktionsgraphen behandelt.

Symmetrie

Satz: Symmetrieeigenschaften eines Graphen

Der Graph einer Funktion f heißt achsensymmetrisch zur y-Achse, falls für alle x gilt: $f(-x) = f(x)$.

Der Graph einer Funktion f heißt punktsymmetrisch zum Koordinatenursprung 0 (0|0), falls für alle x gilt: $f(-x) = -f(x)$.

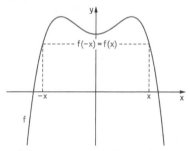 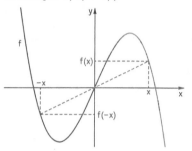

Ist f eine ganzrationale Funktion, so lässt sich die vorhandene Symmetrie einfach erkennen:

Enthält der Funktionsterm von f nur Potenzen von x mit **geraden Exponenten**, so ist der Graph der Funktion f **achsensymmetrisch zur y-Achse**.

Enthält der Funktionsterm von f nur Potenzen von x mit **ungeraden Exponenten**, so ist der Graph der Funktion f **punktsymmetrisch zum Koordinatenursprung 0 (0|0)**.

Enthält der Funktionsterm einer ganzrationalen Funktion f sowohl Potenzen von x mit geraden Exponenten als auch mit ungeraden Exponenten, so ist der Graph der Funktion f weder symmetrisch zur y-Achse noch symmetrisch zum Koordinatenursprung.

Abbildung 7.1 Ausschnitt aus dem Schulbuch Elemente der Mathematik für die Einführungsphase zum Thema Symmetrie von Funktionsgraphen (© Griesel et al., 2014, S. 141)

Damit die Schülerinnen und Schüler in den Interviews mit dem zur Verfügung gestellten Material umgehen konnten, wurde die Schulbucherklärung zu Symmetrien so verändert, dass als Beispiel für einen zur y-Achse achsensymmetrischen Funktionsgraphen eine Parabel und für einen linearen Funktionsgraphen eine Gerade abgebildet war. Die beschreibenden Texte zur Achsen- und Punktsymmetrie wurden unverändert übernommen, lediglich die erweiterte Erklärung unterhalb der abgebildeten Funktionsgraphen wurde entfernt, da diese nur bei der Betrachtung von Polynomen höheren Grade relevant sind. Diese Vorgehensweise hatte zudem den Vorteil, dass die Materialien den Schülerinnen und Schülern in einer festgelegten Reihenfolge ausgegeben werden konnten. Zunächst wurde ihnen „Blatt 1" (Abbildung 7.2, links) ausgehändigt, auf dem lediglich eine Parabel in einem Koordinatensystem abgedruckt ist. So konnten die Schülerinnen und Schüler zunächst eigene Hypothesen bezogen auf die Symmetrie entwickeln und ihre Annahmen begründen. Anschließend wurde ihnen „Blatt 2" (Abbildung 7.2, rechts) übergeben, das das eigentliche empirische Setting darstellt. Hierauf befindet sich ein Text, der ein Kriterium für die Achsensymmetrie von Funktionsgraphen erläutert: „Der Graph einer Funktion f heißt achsensymmetrisch zur y-Achse, falls für alle x gilt: $f(-x) = f(x)$". Unter dem Text ist das bereits aus „Blatt 1" bekannte Koordinatensystem mit der Parabel abgebildet, sowie drei rechteckig angeordnete rote Linien, die verdeutlichen sollen, dass der Graph an beliebigen Stellen x und $-x$ den gleichen Funktionswert aufweist. Im Interview sollten die Schülerinnen und Schüler die im empirischen Setting erklärte Regel erläutern und begründen.

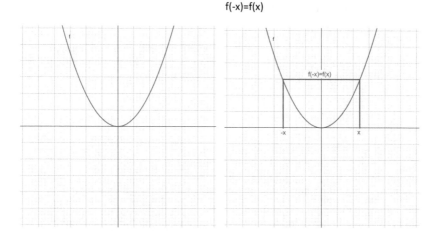

Der Graph einer Funktion f heißt achsensymmetrisch zur y-Achse, falls für alle x gilt:

f(-x)=f(x)

Abbildung 7.2 Interviewmaterialien „Blatt 1" (links) und „Blatt 2" (rechts)

Im Anschluss an das empirische Setting zur Achsensymmetrie haben die Schülerinnen und Schüler „Blatt 3" ausgeteilt bekommen, bei dem auf der Vorderseite die Funktionsgleichung $f(x) = x^2$ und auf der Rückseite die Funktionsgleichungen $g(x) = x^2 + 1$ und $h(x) = (x + 1)^2$ angegeben waren. Die

Schülerinnen und Schüler sollten jeweils entscheiden, ob die dazugehörenden Graphen achsensymmetrisch zur y-Achse sind und ihre Annahme begründen. Auf die Untersuchung der Achsensymmetrie folgten drei Materialien zur Punktsymmetrie bezüglich des Koordinatenursprungs. Auf „Blatt 4" (Abbildung 7.3, links) wurde den Schülerinnen und Schülern ein Koordinatensystem mit einer Geraden zur Verfügung gestellt. Wie bereits bei der Parabel, sollten sie zunächst relativ frei Hypothesen zur Symmetrie bzw. Punktsymmetrie der Geraden bilden und begründen. Mit „Blatt 5" (Abbildung 7.3, rechts) erhielten sie dann einen Text zu einem Kriterium für die Punktsymmetrie eines Funktionsgraphen: „Der Graph einer Funktion f heißt punktsymmetrisch zum Koordinatenursprung $O(0|0)$, falls für alle x gilt: $f(-x) = -f(x)$". Unter dem Text befinden sich das Koordinatensystem mit der Geraden sowie rechteckig angeordnete rote Linien, um zu verdeutlichen, dass der Graph an beliebigen Stellen x und $-x$ den gleichen Funktionswert nur mit unterschiedlichem Vorzeichen aufweist. Die durch dieses empirische Setting gegebene Regel sollten die Schülerinnen und Schüler erläutern und begründen. Auf „Blatt 6" wurden ihnen dann noch die zwei Funktionsgleichungen $f(x) = x$ und $g(x) = x + 1$ gegeben, bei denen sie die Punktsymmetrie der Graphen angeben und begründen sollten.

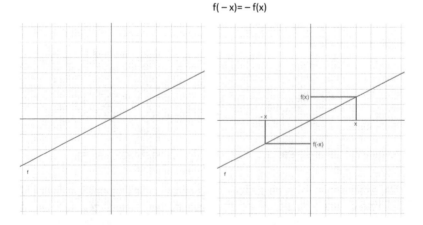

Abbildung 7.3 Interviewmaterialien „Blatt 4" (links) und „Blatt 5" (rechts)

7.4 Fallstudie

7.4.1 Schüler A

Zu Beginn des Interviews gibt der Interviewer Schüler A das erste Arbeitsblatt (Abbildung 7.2, links), auf dem eine Parabel in einem Koordinatensystem abgebildet ist. Dieser soll erläutern, was er auf diesem erkennt und ob es sich um einen symmetrischen Funktionsgraphen handelt:

> A: Ich sehe eine Parabel, eine, ähm, ich hab' vergessen wie's heißt, in einem (5 sec.) Koordinatensystem.
> I: Mhm (bejahend). Genau. Und ist die Parabel symmetrisch?
> A: Ähm, ja. Einen Moment. (5 sec.) Ja, ist sie.
> I: Warum?
> A: Weil beide Seiten, also, weil die eine Seite sozusagen gespiegelt ist.

Der Schüler ordnet der Abbildung die Begriffe Parabel und Koordinatensystem seiner empirischen Theorie zu. Die Begriffe Funktion oder Funktionsgraph nennt er nicht – stattdessen verwendet er den aus der Geometrie stammenden Begriff der Parabel, der den Fokus auf die Kurve selbst legt. Dies verdeutlicht die Verankerung der Begriffe der Schülertheorie in der Empirie. Die begrenzte Kurve im Koordinatensystem ist das empirische Referenzobjekt für den Begriff Parabel.

Zudem erklärt Schüler A, dass die Parabel symmetrisch sei. Dies begründet er damit, dass „die eine Seite sozusagen gespiegelt ist". Seine Erfahrungen mit dem Begriff der Symmetrie aus der Geometrie, bei der eine symmetrische Figur meist durch Achsenspiegelung konstruiert wird, überträgt er auf die neue Situation. Mit der „eine[n] Seite" meint der Schüler dabei vermutlich einen der Parabeläste, die sich im ersten und zweiten Quadranten befinden.

Im Anschluss an diese Szene bittet der Interviewer den Schüler, den Funktionsgraphen mit einer Gleichung zu beschreiben. Da dieser keine Gleichung nennen kann, hilft der Interviewer ihm weiter und nennt eine mögliche Gleichung. Der Schüler soll dann auf der Basis dieser Gleichung die Symmetrie des Graphen begründen:

> I: Ok, also zum Beispiel könnte die Gleichung $f(x) = x^2$ ja dazugehören, ne?
> A: Das gehört glaub' ich sogar dazu. Stimmt.
> I: Ok. Könnte man das auch mit der Gleichung begründen?
> A: Wie?
> I: Könnte man auch sagen: $f(x) = x^2$, deswegen ist das symmetrisch? Hast du 'ne Idee?
> A: Ich denke schon.

I: Warum? Wie könnte man das machen?

A: Wenn man's in 'ner Tabelle macht, dann steht ja in der Mitte 0, dann steht da 1, 2, 3 und man kann das halt alles so durchrechnen und wenn man's auf der anderen Seite durchrechnet, dann kommt da genau dasselbe bei raus.

I: Aha, warum kommt denn da das Gleiche raus?

A: Ähm, weil, also da kommt nich' dasselbe raus. Doch, da kommt dasselbe raus, weil, ähm, mit Minus, bei Minuszahlen wird Mal gerechnet und dann kommt da Plus raus.

Nachdem der Interviewer eine mögliche Funktionsgleichung nennt, stimmt Schüler A dem Interviewer zu, dass es sich um die passende Gleichung handelt. Er meint zudem auf Nachfrage des Interviewers, dass sich auch mit der Gleichung argumentieren lässt, warum die Parabel symmetrisch ist. Dazu erklärt er, dass man eine Wertetabelle aufstellen könnte, in die man die Zahlen 0, 1, 2 und 3 einträgt und den zugehörigen Funktionswert ausrechnet. Wenn man dies für die Zahlen -1, -2 und -3, vom Schüler beschrieben als „auf der anderen Seite", wiederholt, erhalte man die gleichen Funktionswerte, da das Produkt zweier negativer Zahlen eine positive Zahl ist. Er führt die Symmetrie der Parabel somit im Sinne einer Wissenserklärung auf bereits bekanntes Wissen aus dem Bereich der Arithmetik zurück.

Nach der Begründung des Schülers übergibt der Interviewer das zweite Arbeitsblatt (Abbildung 7.2, rechts), auf dem die Regel zur Achsensymmetrie in einem Text beschrieben und an der Parabel verdeutlicht wird. Der Schüler beschreibt, was auf dem Blatt zu sehen ist:

A: (Liest) "$f(-x)$ ist gleich $f(x)$".

I: Mhm (bejahend).

A: Ja, das stimmt ja eigentlich, oder? Es is' ja egal, ob da $-x$ steht oder x.

I: Hast du ja gerade schon erklärt, ne? Und was steht in dem Text oben? Kannst du das mal erklären?

A: (Liest) "Graph einer Funktion f heißt achsensymmetrisch"... (5 sec.).

I: Was heißt denn achsensymmetrisch?

A: Dass halt zur, dass er halt gespiegelt ist zur y-Achse, also die, die nach oben geht.

I: Ja, ganz genau. So, und jetzt steht da diese Gleichung $f(x) = f(-x)$. Hattest du ja schon gesagt.

A: Mhm (bejahend).

I: Wie hängt die denn mit dem Bild unten zusammen? Kannst du nochmal den Zusammenhang erklären?

A: Ähm, ja, weil das egal, also/ Ähm, einen Moment... (5 sec.). x sagt glaub' ich an, um wie viel das immer steigt. Und das hängt dann so, man muss dann halt immer ausrechnen.

I: Mhm (bejahend). Jetzt steht da oben "wenn für alle x gilt". Was heißt das denn?

A: Ja, ich glaub' es könnte vielleicht, es könnte vielleicht auch andere Variablen geben, wo das dann, wo der Graph dann anders aussieht. Da is' er ja zum Beispiel dann nich' symmetrisch. Dass der vielleicht hier so normal geht und dann auf einmal hier so hoch (deutet mit dem Finger einen Funktionsverlauf auf dem Blatt an). Das kann auch sein.
I: Mhm (bejahend), ok. Und was heißt denn das "für alle x"? Was muss ich denn da machen?
A: Ähm, wenn man das zum Beispiel in 'ner Tabelle macht, dann muss man für, ähm, dann muss man alle Zahlen in x einsetzen.
I: Ok. kann ich das? Kann ich alle Zahlen einsetzen?
A: Ja, eigentlich schon.

Schüler A stimmt der Regel zur Achsensymmetrie zu, indem er sagt: „Es is' ja egal, ob da $-x$ steht oder x.". Dabei bezieht er sich auf seine Erklärung aus der vorherigen Szene, bei der er anhand einer Wertetabelle argumentiert hat.

Auf die Frage hin, was denn das x bedeute, antwortet der Schüler, dass es angebe „um wie viel das immer steigt". Der Schüler bringt an dieser Stelle den Begriff der Steigung ein. Betrachtet man aber die auf diese Aussage folgenden Argumentationen des Schülers, so ist davon auszugehen, dass er eigentlich den Begriff der Funktionsgleichung und das Symbol $f(x)$ meint. Dies kann unter anderem an seiner Aussage festgemacht werden, „es könnte vielleicht auch andere Variablen geben, wo das dann, wo der Graph dann anders aussieht". Er deutet mit dem Finger den Verlauf eines nichtsymmetrischen Funktionsgraphen an und erklärt: „Da is' er ja dann zum Beispiel nich' symmetrisch". An dieser Stelle, in Zusammenhang mit der Funktionsgleichung, verwendet er auch zum ersten Mal den Begriff des Graphen und beschreibt damit das zu einer Funktionsgleichung gehörende Bild.

Auf die Nachfrage des Interviewers, was „für alle x" bedeute, erklärt Schüler A, dass man in einer Wertetabelle alle Zahlen für x einsetzen muss. Auch nachdem der Interviewer nachhakt, ob man denn wirklich alle Zahlen einsetzen kann, bleibt der Schüler bei seiner Meinung. Die Variable x scheint somit nach Auffassung des Schülers nur endlich viele Werte annehmen zu können, die sich folglich auch alle überprüfen lassen. Betrachtet man seine vorherigen Ausführungen zur Wertetabelle, so lässt sich vermuten, dass der Schüler nur die ganzen Zahlen überprüft, für die die Parabel im Koordinatensystem auf dem Arbeitsblatt dargestellt ist. Die im Zuge von quadratischen Funktionen übliche Grundmenge der reellen Zahlen legt er seiner Argumentation nicht zugrunde, sondern geht vielmehr davon aus, dass die Parabel bei einer Übereinstimmung der ganzzahligen Einträge symmetrisch ist und damit eventuell auch dazwischenliegende Zahlen übereinstimmen. Die Beschränkung auf den auf der Abbildung zu sehenden Parabelausschnitt betont erneut die empirische Verwurzelung der Begriffe der Schülertheorie, deren Ziel die Beschreibung der konkreten abgebildeten Parabel (bzw. des Parabelausschnitts) und nicht eines durch eine Funktionsvorschrift erzeugten Objektes zu sein scheint.

Der Interviewer übergibt dem Schüler das dritte Arbeitsblatt, auf dem drei Gleichungen abgebildet sind und bittet den Schüler für die erste Gleichung $f(x) = x^2$ mit der Regel zu untersuchen, ob es sich um einen symmetrischen Funktionsgraphen handelt:

> A: Ähm, ja, die is' symmetrisch, weil, ähm, hier geht's ja in den Minusbereich (zeigt auf den linken Parabelast) und hier geht's in den Plusbereich (zeigt auf den rechten Parabelast). Wenn, ähm, $x = 2$ zum Beispiel, dann mach' ich dann halt, ähm $2 \cdot 2$... (5 sec.). Moment, ähm, $2 \cdot 2$, ja.
> I: Ja.
> A: Und dann, ähm, wenn $x = -2$ wär', dann rechnet man einfach $(-2) \cdot (-2)$, oder 2, nee -2. Und dann kommt halt dasselbe raus. Dann kommt bei beiden 4 raus.
> I: Ja, ok. Dreh' mal den Zettel um. Wie ist das bei den beiden? Sind die auch achsensymmetrisch?
> A: (Dreht Blatt 3 auf Rückseite). Ähm, $x^2 + 1$, ja, sind die. $+1$ zeigt halt an, um wie viel sich das nach oben verschiebt. Das bedeutet die Parabel wär' auf, bei der y-Achse auf 1 und x is' dann wieder genau dasselbe.
> I: Mhm (bejahend). Und das darunter?
> A: Das dadrunter ist, ähm, ich glaub' da rechnet man einfach/ Da setzt man jetzt wieder zum Beispiel 2 ein, dann hat man $2 + 1$ und dann halt wieder, dann halt wieder, ähm...
> I: Hoch 2?
> A: Ja, hoch 2.
> I: Mhm (bejahend). Und ist die untere achsensymmetrisch?
> A: Ähm, ja.
> I: Ja? Warum? Du hast ja gerade angefangen: $(2 + 1)^2$. Was müsste man machen, um jetzt die andere Seite zu überprüfen?
> A: Einfach -2 einsetzen.
> I: Und da kommt das Gleiche raus?
> A: (5 sec.) Nein, nein kommt's nich', weil $-2 + 1$ is'/ Das heißt, das wär' nich' symmetrisch.

Die zuvor kennengelernte Regel wendet Schüler A nun an. Die Symmetrie der zur Gleichung $f(x) = x^2$ gehörenden Parabel begründet er, indem er erklärt, dass das Produkt der Zahl 2 mit sich selbst wie auch der Zahl -2 mit sich selbst die Zahl 4 ergibt. Die Zahl 2 bzw. -2 scheint dabei als generisches Beispiel („$x = 2$ zum Beispiel") zu fungieren, an dem er das allgemeine Vorgehen beschreibt und das die bereits vorher vom Schüler angesprochene Regel „bei Minuszahlen wird Mal gerechnet und dann kommt da Plus raus" repräsentiert. Es wird aber nicht abschließend deutlich, ob er es zur Überprüfung der Symmetrie für nötig halten würde, weitere (ganze) Zahlen zu testen.

Bei der zweiten Funktionsgleichung $g(x) = x^2 + 1$ bezieht sich der Schüler nicht auf die Symmetrieregel, sondern argumentiert direkt am Graphen. Die beiden Funktionsgleichungen unterscheiden sich nur durch „+1", das anzeigt „um wie viel sich das nach oben verschiebt". Der Schüler stellt fest, dass ein y-Achsenabschnitt von 1 die Symmetrie der Parabel nicht verändert. Bei dieser Argumentation wird deutlich, dass die Funktionsgleichung für den Schüler kein leerer Ausdruck ist, sondern der Beschreibung der Parabel im Rahmen einer empirischen Theorie dient. Zur Wissenserklärung zieht er bereits bekanntes Wissen zum Einfluss von Parametern der Funktionsgleichung auf die Parabel heran.

Zur Untersuchung der dritten Funktionsgleichung $h(x) = (x + 1)^2$ führt der Schüler ein entsprechendes Argument nicht an. Vermutlich kann er den Ausdruck $(x + 1)^2$ nicht deuten. Eine mögliche Interpretation des Ausdrucks wäre die Verschiebung der Parabel in negative x-Richtung um eine Einheit. Stattdessen argumentiert Schüler A wie auch bei der ersten Gleichung durch Einsetzen der Zahl 2. Er führt die Rechnung nicht zu Ende, sondern geht davon aus, es komme für die Zahlen 2 und -2 der gleiche Wert heraus. Nach mehrfacher Nachfrage des Interviewers erkennt der Schüler schließlich, dass die Ergebnisse in diesem Fall nicht gleich wären und schließt damit darauf, dass der Funktionsgraph nicht symmetrisch ist. Er hat somit auf Basis der Funktionsgleichung ein Gegenbeispiel gefunden.

Schüler A bekommt vom Interviewer das vierte Arbeitsblatt (Abbildung 7.3, links) ausgehändigt, auf dem eine Gerade in einem Koordinatensystem abgebildet ist. Er beschreibt, was zu sehen ist und ob es sich um einen symmetrischen Graphen handelt:

A: Ähm, eine, eine, ein Graph.
I: Mhm (bejahend). Ist das ein besonderer Graph, oder ein normaler Graph?
A: Ähm, ein normaler, der steigt, also der steigt und sinkt nich' und der geht durch 0.
I: Mhm (bejahend). Und ist der symmetrisch?
A: Ja, der is' auch gespiegelt.
I: Ja? Wo denn?
A: Von hier nach da (zeigt entlang der Geraden).

Zur Beschreibung des linearen Funktionsgraphen verwendet Schüler A den Begriff Graph. Den genauen Verlauf erläutert er, indem er von „der steigt und sinkt nich' und der geht durch 0" spricht. Anders als im Fall der Parabel verwendet er hier somit nicht den geometrisch-geprägten Begriff der Geraden.

Den linearen Funktionsgraphen beschreibt der Schüler zudem als symmetrisch und deutet vom dritten in den ersten Quadranten. Er beschreibt an dieser Stelle vermutlich zunächst eine Achsensymmetrie zu einer senkrecht zur Gerade verlaufenden Symmetrieachse.

Der Interviewer übergibt dem Schüler das fünfte Arbeitsblatt (Abbildung 7.3, rechts), auf dem die Regel für Punktsymmetrie beschrieben wird. Dieser erläutert, was er auf dem Arbeitsblatt sieht:

A: (Liest) "Der Graph einer Funktion f heißt punktsymmetrisch zum Koordinatenursprung $O(0|0)$, falls für alle x gilt". Ja, hier is' es halt wieder genau dasselbe nur halt ohne hoch 2.

I: Mhm (bejahend). Ist das wirklich genau dasselbe? Jetzt steht da "punktsymmetrisch". Kennst du punktsymmetrisch? Habt ihr das schon mal gesehen?

A: Mhm (verneinend).

I: Wie hieß das von gerade eben? Weißt du das noch?

A: Ähm, achsensymmetrisch?

I: Genau. So, hier heißt das punktsymmetrisch und jetzt guck mal, was da steht. „$f(-x) = -f(x)$".

A: Tja.

I: Was heißt das denn?

A: $f(-x) = -f(x)$, ähm, weil, ja weil das geht ja nich' so hier in den Plusbereich (zeigt auf den dritten Quadranten). Also, bei 'ner Parabel ging das hier in den Plusbereich (deutet mit Finger eine Parabel im ersten und zweiten Quadranten an), aber dieses Mal is' halt hier der Minusbereich (zeigt auf den dritten Quadranten) und hier der Plusbereich (zeigt auf den ersten Quadranten). Das heißt, dass das dann so sein muss.

I: Mhm (bejahend). Und wie ist das im Minus- und im Plusbereich? Gibt's da irgendwie 'nen Zusammenhang, wenn du jetzt nochmal das Bild anguckst und oben diese Gleichung? (5 sec.) Vielleicht kannst du's nochmal genauer erklären. Gerade eben hast du ja gesagt, dass ist beides im Plusbereich und jetzt ist das auf der einen Seite im Plusbereich und auf der anderen im Minusbereich, ne?

A: Mhm (bejahend).

I: Und kannst du das noch genauer sagen? Ist das noch irgendwas Besonderes? Reicht das, wenn das einfach im Minusbereich ist, oder muss da noch irgendwas dabei sein?

A: Ähm, (20 sec.), keine Ahnung. Jetzt mit dem Koordinatenursprung oder so?

I: Also, wenn du dir jetzt zum Beispiel diese roten Linien anguckst, haben die irgendwas Besonderes, oder sind die einfach irgendwie?

A: Das is', ähm, das is' der Punkt zum Beispiel, an dem man jetzt hier misst. Und dann guckt man wie das von der y-Achse entfernt ist. Ach, die beiden sind auch an der y-Achse gespiegelt (zeigt auf die Punkte $(x, f(x))$ und $(-x, f(-x))$). Und das hier is' $f(-x)$ (zeigt auf Punkt $(0, f(-x))$), weil das im Minusbereich is', ähm, und das hier is' halt $-x$ (zeigt auf Punkt $(-x, 0)$).$-1,2,3$, also könnte, könnte -3 sein (zeigt mit dem Finger entlang der x-Achse). Und das hier könnte $-1, 5$ sein (zeigt auf Punkt $(0, f(-x))$). Und das hier is' $+1, 5$ (zeigt auf Punkt $(0, f(x))$) und das is' $+2$ (zeigt auf Punkt $(x, 0)$).

Der Begriff der Punktsymmetrie ist dem Schüler aus dem bisherigen Unterricht noch nicht bekannt. Im Vergleich zur Achsensymmetrie erklärt er dann zunächst durch Zeigen mit dem Finger, dass die Parabel im ersten und zweiten Quadranten verläuft, also auch für negative x-Werte positive Funktionswerte aufweist, die Gerade aber im ersten und dritten Quadranten verläuft, also für positive x-Werte positive Funktionswerte und für negative x-Werte negative Funktionswerte hat. Diese Eigenschaft beschreibt er als Punktsymmetrie.

Nach mehreren Nachfragen durch den Interviewer und dem Hinweis, sich die roten Linien auf der Abbildung genauer anzuschauen, erklärt der Schüler an einem Zahlenbeispiel (Schätzungen für die Werte der roten Linien), dass sich die Funktionswerte im negativen und positiven Bereich nur durch das Vorzeichen unterscheiden. Da der Schüler versucht, die in der Abbildung mit x bezeichneten Werte der roten Linien zu bestimmen, könnte eine Folgerung sein, dass er x als Unbekannte und nicht als Veränderliche auffasst, was durch das Beispiel suggeriert worden sein könnte. Der Schüler beschreibt zudem, dass man schaue, „wie das von der y-Achse entfernt ist" und er erklärt, dass „die beiden [...] auch an der y-Achse gespiegelt" seien, während er auf die Punkte $(x, f(x))$ und $(-x, f(-x))$ zeigt. Mit Blick auf seine anderen Äußerungen meint der Schüler mit diesen Worten aber vermutlich den senkrechten Abstand zur y-Achse und nicht, dass es sich um eine Achsensymmetrie handelt.

Zum Abschluss des Interviews erhält der Schüler das sechste Arbeitsblatt, auf dem die zwei Funktionsgleichungen $f(x) = x$ und $g(x) = x + 1$ notiert sind. Er erklärt, ob es sich dabei jeweils um symmetrische Funktionsgraphen handelt:

> A: $f(x) = x$ is' glaub' ich, ich kann mich fast gar nich' dran erinnern, is' glaub' ich symmetrisch?
> I: Mhm (bejahend). Und das darunter?
> A: Das is' wahrscheinlich nich' symmetrisch, weil da is' wieder das Problem, wenn man hier 'ne Minuszahl reinsetzen würde und hier, dann würde da was Anderes rauskommen.

Bei der ersten Funktionsgleichung geht der Schüler von einer Symmetrie aus, ohne dies genauer auszuführen. Die zweite Funktionsgleichung beschreibt er als nicht symmetrisch. Dabei greift er anders als bei der Parabel nicht auf die Argumentation über einen veränderten y-Achsenabschnitt zurück, sondern argumentiert anhand der unterschiedlichen Ergebnisse, die sich beim Einsetzen einer negativen Zahl im Vergleich zur entsprechenden positiven Zahl ergeben. Er wendet somit die kennengelernte Regel an. Dies könnte darauf zurückgeführt werden, dass ihm eine geometrische Deutung, die er zum Teil bei der Achsensymmetrie vorgenommen hat, bei der neuen Regel schwerfällt.

7.4.2 Schüler B

Schüler B beschreibt zu Beginn des Interviews, was er auf dem ersten Arbeitsblatt (Abbildung 7.2, links) erkennt:

> B: Ähm, wie heißt es noch? Eine Parabel, oder? Parabel?
> I: Mhm (bejahend).
> B: Eine grüne Parabel, ja.
> I: Und was sonst noch?
> B: Ein Koordinatensystem. Also/

Wie auch bereits Schüler A verwendet Schüler B die Begriffe Parabel und Koordinatensystem zur Beschreibung der Abbildung. Anschließend fragt der Interviewer den Schüler, ob die Parabel symmetrisch ist:

> I: Und ist die Parabel symmetrisch?
> B: (Betrachtet das Blatt) Keine Ahnung. Also was heißt das jetzt? Was heißt das?
> I: Symmetrisch. Kennst du den Begriff?
> B: Ja, doch, ich kenn' den, aber, also/ Symmetrisch, so gleich, oder wie?
> I: Kennst du das vielleicht aus der Geometrie oder so?
> B: Ja.
> I: Versuch' das mal hierauf anzuwenden. Könnte das irgendwie symmetrisch sein, oder nicht?
> B: (Schüttelt den Kopf) Keine Ahnung.
> I: Keine Ahnung?
> B: Mhm (bejahend).
> I: Du hast ja gesagt du kennst das aus der Geometrie. Zum Beispiel ist ja ein Rechteck symmetrisch, ne?
> B: Ja, achso, ja ja.
> I: Warum ist das symmetrisch?
> B: Ähm, weil es einen 90° Winkel beinhaltet und weil es halt gleich ist.
> I: Mhm (bejahend) und man sagt ja auch Symmetrieachse. Weißt du, was eine Symmetrieachse ist?
> B: Also den Begriff hab' ich auch schon gehört und wir hatten das Thema auch, aber es fällt mir grad' nich' ein.
> I: Also zum Beispiel, wenn man hier in der Mitte eine Gerade reinlegt (deutet eine Symmetrieachse mit dem Finger auf einem rechteckigen Papier an) und das dann auf der Seite das Gleiche ist, nur gespiegelt an der Achse.
> B: Achso, ja ja.
> I: Vielleicht guckst du jetzt nochmal da drauf. Kannst du hier auch sowas finden?
> B: Ja, würd' man das in der Mitte hier teilen (zeigt auf die y-Achse), dann würd' die Seite auch wie die andere sein.

Schüler B kann sich nicht mehr an den Begriff der Symmetrie erinnern, und beschreibt ihn als „so gleich". Da es dem Schüler schwerfällt, den Begriff der

Symmetrie genauer zu erklären, verdeutlicht der Interviewer die Begriffe Symmetrie und Symmetrieachse an einem rechteckigen Blatt Papier. Der Schüler scheint sich an die Begriffe zu erinnern („Achso, ja ja.") und überträgt ihn auf die dargestellte Parabel. Die Symmetrieachse identifiziert er als die y-Achse des Koordinatensystems.

Der Schüler wird anschließend gebeten, eine Funktionsgleichung für die Parabel zu nennen. Da der Schüler keine Antwort weiß, nennt der Interviewer die Funktionsgleichung der Normalparabel und bittet den Schüler, anhand dieser die Symmetrie zu erklären:

> I: [...] Kann ich auch mit dem $f(x) = x^2$, also mit dieser Gleichung begründen, ob die symmetrisch ist oder nicht?
>
> B: Da bin ich mir nich' sicher, weil, ähm, der Würfel, also der Quadrat is' ja geschlossen und die Parabel nich'.
>
> I: Mhm (bejahend), ok. Und mit der Gleichung kann ich das nich' unbedingt begründen? $f(x) = x^2$.
>
> B: Nee, ich glaube nich'. Ich glaube nich'.

Der Schüler glaubt, mit der Funktionsgleichung ließe sich die Symmetrie der Parabel nicht begründen. Dies führt er darauf zurück, dass es sich beim Quadrat um eine geschlossene Figur handelt, die Parabel aber offen sei. An dieser Stelle scheint eine gewisse Verunsicherung des Schülers deutlich zu werden, die dadurch entstanden sein könnte, dass ein Quadrat begrenzt ist und eine eindeutig definierte Fläche umschließt, während eine Parabel geöffnet ist, und keine Fläche umschließt. Schüler B scheint die Symmetrie auf die Gleichheit der Flächen zurückzuführen und nicht auf die begrenzenden Linien. Dies könnte auch eine Folge der Erklärung des Interviewers am rechteckigen Blatt Papier sein, die den Fokus auf die Papierfläche anstele des Papierrandes legt. Der Begriff der Symmetrie wird zudem im Geometrieunterricht der Sekundarstufe I im Allgemeinen nur an geschlossenen Figuren behandelt. Die Symmetrie der Parabel identifizierte der Schüler zwar zuvor auf der Basis der Zeichnung richtig, die Funktionsgleichung beschreibt aber lediglich die Linie, was eventuell als Grund dafür gesehen werden kann, dass er eine Argumentation auf deren Basis nicht für möglich hält. Dies macht der Schüler aber nicht explizit.

Daraufhin übergibt der Interviewer Schüler B das zweite Arbeitsblatt, auf dem die Regel für die Achsensymmetrie in einem Text erklärt und an einer Parabel verdeutlicht wird (siehe Abbildung 7.2, rechts). Der Schüler wird gebeten, die Regel zu erläutern:

B: (Betrachtet Blatt 2) (10 sec.) Ähm, damit wird wahrscheinlich gemeint, dass zum Beispiel $f(-x)$ die linke Seite meint, also die hier (zeigt auf den linken Parabelast) und $f(x)$ die hier (zeigt auf den rechten Parabelast). Und, ähm, vielleicht gilt ja dieser rote Kasten hier (fährt mit dem Finger die roten Linien ab) nur zur Abtrennung sozusagen.

I: Mhm (bejahend).

B: Also zum Beispiel wenn man hier den Kasten hat, ist die Seite (fährt mit dem Finger den Teil des linken Parabelasts zwischen der roten Linie und der y-Achse ab) genauso lang wie die hier (fährt mit dem Finger den Teil des rechten Parabelasts zwischen der y-Achse und der roten Linie ab).

I: Ok. Und das ist egal, wie ich diesen Kasten male, oder ist das ein besonderer Kasten? Muss der irgendwie an 'ner bestimmten Stelle stehen?

B: Ja, der muss halt einfach nur, ähm, mit den Eckpunkten auf der Linie sein.

I: Ok, genau. Jetzt steht da oben "wenn für alle x gilt". Was heißt denn "für alle x gilt"? Was ist denn überhaupt x?

B: x, ähm, x is' vielleicht die Linie (fährt mit dem Finger entlang der Parabel), oder vielleicht $f(x)$. Vielleicht die Zahl, wie es hoch geht, also wie es steigt (bewegt den Finger mehrfach nach oben und unten parallel zur y-Achse).

I: Ok. Und jetzt steht da, das muss für alle x gelten. Was heißt denn "für alle x"?

B: Für alle x, also, vielleicht für die Seite (zeigt auf den zweiten Quadranten) und die Seite (zeigt auf den ersten Quadranten), weil hier is' ja x und $-x$.

Nach Auffassung von Schüler B scheint $f(x)$ eine Bezeichnung für den rechten Teil des Graphen und entsprechend auch $f(-x)$ für den linken Teil des Graphen zu sein. Dies wird auch an seinen Aussagen „dass zum Beispiel $f(-x)$ die linke Seite meint, also die hier (zeigt auf den linken Parabelast) und $f(x)$ die hier (zeigt auf den rechten Parabelast)" sowie „x is' vielleicht die Linie [...], oder vielleicht $f(x)$" deutlich. Für ihn handelt es sich somit nicht um analytische Ausdrücke, in die unterschiedliche Werte einer Variablen x eingesetzt werden können, sondern um Namen für die zwei Objektabschnitte.

Zur Begrenzung dieser Abschnitte dient der „rote Kasten" („vielleicht gilt ja dieser rote Kasten hier (fährt mit dem Finger die roten Linien ab) nur zur Abtrennung"). Die Gleichung $f(x) = f(-x)$ bedeutet dann, dass die Parabelabschnitte links und rechts von der y-Achse innerhalb des „Kasten[s]" gleich lang sind, ohne dass x in den Ausführungen des Schülers als eine Variable auftritt. Der begrenzende „Kasten" müsse so gezeichnet werden, dass die Eckpunkte auf der Linie sind. Dies kann mit Blick auf die Ausführungen des Schülers aus dem vorherigen Transkriptausschnitt, dass sich der Begriff der Symmetrie auf geschlossene Figuren bezieht, zudem als die Erzeugung einer solchen geschlossenen Fläche interpretiert werden, sodass der flächenbezogene Symmetriebegriff auch hier anwendbar ist.

Die Frage, was „für alle x" bedeute, beantwortet der Schüler damit, dass die Gleichheit der Längen der Linie für die rechte und die linke Seite gelten müsse.

In seiner Theorie treten x und $-x$ nicht als Variablen, sondern als Namen für die linke und rechte Seite auf und „alle x" bedeutet beide x, also beide Seiten („Für alle x, also, vielleicht für die Seite (zeigt auf den zweiten Quadranten) und die Seite (zeigt auf den ersten Quadranten), weil hier is' ja x und $-x$.").

Der Interviewer gibt dem Schüler das dritte Arbeitsblatt mit drei quadratischen Funktionsgleichungen darauf, für die dieser jeweils die Symmetrie mithilfe der Regel untersuchen soll:

I: Kannst du jetzt mit dieser Regel begründen, ob das symmetrisch ist oder nicht?
B: Also mit dem hier (zeigt auf Blatt 3), oder mit der Regel (zeigt auf Blatt 2)?
I: Guck dir mal dieses $f(x) = x^2$ an, diese Gleichung. Ist die symmetrisch oder nicht?
B: Ja, eigentlich ja schon, oder/ Also es verwirrt mich gerade mit dem $-x$. Wenn da normal x stehen würde, dann schon. Oder da is' kein Unterschied mit dem $-x$ und x?
I: Das müsstest du mir erklären.
B: Also ich würde sagen eigentlich nich', weil die Seite der Parabel (zeigt auf linken Parabelast) is' genauso lang und gleich, wie die Seite (zeigt auf rechten Parabelast).
I: Ja, dann dreh' mal den Zettel rum. Da sind noch zwei andere Gleichungen.
B: Mhm (bejahend) (dreht Blatt 3 auf Rückseite).
I: Kannst du mir erklären, ob die zu einem symmetrischen Funktionsgraphen gehören, oder nicht? (5 sec.). Also das sind ja nicht mehr die, die auf dem Bild zu sehen ist, ne?
B: Mhm (bejahend).
I: Das ist jetzt irgendwie eine andere. Kannst du mir das erklären?
B: Also x^2 ist dann wahrscheinlich wie hier zum Beispiel (fährt mit Finger mehrfach über den rechten Parabelast) also vielleicht die Zahl, wie die Steigung ist. Also zum Beispiel, nein, kein Beispiel. Also die Steigung halt und dann $+1$, da setzt man vielleicht zu der Steigung auf beiden Seiten hier (zeigt abwechselnd auf Punkte $(x, f(x))$ und $(-x, f(-x))$) $+1$ dazu.
I: Ist das dann noch symmetrisch?
B: Eigentlich schon, wenn man's auf beiden Seiten macht, dann ja.
I: Ok, und die andere? Also $(x + 1)^2$. Ist das da auch noch symmetrisch?
B: Also, wenn man das Beispiel von hier nimmt zum Beispiel, wenn man erst mal das x von der einen Seite hat (zeigt auf Punkt $(x, f(x))$) und dann $+1$ dazurechnet und dann hoch2, wär' das genau das Gleiche, wie wenn man hier die Seite (zeigt auf Punkt $(-x, f(-x))$), also $-x$, also diese Seite.
I: Mhm (bejahend), also es macht keinen Unterschied?
B: Für mich nicht.

Zunächst soll der Schüler die Funktionsgleichung $f(x) = x^2$ auf Symmetrie untersuchen. Ihn scheint es dabei zu verwundern, dass nur $f(x) = x$ und kein Ausdruck für $f(-x)$ aufgeführt ist. Dies zeigt sich in seiner Aussage: „Also es verwirrt mich gerade mit dem $-x$. Wenn da normal x stehen würde, dann schon. Oder da is' kein Unterschied mit dem $-x$ und x?" Die Verständnisschwierigkeiten von Schüler B lassen sich vermutlich darauf zurückführen, dass er nur die Seite des Graphen rechts von der y-Achse mit $f(x)$ identifiziert. Da er mit einer Begründung auf der Grundlage der Funktionsgleichung nicht weiterkommt, bezieht er sich erneut auf die abgebildete Parabel auf dem zweiten Arbeitsblatt.

Die Symmetrie des Graphen mit der Gleichung $g(x) = x^2 + 1$ erklärt er durch eine Veränderung der Normalparabel. x gibt nach Angaben von Schüler B die Steigung an, wobei an seinen weiteren Ausführungen zu erkennen ist, dass er sich eigentlich auf den Funktionswert bezieht. Wenn man auf beiden Seiten „+1 dazu setzt", wobei er abwechselnd auf die Ecken des „roten Kasten[s]" zeigt, so bliebe die Symmetrie erhalten. Bei der dritten Gleichung $h(x) = (x + 1)^2$ handle es sich auch um einen symmetrischen Graphen, da auf beiden Seiten die Zahl 1 addiert werde („wenn man erstmal das x von der einen Seite hat […], wär' das genau das Gleiche, wie wenn man hier die Seite […], also $-x$, also die Seite"). An diesem Vorgehen des Schülers wird erneut deutlich, dass er x nicht als Variable und die Funktionsgleichungen nicht als analytische Ausdrücke betrachtet, sondern als Bezeichnungen für die linke und rechte Seite bzw. die entsprechenden Linien in den entsprechenden Bereichen des Koordinatensystems. Sowohl $x^2 + 1$ als auch $(x + 1)^2$ deutet er so, dass auf beiden Seiten der y-Achse die Funktionswerte erhöht werden.

Dem Schüler wird im Anschluss an die Untersuchung der quadratischen Funktionsgleichungen das vierte Arbeitsblatt (Abbildung 7.3, links) übergeben, auf dem eine Gerade in einem Koordinatensystem abgebildet ist. Er beschreibt, was er auf dem Blatt sieht und ob es sich um einen symmetrischen Funktionsgraphen handelt:

I: […] Was ist hier drauf zu sehen?
B: Ähm, eine gerade Linie.
I: Mhm (bejahend). Ist die symmetrisch?
B: Also symmetrisch auch, wenn man zum Beispiel teilen würde (deutet mit dem Finger eine Symmetrieachse diagonal vom zweiten zum vierten Quadranten an), wär' es auch genau gleich auf beiden Seiten. Also im Minusbereich (zeigt auf den zweiten Quadranten) und im Plusbereich (zeigt auf den ersten Quadranten).

Schüler B bezeichnet den linearen Funktionsgraphen als „gerade Linie". Diese Begriffswahl zeigt, dass für ihn die tatsächliche Linie im Vordergrund steht und das Untersuchungsobjekt darstellt, und diese nicht als eine Art Veranschaulichung einer Funktionsgleichung gedeutet wird.

Die Symmetrie der geraden Linie besteht für ihn als Achsensymmetrie, mit einer Symmetrieachse senkrecht zur Linie und damit nicht parallel zur y-Achse. Eine solche Deutung erscheint insbesondere in einem geometrischen Kontext sinnvoll, im Kontext von Funktionen und Graphen erscheint sie dagegen ungewöhnlich. Auch dies kann als Zeichen dafür gesehen werden, dass der Schüler die Linie mit einer empirischen mathematischen Theorie beschreiben will und nicht ausgehend vom Begriff der Funktion eine Veranschaulichung heranzieht.

Daraufhin erhält Schüler B das fünfte Arbeitsblatt, auf dem die Regel für Punktsymmetrie in einem Text und an einer Geraden erklärt wird (Abbildung 7.3, rechts). Der Schüler erläutert, wie er das auf dem Arbeitsblatt Dargestellte versteht:

I: So, was steht denn da jetzt? "$f(-x) = -f(x)$". Was heißt das denn? (10 sec.) Hast du 'ne Idee?
B: "Wenn von allen x gilt", dann is' wahrscheinlich, also glaub' ich, hier die Linie gemeint (zeigt auf die linke vertikal rote Linie), also diese Höhe. Wenn die genau gleich wie die hier ist (zeigt auf die rechte vertikale rote Linie), was ich vermute, weil, ähm, die Linie hier durch den Eckpunkt geht (zeigt auf Punkt $(-x, f(-x))$) und durch diesen Eckpunkt (zeigt auf Punkt $(x, f(x))$). Deshalb würde ich sagen die beiden sind genau gleich (fährt mit Finger entlang der linken und rechten vertikalen roten Linie). (Liest den Erklärtext) Und dann $f(-x) = -f(x)$ is' dann/ Also $f(-x)$, dann is' glaub' ich hier die Linie hier gemeint (zeigt auf die linke horizontale rote Linie), also die Länge, Größe. Und, ähm, $-f(x)$, damit kann ich grad' nix anfangen.

Die bereits bei der Regel zur Achsensymmetrie geführten Schlussfolgerungen werden auf die Regel zur Punktsymmetrie übertragen. „Wenn für alle x gilt" deutet Schüler B damit, dass die roten Linien auf beiden Seiten gleich lang sein müssen – „alle" bedeutet somit erneut „beide". $f(-x)$ tritt als Name für die linke horizontale rote Linie auf, den Ausdruck $-f(x)$ kann er allerdings nicht erklären. Dies kann darauf zurückgeführt werden, dass er $f(x)$ nicht als analytischen Ausdruck, sondern als Namen betrachtet, bei dem das Hinzufügen eines Minuszeichens nicht zu einem veränderten analytischen Ausdruck, sondern vielmehr zu einem neuen Namen $-f(x)$ führt. Für Schüler B besteht keine Verbindung zwischen $f(x)$ und $-f(x)$.

Schließlich untersucht Schüler B die auf dem sechsten Arbeitsblatt notierten linearen Funktionsgleichungen auf Symmetrie:

B: $f(x) = x$. Also mit der gleich x, ähm, damit is' zum Beispiel die Länge gemeint, oder?
I: Also das ist jetzt 'ne Funktionsgleichung $f(x) = x$. Und x ist dann der Funktionswert, ja.

B: Mhm (bejahend).

I: Und ist die Funktion dann punktsymmetrisch? Der Graph? Eine Idee?

B: Also $f(x)$, damit is' die Linie hier gemeint (zeigt auf die rechte horizontale rote Linie) und x dann die hier (zeigt auf die rechte vertikale rote Linie), würde ich sagen, oder? Also wenn das so wäre, zum Beispiel $f(x)$ wär' die Linie (zeigt auf die rechte horizontale rote Linie) und x die hier (zeigt auf die rechte vertikale rote Linie).

I: Mhm (bejahend).

B: Und wenn zum Beispiel $f(x)$, x wär 'ne 5 und hier auch 'ne 5 (zeigt auf die rechte horizontale rote Linie) und x vielleicht 2 und hier auch 'ne 2 (zeigt auf die rechte vertikale rote Linie) und wenn sich das nich' verändert, dann wär' es auch genau gleich, aber dann würde die Linie, ich würde sagen nur hier nach oben gehen (zeigt entlang der Geraden im ersten Quadraten), weil, ähm, es nich' in den Minus/ also in den negativen Bereich geht.

I: Ja, warum?

B: Ja, weil da kein, weil das positiv is', also kein Minus käm'.

I: Ah, ok. Und $g(x) = x + 1$? Hast du da 'ne Idee? Ist das symmetrisch?

B: Ja, da wird halt nur dem x, ähm, zum Beispiel 2 in dem Fall, nur die 1 dazugesetzt. Also dann wird das, zum Beispiel, wenn hier 2 wär' (zeigt entlang der rechten vertikalen Linie) und hier 5 (zeigt entlang der rechten horizontalen Linie), dann würd' das noch einmal höher gehen (zeigt entlang der rechten vertikalen Linie) und 5 würd' eigentlich genau gleich bleiben. Nein, oder? (Liest) (5 sec.) Ja, sollte gleich bleiben, eigentlich. Also, wenn man, ähm, den Kasten/ Nein, nein, nein, es würd' nich' gleich bleiben. Das wär dann kürzer.

I: Kürzer?

B: Mhm (bejahend), weil wenn man zu x noch 1 dazurechnet, zum Beispiel ein Kästchen mehr, dann geht die gerade Linie, ähm, also so ist die, dann geht die höher (streckt den Finger in der Luft und kippt diesen in Richtung der Vertikalen), weil, ähm, hier (schiebt mit der anderen Hand den Finger erneut in Richtung der Vertikalen).

I: Ok. Und ist das dann immer noch symmetrisch?

B: Ja, eigentlich ja schon, weil, wenn man, also wenn man das hier auch machen würde (zeigt entlang des Geradenstücks im dritten Quadranten), dann schon. Wenn nich', dann nich'. Dann würd' sich nur diese hier bewegen (zeigt auf Geradenstück im ersten Quadranten).

Bei der Untersuchung der Funktionsgleichung $f(x) = x$ setzt der Schüler x mit der vertikalen rechten roten Linie und $f(x)$ mit der horizontalen rechten roten Linie gleich. x und $f(x)$ treten wieder als Namen auf, die aufgrund der verwendeten Bezeichnungen zur Markierung als Namen auf die anliegenden roten Linien übertragen werden. Eigentlich hat die horizontale rote Linie eine Länge von x und die vertikale eine Länge von $f(x)$, im Fall von $f(x) = x$ aber eben auch der Länge x. Dieser Zusammenhang wird dem Schüler nicht bewusst, da er $f(x)$ und x nur als Namen für die Linien betrachtet. Aus diesem Grund nennt er auch als Beispiellängen für die beiden roten Linien die Zahlen 2 und 5, die die Gleichung

$f(x) = x$ gar nicht erfüllen. Schließlich erklärt der Schüler noch: „[...] aber dann würde die Linie, ich würde sagen nur hier nach oben gehen (zeigt entlang der Geraden im ersten Quadraten), weil, ähm, es nich' in den Minus/ also in den negativen Bereich geht." Hier wird erneut deutlich, dass der Schüler $f(x)$ nur als Namen für den Bereich mit positiven x-Werten versteht, der nicht den Verlauf des Graphen für negative x-Werte betrifft.

Die Symmetrie der zweiten Funktionsgleichung $g(x) = x + 1$ erklärt der Schüler damit, dass das „+1" dazu führen würde, dass die Gerade im Bereich für positive x-Werte steiler verläuft. Wenn man den Graphen auch im Bereich negativer x-Werte entsprechend verändert, dann wäre auch dieser Graph symmetrisch. Der Unterschied zwischen $f(x) = x$ und $g(x) = x + 1$ liegt nach Auffassung von Schüler B somit nur in einer Veränderung des Verlaufs im ersten Quadranten. Dies kann dahingehend interpretiert werden, dass er den Verlauf im dritten Quadranten durch Funktionen mit den Namen $f(-x)$ bzw. $g(-x)$ bestimmt sieht.

7.4.3 Schüler C

Wie bereits bei den anderen Schülern beginnt das Interview mit Schüler C mit der Beschreibung von Arbeitsblatt 1 (Parabel in Koordinatensystem, Abbildung 7.2, links) sowie der Frage, ob es sich um einen symmetrischen Funktionsgraphen handelt:

C: Ähm, das is' ein Graph in einem Koordinatensystem.
I: Mhm (bejahend). Was für ein Graph? Ist das ein besonderer Graph?
C: Ähm, ich glaube 'n quadratischer.
I: Mhm (bejahend). Und ist der symmetrisch?
C: Ja. Also, weil, wenn man hier jetzt 'nen Spiegel dranhalten würde (zeigt auf y-Achse), wär' das auf der Seite genau gleich.

Schüler C verwendet bei seiner Beschreibung die Begriffe quadratischer Graph und Koordinatensystem. In seiner Wortwahl wird, wenn auch nicht explizit, die Verbindung zum Begriff der Funktion deutlich.

Die Symmetrie begründet er damit, dass man einen Spiegel an die y-Achse halten könnte und damit der gleiche Graph entstehen würde. Der Begriff der Symmetrie ist somit mit der konkreten empirischen Handlung verbunden, einen Spiegel an die Symmetrieachse zu halten. Dies könnte darauf zurückzuführen sein, dass der Begriff im Mathematikunterricht der Grundschule im Themenbereich Geometrie häufig durch die experimentelle Arbeit mit echten Spiegeln eingeführt wird und auch im Anschluss daran mit dem Begriff der Achsenspiegelung verbunden bleibt. Das Wissen von Schüler C zum Thema Symmetrie stellt somit wohl eine empirische Theorie dar.

Nach einigen Fehlversuchen bei der Beschreibung des Funktionsgraphen durch eine Gleichung hilft der Interviewer dem Schüler und nennt die Funktionsgleichung der Normalparabel. Hierauf folgt die Frage, ob sich die Symmetrie auch mit der Gleichung begründen lässt:

> I: $f(x) = x^2$. Das könnten wir zum Beispiel mal nehmen. Kann man das auch mit der Gleichung begründen? Wenn wir jetzt sagen das wäre $f(x) = x^2$. Kann ich auch damit begründen, ob der symmetrisch ist?
> C: Ich glaube ja.
> I: Könntest du dir vorstellen, wie das geht?
> C: Vielleicht indem man die Nullstellen oder so ausrechnet. Also die Nullstelle hier is' ja nur eine Nullstelle auf der 0. Und weil wir nur ein x quasi haben, is' die Steigung ja auf beiden Seiten gleich.
> I: Ok. Wenn ich das jetzt sozusagen mit der Gleichung mache, oder wenn ich das an dem Bild sehe, ist da irgendwas von genauer?
> C: Die sind glaub' ich beide gleich genau. Also wenn man's ausrechnet, käm' glaub' ich dasselbe raus.
> I: Ok. Also keine Begründung ist besser oder so?
> C: Nee.

Schüler C erklärt, dass der Graph nur eine Nullstelle hat, die im Ursprung liegt. Auf beiden Seiten des Ursprungs sei die Steigung gleich, weshalb der Graph symmetrisch sei. Womöglich meint der Schüler mit der auf beiden Seiten gleichen „Steigung", dass ausgehend vom Ursprung die Steigungsveränderung nach rechts sowie in umgekehrter Reihenfolge auch nach links gleich ist. Tatsächlich unterscheidet sich die Steigung einer Parabel bei einem Abstand x in positive wie negative Richtung ausgehend vom Ursprung nur durch das Vorzeichen. Dass der Schüler die Steigung auf beiden Seiten als gleich und nicht nur betraglich gleich bezeichnet, könnte darauf zurückgeführt werden, dass er die Steigung über Steigungsdreiecke geometrisch bestimmt und dabei die (immer positiven!) Längen entscheidend sind. Diese Interpretation kann durch den weiteren Verlauf des Interviews gestützt werden.

Der Interviewer übergibt das zweite Arbeitsblatt (Abbildung 7.2, rechts), auf dem die Regel zur Achsensymmetrie von Funktionen erklärt wird, und bittet den Schüler, dieses zu erläutern:

> C: (Liest) (10 sec.) Ähm, da steht glaub' ich, dass das f in der Formel gleich is' mit der y-Achse. Also, dass das f in der Formel quasi für die y-Achse steht, falls das so is' wie's hier so steht.

I: Also da steht ja: "Der Graph der Funktion f ist achsensymmetrisch zur y-Achse, falls für alle x gilt: $f(-x) = f(x)$". Was heißt denn $f(-x) = f(x)$?

C: Dass von einem Punkt minus 'ne Variable, dass die gleich dieser Punkt und die Variable is'.

I: Ok.

C: Ah, das, ah, das $-x$ steht glaub' ich für hier die Seite (zeigt entlang des linken Parabelasts) und das x steht für die Seite (zeigt entlang des rechten Parabelasts).

I: Mhm (bejahend). Und jetzt steht da: "falls für alle x gilt". Was heißt das denn? Was heißt denn für alle x?

C: Die x'e müssen gleich sein. Also $-x$ muss gleich normal x sein, glaub' ich.

I: Ok. Und wie kann ich das erkennen?

C: Das kann man hier ja ablesen, wo die x-Achse quasi an 'nem bestimmten Punkt geschnitten wird (zeigt entlang der linken vertikalen roten Linie). Also die wird nich' geschnitten, aber wenn man so'n Steigungsdreieck jetzt zum Beispiel machen würde, wär' das ja auch irgendwo auf der x-Achse. Und da kann man den x-Wert dran sehen. Ja.

I: Ok. Und jetzt steht da "für alle x". Jetzt hast du gesagt, man kann sich da jetzt ein x nehmen. Was heißt denn für alle x?

C: Sowohl auf der Seite (zeigt auf den ersten Quadranten), auf der Plusseite quasi, und auch auf der Minusseite (zeigt auf den zweiten Quadranten).

I: Das heißt für beide muss das gleich sein?

C: Ja.

I: Und jetzt hast du gesagt, man kann sich diesen einen da rausnehmen. Was ist, wenn ich mir 'nen anderen rausnehme?

C: Da kommt dasselbe raus, weil die ja gleich sind (zeigt auf die Gleichung $f(x) = f(-x)$).

I: Ok. Was ist x überhaupt?

C: x ist 'ne Variable und die zeigt hier (zeigt entlang der x-Achse bis zur linken roten Linie) zum Beispiel an, wo auf der x-Achse der Graph quasi auf 'ner bestimmten Höhe ist.

I: Mhm (bejahend). Ja, ok. Und jetzt steht da: "falls für alle x gilt", "alle x". Kann ich das denn überprüfen?

C: Mhm (bejahend). Indem man das so abliest. Also, indem man hier (zeigt entlang der roten Linien) zum Beispiel dieses halbe Quadrat macht.

I: Mhm (bejahend). Und was mach' ich dann noch? Jetzt hab' ich das für dieses eine Quadrat. Jetzt muss ich ja gucken, ob das für alle Quadrate gilt. Kann ich das überhaupt?

C: Ich glaube ja.

I: Wie macht man das denn?

C: Man kann natürlich jedes Mal, wenn man 'nen anderen Graphen hat, so einzeichnen. Oder man benutzt halt diese Formel $f(-x) = f(x)$. Dann müsste man halt nur die Zahlen so einsetzen und gucken, ob das gleich ist.

Zunächst versteht Schüler C die Regel so, dass „das f in der Formel quasi für die y-Achse steht, falls das so is' wie's hier so steht". Auf die Frage hin, was $f(-x) = f(x)$ bedeute, erklärt er, dass „von einem Punkt minus 'ne Variable, dass die gleich dieser Punkt und die Variable is'". Zudem erläutert der Schüler, dass $-x$ für die linke Seite und x für die rechte Seite des Koordinatensystems stehe. Diese Aussagen des Schülers könnten wie folgt erklärt werden. Das f in der Formel $f(-x) = f(x)$ steht nach Auffassung des Schülers für die y-Achse als tatsächliche Linie (eine alternative Interpretation wäre, dass der Schüler die y-Koordinate meint und nur von y-Achse spricht). Wenn man vom Ursprung, der sich auf der y-Achse befindet („von einem Punkt"), um einen bestimmten Wert nach links oder nach rechts geht („minus 'ne Variable"; „und die Variable"), muss der Funktionswert übereinstimmen (als Formel $f(0 - x) = f(0 + x)$). Die Variable x gibt somit für den Schüler den (positiven!) Abstand vom Ursprung entlang der x-Achse an. Das Vorzeichen dient der Beschreibung der Richtung („$-x$ steht glaub' ich für hier die Seite (zeigt entlang des linken Parabelasts) und das x steht für die Seite (zeigt entlang des rechten Parabelasts)"). Mithilfe eines Steigungsdreiecks könne dann geprüft werden, ob Funktionswert und x-Wert auf der „Plusseite" und der „Minusseite" übereinstimmen. Mit dieser Szene lässt sich auch die Interpretation der vorherigen Interviewsituation stützen, in welcher der Schüler von der (nicht nur betraglich) gleichen Steigung auf beiden Seiten der y-Achse gesprochen hat.

Der Schüler erklärt des Weiteren, dass x eine Variable sei, die angebe, „wo auf der x-Achse der Graph quasi auf 'ner bestimmten Höhe ist". Als der Interviewer anschließend fragt, ob man denn wie in der Regel auf dem zweiten Arbeitsblatt angegeben „für alle x" überprüfen kann, dass $f(x) = f(-x)$ gilt, stimmt der Schüler dem zu und sagt: „Mhm (bejahend). Indem man das so abliest. Also, indem man hier (zeigt entlang der roten Linien) zum Beispiel dieses halbe Quadrat macht." Der Interviewer hakt noch einmal nach, woraufhin der Schüler sagt: „Man kann natürlich jedes Mal, wenn man 'nen anderen Graphen hat, so einzeichnen. Oder man benutzt halt diese Formel $f(-x) = f(x)$. Dann müsste man halt nur die Zahlen so einsetzen und gucken, ob das gleich ist."

Der Schüler scheint somit der Meinung zu sein, dass man durch das Einzeichnen von Rechtecken oder alternativ durch das Einsetzen einzelner Zahlen in die Formel die Symmetrie des Graphen zeigen kann. Bei beiden Vorschlägen handelt es sich um ein induktives Vorgehen, bei dem Einzelfälle geprüft werden. Betrachtet man Funktionsgraphen als empirische Objekte, so kann die Überprüfung der Symmetrie im Sinne einer Wissenssicherung aber auch nur durch induktives Schließen (z. B. Messen endlich vieler Rechtecke) erfolgen. Das Einsetzen in die Formel entspricht allerdings nicht einer Wissenssicherung, wenn man bedenkt, dass diese ein Teil der angewendeten empirischen Theorie und nicht der Empirie ist. Dennoch hält er es für möglich, durch induktives Überprüfen der Gleichung auf die Symmetrie des Graphen zu schließen. Dies kann man als Anzeichen dafür sehen, dass der Schüler eine direkte Verbindung von der Funktionsgleichung zu dem gezeichneten Graphen sieht, beispielsweise als Konstruktionsbeschreibung für den Graphen. Dann wäre aus Sicht des Schülers unter Umständen eine Wissenssicherung durch Einsetzen in die Formel möglich. Es könnte aber auch sein, dass dem Schüler nicht bewusst ist, dass induktive Schlüsse nicht wahrheitsübertragend sind und er eigentlich eine Wissenserklärung innerhalb der Theorie forciert.

Schüler C erhält anschließend das dritte Arbeitsblatt und begründet, warum es sich bei den notierten Funktionsgleichungen um achsensymmetrische oder nicht achsensymmetrische Graphen handelt:

C: $f(x) = x^2$.
I: Mhm (bejahend). Versuchen wir das mal für die. Versuch mal zu begründen. Ist das ein achsensymmetrischer Graph?
C: Ich würd' ja sagen.
I: Warum?
C: Weil, würd' ich da jetzt das $-x$ auch einsetzen, wär' das immer noch dasselbe.
I: Wieso denn? Was würde denn da passieren, wenn ich da $-x$ einsetze? Warum wär' das dasselbe?
C: Weil x^2 is' ja $x \cdot x$ und wenn ich $(-x)^2$ mache, wär' das $(-x) \cdot (-x)$ und Minus mal Minus is' ja plus.
I: Ok. Und ist das jetzt 'ne bessere Begründung, als wenn ich sozusagen immer gucke und den Abstand bestimme, oder ist das/?
C: Das ist mathematischer?
I: Warum ist das mathematischer?
C: Weil man das ausrechnet.
I: Ok. Dann dreh' mal den Zettel um. Jetzt siehst du da noch zwei andere Gleichungen. Könntest du mir auch sagen, ob die zu einem achsensymmetrischen Graphen gehören?
C: Ich glaub' die obere ja und die untere nein.
I: Warum?
C: Weil bei der oberen rechnet man dann ja auch wieder $x \cdot x + 1$ und $(-x) \cdot (-x) + 1$. Da is' $(-x) \cdot (-x)$ ja immer noch dasselbe. Und bei der hier (zeigt auf die untere Funktionsgleichung) müsste man dann ja erstmal die Klammer ausrechnen. Dann hätte man $1 \times$ hoch 2 und $-1 \times$ hoch 2 wär' dann ja was Anderes. Nee, oder? (Flüstert) $(-x) \cdot (-x)$ is' auch/ Ja, doch, die gehen beide, glaub' ich.

In dieser Interviewszene zeigt sich, dass Schüler C die Gleichung $f(-x) = f(x)$ durch Einsetzen einer Variablen anstelle konkreter Zahlenwerte überprüft. So begründet er zunächst für die Funktion $f(x) = x^2$, dass die Gleichung erfüllt sein muss, denn „x^2 is' ja $x \cdot x$ und wenn ich $(-x)^2$ mache, wär' das $(-x) \cdot (-x)$ und Minus mal Minus is' ja plus". Hierbei handelt es sich um eine Wissenserklärung, bei der die Aussage ‚Der Graph der Funktion $f(x) = x^2$ ist y-achsensymmetrisch'

auf die Symmetrieregel und den Satz „Minus mal Minus is' ja plus" zurückgeführt wird. Auf ähnliche Weise begründet er rein schematisch, dass die Gleichung
für $g(x) = x^2 + 1$ gilt, für $h(x) = (x + 1)^2$ aber nicht, da man „erstmal die
Klammer ausrechnen" müsse. Er verwirft seine Hypothese zur dritten Gleichung
allerdings nach kurzem Überlegen wieder und behauptet schließlich, auch diese
sei symmetrisch. Dies kann vermutlich auf einen Umformungsfehler nach dem
Einsetzen von $-x$ und x in die Funktionsgleichung zurückgeführt werden.

Anders als die beiden vorherigen Schüler versucht Schüler C nicht, die Funktionsgleichung durch einen Graphen geometrisch zu interpretieren. Er argumentiert
ausschließlich auf der Grundlage der Gleichung $f(-x) = f(x)$ und entsprechender Umformungen. Der Graph wird entsprechend eines Kalküls als symmetrisch
bezeichnet, genau wenn die Gleichung erfüllt ist. Dieses Vorgehen bezeichnet
er als „mathematischer", „weil man das ausrechnet". So führt auch der Umformungsfehler zum Verwerfen der eigentlich richtigen Hypothese, dass die dritte
Funktionsgleichung nicht zu einem symmetrischen Graphen gehört, obwohl eine
geeignete graphische Interpretation den Umformungsfehler eventuell aufgedeckt
hätte.

Nach der Untersuchung der quadratischen Funktionsgleichungen bekommt der
Schüler das vierte Arbeitsblatt (Abbildung 7.3, links) ausgegeben und beschreibt
das Dargestellte:

> C: Eine lineare Funktion mit einem linearen Graphen.
> I: Mhm (bejahend). Und ist der symmetrisch?
> C: Ähm, ja.
> I: Wieso?
> C: Also, der is' halt geradlinig und verläuft durch den Nullpunkt. Und wenn
> man jetzt hier ein Steigungsdreieck einzeichnen würde (zeigt ein Steigungsdrei-
> eck im ersten Quadranten mit dem Finger), wäre das 1 und hier auch (zeigt ein
> Steigungsdreieck im dritten Quadranten mit dem Finger).

Zur Beschreibung des Graphen der linearen Funktion verwendet Schüler C die
Begriffe lineare Funktion und linearer Graph. Dieser sei symmetrisch, da er
geradlinig verlaufe und deshalb die Steigungsdreiecke vom Nullpunkt ausgehend
in positive wie negative Richtung zum gleichen Wert führen würden. Wie bereits
bei der Parabel argumentiert der Schüler mit Steigungsdreiecken, die zu gleichen
Steigungen führen. Während die beschriebenen Steigungen bei der Parabel allerdings nur betraglich gleich waren, der Schüler sie aber dennoch auch unabhängig
vom Betrag als gleich bezeichnet, sind sie hier tatsächlich auch bezogen auf das
Vorzeichen gleich. Dies macht nach der im Falle der Parabel angesetzten Erklärung, dass der Schüler nur die positiven Längen der Steigungsdreiecke betrachtet,
aber keinen Unterschied.

Im Anschluss an diese Interviewsituation erhält Schüler C das fünfte Arbeitsblatt (Abbildung 7.3, rechts), auf dem die Regel für punktsymmetrische Funktionsgraphen erläutert wird. Er erklärt, wie er das auf dem Arbeitsblatt Beschriebene versteht:

C: (Liest) (10 sec.) Also das is' ja im Grunde genommen dasselbe wie bei dem einen vorhin. Also, wenn die beide gleich sind, dann is' der quasi linear.
I: Ist das genau das Gleiche? Guck dir mal die Gleichung an.
C: Nee, die is' anders. Also da is' jetzt bei dem zweiten, also da war ja vorhin kein Minus (zeigt auf Gleichung $f(-x) = -f(x)$) und jetzt is' da 'n Minus vor.
I: Mhm (bejahend). Und was heißt das? Könntest du das mal erklären?
C: Hier müsste man erstmal so die Klammer ausrechnen (zeigt auf den linken Teil der Gleichung $f(-x) = -f(x)$), also $-x$ quasi und hier is' $-f$ (zeigt auf den rechten Teil der Gleichung $f(-x) = -f(x)$).
I: Ok. Und jetzt versuch' das mal mit dem Bild darunter in Verbindung zu setzen.
C: Vielleicht das $-x$ hier für die, für den unteren Teil der Minusbereich is' quasi (zeigt auf die horizontale rote Linie im dritten Quadranten) und das $-f(x)$ hier für den Teil (zeigt auf die vertikale rote Linie im dritten Quadranten), der nich' im Minusbereich/
I: Und kannst du mir jetzt nochmal erklären, warum ist die Formel denn jetzt anders?
C: Weil das 'n anderer Graph is'.
I: Aber was ist bei dem jetzt anders als bei dem gerade eben.
C: Der is' nich' quadratisch.
I: Mhm (bejahend). Ich geb' dir doch nochmal das andere Bild zurück (übergibt Blatt 2 mit abgebildeter Parabel und Symmetrieerklärung). Der ist nicht quadratisch, genau. Das ist auf jeden Fall so. Jetzt unterscheiden sich die Formeln oben, ne?
C: Mhm (bejahend).
I: Also sozusagen die Gleichung. Und es unterscheidet sich das Bild. Kannst du mir nochmal genau den Unterschied erklären?
C: Ja, also das hier (zeigt auf Blatt 2 mit der Parabel), da hat man ja quasi drei Linien so gemacht. Und hier (zeigt auf Blatt 5 mit der Geraden) macht man nur zwei, macht nur eine Ecke und hier (zeigt auf Blatt 2) hat man ja beide Ecken in einem gezeichnet zum Beispiel. Und der Graph hier (zeigt auf Blatt 5) is' halt gradlinig und der (zeigt auf Blatt 2) macht so 'nen Bogen.
I: Mhm (bejahend). Wie würd' ich denn jetzt da unten, da (zeigt auf Blatt 5), jetzt bestimmen, ob der symmetrisch ist? Bei dem linearen.
C: Ähm, indem man das auch wieder ausrechnet.

Schüler C erklärt zunächst den Aufbau der Gleichung $f(-x) = -f(x)$ und welche Rolle das Minuszeichen auf der rechten und linken Seite spielt: „Hier müsste man erstmal so die Klammer ausrechnen [...], also $-x$ quasi und hier is' $-f$". Die graphische Interpretation dieser Gleichung fällt ihm allerdings offenkundig schwer. So sagt er, dass das $-x$ für die horizontale rote Linie im dritten Quadranten und das $-f(x)$ für die rote vertikale Linie im selben Quadranten stehe. Auf die Frage hin, welche Unterschiede sich zur Achsensymmetrie ergeben, argumentiert er lediglich auf der Grundlage der unterschiedlichen Anzahl roter Linien in beiden Abbildungen. Schließlich erklärt Schüler C, dass man die Symmetrie bestimme, indem „man das auch wieder ausrechnet", also die Gültigkeit der Gleichung $f(-x) = -f(x)$ für eine Funktionsvorschrift überprüft.

Anstelle einer Überprüfung der Symmetrie durch Messen plädiert Schüler C somit für eine schematische Prüfung der Gleichung. Seine Schwierigkeiten bei der graphischen Interpretation der Regel für Punktsymmetrie könnten darauf zurückgeführt werden, dass er dem Koordinatensystem wie auch bereits in den vorherigen Interviewszenen den Begriff des Abstandes zugrunde legt, der immer positive Werte aufweist. Es gibt keine Strecken mit einer negativen Länge. So hat beispielsweise der Punkt $(0, -x)$, den Abstand x zum Ursprung, ebenso wie $(-f(x), 0)$ den Abstand $f(x)$ zum Ursprung aufweist. Das Minuszeichen scheint für den Schüler nur dafür zu stehen, ob in positive oder negative Richtung gemessen wird. Entsprechend steht für ihn $-x$ für die horizontale rote Linie im dritten Quadranten und $-f(x)$ für die rote vertikale Linie im selben Quadranten.

Schließlich erhält Schüler C noch das sechste Arbeitsblatt, auf dem die zwei linearen Funktionsgleichungen $f(x) = x$ und $g(x) = x + 1$ notiert sind. Die Symmetrie der dazugehörenden Graphen bestimmt er wie folgt:

I: [...] Könntest du mir sagen, ob die zu einem symmetrischen Graphen oder nicht gehören?
C: Ich glaub' die erste schon mal ja.
I: Warum?
C: Weil man da nur das x hier einsetzen muss (zeigt auf Funktionsgleichung $f(x) = x$ und Gleichung $f(-x) = -f(x)$). Und hier (zeigt auf Funktionsgleichung $f(x) = x + 1$) hat man ja noch das $+1$, was da irgendwo mit rein muss.
I: Versuch's mal bei dem unteren. Ich kann dir auch einen Stift geben, wenn du einen brauchst. Oder du machst so. Das kannst du selbst entscheiden.
C: Also hier (zeigt auf Funktionsgleichung $f(x) = x$) kann man, wenn man das x hätte, könnte man das hier (zeigt auf Gleichung $f(-x) = -f(x)$) ja einsetzen.
I: Ja.
C: Dann wär's ja f von minus und dann das x halt einsetzen. Und wenn man das $+1$ hat, muss man das $+1$ ja auch noch irgendwo unterbringen.
I: Mhm (bejahend). Wär' das dann immer noch gleich?
C: Ich glaube nich', weil man hat ja, zum einen hat man ja 'ne Steigung von $+1$, aber auch 'ne/ Also hier (zeigt auf den Geradenabschnitt im ersten Quadranten) is' ja die Steigung 1, aber hier (zeigt auf den Geradenabschnitt im dritten Quadranten) fällt das ja um einen. Vielleicht is' das deshalb auch symmetrisch dann.

I: Die untere ist auch symmetrisch?
C: Ich glaube ja.
I: Denn auch zum gleichen Punkt wie die obere?
C: Nee. Also hier (zeigt auf Funktionsgleichung $f(x) = x + 1$) kann man das an der $+1$ festmachen, weil hier (zeigt auf den Geradenabschnitt im ersten Quadranten) is' $+1$ und dann hier so (zeigt auf den Geradenabschnitt im dritten Quadranten) -1. Und hier (zeigt auf Funktionsgleichung $f(x) = x$) kann man das glaub' ich an dem x festmachen, weil das x der Nullpunkt is' und der is' ja quasi genau hier (zeigt auf den Ursprung des Koordinatensystems) und könnte das/ Dann is' das glaub' ich nur so eine gerade Linie (zeigt entlang der x-Achse), die komplett auf der x-Achse verläuft.

Die linearen Funktionsgleichungen versucht Schüler C ebenfalls schematisch durch Einsetzen in die Gleichung $f(-x) = -f(x)$ auf Symmetrie zu untersuchen. Bei der Gleichung $f(x) = x$ ist er daher sehr schnell davon überzeugt, dass es sich um einen symmetrischen Funktionsgraphen handelt, ohne dazu eine detailliertere Begründung zu nennen. Bei der Gleichung $g(x) = x + 1$ kommt er durch Umformen nicht weiter („Und wenn man das $+1$ hat, muss man das $+1$ ja auch noch irgendwo unterbringen."). Daher interpretiert er die Funktionsgleichung graphisch. Die Funktion $g(x) = x + 1$ habe die Steigung 1 in positive x-Richtung und -1 in negative x-Richtung. Dies ist für den Schüler ein Indiz dafür, dass der Graph symmetrisch ist. Die Steigung wird hier anscheinend ausgehend vom Ursprung gedacht und das Minus entsteht durch das Messen in negative y-Richtung, wie es auch bereits zuvor bei der Parabel von Schüler C gemacht wurde.

Schließlich kommt Schüler C noch einmal auf die Funktion $f(x) = x$ zurück. Er behauptet, der dazugehörige Funktionsgraph verlaufe vollständig auf der x-Achse. Dies könnte eventuell darauf zurückgeführt werden, dass er in der Gleichung $f(x) = x$ den Ausdruck $f(x)$ als Beschreibung für den Graphen und x als Beschreibung für die x-Achse sieht. Die Gleichung liest er dann wörtlich, nämlich, dass der Graph gleich der x-Achse ist, also „komplett auf der x-Achse verläuft". Daher geht der Schüler von einer Symmetrie aus.

7.5 Ergebnisdiskussion

Die drei untersuchten Schüler A, B und C verwenden Grundbegriffe ihrer Theorien zur Beschreibung des empirischen Settings zur Achsen- und Punktsymmetrie. Auch wenn sich die Bezeichnungen der Schüler zum Teil unterscheiden, werden ähnliche Begriffe wie Parabel, Graph, gerade Linie oder Koordinatensystem verwendet, die die Consensual Domain der bereits seit mehreren Schuljahren gemeinsam unterrichteten Interviewteilnehmer aufzeigen. Den Begriff der Funktion verwendet lediglich Schüler C. Die beiden anderen Schüler verwenden insbesondere geometrische Begriffe wie den der Parabel, was den empirischen Bezug ihres mathematischen Wissens noch einmal verdeutlicht.

Den für diese Fallstudie zentralen Begriff der Symmetrie verwenden alle drei Schüler in einem geometrischen Sinne. In Bezug auf die Achsensymmetrie führen sie den Begriff auf Spiegelungen zurück. Schüler C erklärt in diesem Zusammenhang, man könne Spiegel an die Achse halten und es würde der gleiche Graph entstehen. Hierin wird der empirische Charakter der Schülertheorien deutlich. Schüler B zeigt Schwierigkeiten bei der Übertragung des geometrischen Symmetriebegriffs auf den Kontext Funktionen. Symmetrie bezieht sich für den Schüler auf geschlossene Figuren, also Flächen. Die Erweiterung der intendierten Anwendungen auf Linien kann nicht ohne Weiteres erfolgen und der Schüler hält diese deshalb für problematisch.

Den Begriff der Punktsymmetrie kannten die Schüler vor dem Interview noch nicht, weshalb Schüler A und B zunächst den Begriff der Achsensymmetrie auch auf lineare Funktionsgraphen übertragen. Schüler C beschreibt hingegen die in diesem Fall vorliegende Situation und zeigt damit erste Vorstellungen von Punktsymmetrie, die er dann im Folgenden expliziert.

Bei der Deutung der symbolischen Anteile des empirischen Settings werden die Unterschiede in den Schülertheorien noch deutlicher. Schüler B deutet die Symbole $f(x)$ und $f(-x)$ im Setting zur Achsensymmetrie als Zeichen für den linken und den rechten Parabelast. Die Symbole werden nicht als analytische Ausdrücke verwendet; es handelt sich vielmehr um Namen für die gesamten Objektteile. Die Gleichung $f(x) = f(-x)$ wird damit als Übereinstimmung der beiden Objektteile beschrieben. Diese Sichtweise führt bei Schüler B schließlich dazu, dass er mit $g(x) = x^2 + 1$ nur die positive Seite eines Graphen beschreibt und für die negative Seite eine Funktionsvorschrift der Form $f(-x)$ sucht. Schüler C entwickelt hingegen eine andere Konzeption des Ausdrucks. Er betrachtet x als Längenangabe in einem geometrischen Sinne, die somit nur positive Werte aufweisen kann. Das Vorzeichen bestimmt in seiner Theorie, ob die Länge ausgehend vom Ursprung in negative oder positive Richtung abgetragen wird. In der Gleichung $f(x) = f(-x)$ stehe das f für die y-Achse und man überprüfe „dass von einem Punkt minus 'ne Variable, dass die gleich dieser Punkt und die Variable is'". Schüler A macht seine möglichen geometrischen Deutungen von $f(x)$ und $f(-x)$ nicht so explizit wie die anderen Schüler. Er geht in seinen Ausführungen stattdessen sehr ausführlich auf das Einsetzen von Zahlenwerten in $f(x)$ bzw. $f(-x)$ ein.

Die Begründungen der Schüler unterscheiden sich ebenfalls untereinander und in Bezug auf die jeweilige Problemstellung. Schüler A schlägt mehrfach im Interview vor, einzelne Funktionswerte durch Aufstellen einer Wertetabelle und Berechnung mit der Funktionsvorschrift zu überprüfen. Er sagt deutlich, dass man auf diese Weise alle Werte überprüfen könne. Er scheint sich dabei allerdings nur auf die ganzen Zahlen, die sich im dargestellten Ausschnitt der Parabel befinden, zu beschränken. Später im Interview argumentiert der Schüler zudem an Beispielen und erklärt unter anderem, warum beim Einsetzen der Zahlen -2 und 2 in die Funktionsgleichung $f(x) = x^2$ das gleiche Ergebnis herauskommt, weshalb von der Verwendung als generisches Beispiel gesprochen werden kann. Ebenfalls nennt der Schüler Gegenbeispiele, um Symmetrien auszuschließen. Grundsätzlich ist Schüler A der Auffassung, man könne durch die Betrachtung einzelner Fälle (in einer Wertetabelle oder mit generischen Beispielen) (sicher) auf die Gültigkeit in allen Fällen schließen. Dieser induktive Schluss gilt im Allgemeinen aber nur bei der Aufstellung von Gegenbeispielen. Neben der Betrachtung konkreter Fälle verwendet der Schüler auch Argumente mit einem direkten Bezug zum Graphen. Beispielsweise erklärt er, dass das Hinzufügen einer „+1" bei der Funktionsvorschrift einer Verschiebung entlang der y-Achse gleichkomme und die Symmetrie folglich erhalten bleiben müsse. Bei diesem Argument wird das Ziel der empirischen mathematischen Schülertheorie in der Beschreibung von Funktionsgraphen deutlich.

Schüler B bezieht sich in seinen Argumentationen grundsätzlich auf die Funktionsgraphen. Dabei fokussiert er keine speziellen Eigenschaften oder Punkte des Graphen, vielmehr betrachtet er das Gesamtbild. Eine Argumentation auf der Grundlage der Funktionsgleichung fällt dem Schüler wegen der Identifikation der Ausdrücke $f(-x)$ und $f(x)$ als Namen für den linken und rechten Parabelast anstatt als analytischen Ausdruck schwer. Die gegebenen Funktionsgleichungen kann er nur unzureichend geometrisch deuten, was zu einer fehlerhaften Argumentation führt.

Schüler C betrachtet die Funktionsgleichungen und bezieht sich explizit auf die im Setting kennengelernten Regeln. Kalkülhaft setzt er die Variablen x und $-x$ in die Funktionsgleichungen ein, formt den entstehenden Ausdruck algebraisch um und überprüft damit die Gültigkeit der Gleichungen $f(x) = f(-x)$ bzw. $f(-x) = -f(x)$ für bestimmte Funktionsvorschriften. Dabei bezieht er sich explizit auf bereits bekanntes Wissen, z. B. dass das Produkt zweier negativer Zahlen positiv ist. Auf eine anschließende geometrische Interpretation verzichtet er. Sobald die Gleichung für eine gegebene Funktionsvorschrift erfüllt ist, ist für ihn auch der zugehörige Graph symmetrisch. Dies führt auch zu einer fehlerhaften Zuschreibung der Symmetrie, die unter Umständen bei einer geometrischen

Deutung nicht zustande gekommen wäre. In einer späteren Interviewsituation, in welcher der Schüler einen algebraischen Ausdruck nicht umformen kann, greift er jedoch auf eine (fehlerhafte) geometrische Deutung der Funktionsvorschrift zurück, die ebenfalls zu einer falschen Annahme führt.

Die von den Schülern verwendeten Argumente unter Verwendung indukti- ver und deduktiver Schlüsse lassen sich nicht eindeutig der Wissenssicherung oder Wissenserklärung ihrer empirischen Theorien zuordnen. Es werden nicht nur im Vergleich zwischen den einzelnen Personen, sondern auch bei einzel- nen Personen in unterschiedlichen Situationen verschiedene Schlüsse verwendet. Die Verwendung scheint insbesondere davon abhängig zu sein, welches Argu- ment ihnen im jeweiligen Moment zugänglich ist. Ein tieferes Verständnis für Unterschiede deduktiver und induktiver Schlüsse und ihre Rolle bei der Begrün- dung von Sätzen ihrer empirischen Theorie scheint dagegen nicht vorzuliegen. Beispielsweise schlägt Schüler A das Überprüfen der Symmetrie des Graphen durch Einsetzen von Beispielzahlen in die Funktionsgleichung vor, wenngleich dies nicht der Wissenssicherung dienen kann, da die Gleichung nicht aus der Empirie, sondern der empirischen Theorie stammt. Eine Wissenserklärung kann dies aber auch nicht darstellen, da diese nicht auf induktiven Schlüssen aufbaut. Stattdessen scheinen insbesondere Schüler A und C eine eindeutige Verbindung zwischen der Funktionsvorschrift und dem Graphen zu sehen. Ein Zusammen- hang, der für eine Funktionsvorschrift als Konstruktionsbeschreibung für den Graphen gilt, wird automatisch auf den Graphen übertragen. Eine empirische Überprüfung des Graphen halten sie daher nicht für zwingend nötig, aber alter- nativ für möglich. So greifen Schüler A und C in bestimmten Fällen auch auf Begründungen direkt am Graphen zurück.

Insgesamt zeigt sich in dieser Fallstudie, dass die Schüler das empirische Schulbuchsetting zu Symmetrien von Funktionsgraphen für ihre Begründungen heranziehen und auf individuelle Weise in ihre empirischen mathematischen Theorien einbinden. Die individuellen Interpretationen und die hierauf auf- bauenden Begründungen der Schüler unterscheiden sich teilweise deutlich von der mit der allgemein als geteilt geltenden mathematischen Theorie geführten Interpretation.

Der Integraph – Begründung auf der Grundlage eines mathematischen Zeichengerätes

8

8.1 Das spezifische Forschungsinteresse

Zeichengeräte sind eine besondere Form empirischer Settings. Sie wurden in den meisten Fällen nicht speziell für den Einsatz in der Schule entwickelt, sondern stellen Instrumente dar, bei denen ein mathematischer Sachverhalt in ein technisches Prinzip umgewandelt wurde und das damit zur Lösung praktischer (mathematischer) Probleme herangezogen werden kann. Mathematische Wissensentwicklungsprozesse können durch den Einsatz von Zeichengeräten im Unterricht angeregt werden. Schmidt-Thieme und Weigand (2015) erklären in diesem Zusammenhang, dass zwar Unterrichtskonzepte für solche Zugänge vorlägen, eine systematische Beforschung der Begriffsentwicklung mit solchen Instrumenten aber noch ausstehe:

> *„Während eine ganze Reihe von unterrichtspraktischen Vorschlägen und Materialien (Kopiervorlagen) zur Einbindung historischer Werkzeuge vorliegen, fehlen (langfristige) Untersuchungen zu ihrer Bedeutung für den mathematischen Begriffserwerb."* *(Schmidt-Thieme & Weigand, 2015, S. 466)*

In dieser Fallstudie sollen erste Impulse für diese Forschung gesetzt werden, indem detailliert analysiert wird, wie verschiedene Schüler mit dem Zeichengerät Integraph umgehen. Beim Integraphen handelt es sich um ein historisches Zeichengerät aus dem Bereich der Analysis, mit dem sich auf mechanische Weise zu einem gegebenen Funktionsgraphen der Graph einer Stammfunktion zeichnen lässt. Das spezifische in der Fallstudie verwendete empirische Setting ist ein 3D-gedruckter und aus didaktischen Gründen vereinfachter Nachbau eines historischen Integraphen.

© Der/die Autor(en), exklusiv lizenziert durch Springer Fachmedien Wiesbaden GmbH, ein Teil von Springer Nature 2022
F. Dilling, *Begründungsprozesse im Kontext von (digitalen) Medien im Mathematikunterricht*, MINTUS – Beiträge zur mathematisch-naturwissenschaftlichen Bildung, https://doi.org/10.1007/978-3-658-36636-0_8

Insgesamt wurden fünf Interviews mit Schülerinnen und Schülern geführt, die einen Mathematik-Leistungskurs an einer Gesamtschule besucht haben und wenige Wochen vor den Interviews ihre Abiturprüfungen geschrieben haben. Die Integralrechnung war den Schülerinnen und Schülern somit bekannt, das Zeichengerät Integraph kannten sie hingegen zuvor nicht. Analysiert werden im Folgenden die Interviews von drei Schülern, deren Aussagen sich in Bezug auf die Forschungsfragen als besonders aufschlussreich erwiesen.

8.2   Historische Zeichengeräte im Mathematikunterricht

Zeicheninstrumente nehmen eine bedeutende Rolle in der Entwicklungsgeschichte der Mathematik ein. Die griechische Mathematik baute wesentlich auf den Instrumenten Zirkel und Lineal auf. Im 1. Buch der Elemente des Euklid wird ihr Gebrauch als Postulate festgelegt und darauf aufbauend eine Theorie über die mit diesen Instrumenten erzeugbaren Figuren und Kurven entwickelt (vgl. Dilling & Struve, 2019). Auch in der Folgezeit sind Instrumente zum Zeichnen von Kurven (z. B. Parabelzirkel) oder zum gezielten Verändern von Figuren (z. B. Pantograph) in der Geometrie von Bedeutung gewesen. Die Entwicklung von Zeichengeräten zieht sich bis ins frühe 20. Jahrhundert, wo unter anderem in der Analysis Integraphen zum präzisen Zeichnen von Stammkurven für praktische Berechnungen genutzt wurden (siehe das folgende Unterkapitel). Für die verschiedenen teilweise sehr speziellen Anwendungsfelder von mathematischen Zeichengeräten stand häufig eine Vielzahl von Mechanismen und Abwandlungen der Instrumente zur Verfügung. Mit dem Durchbruch des Computers in der zweiten Hälfte des 20. Jahrhunderts haben analoge mathematische Instrumente an Bedeutung verloren. In der Wissenschaft sowie in Anwendungsfeldern der Mathematik wurden sie durch digitale Instrumente ersetzt, die entsprechende Anforderungen in einer deutlich erhöhten Geschwindigkeit und Präzision erfüllen können und die analogen Instrumente um wesentliche Funktionen erweitern (Dilling & Vogler, 2020).

Im Mathematikunterricht der Schule nehmen die analogen Instrumente neben den digitalen allerdings weiterhin eine bedeutende Rolle ein. Das Lineal, das Geodreieck und der Zirkel gehören zur Standardausstattung einer jeden Schülerin und eines jeden Schülers. Mit ihnen werden wichtige Begriffe der Geometrie wie Strecken, Winkel oder Kreise operational definiert. Damit verkörpern sie bei entsprechender Benutzung und Interpretation in gewissem Sinne mathematische Zusammenhänge. Gerade komplexere Zeichengeräte, bei denen die Verwendung nicht unmittelbar deutlich wird, können dadurch das Interesse der Schülerinnen und Schüler wecken:

„Sehen wir ein uns unbekanntes Instrument, so fragen wir: Was für ein Instrument ist das? Was macht man damit? Wie geht man mit ihm um? Oder vielleicht noch anspruchsvoller: Warum funktioniert es? Welche Idee liegt ihm zugrunde"? (Vollrath, 2013, S. 5, Hervorhebung im Original)

Zeichengeräte haben somit einen hohen motivatorischen Effekt. Hinzu kommen weitere Vorteile, die der Einsatz eines Zeichengerätes im Unterricht haben kann. Van Randenborgh (2018) nennt mit Verweis auf Ludwig und Schelldorfer (2015) vier Aspekte von Zeichengeräten im Mathematikunterricht, die ihr Potential in Lernprozessen verdeutlichen:

„Der Unterrichtseinsatz eines unbekannten Zeichengeräts weckt die Neugier der Lernenden (motivationaler Aspekt). Die genauere Beschäftigung führt zur verborgenen Mathematik, zu der ein handlungsorientierter, enaktiver Zugang ermöglicht wird (methodischer Aspekt). Neben den dazu erforderlichen inhaltsbezogenen Kompetenzen werden auch prozessbezogene, z. B. Argumentieren oder Problemlösen benötigt (mathematischer Aspekt). Darüber hinaus sind durch mathematische Geräte immer mathematik-historische Aspekte vorgegeben. " (S. 2)

Die mathematischen Zeichengeräte stellen authentische Anwendungen des im Unterricht entwickelten Wissens dar. Sie sind keine Black-Boxes, sondern können durch gezieltes Ausprobieren untersucht werden, sodass die Funktionsweise erkannt und mit der mathematischen Theorie in Zusammenhang gesetzt werden kann. Vollrath (2013) unterscheidet diesbezüglich die mathematische Idee von der technischen Idee eines Zeichengerätes:

Man muss bei ihnen also einerseits mit mathematischen, andererseits auch mit technischen Ideen rechnen. Beide sind meist eng miteinander verbunden. Und beide sollten nicht zu eng gesehen werden. So enthalten mathematische Ideen durchaus physikalische Vorstellungen wie z. B. Bewegungen. Technische Ideen wiederum können durchaus handwerkliche Einfälle umfassen wie z. B. bestimmte Mechanismen zur Übertragung von Kräften. (S.5)

Mathematische Zeichengeräte können im Unterricht verwendet werden, um einen bestimmten mathematischen Begriff oder einen Zusammenhang einzuführen oder zu begründen. Van Randenborgh (2015) spricht hier von einer didaktischen Idee innerhalb eines Prozesses der instrumentellen Wissensaneignung. Mit dem Konzept der empirischen Theorien kann dieser Prozess wie folgt beschrieben werden: Die im Instrument umgesetzten Mechanismen (technische Idee) und die dadurch entstehenden Abhängigkeiten innerhalb des Instruments oder in Bezug auf die konstruierten geometrischen Objekte können von den Schülerinnen und Schülern explorativ und experimentell untersucht sowie auf dieser Basis begründet werden. Die Abhängigkeiten können interpretiert und mit den Begriffen ihrer empirischen mathematischen Theorie in Verbindung gesetzt werden. Auf diese Weise kann aufbauend auf den Untersuchungen des Zeicheninstrumentes die mathematische Theorie weiterentwickelt werden (mathematische Idee). Die Mechanismen und Zeichnungen bilden die Referenzobjekte zu den empirischen Begriffen. Das Zeichengerät wird damit zu einem empirischen Setting, das die Lehrperson mit einem bestimmten Zweck in den Lernprozess einbringt und das von den Schülerinnen und Schülern in Bezug auf ihre empirischen mathematischen Theorien genutzt wird. Da sie bei gleicher Verwendung auf eine Vielzahl von geometrischen Objekten angewendet werden können und als Werkzeug nicht auf einen konkreten Fall beschränkt sind, bieten sie ein hohes Potential für Begriffsentwicklungsprozesse (vgl. Dilling & Vogler, 2020).

Dilling und Vogler (2020) haben in einer Fallstudie die Wissensentwicklungsprozesse von Schülerinnen und Schülern in der Grundschule bei der eigenständigen (Nach)Entwicklung von Pantographen mit Hilfe der 3D-Druck-Technologie (siehe Kapitel 11) mit dem Ansatz der empirischen Theorien untersucht. Das Wissen der Schülerinnen und Schüler ließ sich dabei als empirische Theorien über das Zeichengerät Pantograph beschreiben. Zudem wurde deutlich, dass die Beschäftigung mit dem Gerät zu einem differenzierten Wissen über dessen Funktionsweise geführt hat. Die (Nach)Entwicklung historischer Zeichengeräte kann im Unterricht mithilfe der 3D-Druck-Technologie auch für andere Zeicheninstrumente wie Ellipsographen oder Integraphen erfolgen (siehe Dilling & Witzke, 2019a).

8.3   Der Integraph und der Hauptsatz der Differential- und Integralrechnung

In dieser Fallstudie soll der Einsatz von Zeichengeräten als empirische Settings am Beispiel des Integraphen erfolgen. Bei einem Integraphen handelt es sich um ein Gerät, das zu einem gegebenen stückweise stetigen Funktionsgraphen auf mechanische Weise den Graphen der Stammfunktion zeichnet. Mit dem Gerät lassen sich somit unbestimmte Integrale graphisch lösen. Sie sind von den sogenannten Integratoren abzugrenzen, mit denen sich der Wert eines bestimmten Integrals zwischen gegebenen Grenzen graphisch bestimmen lässt.

Erste Konzepte für einen Integraphen gehen bis auf Leibniz im Jahr 1693 zurück (vgl. Leibniz, 1693). Dieser beschäftigte sich mit der Quadratur ebener, durch Kurven begrenzter Flächen, die er auf die Erzeugung einer bestimmten

Kurve zurückführte. Diese heute als Traktrix oder auch Schleppkurve bezeichnete Kurve beschreibt einen Massepunkt, der mit einem Seil oder einer Stange
fester Länge gezogen wird, wobei sich der Zugpunkt entlang einer geraden Linie
bewegt:

> *„Es wird nämlich bei ihr nur verlangt, daß der Punkt, der die Linie in der Ebene
> beschreibt und an dem einen Ende eines in derselben Ebene (oder einer äquivalenten)
> befindlichen Fadens befestigt ist, sich infolge der Bewegung des andern Endpunktes
> bewegt, jedoch lediglich durch Zug, nicht aber durch einen seitlichen Anstoß […].“*
> *(Leibniz, 1693, S. 26)*

Das Seil liegt während der Erzeugung der Kurve an jeder Stelle tangential zur
Kurve. Dies bemerkte Leibniz bei der Beobachtung von einer über einen Tisch
gezogenen Taschenuhr (siehe Abbildung 8.1, links):

> *„Er benutzte aber (zur Veranschaulichung) eine Taschenuhr mit silbernem Gehäuse B,
> die er mittels einer am Gehäuse befestigten Kette AB über den Tisch zog, indem er das
> Ende A längs einer Geraden AA entlangführte. Dabei beschrieb der unterste Punkt des
> Gehäuses (der Mittelpunkt des Bodens) auf dem Tisch die Linie BB. Ich beobachtete
> diese Linie aufmerksamer (weil ich mich damals hauptsächlich mit der Betrachtung
> der Tangenten beschäftigte) und machte sofort die zutreffende Bemerkung, daß der
> Faden beständig die Linie berührt, oder daß z. B. die Gerade A_3B_3 die Tangente der
> Linie BB im Punkt B_3 ist.“ (Leibniz, 1693, S. 27)*

Den beschriebenen Zusammenhang zwischen dem Faden und der Kurve nutzte
Leibniz zur Konzeption eines Integraphen, wenngleich damals auch nicht unter
dieser Bezeichnung (siehe Konzeptzeichnung in Abbildung 8.1, rechts). Dieser
bestand aus verschiedenen Elementen, die mit teilweise komplexen Mechanismen
miteinander verbunden waren (siehe Dilling, 2019a; Blasjö, 2015). Auf diese
Weise wurde es theoretisch möglich, bestimmte Kurven zu integrieren. Wie viele
der von Leibniz entwickelten Ideen für mechanische Geräte wurde allerdings
wohl auch sein Integraph nie realisiert.

Der wohl erste tatsächlich funktionierende Integraph stammt von Abdank-
Abakanowicz Ende des 19. Jahrhunderts. In seinem Buch „Die Integraphen“
(Abdank-Abakanowicz, 1889) beschreibt er verschiedene Mechanismen zur
Erzeugung einer Integralkurve. Das entscheidende Element bildet das sogenannte
Schneidenrad (auch Richtungsrad genannt) (Abbildung 8.2, links). Hierbei han-
delt es sich um ein scharfkantiges Rad, das sich nur entlang der Schnittgeraden
bewegen kann. Mithilfe des Schneidenrades und einer Parallelogrammkonstruk-
tion von Stangen übertrug der Integraph von Abdank-Abakanowicz beim Abfahren einer Ausgangskurve deren Funktionswert als Steigung auf eine erzeugte
Kurve (Abbildung 8.2, rechts).

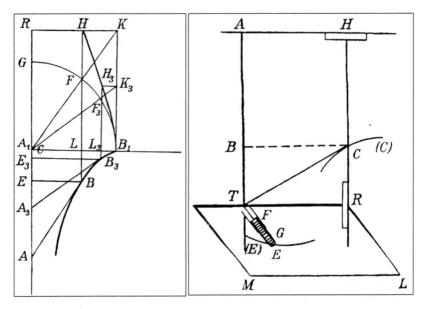

Abbildung 8.1 Erzeugung einer Traktrix (links) und Konzept eines Integraphen (rechts) bei Leibniz. (© Leibniz, 1693, S. 27; 32)

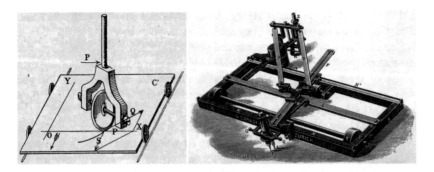

Abbildung 8.2 Schneidenrad (links) (©Abdanke-Abakanowicz, 1989, S. 13) sowie Integraph von Abdank-Abakanowicz (rechts). (©Dyck, 1892, S. 199)

Bis in das 20. Jahrhundert hinein wurden weitere Integraphen entwickelt. Die wesentlichen Mechanismen, insbesondere das Schneidenrad, sind dabei gleich geblieben, durch verschiedene Veränderungen an den Geräten konnten aber zunehmend präzise Integralkurven erzeugt werden (vgl. Willers, 1951). Für den Einsatz von Integraphen in der Schule ist es besonders wichtig, dass die zentralen Mechanismen leicht zu identifizieren sind. Dies scheint insbesondere beim Anfang des 20. Jahrhunderts von der Firma A. Ott entwickelten Modell der Fall zu sein (Abbildung 8.3, rechts).

Der Integraph der Firma A. Ott besteht aus zwei zueinander senkrechten Laufschienen S_1 (y-parallel) und S_2 (x-parallel) (siehe schematische Darstellung in Abbildung 8.3, links). Auf der Schiene S_2 lässt sich der Abszissenwagen W_2 bewegen. Auf diesem Abszissenwagen befindet sich eine zu S_1 parallele Schiene, auf der sich der Ordinatenwagen W_3 verschieben lässt. Am Ende der Schiene des Abszissenwagens W_2 befindet sich der Zapfen Z_1; am Ende des Ordinatenwagens W_3 zunächst auf demselben Abstand zur Abszisse der Zapfen Z_2. Durch die Zapfen Z_1 und Z_2 ist ein Richtungslineal festgelegt, welches die Ausrichtung eines Schneidenrades beim Zapfen Z_1 bestimmt. Das Schneidenrad liegt auf einer Ebene auf, die sich auf dem Integrierwagen W_1 befindet, der entlang der eingangs erwähnten Schiene S_1 bewegt werden kann. Wenn das Schneidenrad in x-Richtung verschoben wird, dann bewegt es entsprechend den Integrierwagen W_1 in y-Richtung. Neben dem Zapfen Z_1 befindet sich ein Zeichenstift ZS, der bei Bewegung eine Linie auf der Ebene von W_1 zeichnet. Am unteren Ende des Ordinatenwagens W_3 befindet sich ein Fahrstift F, der entlang einer beliebigen gegebenen Kurve bewegt werden kann (Dilling, 2019a, vgl. Willers, 1951).

Die Integralkurve zu einer gegebenen Kurve lässt sich mit Hilfe des Integraphen wie folgt bestimmen. Zunächst wird der x-Abstand der Zapfen Z_1 und Z_2 auf die der Kurve zugrundeliegende Einheit eingestellt. Hierzu kann der Zapfen Z_2 auf dem Ordinatenwagen W_3 in x-Richtung verschoben und festgestellt werden. In der Anfangsstellung des Integraphen befindet sich der Fahrstift F auf der x-Achse der zugrundeliegenden Kurve. Das Richtungslineal liegt parallel zur x-Achse. Wird nun der Fahrstift F um die Höhe h angehoben, so entsteht zwischen den Zapfen Z_1 und Z_2 der y-Abstand h. Da der x-Abstand der Einheit entspricht, hat das Richtungslineal die Steigung h. Wird nun der Fahrstift F entlang einer Kurve gezogen, so haben das Richtungslineal und damit das Schneidenrad durchgehend den y-Wert der gegebenen Kurve als Steigung. Durch die Verschiebung der Zeichenebene auf dem Integrierwagen W_3 kann der Zeichenstift ZS eine zusammenhängende Kurve mit den Funktionswerten der gegebenen Kurve als Steigung aufzeichnen (Dilling, 2019a, vgl. Dröge & Metzler, 1983).

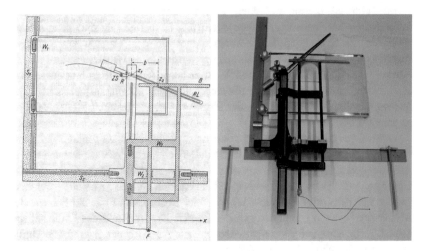

Abbildung 8.3 Schematische Darstellung (links). (© Friedrich A. Willers, 1951, S. 240) sowie Fotographie des Integraphen Ott (rechts) (© Palm, 2013, S. 81)

Mithilfe der 3D-Druck-Technologie lassen sich Integraphen nachbauen (siehe verschiedene Modelle u. a. in Dilling, 2019a, 2020b; Dilling & Witzke, 2018, 2019a; Witzke & Dilling, 2018). Dazu können die Mechanismen der historischen Integraphen übernommen, gleichzeitig aber zu didaktischen Zwecken Vereinfachungen an den Geräten vorgenommen werden. Dies bedeutet insbesondere, dass auf die Vielzahl der Einstellungsmöglichkeiten der Präzisionsgeräte bewusst verzichtet wird und sich damit beispielsweise die Einheit des Koordinatensystems bei den 3D-gedruckten Integraphen nicht verstellen lässt. Auf diese Weise kann der Blick auf die wesentlichen Funktionen der Geräte gelenkt werden. Das Schneidenrad wurde durch ein einfaches kleines Gummirad ersetzt. Dieses überträgt den Funktionswert der Ausgangskurve auf eine bewegliche Zeichenebene (Abbildung 8.4, links), eine bewegliche Zeichenrolle (Abbildung 8.4, unten) oder über eine Parallelogrammkonstruktion auf ein Blatt Papier (Abbildung 8.4, oben). Bei dem Zeichenstift handelt es sich um einen einfachen Folienstift. Für die Fallstudie wurde das in Abbildung 8.4 links zu sehende Gerät verwendet, das in Anlehnung an den oben beschriebenen Integraphen der Firma A. Ott entwickelt wurde.

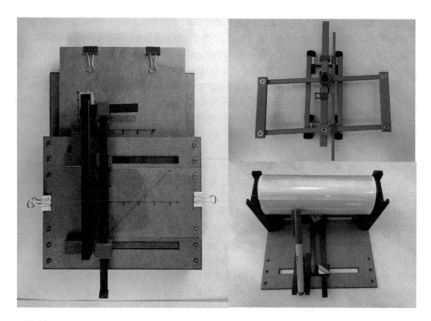

Abbildung 8.4 3D-gedruckte Integraphen mit verschiedenen Mechanismen. (© Frederik Dilling)

Das Prinzip des Integraphen beruht auf dem mathematischen Zusammenhang, dass die Ableitung einer Stammfunktion die Ausgangsfunktion ergibt, also die Integration und die Differentiation umgekehrte Prozesse sind. Diese Aussage ist Teil des Hauptsatzes der Differential- und Integralrechnung. Aus diesem Grund lässt sich der Integraph im Mathematikunterricht zur Begründung des Hauptsatzes heranziehen.

Blum (1982a) entwickelt hierzu auf der Basis des Integraphen einen veränderten Beweis des ersten Teils des Hauptsatzes. Dafür formuliert er den Hauptsatz wie folgt: „Die gezeichnete Stammfunktion ist stets die Flächeninhaltsfunktion der gegebenen Funktion." (S. 27) Die Existenz einer Stammfunktion und einer Flächeninhaltsfunktion wird bei diesem Ansatz bewusst vorausgesetzt. Hierzu können anschauliche Argumente formuliert werden, wie es auch historisch in der Analysis vielfach erfolgt ist (vgl. Struve & Witzke, 2014).

Die Beweisidee ist die Approximation einer gegebenen Funktion durch Funktionen, für die die Gültigkeit des Hauptsatzes elementargeometrisch begründet werden kann. Dazu wird der Graph einer stückweise stetig gegebenen Funktion durch geradlinige Stücke als Treppenfunktion approximiert. Dies ist beliebig genau möglich. Die Approximation wird auf die Stammfunktion und die Flächeninhaltsfunktion übertragen. Da Stammfunktion und Flächeninhaltsfunktion für jede approximierende Funktion übereinstimmen, muss dies auch für die zu approximierende Funktion gelten (vgl. Blum, 1982a).

Die Vorteile einer solchen Begründung gegenüber anderen schulischen Beweisen des Hauptsatzes sieht Blum (1982b) darin, dass die zugrundeliegende Idee durch den Integraphen „sofort nahegelegt" (S. 132) und damit von den Schülerinnen und Schülern selbst entdeckt werden könne. Mit den Begrifflichkeiten dieser Arbeit kann man die Ausführungen von Blum als anschauliche heuristische Argumentation bezeichnen. Der Integraph und die mit ihm gezeichneten Kurven bzw. Treppenfunktionen fungieren dabei als generische Beispiele für den Prozess der Stammfunktionen- bzw. Stammkurvenbildung. Das elementargeometrische Wissen der Schülerinnen und Schüler zu Geraden wird an wesentlichen Stellen in die Argumentation einbezogen.

Da Integraphen heutzutage nur noch in einigen Sammlungen von Museen und Universitäten zu finden sind, ist ein Einsatz im Unterricht nur schwierig zu realisieren. Daher empfiehlt Blum (1982a) den Einsatz von Filmmaterial. Dies ist allerdings mit dem Nachteil verbunden, dass die Schülerinnen und Schüler selbst nicht aktiv werden und eigene Hypothesen über das Gerät und die mathematischen Zusammenhänge bilden können. Untersuchungen wie die von Dilling und Vogler (2020) haben gezeigt, dass der aktive Umgang mit Zeichengeräten wesentlichen Einfluss auf den Wissenserwerb haben kann. Elschenbroich (2016) entwickelt einen virtuellen Integraphen als GeoGebra-Applet. Durch Ziehen eines Punktes auf einer gegebenen Kurve wird nach und nach die Stammkurve als Ortslinie aufgebaut. An die Stammkurve ist ein Steigungsdreieck mit der Einheit als x-Differenz konstruiert, sodass der Zusammenhang mit dem y-Wert der gegebenen Kurve verdeutlicht wird. Auf diese Weise können die Schülerinnen und Schüler zwar eigene Hypothesen bilden, es könnten allerdings Black-Box-Effekte auftreten, da womöglich nicht deutlich wird, welche Zusammenhänge einprogrammiert sind und welche eigentlich entdeckt werden sollen. Aus diesem Grund wurde sich in dieser Fallstudie für die Verwendung eines 3D-gedruckten Nachbaus eines Integraphen entschieden.

Durch die Möglichkeit, mit dem Integraphen Stammfunktionen zu zeichnen und die Fläche unter einer beliebig gegebenen Kurve zu ermitteln, ergeben sich viele weitere Anwendungen im Unterricht. Dazu gehören das graphische Lösen algebraischer Gleichungen höheren Grades, das Finden von Nullstellen von Polynomen oder die Bestimmung verschiedener technischer Parameter wie Querkräfte, Biegemomente und elastische Linien eines belasteten Balkens (vgl. Schilt, 1950).

In der Fallstudie bildet der oben beschriebene Integraph die Grundlage für verschiedene Begründungsprozesse. Hierzu haben die interviewten Schülerinnen und Schüler durch exploratives Arbeiten eigenständig Hypothesen über das Gerät und mögliche mathematische Zusammenhänge entwickelt und diese anschließend begründet.

8.4 Fallstudie

8.4.1 Schüler D

Zu Beginn des Interviews soll Schüler D beschreiben, was er sieht und wofür der Integraph (Name wird nicht genannt) gut ist:

> D: Ja, ich seh' auf jeden Fall schon mal 'ne Funktion. Das is' mir als Erstes aufgefallen. Koordinatensystem. Ja, dann haben wir noch so Geräte, wo ich mir, was mich mal interessieren würde, wofür die sind.
> I: Ok, das is' schon mal 'ne gute Voraussetzung. Ähm, ja, was könnten Sie sich denn vorstellen, wofür könnte das Gerät da sein?
> D: Also hier dieses hier (zeigt auf Pfeil auf vertikal beweglicher Stange) auf jeden Fall schon mal für die x-Achse. Kann man das alles so anpacken? (bewegt vertikal bewegliche Stange)
> I: Kann man irgendwo anpacken, egal.
> D: (verschiebt Instrument nach rechts bis zum Scheitelpunkt der auf dem ersten Koordinatensystem abgebildeten Parabel und bewegt dann vertikal bewegliche Stange). (5 sec.) So, hier können wir jetzt zum Beispiel auf den Tiefpunkt mit dem Pfeil gehen (zeigt auf Scheitelpunkt der Parabel). Also, ich denk' mal dafür is'/ dafür könnt' das sein.
> I: Mhm (bejahend). Was is' denn hier oben (zeigt auf zweites Koordinatensystem)?
> D: Das is' auch halt 'n Koordinatensystem.

Zur Beschreibung des Settings verwendet Schüler D den Begriff der Funktion (auf dem ersten Koordinatensystem wurde eine Parabel aufgezeichnet) und erkennt zudem, dass sich auf dem Integraphen zwei Koordinatensysteme befinden. Weiterhin erklärt er, dass der markierte Pfeil auf der vertikal beweglichen Stange des verschiebbaren Instruments etwas mit der x-Achse zu tun habe. Schließlich bewegt er das Instrument bis zum Scheitelpunkt der in dem ersten Koordinatensystem gezeichneten Parabel und erläutert, dass das Gerät dafür da sein könnte, den Tiefpunkt einer Funktion zu markieren.

Der Interviewer steckt einen Zeichenstift an den Integraphen und bittet den Schüler, mit dem Pfeil die im ersten Koordinatensystem gegebene Parabel abzufahren. Dieser führt das erläuterte Verfahren durch und zeichnet auf diese Weise

eine vergleichsweise genaue Stammkurve zur Parabel in das zweite Koordinatensystem. Der Schüler soll die entstandene Kurve mit der Ausgangskurve in
Verbindung setzen:

> D: Ja ich denke jetzt mal, weil die Nullstelle, die is' ja jetzt ungefähr bei dem Tief-
> punkt. Also is' das wahrscheinlich die erste Ableitung, die wir da gerade gemalt
> haben, hätte ich jetzt gesagt.
> I: Die Ableitung. Gucken Sie sich das vielleicht nochmal genauer an. Sie haben
> hier (zeigt auf erstes Koordinatensystem), was haben Sie hier ungefähr für 'ne
> Funktion? (5 sec.) Also was, was könnte das sein?
> D: Ja, is' die, äh, ersten Grades oder zweiten Grades, oder?
> I: Ne quadratische Funktion, ne?
> D: Mhm (bejahend).
> I: Und was is' das dadrüber? (zeigt auf zweites Koordinatensystem)
> D: Das is', ähm (5 sec.), ja. Boah, ich steh' grad' auf'm Schlauch.
> I: Das is' gar nich' schlimm. (4 sec.) Also, is' eher das/ Also, Sie haben gesagt,
> das (zeigt auf zweites Koordinatensystem) is' die Ableitung davon (zeigt auf erstes
> Koordinatensystem). Das (zeigt auf zweites Koordinatensystem) is' die Ableitung
> von dem (zeigt auf erstes Koordinatensystem), ne?
> D: Ähm, nee, das is' ja Schwachsinn. Ja, also ich hätt' das jetzt erst gesagt. Weil
> wenn man die ja jetzt Null setzt, die erste Ableitung, dann kriegt man ja/
> I: Mhm (bejahend). Gucken Sie sich mal an, (zeigt auf Extremstellen der Kurve
> im zweiten Koordinatensystem) die hier hat auch Hoch- und Tiefpunkte, ne?
> D: Mhm (bejahend). (4 sec.). Das is' genau andersrum, oder? Ja, hätt' ich jetzt
> gesagt, weil/ weil hier (zeigt auf erste Nullstelle der Parabel im ersten Koordi-
> natensystem) kreuzt die ja und da (zeigt auf Hochpunkt der Kurve im zweiten
> Koordinatensystem) is'n Hoch/ Hochpunkt da bei 3, 4.

Schüler D hat die Stammkurve mit dem Integraphen so in das zweite Koordinatensystem gezeichnet, dass sich drei Schnittpunkte mit der x-Achse ergeben.
Einer dieser Schnittpunkte liegt beim Wendepunkt der Kurve. An dieser Stelle
hat die Parabel aus dem ersten Koordinatensystem einen Tiefpunkt. Aus diesem
Grund geht der Schüler zunächst davon aus, dass es sich bei der neu gezeichneten
Kurve im zweiten Koordinatensystem um den Graphen der Ableitungsfunktion
der Parabel handeln müsse.

Um den Schüler dazu zu motivieren, über seine Aussage noch einmal genauer
nachzudenken, bittet der Interviewer ihn, die beiden Funktionen anzugeben. Dieser beschreibt die Ausgangsfunktion als Funktion ersten oder zweiten Grades, die
neu gezeichnete Funktion kann er nicht genauer beschreiben. Daher gibt der Interviewer den Hinweis, dass auch der neu gezeichnete Graph Extremstellen aufweist
und stellt die Suggestivfrage, ob wirklich die neu gezeichnete Kurve der Graph
der Ableitung der Parabel ist. Daraufhin ändert der Schüler seine Meinung und
erklärt, dass die Parabel der Graph der Ableitungsfunktion des neu gezeichneten

Funktionsgraphen ist. Dies begründet er damit, dass die Nullstellen der Parabel den Extremstellen des im zweiten Koordinatensystem gezeichneten Graphen entsprechen, und greift somit den Hinweis des Interviewers zu den Extremstellen des neu gezeichneten Graphen auf.

Im Anschluss an diese Situation soll der Schüler erklären, wie der Integraph funktionieren könnte. Da der Schüler keine Idee hat, fragt ihn der Interviewer, wie man eine Ableitungsfunktion bzw. ihren Graphen bilden kann:

> I: Wieso könnte das denn die Ableitungsfunktion von der Funktion sein?
> D: Mmh (überlegend). (bewegt vertikal bewegliche Stange hoch und runter) (5 sec.) Da fehlt mir grad' irgendwie die Idee.
> I: Was/ was/ wie entsteht denn die Ableitungsfunktion? Wissen Sie das noch?
> D: Ja, Ableitung, da muss man ja einfach, ich weiß jetzt nich' wie ich das erklären soll, wie man die bildet. Aber da macht man ja einfach so, zum Beispiel, wenn man x^3 hat, dann hat man da halt 3 hoch, $3 \cdot x^2$ stehen.
> I: Ok. Und wenn ich jetzt sozusagen 'ne Kurve irgendwie gegeben habe, nur den Funktionsgraphen? Haben Sie zum Beispiel auch mal graphisch abgeleitet?
> D: Nee, das wüsst' ich jetzt nich'.
> I: Zum Beispiel 'ne Tangente dran gezeichnet und dann so geguckt, was is' die Ableitung an der Stelle?
> D: Ja, also doch, das stimmt.
> I: Was könnte das denn hiermit zu tun haben? (zeigt auf Integraphen) Wo könnte denn zum Beispiel hier die Tangente irgendwie sein?
> D: Ich denk' das könnte sein, dass hier das hier (zeigt auf vertikal bewegliche Stange) dann die Tangente bildet oder so. So zum Beispiel/

Auf die Frage hin, wie eine Ableitungsfunktion entsteht, nennt der Schüler als Beispiel die Funktionsgleichung $f(x) = x^3$ und erklärt, dass die Ableitung dann $f'(x) = 3x^2$ sei. Auf diese Weise umschreibt er wohl die Ableitungsregel für ganzrationale Funktionen, nach der ein Glied $f(x) = x^n$ abgeleitet $f'(x) = nx^{n-1}$ ergibt. Ob ihm bewusst ist, dass sich auf diese Weise nur bestimmte Funktionen ableiten lassen, bleibt offen. Ein allgemeines Konzept zur Bestimmung von Ableitungen, welches auch den Begriff erklärt, nennt der Schüler nicht von selbst. Daher fragt der Interviewer, ob er auch bereits mit einer Tangente Ableitungen an bestimmten Stellen bestimmt habe und ob er beim Integraphen eine Tangente wiederfinde. Dies bejaht der Schüler und erklärt, dass beim Integraphen die vertikal bewegliche Stange die Tangente bilde. Möglicherweise meint der Schüler mit dieser Aussage, dass sich die Tangente und damit die Steigung des gezeichneten Graphen mit der Stange verändern lässt. Dies bleibt aber zunächst offen. Die Aussagen sind zudem auf die starken Eingriffe des Interviewers zurückzuführen.

Um den Schüler bei seiner Erklärung zu unterstützen, fährt der Interviewer mit dem Integraphen eine einfache zur x-Achse parallele Gerade ab und fragt, wo man die Tangente wiederfinden könnte:

> I: Wenn Sie nochmal verschieben und hier zum Beispiel (bewegt vertikal bewegliche Stange hoch und runter). Machen wir mal 'ne ganz einfache hier oben, ganz einfach 'ne Gerade (fährt eine zur x-Achse parallele Gerade mit dem Integraphen ab und zeichnet damit eine Gerade in das zweite Koordinatensystem). Was is' denn dann die Tangente? Gucken Sie mal. (4 sec.) Oder wo, wo kann man die Steigung denn sehen hier? (zeigt auf zweites Koordinatensystem)
>
> D: Ja, hier jetzt (zeigt entlang der drehbaren und immer zum Richtungsrad parallelen Stange).
>
> I: Das is' irgendwie wie die Tangente, ne?
>
> D: Mhm (bejahend).
>
> I: Is' das auch, wenn ich, wenn ich sozusagen so 'ne Kurve abfahre? (bewegt vertikal bewegliche Stange hoch und runter) Ändert sich das dann? Passt das sich an, oder geht das immer mit der Tangente mit? Also wenn ich jetzt hier diese (zeigt entlang der Parabel) abgefahren bin, is' das auch die Tangente?
>
> D: Ja, immer in dem Punkt, oder nich'?
>
> I: Ja.
>
> D: Wenn, wenn man jetzt hochfährt, dann, aber is' ja unten wieder 'ne andere Steigung, wenn die fällt.
>
> I: Und was passiert, wenn die fällt? Wenn Sie mal gucken, versuchen Sie mal.
>
> D: (bewegt die bewegliche vertikale Stange nach unten) Ja, dann geht das halt ins Negative.
>
> I: Ok. Und wo kann ich jetzt die, sozusagen die Steigung ablesen? Können Sie die auch ablesen? Können Sie mal gucken?
>
> D: (betrachtet Instrument von Nahem) (4 sec.)
>
> I: Vielleicht im unteren Koordinatensystem.
>
> D: Ah, vielleicht hier bei dem Pfeil (zeigt auf Pfeil auf der vertikal beweglichen Stange), oder? Mmh.
>
> I: Passt das? Is' das ungefähr richtig, wenn ich jetzt hier zum Beispiel auf die 1 gehe? (verschiebt vertikale Stange um eine Einheit nach unten) Is' das hier ungefähr die Steigung −1, wenn ich da unten auf der −1 bin? Ungefähr?
>
> D: Ähm, ja, ich würd' sagen ungefähr.

Bei dem einfachen Beispiel, das der Interviewer dem Schüler vorführt und bei dem sich als Stammkurve eine Gerade ergibt, erkennt dieser, dass die drehbare und zum Richtungsrad parallele Stange tangential zur Geraden liegt. Auf die Frage hin, ob dies auch bei Kurven der Fall sei, erklärt der Schüler, dass es sich dann um die Tangente in einem Punkt handle. Es scheint ihm somit bewusst zu sein, dass die Richtungsrad-Stange beim Zeichnen stets tangential zur gezeichneten Kurve steht. Nach der Frage des Interviewers, ob man die Steigungswerte auch am Integraphen ablesen kann, und dem Hinweis, sich das untere Koordinatensystem genauer anzugucken, nennt der Schüler den Pfeil auf der vertikal beweglichen Stange. Er beschreibt dies allerdings nicht genauer und antwortet lediglich bejahend auf Ausführungen des Interviewers, weshalb fraglich ist, ob er den Zusammenhang zwischen der Pfeilposition im ersten Koordinatensystem und der Steigung der Kurve im zweiten Koordinatensystem tatsächlich versteht.

Der Schüler scheint somit verstanden zu haben, dass der Integraph den Graphen einer Stammfunktion zu einem gegebenen Funktionsgraphen zeichnen kann, und erklärt nach einigen Hinweisen des Interviewers einzelne Eigenschaften des Gerätes. Die genaue Funktionsweise und insbesondere die Übertragung des y-Wertes der einen Kurve als Steigung auf die zweite Kurve macht er nicht deutlich.

Zum Abschluss des Interviews soll der Schüler noch einmal die Frage beantworten, warum es sich bei dem Graphen im ersten Koordinatensystem um die Ableitung des neu gezeichneten Graphen im zweiten Koordinatensystem handelt:

> I: Ok. Und können Sie jetzt nochmal gucken, wieso könnte das (zeigt auf erstes Koordinatensystem) denn jetzt die Ableitungsfunktion von der Funktion (zeigt auf zweites Koordinatensystem) sein?
> D: Ja, ich hab' jetzt halt gedacht, weil hier die Nullstellen, also man setzt ja die erste Ableitung gleich 0 und die Nullstellen davon sind Extrempunkte. Und ich hab' jetzt hier geguckt (zeigt auf zweite Nullstelle der Parabel im ersten Koordinatensystem), dass ich zwischen 3 und 4, die (zeigt auf Tiefpunkt der Kurve im zweiten Koordinatensystem) war auch zwischen 3 und 4, die ja auch so (deutet auf die erste Nullstelle der Parabel und den Hochpunkt der Stammkurve) bei 1 ungefähr. Dann hat man da, deswegen hätte ich jetzt darauf geschlossen, dass die erste Ableitung 0 is'.

Die abschließende Begründung, warum es sich bei dem gezeichneten Funktionsgraphen um die Stammkurve des Ausgangsgraphen handelt, führt der Schüler dann wieder an den konkret gegebenen zwei Kurven. Dabei vergleicht er Extremstellen und Nullstellen, der Bereich zwischen diesen Punkten wird nicht in den Blick genommen. Die zuvor erarbeiteten Zusammenhänge führt er ebenfalls nicht an, vermutlich weil er die Funktionsweise nicht vollständig erfasst hat und ihn die Argumente nicht wirklich überzeugt haben.

8.4.2 Schüler E

Zunächst beschreibt Schüler E, was er bei dem Integraphen erkennt:

> E: Ja, ich würd' sagen, erstmal hauptsächlich die Parabel und, ähm, ja 'n Koordina-
> tensystem und so'n Gerät (zeigt auf das Instrument), wo man vielleicht irgendwie
> was machen kann, irgendwas anschauen kann, irgendwas vereinfachen kann.
> I: Mhm (bejahend). (zeigt auf zweites Koordinatensystem) Was is' das hier oben?
> E: Das hier oben (zeigt auf drehbare Richtungsrad-Stange), oder?
> I: Ja, oder hier drunter auch (zeigt auf zweites Koordinatensystem).
> E: (4 sec.) Ja, noch 'n zweites, ähm, Koordinatensystem, das man irgendwie bewe-
> gen kann.

Der Schüler verwendet den Begriff Parabel zur Beschreibung der im ersten
Koordinatensystem gegebenen Kurve. Zudem erklärt der Schüler, dass es zwei
verschiedene Koordinatensysteme gibt.

Der Interviewer steckt den Zeichenstift an die passende Position des Integraphen und erklärt dem Schüler, wie er mit dem Integraphen einen Graphen
abfährt. Dieser zeichnet auf diese Weise in das zweite Koordinatensystem eine
ziemlich gut passende Stammkurve zur vorgegebenen Parabel. Der Schüler soll
anschließend beschreiben, was entstanden ist:

> I: Ok, sieht doch gut aus. So, was is' jetzt da entstanden? Haben Sie 'ne Idee?
> E: Ja, ich würd' mal grob schätzen die erste Ableitung.
> I: Warum is' das die erste Ableitung?
> E: Ja, sieht man an den Extrempunkten, also den Tiefpunkt hier (zeigt auf den
> Scheitelpunkt der Parabel) und 'ne Nullstelle da (zeigt auf die Nullstelle der Kurve
> im zweiten Koordinatensystem).
> I: Mhm (bejahend).
> E: Ähm, oder ich weiß nich', das is' ja der/ (7 sec.) Nee, eher nich', weil das ja/
> Nee.
> I: Das is' doch nich' die Ableitung?
> E: Nee, nee, alles gut.

Wie bereits Schüler D geht auch Schüler E zunächst davon aus, dass die neu
gezeichnete Kurve die Ableitung der vorgegebenen Parabel ist, da der Tiefpunkt
der Parabel und die Nullstelle der zweiten Kurve die gleichen x-Werte aufweisen.
Der Schüler zweifelt aber nach kurzer Zeit an seiner Aussage und beginnt mit
einer Begründung, die er allerdings abbricht. Daher fragt der Interviewer kritisch
nach:

I: Ok. Is' es vielleicht anders? Also haben Sie vielleicht 'ne andere Idee? (3 sec.)
Wenn es nich' die Ableitung is' sozusagen.
E: Achso, das is' die Stammfunktion. Ja, ja, die, ähm, weil hier (zeigt auf die Null-
stellen der Parabel) die Nullstellen sind und da (zeigt auf die Extrempunkte der
Kurve im zweiten Koordinatensystem) die Extrempunkte. Macht mehr Sinn, ja.

Auf die Nachfrage des Interviewers, um was es sich handeln könne, wenn es nicht
die Ableitungsfunktion ist, nennt der Schüler den Begriff der Stammfunktion und
zeigt seine Einsicht mit dem Wort „achso". Der Schüler antwortet damit auf die
Suggestivfrage des Interviewers, kann den Zusammenhang dann aber auch auf
der Grundlage der Nullstellen der Parabel und der Extrempunkte der zweiten
Kurve begründen.

Im Anschluss an diese Interviewsituation fragt der Interviewer, ob man den
Zusammenhang zwischen den Kurven auch mit dem Gerät begründen könnte:

I: Können Sie das auch mit dem Gerät begründen? Warum das vielleicht die
Stammfunktion sein könnte? Sozusagen wie der das gezeichnet hat? Wenn Sie
nochmal gucken, wie hat der das denn gezeichnet? Was passiert denn, wenn man
das bewegt? Wenn wir es nochmal sozusagen an den Anfang halten (schiebt das
Instrument zurück in die Ausgangsposition), was passiert denn, wenn Sie hier
hoch und runter mitgehen? (bewegt die vertikal bewegliche Stange nach oben und
unten)
E: (5 sec.) Ja, dann ändert sich die Steigung. (bewegt die vertikal bewegliche
Stange nach oben und unten)
I: Von was?
E: Von dem, ähm, oben da von dem Graphen. (zeigt auf die Kurve im zweiten
Koordinatensystem)
I: Mhm (bejahend). Und von dem unteren, was verändert sich da? Also was, was
kann ich, also wenn ich hier entlang gehe (bewegt die vertikal bewegliche Stange
nach oben und unten), was veränder' ich da?
E: Hier, oder was? (zeigt auf erstes Koordinatensystem)
I: Ja, was is' das denn, wenn ich das abfahre, was heißt das denn?
E: Ja, hier die, ähm/ (5 sec.) Ich bin grade irgendwie auf'm Schlauch, keine
Ahnung. (bewegt die vertikal bewegliche Stange nach oben und unten)
I: Kein Problem.
E: Ähm, ja die, die y-Werte, keine Ahnung.
I: Ja, genau, die y-Werte. Ok. Und hängen die irgendwie zusammen (zeigt abwech-
selnd auf erstes und zweites Koordinatensystem)? Also sozusagen wenn ich jetzt
das hier (zeigt auf erstes Koordinatensystem) veränder'?
E: Ja, is' ja dann die/ der/ der Wert bestimmt. Also von der ersten Ableitung ja die
Steigung in dem Punkt. Genau, also davon die Steigung.
I: Mhm (bejahend), ok. Ähm, ganz genau. So, und wie kriegt der (zeigt auf den
Integraphen) das jetzt übertragen? Also warum macht der da jetzt 'ne Funktion
draus, wenn Sie da jetzt bewegen?

E: Ja, weil ich ja hier (bewegt die vertikal bewegliche Stange nach oben und unten) sozusagen dann/ Das weiß ich jetzt nich', nee. Ja, weil das dann, doch, weil umso, weil der y-Wert (zeigt auf den Pfeil auf vertikal beweglicher Stange) umso höher is' ja dann auch die Steigung (zeigt auf die drehbare Richtungsrad-Stange). Wenn ich dann nachher ungefähr so bei 0 bin, (bewegt die vertikal bewegliche Stange auf einen Funktionswert von 0, sodass die drehbare Richtungsrad-Stange parallel zur x-Achse ist) muss die Steigung ja 0 sein, deswegen is' es ja auch hier (zeigt entlang der drehbaren Richtungsrad-Stange) parallel dann.

Nachdem der Schüler die vertikal bewegliche Stange nach oben und unten bewegt und der Interviewer einzelne Impulsfragen stellt, beschreibt der Schüler, dass sich bei dieser Bewegung die Steigung des zweiten Graphen verändert. Beim unteren Graphen wird dagegen nicht die Steigung sondern ein Funktionswert, vom Schüler als y-Wert bezeichnet, gemessen. Der y-Wert des Ausgangsgraphen sei die „Steigung in dem Punkt" des neu gezeichneten Graphen. Wenn man die vertikale Stange nach oben bewege, erhöhe sich auch die Steigung entsprechend. Ist der Pfeil auf der x-Achse, so sei die Richtungsrad-Stange parallel zur x-Achse ausgerichtet und die Steigung des gezeichneten Graphen gleich Null.

Anschließend fragt der Interviewer den Schüler, ob zwischen den beiden vertikalen Stangen des Integraphen (der beweglichen Stange und der Stange, unter der sich das Richtungsrad befindet) ein bestimmter Abstand gewählt werden müsse, oder ob der Integraph auch bei einem anderen Abstand funktioniert:

E: Ich würd' mal sagen, das obere (deutet mit Hand eine Verschiebung des zweiten Koordinatensystems nach links an) is' auch n' bisschen verschoben zum unteren (zeigt auf erstes Koordinatensystem), weil da dieser Abstand ja dann hier da is', oder?
I: Mhm (bejahend). Und dieser Abstand is' sozusagen/ (deutet mit Fingern erneut den Abstand an) Können Sie den auch irgendwie wiederfinden im Koordinatensystem?
E: (4 sec.) Ähm, das is' die ähm, (zeigt auf die x-Achse des ersten Koordinatensystems) die Einheit, oder, nee. Weiß ich nich', nee.
I: Warum könnte das denn die Einheit sein?
E: Es passt so schön (lachend).
I: Ok (lachend). Aber Sie haben ja sozusagen gesagt die obere wird die Steigung. Wie kann man denn 'ne Steigung bestimmen? (4 sec.) Graphisch.
E: Ähm, (15 sec.) ja durch ablesen.
I: Ja, genau, aber was heißt denn ablesen? Was würde man denn zeichnen?
E: Ja, das Steigungsdreieck.
I: Das Steigungsdreieck, ok, genau. Und können Sie hier vielleicht an dem Gerät auch sowas wie 'n Steigungsdreieck erkennen? Sowas ähnliches?
E: Hier oben sozusagen das (deutet Dreieck zwischen der drehbaren Richtungsrad-Stange und der vertikal beweglichen Stange an) Das is' so'n, das is' ja auch dann sozusagen das Dreieck, was ich dann vielleicht hier ansetzen könnte (zeigt auf den Pfeil auf der vertikal beweglichen Stange), wenn das dieselbe Steigung hat.

Der Schüler erkennt richtigerweise, dass das zweite Koordinatensystem gegenüber dem ersten um den Abstand der beiden vertikalen Stangen zueinander nach links verschoben ist. Zudem sieht er, dass die Einheit der Koordinatensysteme ebendiesem Abstand entspricht. Genauer erklären, warum die beiden Werte übereinstimmen bzw. sogar übereinstimmen müssen, damit der Integraph funktioniert, kann der Schüler aber nicht.

Aus diesem Grund stellt der Interviewer die Frage, wie man die Steigung des Graphen graphisch bestimmen könnte. Der Schüler erklärt, dass man ein Steigungsdreieck zeichnen und die Steigung ablesen könnte. Auf Hinweis des Interviewers sucht der Schüler am Integraphen nach Verbindungen zum Steigungsdreieck. Dieser deutet ein Steigungsdreieck mit den Fingern an, das als einen Eckpunkt den Drehpunkt des Richtungsrades, als Breite den Abstand der vertikalen Stangen, also die Einheit der Koordinatensysteme, und als Höhe den nach oben geschobenen Teil der vertikal beweglichen Stange aufweist. Das Steigungsdreieck lasse sich auf das untere Koordinatensystem übertragen. Bei dieser Aussage wird deutlich, dass der Schüler zumindest bis zu einem bestimmten Grad verstanden hat, wie die Übertragung der Funktionswerte der Ausgangskurve auf die Steigung der zweiten Kurve im Integraphen umgesetzt wird. Er hat somit neben der mathematischen auch die technische Idee nach Vollrath (2013) offengelegt und kann mit seiner empirischen mathematischen Theorie den Integraphen als intendierte Anwendung beschreiben.

Schließlich fragt der Interviewer noch, ob man mit dem Integraphen auch weitere Funktionen bzw. eine beliebige Funktion integrieren könnte:

> I: […] Ähm, und meinen Sie das würde für jede Funktion funktionieren, oder geht das nur für diese eine?
> E: Nee, für jede.
> I: Also ich könnte mir auch 'ne andere da unten hinzeichnen?
> E: Ja.
> I: Und gibt's auch welche, für die das nich' funktioniert? Oder funktioniert das für alle?
> E: (5 sec.) Ich würd' mal sagen für alle Funktionen, ja.

Der Schüler erkennt, dass sich der Integraph auch zur graphischen Integration beliebiger anderer Funktionen nutzen lässt. Eine Differenzierung der hierzu nötigen Eigenschaften der Funktionen wie die stückweise Stetigkeit nimmt der Schüler nicht vor, vermutlich da ihm aus dem Mathematikunterricht nichtintegrierbare Funktionen gar nicht bekannt sind. Der Schüler erklärt auch nicht genauer, warum seiner Meinung nach auch andere Funktionen integriert werden können. Vermutlich hat er durch seine Untersuchungen des Gerätes erkannt, dass das Prinzip der Integration als umgekehrte Differentiation, also die Bestimmung von Stammfunktionen bzw. Stammkurven, im Integraphen mechanisch umgesetzt wurde und das Gerät entsprechend nicht nur für die konkret gegebenen Kurven funktioniert.

8.4.3 Schüler F

Auch Schüler F wird vom Interviewer als Erstes gefragt, was er erkennen kann und was man mit dem Gerät machen könnte:

> F: Das sieht mir nach einer Parabel aus, also quadratische Funktion.
> I: Mhm (bejahend). Und was gibt's da sonst noch, an diesem Gerät.
> F: Das wiederum hab' ich noch nie gesehen. Also das sieht nach 'ner interessanten Konstruktion aus Legoteilen und sonst irgendwelchen 3D-Drucker-Teilen aus.
> I: Mhm (bejahend). Ähm, könnten Sie sich denn vorstellen, was man damit vielleicht machen könnte?
> F: Darf ich das mal bewegen?
> I: Mhm (bejahend), gerne. Einfach alles damit machen, was man will.
> F: (bewegt mehrfach das Instrument nach rechts und wieder nach links und gleichzeitig die vertikal bewegliche Stange auf und ab; dadurch zeichnet der Zeichenstift auf dem zweiten Koordinatensystem mehrere ungefähr gerade Linien). Mmh, nich' so ganz, nee.

Der Schüler beschreibt die auf dem ersten Koordinatensystem gegebene Kurve als Parabel und setzt diese mit dem Begriff der quadratischen Funktion in Beziehung. Um herauszufinden, wofür der Integraph verwendet werden kann, versucht der Schüler die verschiedenen Teile des Gerätes zu bewegen. Er kann aber zunächst keinen möglichen Zweck des Integraphen nennen.

Daher wird er vom Interviewer aufgefordert, die Parabel mit dem Pfeil auf der vertikalen Stange abzufahren. Da er nur eine sehr ungenaue Kurve mit dem Integraphen gezeichnet bekommt, erklärt der Interviewer ihm die richtige Vorgehensweise und zeichnet die Kurve ein zweites Mal ordentlich nach. Der Schüler erklärt anschließend, wie die Kurven in Beziehung zueinander stehen:

> I: Was entsteht denn oben für eine Kurve? Wenn Sie mal gucken. jetzt haben wir natürlich viel gezeichnet. Die letzte war jetzt diese hier. (zeigt mit Finger entlang der zuletzt gezeichneten Kurve)
> F: Ja. Is' das die Stammfunktion davon vielleicht?
> I: Warum könnte das das denn sein?
> F: Das is' ja dieser Bogen (zeichnet mit dem Finger den Graphen einer Polynomfunktion dritten Grades in die Luft). Das is' ja eigentlich 'n Indiz dafür, dass das

dann, ähm, wie heißt es noch, (3 sec.) 'ne Funktion dritten Grades dann is'. Das wär' ja dann theoretisch die Stammfunktion von der Parabel.
I: Mhm (bejahend). Ähm, könnte man das auch mit dem Gerät begründen? Also einfach sozusagen wie dieses Gerät zeichnet?
F: Das wüsst' ich jetzt nich', wie ich das damit begründen sollte.

Der Schüler erkennt, dass die entstandene Kurve die Stammfunktion zur Ausgangskurve darstellen könnte. Dies begründet er mit der Form der entstandenen Kurve, welche er mit dem Finger in die Luft zeichnet und als „dieser Bogen" bezeichnet. Sie gehöre vermutlich zu einer Funktion dritten Grades, wobei die Form nur ein „Indiz" dafür sei. Dies zeigt, dass der Schüler dies nicht als vollwertige Begründung akzeptiert.

Da Schüler F zunächst nicht weiß, wie er den Zusammenhang der Kurven auf der Basis der Funktionsweise des Gerätes begründen kann, gibt der Interviewer einen kleinen Impuls:

I: Was is' denn die Stammfunktion? Wie is' die denn definiert?
F: (12 sec.) Oh, wie erklär' ich das jetzt nochmal?
I: Sie haben Zeit. Kein Problem. Muss auch nich' richtig sein.
F: Also ich weiß, dass quasi die Ableitung einer Funktion ja die Steigung in dem jeweiligen Punkt der entsprechenden von ihr aus gesehen Stammfunktion angibt.
I: Ok. Damit könnten wir ja vielleicht schonmal arbeiten.
F: Sprich, wir wandeln ja hier mit dem Gerät dann von der Funktion (zeigt auf erstes Koordinatensystem) die jeweilige Steigung in praktisch dann die Stammfunktion um (zeigt auf zweites Koordinatensystem).
I: Mhm (bejahend). Is' das so?
F: Logischerweise.
I: Also wir hatten ja gerade gesagt sozusagen die Steigung von 'ner Stammfunktion, die wird durch die Ableitungsfunktion angegeben.
F: Ja.
I: So, das heißt wir haben ja hier (zeigt auf erstes Koordinatensystem) eigentlich gegeben die Ableitungsfunktion.
F: Mhm (bejahend).
I: Wo is' dann jetzt die Steigung? Und wo mess' ich die Steigung? Da (zeigt auf zweites Koordinatensystem) oder da (zeigt auf erstes Koordinatensystem)?
F: Also von der hier (zeigt auf zweites Koordinatensystem) hier (zeigt auf erstes Koordinatensystem).
I: Ok, genau. Also hier, hier (zeigt auf zweites Koordinatensystem) wird die Steigung sozusagen gemessen und hier (zeigt auf erstes Koordinatensystem) wird sie angezeigt.
F: Ja.
I: Warum is' das denn so? Gucken Sie nochmal auf das Gerät und vielleicht gerade hier drauf sozusagen. (bewegt die vertikal bewegliche Stange nach oben und unten) Was passiert denn, wenn ich das hier verschiebe?

F: Achso, ja gut, ich würde mal behaupten, genau, wenn ich das jetzt hier auf die x-Achse lege (stellt den Pfeil auf der vertikal beweglichen Stange auf die x-Achse ein), is' das ja praktisch parallel dazu (deutet mit dem Finger eine Linie parallel zur x-Achse im zweiten Koordinatensystem an). Das heißt, ähm, die entsprechende Linie, die da erzeugt wird, is' gerade. Sprich die Steigung 0 wird hier oben gezeichnet (zeigt auf zweites Koordinatensystem). Und wenn ich dann ja nach oben geh' (bewegt die vertikal bewegliche Stange nach oben), stellt sich das ja dann auch wieder oben an (deutet mit dem Finger im zweiten Koordinatensystem die Drehung einer Geraden an, sodass die Steigung zunimmt). Sprich die Steigung geht hoch, also, folglich steigt das nach oben, beziehungsweise anders dann auch nach unten.

I: Mhm (bejahend). Und stimmt das denn auch überein? Weil Sie haben jetzt so geguckt, dass das zum Beispiel, wenn ich so'n bisschen hoch gehe, dann steigt die Steigung auch.

F: Mhm (bejahend).

I: Wenn ich jetzt/ Sozusagen stimmt das denn auch überein? Zeichnet der wirklich die Steigung hier, also sozusagen hier (zeigt auf zweites Koordinatensystem) 'ne Funktion mit der Steigung von dem Wert, den ich unten angebe? (zeigt auf erstes Koordinatensystem)

F: Also letztendlich, der Wert gibt ja hier (zeigt auf den Pfeil auf der vertikal beweglichen Stange) an, dass die, ähm, Steigung über 0 liegt, sprich, dass die entsprechende Funktion hier oben (zeigt auf zweites Koordinatensystem) ansteigt, beziehungsweise hier dann absteigt, was aber nich' heißt, dass die quasi, ähm, direkt ganz runter, unter die x-Achse geht oder so.

Der Schüler erklärt zunächst, dass die Ableitung einer Funktion die Steigung der Stammfunktion angebe. Hiermit scheint er einen Teil des Hauptsatzes der Differential- und Integralrechnung zu umschreiben, der aussagt, dass die Ableitungsfunktion einer Stammfunktion die Ausgangsfunktion ergibt. Diesen Sachverhalt wendet er aber im Anschluss an seine allgemeine Erklärung falsch auf den Integraphen an, indem er erklärt, die Steigung der Parabel werde „in die Stammfunktion" umgewandelt, womit er vermutlich meint, dass die Steigungswerte der Parabel im ersten Koordinatensystem die Funktionswerte der Kurve im zweiten Koordinatensystem bilden.

Nachdem der Interviewer verschiedene Rückfragen stellt, erklärt der Schüler eindeutig, dass die Steigungswerte des gezeichneten Graphen im zweiten Koordinatensystem die Funktionswerte des Graphen der Ausgangsfunktion im ersten Koordinatensystem bilden. Es bleibt offen, ob der Interviewer den Schüler vorher falsch verstanden hat, oder ob dieser zunächst tatsächlich Ausgangs- und Stammfunktion beim Integraphen vertauscht und anschließend die Ausführungen des Interviewers aufgegriffen hat.

Des Weiteren erklärt der Schüler auf Anweisung des Interviewers das Verhältnis der Graphen auf der Grundlage des Integraphen. Der durch den markierten

Pfeil im ersten Koordinatensystem angegebene Wert werde durch das Verschieben der vertikalen Stange als Steigung auf den zweiten Graphen übertragen. Diese
Verbindung macht der Schüler qualitativ an verschiedenen Stellungen des Instruments deutlich („Und wenn ich dann ja nach oben geh' […], stellt sich das ja
dann auch wieder oben an (deutet mit Finger im zweiten Koordinatensystem die
Drehung einer Geraden an, sodass die Steigung zunimmt). Sprich die Steigung
geht hoch, also, folglich steigt das nach oben, beziehungsweise anders dann auch
nach unten.“). Den genauen Zusammenhang außerhalb einer prinzipiell positiven
Abhängigkeit von Funktions- und Steigungswert der Graphen erklärt der Schüler
allerdings nicht.

Anschließend fragt der Interviewer, warum man das zweite Koordinatensystem
parallel zur y-Achse verschieben kann und ob es von Bedeutung ist, an welcher
Stelle man mit dem Zeichnen der Kurve beginnt:

> I: Ok. Dann hätt' ich noch ne' Frage. Ich kann das hier oben ja auch verschieben.
> (bewegt zweites Koordinatensystem hoch und runter) Is' das wichtig, wo ich das,
> wo ich da am Anfang anfange, wenn ich jetzt die Stammfunktion zeichnen will?
> (verschiebt das Instrument nach links in die Ausgangsposition)
> F: Oh, wir haben bei der Stammfunktion mal, wenn wir die gebildet haben, dieses
> ominöse c hinten dran gesetzt, was ja letztendlich für uns für weitere Berechnun-
> gen nich' wichtig war.
> I: Mhm (bejahend).
> F: Also letztendlich is' da noch irgendwas, aber das kann man nicht genau sagen.
> I: Und das hat sozusagen was hiermit zu tun, oder was?
> F: Genau, das is' dann praktisch die Position auf der y-Achse.

Der Schüler erklärt die verschiedenen möglichen Anfangspositionen der Stammkurve bzw. des entsprechenden Koordinatensystems mit der Integrationskonstante
(„dieses ominöse c“). Dieses könne man aus der Ausgangsfunktion nicht eindeutig bestimmen. Bezogen auf den Integraphen beschreibe das c die Position auf
der y-Achse.

Nachdem der Schüler die Integrationskonstante eingebracht hat, stellt der
Interviewer noch die Frage, ob sich mit dem Integraphen jede beliebige Funktion
integrieren lässt:

> I: Ok. Kann ich damit jede, also 'ne Stammfunktion zu jeder Ausgangsfunktion
> zeichnen? Oder gibt's da Einschränkungen? Kann man das nur bei der Parabel zum
> Beispiel jetzt hiermit machen? Oder funktioniert das Gerät bei allen Funktionen?
> F: (5 sec.) Im Prinzip, im Prinzip laufen die ja alle, ähm, nach dem gleichen
> Prinzip. Also, prinzipiell ja, ausgenommen vielleicht die Exponentialfunktion.
> I: Warum würde das nich' gehen?

F: Weil, ähm, zumindest bei der normalen Exponentialfunktion is' es ja so, dass die identisch sind.
I: Ok.
F: Das heißt bei/ Einfach mal hier so lang gehen. (verschiebt das Instrument entlang eines imaginären exponentiellen Graphs) Doch könnte, könnte. Nee, das könnte auch funktionieren, doch. Das müsst' ich jetzt ausprobieren, aber ich glaube das könnte auch funktionieren.

Schüler F erklärt, dass die Integration „im Prinzip" gleich ablaufe und deshalb der Integraph auch zur Integration anderer Funktionsgraphen genutzt werden könne. Der Schüler scheint somit verstanden zu haben, dass im Integraphen ein allgemeines mathematisches Prinzip (bis zu einer gewissen Genauigkeit) mechanisch umgesetzt ist. Somit kann es auch auf andere Graphen übertragen werden und gilt nicht nur für die konkret betrachteten zwei Graphen. Lediglich für den Fall der Exponentialfunktion äußert der Schüler Bedenken, die er nach einigen Überlegungen und ersten Tests mit dem Integraphen aber wieder verwirft.

8.5   Ergebnisdiskussion

Die interviewten Schüler verwenden bei der ersten Beschreibung des Integraphen ähnliche Begriffe wie Funktion, Parabel oder Koordinatensystem ihrer mathematischen Theorien. Die mechanischen Bauteile des Integraphen können sie zunächst nicht erklären. Lediglich Schüler D äußert die Idee, der Integraph könne zur Markierung des Tiefpunktes der Parabel oder allgemeiner besonderer Stellen eines gegebenen Graphen mit dem schwarzen Pfeil auf der vertikal beweglichen Stange verwendet werden.

Nachdem das Verfahren zum Abfahren einer gegebenen Kurve erklärt wurde und die Schüler dieses auf die vorgegebene Parabel anwenden, deuten sie den Zusammenhang zwischen der dadurch gezeichneten Kurve und der Parabel. Schüler D und E stellen die Hypothese auf, der Integraph zeichne den Graphen der Ableitungsfunktion. Beide begründen dies damit, dass sich der Tiefpunkt der Parabel und eine Nullstelle der gezeichneten Kurve beim gleichen x-Wert befinden. Die x-Werte stimmen tatsächlich überein, dies liegt aber nur daran, dass sich der Wendepunkt der von den Schülern gezeichneten Stammkurve auf der x-Achse befindet, weil sie die Stammkurve im Ursprung zu zeichnen begonnen haben. Nach einem Impuls des Interviewers verwerfen die zwei Schüler ihre Hypothese wieder und erklären, im Fall von Schüler D erst nach weiteren Hinweisen des Interviewers, die Parabel sei die Ableitung des gezeichneten Graphen, da die Nullstellen der Parabel und die Extremstellen des gezeichneten Graphen übereinstimmen. Schüler F erkennt ohne Hinweis des Interviewers, dass es sich bei dem neu gezeichneten Graphen um die Stammfunktion handelt. Dies erklärt er mit der Form der entstandenen Kurve („dieser Bogen"), die vermutlich zu einer Funktion dritten Grades gehöre und damit die Stammkurve einer Parabel sein könnte.

Die Funktionsweise des Integraphen wird von den drei interviewten Schülern sehr unterschiedlich beschrieben. Schüler D kann sein Wissen zur Differentialrechnung nur schwer aktivieren und damit auch zunächst nicht auf den Integraphen anwenden. Er erklärt das Bestimmen einer Ableitung über die Ableitungsregel für ganzrationale Funktionen. Den eigentlichen Begriff der Ableitung und eine von einer Funktionsklasse unabhängige Konzeption kann er nicht nennen. Er scheint sich stattdessen an den aus einer solchen Konzeption abgeleiteten Kalkülen zu orientieren und definiert das Ergebnis nach der Anwendung von Ableitungsregeln als Ableitung. In dem vom Schüler aktivierten subjektiven Erfahrungsbereich scheinen damit Kalküle abgespeichert zu sein, die mit den allgemeinen Konzepten nicht verknüpft sind. Eine geometrische Interpretation des Integraphen fällt ihm daher schwer. Aus diesem Grund hilft der Interviewer weiter und fragt, ob er bereits einmal Ableitungen graphisch mit einer Tangente bestimmt habe. Der Schüler stimmt zu und erklärt mit Bezug auf den Integraphen, dass die vertikal bewegliche Stange die Tangente sei. Es bleibt offen, ob er eigentlich meint, dass die Tangente durch die Stange verändert werden kann. Nachdem der Interviewer dem Schüler ein einfaches Beispiel vorführt und als Stammkurve eine Gerade zeichnet, erklärt dieser, dass die Richtungsrad-Stange die Tangente bilde. Dies sei auch bei Kurven der Fall, dann sei sie die Tangente an einem Punkt. Der Schüler konnte somit erste Erkenntnisse in Bezug auf die Funktionsweise des Integraphen und den Zusammenhang mit der Analysis gemeinsam mit dem Interviewer erarbeiten, die genaue Funktionsweise erklärt er aber nicht. In den Aussagen des Schülers wird der empirische Charakter seiner mathematischen Theorie deutlich, bei der er beispielsweise die Tangente mit einer Stange des Integraphen in Beziehung setzt. Als abschließend noch einmal nach einer Begründung für den Zusammenhang der zwei Kurven gefragt wird, führt er die Funktionsweise nicht an, sondern argumentiert wieder auf der Basis der Übereinstimmung von Nullstellen und Extremstellen. Dies könnte darauf hindeuten, dass er die Funktionsweise nicht vollständig erfasst hat und ihn die Argumente nicht wirklich überzeugt haben.

Schüler E geht bei der Erklärung der Funktionsweise des Integraphen anders vor. Er erkennt schnell, dass die y-Werte der Ausgangskurve den Steigungswerten der gezeichneten Kurve entsprechen. Er wendet somit den ersten Teil des Hauptsatzes der Differential- und Integralrechnung auf den Integraphen an und erkennt dieses Prinzip wieder. Auch den Abstand der vertikalen Stangen kann er als Einheit des Koordinatensystems identifizieren und findet diesen in der Verschiebung der Koordinatensysteme zueinander wieder. Einen Grund, warum es sich um diesen Abstand handeln muss, damit der Integraph funktioniert, nennt der Schüler allerdings nicht. Schließlich bringt der Schüler nach Impulsen des Interviewers auch den Begriff des Steigungsdreiecks ein. Er deutet mit den Fingern ein Steigungsdreieck am oberen Teil des Instruments an, das als einen Eckpunkt den Drehpunkt des Richtungsrades, als Breite den Abstand der vertikalen Stangen und als Höhe den nach oben geschobenen Teil der vertikal beweglichen Stange aufweist. Das Steigungsdreieck lasse sich auf das untere Koordinatensystem übertragen, sodass die Höhe des Steigungsdreiecks dort dem y-Wert entspreche. Schüler E scheint somit seine mathematische Theorie mit dem Integraphen in Beziehung gesetzt und dabei die Funktionsweise bzw. technische Idee nach Vollrath (2013) bis zu einem gewissen Grad erfasst zu haben. Die Begriffe seiner mathematischen Theorie wie beispielsweise das Steigungsdreieck scheinen empirisch geprägt zu sein und sich auf Funktionsgraphen zu beziehen.

Schüler F gibt von selbst den ersten Teil des Hauptsatzes (bzw. eine als solche interpretierbare Aussage) wieder, wendet ihn aber zunächst falsch auf den Integraphen an, indem er erklärt, die Steigung der Parabel werde übertragen. Nach Rückfragen des Interviewers erklärt er dann aber, dass die Steigungswerte des gezeichneten Graphen im zweiten Koordinatensystem die Funktionswerte des Graphen der Ausgangsfunktion im ersten Koordinatensystem bilden. Dies überträgt er auf das Instrument, indem er sagt, dass der durch den Pfeil im ersten Koordinatensystem markierte y-Wert durch die Bewegung der vertikalen Stange als Steigung auf die zweite Kurve übertragen wird. Dies macht er qualitativ an verschiedenen Positionen des Integraphen deutlich. Zudem erklärt er, dass die Anfangsposition der gezeichneten Kurve auf der y-Achse des zweiten Koordinatensystems der Integrationskonstante entspreche, weshalb das zweite Koordinatensystem vertikal verschoben werden könne. Schüler F zeigt somit, dass er das dem Integraphen zugrundeliegende mathematische Prinzip verstanden hat und auf das Gerät übertragen kann (technische Idee). Der Integraph gehört damit zu den intendierten Anwendungen seiner empirischen Theorie. Seine verwendeten Begriffe haben einen empirischen Charakter und beziehen sich auf Funktionsgraphen (z. B. Integrationskonstante als Anfangswert auf der y-Achse).

Zusammenfassend lässt sich sagen, dass die Schüler das Prinzip des Integraphen nicht unmittelbar erfassen konnten und dazu vielfach Impulse des Interviewers notwendig waren. Mit den Hilfestellungen konnten die Schüler dann aber zentrale Begriffe ihrer empirischen mathematischen Theorien mit dem Integraphen in Verbindung setzen. Schüler E und F scheinen auf diese Weise das dem

Integraphen zugrundeliegende mathematische Prinzip, ausgedrückt durch den ersten Teil des Hauptsatzes der Differential- und Integralrechnung, aufgedeckt zu haben. Sie sind beide der Auffassung, dass sich mit dem Integraphen auch beliebige weitere Funktionsgraphen graphisch integrieren lassen. Den Zusammenhang zwischen der Ausgangskurve und der mit dem Instrument gezeichneten Kurve können sie auf die Funktionsweise bzw. Sätze ihrer empirischen Theorie (insbesondere den Hauptsatz) zurückführen. Es handelt sich dabei um eine anschauliche heuristische Argumention über den Zusammenhang der Kurven, bei dem der Integraph und die mit ihm gezeichneten Kurven als generische Beispiele für den Prozess der Stammfunktionen- bzw. Stammkurvenbildung fungieren. Schüler D bleibt größtenteils bei Argumenten, die sich auf die konkret abgebildeten Funktionsgraphen beziehen. Den Zusammenhang beschreibt er mit der Übereinstimmung von Extremstellen und Nullstellen. Hierbei handelt es sich um einen induktiven Schluss in zweifacher Hinsicht. Zum einen betrachtet er nur bestimmte Werte von Integralfunktion und Ausgangsfunktion. Dies kann darauf zurückgeführt werden, dass meist nur besondere Stellen im Unterricht von Interesse sind und diese beispielsweise auch bei der klassischen Kurvendiskussion gezielt berechnet werden. Der Schüler scheint der Auffassung zu sein, dass es ausreichend ist, besondere Punkte der Graphen zu überprüfen, um auf ihre Beziehung an jeder Stelle zu schließen. Zum anderen scheint es der Schüler, ohne dies explizit zu machen, für möglich zu halten, auch andere Kurven mit dem Integraphen graphisch zu integrieren, wenngleich er nur den Fall der Parabel betrachtet hat. Der Schüler ist der Auffassung, der Integraph zeichnet Stammfunktionen, überprüft dies aber fast ausschließlich an den konkreten Beispielkurven. Der Schüler sichert auf diese Weise das Wissen über das Verhältnis der zwei Funktionsgraphen, erklärt es aber nur bedingt auf der Grundlage seiner mathematischen Theorie und das auch nur durch starke Impulse des Interviewers. Auch die anderen zwei Schüler argumentieren zum Teil auf der Grundlage der Funktionsgraphen, bei ihnen dient diese Argumentation aber in erster Linie der Hypothesenbildung sowie einer ersten Wissenssicherung.

Das Applet Integrator – Begründung auf der Grundlage von Dynamischer Geometrie-Software

9

9.1 Das spezifische Forschungsinteresse

Dynamische Geometriesoftware zählt zu den ältesten und etabliertesten digitalen Medien im Mathematikunterricht. Zum Einsatz dieses digitalen Werkzeuges wurden bereits verschiedene empirische Untersuchungen durchgeführt, die Besonderheiten der damit verbundenen mathematischen Lernprozesse identifizieren konnten. In einer Untersuchung von Dilling (2020a) konnten auch bereits erste Ergebnisse vor dem theoretischen Hintergrund des in dieser Arbeit beschriebenen CSC-Modells generiert werden, die in dieser Fallstudie weiter ausgeführt und spezifiziert werden sollen.

Im Fokus der Fallstudie steht ein Applet des verbreiteten Multifunktionsprogramms GeoGebra, das neben der dynamischen Geometrie unter anderem ein Computeralgebrasystem, einen Funktionenplotter und eine Tabellenkalkulation beinhaltet. Das in den Interviews verwendete empirische Setting „Integrator" (vgl. Elschenbroich, 2017) ermöglicht die Generierung von Ober-, Unter- und Trapezsummen zu einem selbst gewählten Funktionsgraphen und damit einen anschaulichen Zugang zum Integralbegriff.

Es wurden Einzelinterviews mit vier Schülerinnen und Schülern zum Applet „Integrator" geführt. Die teilnehmenden Schülerinnen und Schüler befanden sich zum Zeitpunkt der Interviews am Ende der Einführungsphase der Oberstufe eines Gymnasiums. In der Sekundarstufe I hatten sie keinen gemeinsamen Mathematikunterricht. Das Thema Integralrechnung wurde im vorherigen Unterricht nicht besprochen, es zeigt sich aber in den Interviews, dass eine Schülerin sowie ein Schüler bereits auf anderem Wege mit dem Thema in Kontakt gekommen sind.

F. Dilling, *Begründungsprozesse im Kontext von (digitalen) Medien im Mathematikunterricht*, MINTUS – Beiträge zur mathematisch-naturwissenschaftlichen Bildung, https://doi.org/10.1007/978-3-658-36636-0_9

An einer Einführung in die Differentialrechnung haben alle interviewten Schülerinnen und Schüler teilgenommen. Analysiert werden im Folgenden drei in Bezug auf die Forschungsfragen besonders aufschlussreiche Interviews mit zwei Schülerinnen und einem Schüler.

9.2   Dynamische Geometrie-Software im Mathematikunterricht

Dynamische Geometrie Software (kurz: DGS) ist eines der am weitesten verbreiteten und auch ältesten digitalen Werkzeuge für den Mathematikunterricht. Die speziell für Lernzwecke entwickelten Programme simulieren die klassische Zirkel-Lineal-Geometrie und erweitern diese um eine Vielzahl verschiedener Befehle und Konstruktionen. Standardkonstruktionen wie zum Beispiel das Zeichnen paralleler Geraden durch einen Punkt oder einer Winkelhalbierenden können in einem Schritt ausgeführt und müssen nicht auf Grundkonstruktionen zurückgeführt werden. Dynamische Geometriesoftware lässt sich insbesondere durch drei Eigenschaften charakterisieren, die Graumann, Hölzl, Krainer, Neubrand und Struve (1996) den Programmen zuschreiben:

> *„Wenngleich sich die [...] Programme sowohl in begrifflicher als auch in ergonomischer Hinsicht unterscheiden, gemeinsam ist ihnen allen, daß sie*
> *– Eine euklidisch geprägte Schulgeometrie und deren traditionelle Werkzeuge auf dynamische Weise modellieren (Zugmodus),*
> *– Eine Sequenz von Konstruktionsbefehlen zu einem neuen Befehl zusammenfassen können (Makro),*
> *– Auf Wunsch die Bahnbewegung von Punkten visualisieren, die in Abhängigkeit zu anderen Punkten stehen (Ortslinie)." (Graumann, Hölzl, Krainer, Neubrand & Struve, 1996, S. 197, Hervorh. im Original)*

Der Zugmodus von Dynamischer Geometrie Software ermöglicht es, Punkte auf der Zeichenebene mit der Maus zu verschieben. Alle von dem Punkt abhängigen Elemente der Konstruktion passen sich automatisch in einem beinahe stetigen Übergang an. Die dabei greifenden Abhängigkeiten werden im Konstruktionsprozess selbst festgelegt. Beispielsweise lässt sich eine Gerade g in eine Konstruktion einfügen, indem sie als koinzident zu zwei Punkten A und B definiert wird. Man spricht in diesem Fall von einer sogenannten Eltern-Kind-Beziehung – werden die Elternobjekte (in diesem Fall die Punkte A und B) verändert, so passen sich die Kindobjekte (in diesem Fall die Gerade g) an die neuen Voraussetzungen an. Die Kindobjekte können hingegen nicht direkt, sondern nur indirekt über ihre Elternobjekte verändert werden (vgl. Hattermann, 2011).

Durch die Variation einer Zeichnung mithilfe des Zugmodus wird deutlich, dass eine Zeichnung für eine ganze Klasse von Zeichnungen steht, die dieselben Abhängigkeiten teilen und lediglich anderen Elternobjekten zugrunde liegen. Die Relationen zwischen den Objekten bleiben beim Zugmodus erhalten:

> *„Und im Zugmodus eines DGS ist sichergestellt, dass man beim Ändern des Aussehens einer Konstruktionszeichnung keine strukturellen Änderungen an den geometrischen Relationen vornimmt." (Weigand & Weth, 2002, S. 159)*

Damit der Zugmodus das gewünschte Resultat hervorbringt, müssen alle Anhängigkeiten innerhalb der Konstruktion korrekt definiert werden. Man spricht dann von einer zugmodusinvarianten Konstruktion (vgl. Meyer, 2013).

Durch die Vielzahl an Beispielzeichnungen für eine Figur, die durch Variation einer zuginvarianten Anfangszeichnung entstehen, kann nach Sträßer (1996) ein experimenteller Zugang zu geometrischen Problemen angeboten werden, der auch den Unterschied zwischen einer konkreten Zeichnung und den zugrundeliegenden Relationen einer Figur deutlich macht:

> *„Der Zugmodus stellt eine einfache Möglichkeit dar, Zeichnungen zu verändern und so eine traditionell unzugängliche Vielzahl von Beispielen für eine die gleiche Figur repräsentierende Zeichnung anzubieten. Er fördert so einen experimentierenden, im besten Falle explorativen Zugang zu geometrischen Problemen [...]." (Sträßer, 1996, S. 50)*

Hölzl (2000) unterscheidet auf der Grundlage von Schülerbeobachtungen zwei Nutzungsarten des Zugmodus. Beim Zugmodus als Testmodus wird eine Konstruktion auf gewünschte Eigenschaften hin überprüft. Der Zugmodus als Suchmodus dient hingegen der Entdeckung bisher nicht bekannter Eigenschaften. Arzarello, Olivero, Paola und Robutti (2002) unterscheiden eine Vielzahl weiterer Nutzungsformen bzw. Arten von Zugmodi und setzen sie mit kognitiven Prozessen der Schülerinnen und Schüler in Beziehung.

Gerade bei Schülerinnen und Schülern, die wenig Erfahrung mit der Arbeit mit DGS haben, lässt sich feststellen, dass sie den Zugmodus nur selten und behutsam beispielsweise nur in einem kleinen Umfeld verwenden (vgl. Hattermann, 2011). Sie behandeln die dynamischen Objekte häufig so, als seien sie statisch:

> *„It is striking (for the observer) that [the students][...] mostly used their dynamic sheet as if it were static. This is particularly surprising at those points where an expert would certainly use dynamic components, i.e., work in drag mode [...]." (Hölzl, 2001, S. 82–83)*

Neben dem Zugmodus ist eine wesentliche Eigenschaft von Dynamischer Geometriesoftware die Implementation von Makros, die mehrere Konstruktionsschritte zu einer Funktion zusammenfassen. Standardkonstruktionen, wie eine Winkelhalbierende oder eine Mittelsenkrechte, sind in den meisten Programmen bereits als Makros vorgegeben. Es lassen sich aber auch eigene Makros erstellen, indem Anfangsobjekte und die darauf aufbauenden Konstruktionsschritte definiert werden. Durch die Anwendung von Makros können Konstruktionen schneller durchgeführt werden, die eigene Implementation eines Makros führt zudem zu einer tiefen Auseinandersetzung mit den Voraussetzungen und Schritten einer Konstruktion (vgl. Greefrath, Hußmann & Fröhlich, 2010).

Die Ortslinienfunktion (auch Spurfunktion genannt) ermöglicht es, den zurückgelegten Weg eines durch den Zugmodus direkt oder indirekt bewegten Punktes zu markieren. Mit dieser Funktion kann beispielsweise untersucht werden, auf welcher algebraischen Kurve sich der Schwerpunkt eines Dreiecks bewegt, wenn ein Eckpunkt parallel zur gegenüberliegenden Seite verschoben wird (vgl. Hattermann, 2011).

Mit dem Zugmodus, der Implementation von Makros und der Ortslinienfunktion sind verschiedene didaktische Chancen für den Mathematikunterricht verbunden, die Schmidt-Thieme und Weigand (2015) folgendermaßen zusammenfassen:

> *„DGS*
>
> – *besitzen eine heuristische Funktion, indem sich Eigenschaften von geometrischen Objekten (etwa besondere Punkte im Dreieck) mit Hilfe des Zugmodus als „zuginvariant" und damit als geometrische Gesetzmäßigkeiten erkennen lassen;*
> – *ermöglichen durch die Ortslinienfunktion neue Problemlösestrategien;*
> – *unterstützen das Verständnis des Beweisens, indem Vermutungen dynamisch überprüft und Beweisideen und Beweisstrategien veranschaulicht werden können."*
> *(S. 475)*

Graumann et al. (1996) sprechen von den Aspekten Verstärkung und Reorganisation. Die Verstärkung der Konstruktionsmöglichkeiten führe dazu, dass auch umfangreiche Konstruktionen möglich werden. Die Reorganisation bezieht sich auf die Veränderung „geometrischer Objekte und Tätigkeiten" (S. 200).

Betrachtet man diese mit DGS verbundenen Veränderungen der Zugänge zu geometrischen Objekten und deren Eigenschaften, so kann man die Frage stellen, ob es sich bei DGS im Vergleich zur Zeichenblattgeometrie um eine andere Geometrie handelt und ob Schülerinnen und Schüler damit auch eine andere Geometrie lernen:

„[...] [Es] stellt sich alsbald die Frage, inwieweit sich die Geometrie auch als Ganzes verändert. Bringt ein DGS eine <u>andere Geometrie</u> mit sich, obwohl es doch eigentlich zur leichteren Erlernbarkeit der alten geschaffen wurde?" (Graumann et al., 1996, S. 200)

Auch wenn Dynamische Geometrie Software zur Simulation euklidischer Geometrie entwickelt wurde, lassen sich verschiedene Unterschiede feststellen. Diese werden besonders bei der Betrachtung des Zugmodus deutlich. In den meisten DGS lässt sich auf eine im Programm definierte Strecke ein Punkt legen (Funktion: „Punkt auf Objekt"), der dann relational gesehen ein Element der Strecke ist. Bewegt man einen der beiden Endpunkte der Strecke, so stellt sich die Frage, was mit dem Punkt auf der Strecke passiert. In den meisten DGS bewegt sich der Punkt so, dass er die Strecke weiterhin im selben Verhältnis teilt wie zu Beginn der Verschiebung. „Sicherlich ist diese Entscheidung vernünftig [...], sie ist aber keinesfalls geometrisch zwingend." (Graumann et al., 1996, S. 201) Vielmehr handelt es sich um eine softwaretechnische Entscheidung. Ähnliche Entscheidungen bei der Entwicklung von DGS führen dazu, dass zwangsläufig ein Unterschied zwischen DGS und euklidischer Geometrie entsteht (vgl. Balacheff, 1993), auch wenn es das Ziel ist, diese möglichst exakt durch die dynamische Geometrie abzubilden. Dieser Unterschied zeigt sich letztlich auch darin, dass es schon alleine mathematisch aufgrund der Mehrdeutigkeit von Konstruktionen nicht möglich ist, ein DGS zu entwickeln, dass sich sowohl stetig als auch deterministisch verhält (vgl. Gawlik, 2002; Hattermann, 2011).

Verbunden mit der Frage, ob es sich um eine andere Geometrie handelt, ist auch die Frage, welche Geometrie die Schülerinnen und Schüler mit dem Programm lernen. Untersuchungen von Reinhard Hölzl am DGS Cabri-Géomètre haben gezeigt, dass sich die Schülervorstellungen nicht immer konform zum Geometriemodell des Programms verhalten. Dies kann besonders deutlich gemacht werden am Beispiel von Punkten in Dynamischer Geometriesoftware. Aufgrund des unterschiedlichen Verhaltens im Zugmodus, festgelegt durch die Abhängigkeiten zu anderen Objekten, werden in der Cabri-Geometrie drei Arten von Punkten unterschieden. „Basispunkte" lassen sich frei in der Ebene verschieben, „Objektpunkte" sind an ein Objekt gebunden und lassen sich nur eingeschränkt bewegen (z. B. entlang einer Strecke), „Schnittpunkte" sind vollständig durch andere Objekte definiert und können nur indirekt bewegt werden (vgl. Graumann et al., 1996). Hattermann (2011) unterscheidet zusätzlich feste Punkte, die sich im Zugmodus nicht verändern lassen, da ihre Koordinaten vorgegeben werden.

Insbesondere bei DGS-Neulingen kann beobachtet werden, dass sie eine solche Unterscheidung nicht vornehmen und zum Beispiel versuchen einen Schnittpunkt zu konstruieren, indem sie einen frei beweglichen „Basispunkt" auf der Stelle des Bildschirmes positionieren, an der sich zwei Strecken schneiden. Für die Dynamische Geometrie Software entsteht auf diese Weise allerdings keine Relation zu den anderen Objekten, sodass die Konstruktion nicht zugmodusinvariant wird. Aus der Perspektive der Zeichenblatt-Geometrie ist dieses Verhalten vieler Schülerinnen und Schüler durchaus verständlich, da es hier üblich ist, einen Punkt durch Markieren zu bestimmen und dabei keine direkte Unterscheidung zwischen Basispunkten und Schnittpunkten zu machen (vgl. Hölzl, 1995).

In einer Fallstudie stellt Hölzl (1995) weitere Schwierigkeiten von Schülerinnen und Schülern im Umgang mit DGS fest, welche sich auf ihre Geometrie-Vorstellungen zurückführen lassen. Dies betrifft unter anderem die Eigenschaft der Cabri-Geometrie, dass sich bestimmte Punkte ziehen lassen und andere nicht. Auch wenn die Schülerinnen und Schüler verstanden haben, dass sich beispielsweise beliebig viele verschiedene Dreiecke durch das Programm zeichnen lassen würden, wenn man den Schnittpunkt der Mittelsenkrechten eines Dreiecks verschiebt, übertragen sie diesen konkreten Fall nicht auf andere Situationen. Sie erwarten weiterhin, dass jeder Punkt verschiebbar sein müsse. Ebenso verhält es sich mit dem Binden von Punkten. So versucht eine Schülergruppe der Fallstudie mehrfach, einen Schnittpunkt durch indirektes Bewegen möglichst nah an einer Strecke zu positionieren und ihn nachträglich an diese zu binden, also eine Relation zwischen den Objekten herzustellen. Dies ist in Cabri aus konstruktionslogischen Gründen nicht möglich. Die Schülerinnen und Schüler führen es allerdings auf technische Mängel des Programms zurück und regen im Interview an, diese Funktion hinzuzufügen. Das Verhalten der Schülerinnen und Schüler ist durchaus verständlich, da sie den Spezialfall untersuchen möchten, bei dem der Schnittpunkt koinzident mit der Strecke ist. In Cabri lassen sich allerdings nur allgemeingültige Relationen festlegen, nicht aber Spezialfälle einer Konstruktion.

In der Fallstudie von Hölzl (1995) wird deutlich, dass Schülerinnen und Schüler die spezifischen Eigenschaften des Programms zum Teil auf die mathematischen Begriffe ihrer Theorie übertragen. Die Referenzobjekte ihrer Theorie sind die Objekte (beispielsweise unterschiedliche Punkte) der Cabri-Geometrie:

> *„Die relationale Geometrieauffassung Cabris, die durch den Zugmodus materialisiert wird, verwandelt den Charakter der geometrischen Objekte. Für unsere Projektteilnehmer besaßen die Punkte der Cabri-Geometrie zwar subjektiv wichtige doch letzlich ungeometrische Attribute: „ziehbar" – „nichtziehbar", „bindbar" – „nicht bindbar"." (Hölzl, 1995, S. 91)*

In den Argumentationen stützen sie sich wesentlich auf die visuell wahrnehmbaren Eigenschaften der Objekte. Der Zugmodus kann dabei als Bindeglied zum relationalen Geometriemodell Cabris gesehen werden:

„Die Schwierigkeiten unserer Projektteilnehmer beruhten u.a. darauf, daß sie, von der Zeichenblatt-Geometrie herkommend und unbeschadet durch axiomatische Vorgehensweisen, in erster Linie auf visuelle Erfahrungen zurückgriffen. Die Werkzeuge der Cabri-Geometrie betonen dagegen eine relationale Sichtweise. Der Zugmodus kann diesen Sichtwechsel unterstützen; vor dem Hintergrund unserer Beobachtungen glauben wir aber nicht, daß es sich dabei um eine kurzfristige Angelegenheit handeln wird." *(Hölzl, 1994, S. 96–97)*

Die Schülerinnen und Schüler scheinen somit in der DGS-Umgebung subjektive Erfahrungsbereiche zu bilden, die zunächst getrennt von den Erfahrungen mit der Zeichenblattgeometrie gespeichert und abgerufen werden:

„[...] [Es] ist zu erwarten, daß die Computergeometrien eigene subjektive Erfahrungsbereiche begründen, und es kommt den Lehrenden zu, jene mit den Erfahrungsbereichen zur Zeichenblattgeometrie zu verknüpfen, da diese das curriculare Primat besitzt." *(Graumann et al., 1996, S. 202)*

In der Diskussion um die Verschiedenheit einer DGS-Geometrie und der euklidischen Geometrie gibt es allerdings auch andere Positionen, die keine wesentlichen Unterschiede feststellen. Holland (1996) vertritt diese Auffassung sehr deutlich:

„Ihr [Dynamische Geometriesysteme] Einsatz führt weder zu einer anderen Geometrie noch zu einem anderen Geometrieverständnis. Schülerschwierigkeiten, die allen DGS gemeinsam sind, sind produktiv und werden durch eine vertiefte Thematisierung des Konstruktionsbegriff [sic!] überwunden. Schülerschwierigkeiten, die auf besonderen Eigenarten eines DGS beruhen, müssen – wie bei jedem anderen Softwaresystem – gelernt und berücksichtigt werden. Das Reden von einer anderen Geometrie ist unberechtigt und führt lediglich zur Verunsicherung über den methodischen Wert von DGS." *(Holland, 1996, S. 48)*

Inzwischen ist Dynamische Geometriesoftware ein fester Bestandteil des Mathematikunterrichts. Es steht eine Vielzahl an Programmen zur Verfügung (siehe hierzu Hattermann & Sträßer, 2006), die sich durch spezifische Eigenschaften unterscheiden, aber derselben Idee zugrunde liegen. Zudem werden inzwischen häufig neben der Geometrie weitere Teilgebiete der Mathematik wie die Algebra oder die Analysis behandelt, indem zum Beispiel Computeralgebrasysteme integriert werden (vgl. Oldenburg, 2005). Ein Beispiel für ein Programm, das solche Funktionen aufweist, ist GeoGebra, welches auch in der Fallstudie in dieser Arbeit verwendet wird. Es handelt sich um ein sehr verbreitetes Programm, das kostenlos und für eine große Anzahl von Endgeräten verfügbar ist (Hohenwarter, 2013).

Auf der Online-Plattform von GeoGebra steht eine große Anzahl an vorbereiteten Unterrichtsmaterialien, sogenannte Applets, zur Verfügung, die kostenlos heruntergeladen und im Unterricht genutzt werden können. Dabei handelt es sich meist um explorative Lernarrangements, die eine interaktive Erkundung einer bereitgestellten geometrischen Konstruktion oder anderer mathematischer Objekte ermöglichen. DGS-Applets sind zudem häufig mit einem kurzen Einleitungstext versehen, der erklärt, an welchen Objekten gezogen und welche Parameter verändert werden können (vgl. Hölzl & Schelldorfer, 2013). DGS-Applets schränken den Werkzeugcharakter der Software bewusst ein und bieten den Schülerinnen und Schülern damit ein Setting empirischer Objekte an, an denen sie ihr Wissen entwickeln und begründen können. Diesen empirischen Settings liegt eine mathematische Theorie zugrunde, die auch durch die Programmierung bestimmt ist:

„In dieser Welt kann man die Objekte manipulieren oder sogar erzeugen. Sobald die Objekte erzeugt werden, ist ihr Verhalten durch die Theorie kontrolliert, die der Mikrowelt zugrunde liegt. [...] Man könnte diese Cabri-Zeichnungen mit materiellen Objekten vergleichen, insofern sie auf die Handlungen des Benutzers zurückwirken, indem sie die Gesetze der Geometrie erfüllen. [...] In dieser Philosophie wird vorausgesetzt, daß in der Interaktion mit der Mikrowelt der Lerner Kenntnisse über die Theorie konstruiert und geometrische Begriffe entwickelt werden." (Laborde, 1999, S. 199–200)

In einer ersten Studie von Dilling (2020a) wurde das GeoGebra-Applet „Digitale Funktionenlupe" (vgl. Elschenbroich, 2015a; Elschenbroich, Seebach & Schmidt, 2014) mithilfe des CSC-Modells als empirisches Setting in mathematischen Lernprozessen der Analysis untersucht. Hierbei hat sich gezeigt, dass Wissensentwicklungsprozesse auf der Basis von empirischen Settings individuelle Prozesse darstellen, die je nach interpretierendem Subjekt unterschiedlich ausfallen können. Beide Schüler schienen eine empirische Auffassung von Mathematik zu haben, bei der sich die Begriffe ihrer Theorie auf empirische Referenzobjekte beziehen. Sie stützten ihre Behauptungen vielfach auf der Grundlage des empirischen Settings, bezogen teilweise aber zusätzliche theoretische Überlegungen mit ein. Die (weiter)entwickelten Theorien (Conceptions) beider Schüler unterschieden sich dennoch teilweise deutlich voneinander, aber auch von den durch die Entwickler intendierten Anwendungen der Funktionenlupe, basierend auf dem intersubjektiv als korrekt betrachteten eingebrachten Wissens (Concept).

Im folgenden Unterkapitel soll das empirische Setting der Fallstudie dieser Arbeit vorgestellt werden, das ebenfalls aus dem Bereich der Analysis stammt und das Thema Ober- und Untersummen in der Integralrechnung in den Blick nimmt.

9.3 Der Integrator als GeoGebra-Applet zu Ober- und Untersummen

Die Möglichkeit, in GeoGebra beinahe beliebige Funktionsgraphen zu plotten und diese auf graphischer Ebene mit den Mitteln dynamischer Geometriesoftware zu untersuchen, bietet vielfältige Einsatzmöglichkeiten des Programms im Analysisunterricht. In dieser Fallstudie soll das Thema Ober- und Untersummen in der Integralrechnung betrachtet werden, das mittlerweile zu den klassischen Beispielen für den Einsatz von DGS in der Analysis zählt (siehe u. a. Hohenwarter, Hohenwarter, Kreis & Lavicza, 2008; Ulm, 2010; Elschenbroich, 2015b). GeoGebra bietet in diesem Zusammenhang verschiedene Funktionen, wie die Funktionen „Obersumme" und „Untersumme", die bei Angabe einer Funktionsvorschrift, eines Startwertes, eines Endwertes und der Anzahl der Rechtecke eine entsprechende äquidistante Rechtecksnäherung für die Fläche unter dem Graphen visualisiert und numerisch angibt. Ebenso lässt sich mit der Funktion „Integral" ein numerischer Wert für das Integral angeben und die Fläche unter dem Graphen markieren. Schließlich kann auch mit dem Befehl „Integralfunktion" die Integralfunktion geplottet werden (vgl. Ulm, 2010). Ulm (2010) stellt die Vorteile der Nutzung von DGS im Kontext von Ober- und Untersummen von Funktionen heraus:

> *„Dieses knapp skizzierte Beispiel zeigt, dass DGS ein mächtiges Werkzeug ist, um Standardkonstruktionen der Integralrechnung anzufertigen. [...] Die dynamischen Konstruktionen übernehmen dabei im Unterrichtsverlauf die Aufgaben von entsprechenden Zeichnungen an der Tafel oder am Overheadprojektor. DGS bietet dabei allerdings gegenüber traditionellen Medien wesentliche Vorteile: Die Konstruktionen mit DGS sind zeichnerisch genau, sie sind rasch erzeugt und sie werden unmittelbar numerisch ausgewertet." (Ulm, 2010, S. 35)*

In dieser Fallstudie wird das von Hans-Jürgen Elschenbroich entwickelte GeoGebra-Applet „Integrator" verwendet, das auf den oben genannten Funktionen von GeoGebra aufbaut. Ein Screenshot der Anwendung ist in Abbildung 9.1 zu sehen. Im Zentrum des Applets steht ein Funktionsgraph, der durch die Eingabe einer Funktionsvorschrift generiert wird. In der rechten Bildschirmhälfte befinden sich vier Kästchen, mit denen sich bestimmte Funktionen ein- und ausschalten lassen. Ist das Kästchen „Integral" markiert, so werden die Fläche unter dem Graphen zwischen den x-Werten a und b gefärbt und ein auf vier Stellen hinter dem Komma genauer numerischer Wert für das bestimmte Integral im Intervall $[a, b]$ angegeben (siehe Abbildung 9.2). Die Parameter a und b lassen sich über ein Eingabefeld bestimmen oder alternativ durch Ziehen an dem Punkt im Koordinatensystem verändern. Das Kästchen „Obersumme O_n" generiert eine Veranschaulichung einer Obersumme mit n äquidistanten Rechtecken sowie den entsprechenden numerischen Wert der Näherung. Die Zahl n der Rechtecke im Intervall $[a, b]$ kann über einen Schieberegler zwischen $n = 1$ und $n = 1000$ variiert werden. Auf entsprechende Weise erzeugen die Kästchen Untersumme U_n und Trapezsumme T_n eine graphische und numerische Flächennäherung (siehe Abbildung 9.2). Verschiedene weitere Einstellungen wie ein Informationstext und eine Aufgabe können vorgenommen werden, fanden aber in der Fallstudie keine Verwendung.

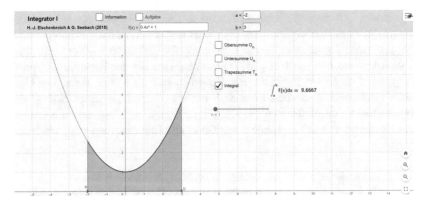

Abbildung 9.1 Screenshot des GeoGebra-Applets „Integrator". (©Elschenbroich, 2016)

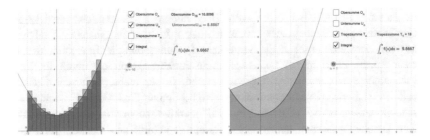

Abbildung 9.2 Ober- und Untersummen (links) sowie Trapezsumme (rechts) im GeoGebra-Applet „Integrator". (©Elschenbroich, 2016)

Elschenbroich (2017) erklärt die Vorzüge dieses Zugangs wie folgt:

„Dies entspricht dem standardmäßigen schulischen Ansatz, bietet aber in der digitalen Lernumgebung den Vorteil, für größere n oder für andere a und b nicht jedesmal alles neu berechnen zu müssen, sondern einfach die mächtigen Tools von GeoGebra als ‚Rechenknecht' nutzen zu können. [...] Für sehr große n erlebt man dann, wie sich die Werte von U_n und O_n immer mehr annähern. Auch wenn dies numerisch durchaus langsam vonstattengeht, ist doch die Tendenz der Annäherung anschaulich unverkennbar." (Elschenbroich, 2017, S. 313)

Elschenbroich (2017) beschreibt in diesem Zitat die Möglichkeit der Erhöhung der Anzahl n der äquidistanten Unterteilungen des Intervalls und die damit augenscheinlich bessere Annäherung der Fläche. In Abbildung 9.3 links ist eine Näherung durch Ober- und Untersummen für $n = 1000$ Rechtecke zu sehen. Augenscheinlich ist kein Unterschied mehr zwischen der Fläche unter dem Graphen und den Rechteckflächen zu erkennen. Die numerischen Werte unterscheiden sich dennoch weiterhin. Zoomt man wie in Abbildung 9.3 rechts an den Graphen heran, betrachtet also ein kleineres Intervall vergrößert, so erkennt man, dass die Ecken der Rechtecke nicht auf dem Graphen liegen. Diese Näherung durch Einteilung in äquidistante Abschnitte führt bei einer Trapezsumme schneller zu einer guten Näherung, sodass in vielen Fällen die angegebenen vier Stellen hinter dem Komma bei der Trapezsumme und bei dem numerischen Integralwert übereinstimmen (der eben auch nur eine Näherung bzw. Rundung ist).

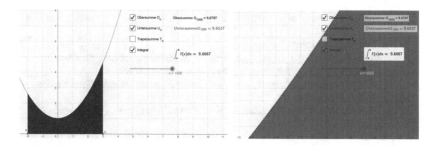

Abbildung 9.3 Näherung mit n = 1000 Rechtecken (links) sowie eine „herangezoomte" Darstellung (rechts). (©Elschenbroich, 2016)

Das GeoGebra-Applet „Integrator" wurde entwickelt, um den Aufbau von Grundvorstellungen zur Intergralrechnung (vgl. Greefrath, Oldenburg, Siller, Ulm & Weigand, 2016) auf einer anschaulichen Basis zu fördern:

„Bei […] dem Integrator liegt der Fokus […] deutlich auf der Entwicklung von Verständnis, dem Aufbau von Grundvorstellungen. Die Anschaulichkeit und Kalkülfreiheit dieses Ansatzes soll nicht als Feldzug gegen den gängigen Analysis-Kalkül missverstanden werden, es soll vor allem dem Kalkül eine anschauliche Basis gegeben werden." (Elschenbroich, 2017, S. 317)

Das empirische Setting „Integrator" wurde im Interview genutzt, um die Frage zu diskutieren, wie der Flächeninhalt einer durch einen Funktionsgraphen begrenzten Fläche bestimmt werden kann und ob die Näherungen durch Produktsummen zu dem tatsächlichen Wert führen können. Hierzu fanden die oben genannten Funktionen des Applets Verwendung.

9.4   Fallstudie

9.4.1   Schülerin G

Zu Beginn des Interviews wird Schülerin G gebeten, zu beschreiben, was sie auf dem Bildschirm sieht:

G: Ähm, ein Graph und, ähm, dann an den Graphen is' irgendetwas dran gezeichnet, also markiert. Ich weiß aber nich' genau was.

I: Mhm (bejahend). Du meinst sozusagen das hier unten (zeigt auf die Fläche unter dem Graphen).

G: Ja.

I: Was ist das denn, das Markierte? Also ist jetzt erstmal egal, wie das begrenzt ist oder so. Was ist das?

G: Ähm, ein Abschnitt des Graphens?

I: Mhm (bejahend). Vielleicht gucken wir auch mal hierdrauf (zeigt auf den Integralwert). Was könnte das denn angeben? (5 sec.) Diese Zahl.

G: Ähm, den Abschnitt oder so, glaub' ich. Keine Ahnung, ich hab' dieses Zeichen da noch nie gesehen.

I: Also das hier drunter (zeigt auf die Fläche unter dem Graphen) ist erstmal eine Fläche, ne?

G: Ja.

I: Sozusagen die Fläche unterhalb von diesem Graphen. Und was könnte dann dieser Wert angeben?

G: Die Flächengröße?

I: Also den Flächeninhalt?

G: Flächeninhalt, ja.

I: Genau, ja. Was haben wir hier sonst noch? Was ist das hier (zeigt auf die Funktionsvorschrift)?

G: Ähm, die Funktion?

I: Mhm (bejahend). Und das hier (zeigt auf Wert b) und das hier (zeigt auf Wert a)? Was sind das?

G: Ähm, in der Normalform die, ähm, Werte a und b.

I: Ah, ok, nee, damit hat das tatsächlich nichts zu tun, sondern vielleicht guckst du mal hier unten (zeigt auf die Punkte a und b).

G: Achso, ja, das sind die Abschnitte dazwischen, also die x-Werte.

I: Aha, ok. Sozusagen die x-Werte, die was bestimmen? Was legen die fest?

G: Den, ähm, Flächeninhalt.

I: Genau, sozusagen die Grenzen von der Fläche. Vielleicht veränderst du mal diesen Punkt b, indem du mit der Maus daran ziehst.

G: (zieht an Punkt b und erhöht den x-Wert).

I: Was passiert dann?

G: Dann wird die Fläche größer und der x-Wert auch.

I: Ja, genau.

Die Schülerin ordnet dem dargestellten Funktionsgraphen den Begriff „Graph" zu sowie der Funktionsvorschrift den Begriff „Funktion". Für die blau markierte Fläche unter dem Graphen findet sie zunächst keinen passenden Begriff. Schließlich nennt sie das Markierte „Abschnitt des Graphens". Dies könnte darauf zurückgeführt werden, dass sie im Kontext von Funktionen noch keine Erfahrungen mit Flächen gemacht hat, sondern nur mit den Funktionsgraphen selbst. In dem aktivierten subjektiven Erfahrungsbereich ist das Wort Fläche nicht gebräuchlich. Daher nennt der Interviewer den markierten Bereich unter dem Graphen Fläche und fragt, was der Integralwert angeben könnte. Die Schülerin nennt das Wort „Flächengröße" als Antwort auf die Suggestivfrage des Interviewers und wird von diesem mit „Flächeninhalt" korrigiert, woraufhin die Schülerin zustimmt. Auf die Frage hin, was die Werte a und b bedeuten, gibt sie spontan die Antwort „in der Normalform die, ähm, Werte a und b". Diese Interpretation kann damit erklärt werden, dass die Buchstaben a und b, insbesondere in Kombination häufig als Bezeichnungen für die Parameter der Normalform einer quadratischen Funktion $f(x) = ax^2 + bx + c$ verwendet werden. Dies hat sich offensichtlich im subjektiven Erfahrungsbereich zu Funktionen im Sprachgebrauch festgesetzt. Der Interviewer erklärt, dass die Buchstaben in diesem Fall etwas Anderes bedeuten und weist darauf hin, dass sie sich die unteren Eckpunkte der Fläche angucken solle. Daraufhin identifiziert die Schülerin a und b als die x-Werte, die den Flächeninhalt bestimmen. Dies überprüft sie durch verschieben des Punktes b und stellt fest „dann wird die Fläche größer und der x-Wert auch".

Nachdem die Schülerin den Punkt b wieder auf die Ausgangsstelle auf der x-Achse zieht, fragt der Interviewer sie, wie man den Flächeninhalt der markierten Fläche bestimmen könnte:

I: So, ok, jetzt ist das hier sozusagen angegeben (zeigt auf den Integralwert), aber
wie kann man den denn berechnen? Hast du 'ne Idee?

G: Ähm, also ich würd' jetzt hier erstmal das so abtrennen (deutet mit dem Cursor
eine horizontale Gerade unterhalb des Graphen an) und dann die Fläche schon mal
berechnen (zeigt mit dem Cursor auf die Fläche unterhalb der angedeuteten Geraden). Und dann würd' ich mich irgendwie den verschiedenen Figuren annähern.
Zum Beispiel hier (deutet mit dem Cursor ein Dreieck zur Annäherung der Fläche
unter dem Graphen an) könnte man ja auch 'n Dreieck bilden oder hier einzelne
Figuren bilden.

I: Mhm (bejahend). Kann man das denn auch genau berechnen damit dann?

G: Ähm, nee, ich glaub' nich'.

I: Meinst du denn das is' vielleicht irgendwie möglich?

G: Ja, aber ich denk' nich' so, wie ich das gesagt habe.

Schülerin G äußert den Vorschlag, den Flächeninhalt der blau markierten Fläche
durch verschiedene „einzelne Figuren" anzunähern. Das Zerlegen von komple-
xeren Flächen in Teilfiguren, für die eine Flächeninhaltsformel bereitsteht, ist
ein typisches Vorgehen, das im Geometrieunterricht der Sekundarstufe I angewendet wird. Dort handelt es sich allerdings um Flächen, die sich vollständig
durch bekannte geometrische Figuren auslegen lassen. Daher ist die Antwort
der Schülerin verständlich, dass man den Flächeninhalt auf diese Weise nicht
genau bestimmen könne. Sie vermutet dennoch, dass das genaue Bestimmen des
Flächeninhalts mit einer anderen Methode möglich ist.

Der Interviewer bittet die Schülerin anschließend, das Feld „Obersumme" (mit
$n = 1$) zu markieren und zu beschreiben, was sie sieht:

G: Also jetzt is' 'n Quadrat daraus geworden, aus diesem Vorherigen (zeigt mit
dem Cursor auf die Fläche unter dem Graphen).

I: Mhm (bejahend). Und wie is' dieses Quadrat bestimmt?

G: Das is' hier an die Grenzpunkte angelehnt (zeigt auf den Graphen oberhalb von
a). Also quasi so, dass das auch an dem Graphen dran is' (zeigt auf den Graphen
oberhalb von b) und genauso lang is' wie die und die (zeigt auf a und b).

I: Genau. Und was gibt der Wert hier oben an (zeigt auf den Obersummenwert)?

G: Ähm, den Flächeninhalt von dem, von der Fläche über dem Graphen.

I: Ok.

G: Oder den gesamten Flächeninhalt? Den gesamten Flächeninhalt.

I: Überlegen Sie sich mal.

G: Den gesamten Flächeninhalt.

Die Schülerin bezeichnet das durch die Obersumme entstandene Rechteck als
„Quadrat", dessen Breite durch die Punkte a und b bestimmt ist. Die Höhe sei so
festgelegt, „dass das auch an dem Graphen dran is'". Eine genauere Beschreibung
nimmt sie nicht vor, sodass in dieser Interviewsituation noch nicht deutlich wird,
wie die Höhe des Untersummenrechtecks genau festgelegt wird. Zunächst geht

die Schülerin davon aus, dass der Zahlenwert „Obersumme" den Flächeninhalt oberhalb des Graphen angibt. Dies könnte auf den Wortteil „Ober" zurückzuführen sein, der suggeriert, es handle sich um eine Fläche oberhalb von etwas, also zum Beispiel oberhalb des Graphen bzw. oberhalb der Fläche unter dem Graphen. Die Schülerin korrigiert allerdings beinahe unmittelbar darauf ihre Aussage wieder und erklärt, es müsse sich um „den gesamten Flächeninhalt" handeln, womit sie vermutlich den Flächeninhalt des entstandenen Rechtecks meint. Ihr Wechsel könnte darin begründet sein, dass der als Obersumme angegebene Wert deutlich größer ist als der Integralwert, die Fläche oberhalb und unterhalb des Graphen aber etwa gleich groß sind. Sie nennt dieses Argument aber nicht explizit.

Anschließend soll die Schülerin den Schieberegler bedienen und die Zahl n größer machen. Sie erhöht den Wert auf $n = 26$ und erklärt, was dadurch passiert:

> G: Ähm, also die ganze Fläche is' irgendwie weg, also die obere Fläche is' weg und nur noch ganz/ Also es sieht aus wie so'n Diagramm. Säulendiagramm.
> I: Mhm (bejahend). Was wurde denn da gemacht? Hast du 'ne Idee?
> G: Ähm, (5 sec.) nein.
> I: Was gibt denn der Wert n hier an (zeigt auf den Wert für n)?
> G: Eigentlich doch der y-Achsenabschnitt, oder?
> I: Ja, in dem Fall jetzt nicht.
> G: Achso. ähm, ja, dann gibt der/ Weiß ich nich'.

Die Schülerin erkennt, dass die Fläche oberhalb des Graphen deutlich kleiner geworden ist („die obere is' weg und nur noch ganz/"). Die neue Form der Fläche assoziiert sie mit einem Säulendiagramm. Sie kann allerdings nicht erklären, wie diese Fläche entstanden ist.

Auf die Frage hin, was der Wert n bedeute, den sie erhöht hat, antwortet sie, es handle sich um den y-Achsenabschnitt. Wie bereits bei den Buchstaben a und b ordnet Schülerin G auch den Buchstaben n den Parametern in einer allgemeinen Funktionsgleichung zu, in diesem Fall als y-Achsenabschnitt, vermutlich da dieser bei linearen Funktionen häufig mit n bezeichnet in der allgemeinen Gleichung $f(x) = mx + n$ auftaucht. Diese Zuordnung für den Buchstaben n scheint ein fester Bestandteil des Sprachgebrauchs ihres subjektiven Erfahrungsbereiches zu Funktionen zu sein, denn augenscheinlich hat sich der y-Achsenabschnitt des Funktionsgraphen durch die Betätigung des Schiebereglers nicht verändert. Der Interviewer weist die Schülerin darauf hin, dass es sich bei dem Wert nicht um den y-Achsenabschnitt handelt.

Da sie den Wert nicht auf andere Weise deuten kann, empfiehlt der Interviewer ihr, den Wert n wieder etwas herunterzusetzen. Sie stellt $n = 6$ ein:

I: Was gibt diese 6 an? Kannst du das sehen?

G: Achso, wie viele verschiedene/ (zeigt mit dem Cursor entlang der einzelnen Rechtecke) Das wurde in sechs Abschnitte eingeteilt.

I: Mhm (bejahend). Und is' das jetzt genauer oder besser das Ergebnis als vorher, oder/ ?

G: Also, so kann man ja, so kann man die Fläche doch eigentlich besser berechnen.

I: Genauer?

G: Weil, wenn das hier (deutet mit dem Cursor das Rechteck für den Fall $n = 1$ an) so 'n Quadrat is', dann is' ja, ähm, nich' das untere, sondern halt hier das (zeigt auf den Bereich oberhalb des Graphen) is' ja viel größer, hier der Abschnitt.

I: Ok, genau. Ähm, und wie werden diese einzelnen Rechtecke hier bestimmt (zeigt auf ein Rechteck)? Siehst du das? Wie liegen die da? Ist das egal, wie hoch ich die mache, oder wie hoch werden die hier zum Beispiel gemacht (deutet die Höhe eines Rechtecks mit dem Finger an)?

G: Also hier (fährt mit dem Cursor entlang der oberen Seite des rechten Rechtecks) sind die halt so hoch, dass die auch wieder hier (zeigt auf den Graphen oberhalb von b) an der Grenze sind.

I: Das heißt?

G: Also an dem Graphen.

I: Mhm (bejahend). Und der hier (zeigt auf das zweite Rechteck von rechts) sozusagen auch, oder was?

G: Das hier (zeigt mit dem Cursor ebenfalls auf das zweite Rechteck von rechts)?

I: Ja.

G: Ähm, ja, das is'/ (8 sec.) Ähm.

I: Ist nicht schlimm. Einfach/

G: Ja, das is' halt auch wieder so, dass man hier (fährt mit dem Cursor ein Rechteck mit dem oberen rechten und dem unteren linken Eckpunkt auf dem Graphen ab) wieder so 'n Rechteck bilden könnte.

Mit der geringeren Anzahl an Rechtecken wird der Schülerin klar, dass der Wert n angibt, in wie viele Abschnitte der untersuchte Bereich eingeteilt wird. Sie begründet, dass man auf diese Weise den Flächeninhalt genauer bestimmen könne, da der Bereich oberhalb des Graphen mit nur einem Rechteck größer gewesen sei. Zudem erkennt sie, wie die einzelnen Rechtecke gebildet werden. Die Höhe der Rechtecke sei so gewählt, dass sich diese „an dem Graphen" befinden. Zur Verdeutlichung malt sie mit dem Cursor ein kleines Rechteck, von dem sich zwei diagonal gegenüberliegende Punkte auf dem Graphen befinden (dieses Rechteck würde die Differenz zwischen der Ober- und der Untersumme angeben). Sie scheint somit verstanden zu haben, wie die Höhe der Rechtecke gebildet wird, auch wenn sie dies mit Worten nicht explizit macht.

Der Interviewer stellt anschließend die Frage, wie man den Flächeninhalt noch genauer berechnen könnte:

G: Ja, ähm, ja man könnte probieren die Rechtecke noch kleiner zu machen.
I: Mhm (bejahend). Versuch mal, ruhig auch ganz viel.
G: (erhöht n)
I: Ganz viel, ganz viel.
G: (erhöht n auf $n = 1000$).
I: Was ist jetzt passiert?
G: Ja, jetzt sieht man irgendwie (zeigt mit dem Cursor entlang des Graphen) gar keine Säulen mehr, sondern es is' einfach nur die ganz normale Fläche eingefärbt.
I: Und das heißt? Ist das dann jetzt genau, oder?
G: Das ist ja eigentlich/ Ja, genau.
I: Ja? Jetzt haben wir es genau berechnet?
G: Ja.

Die Schülerin hat die Idee, die Anzahl der Rechtecke zu erhöhen, um den Flächeninhalt genauer berechnen zu können. Sie erhöht den Wert n auf $n = 1000$, was dem maximalen Wert entspricht, der sich durch den Schieberegler einstellen lässt. Sie erklärt, dass man jetzt keine Säulen mehr erkenne und es sich daher um die „ganz normale Fläche" handle, womit vermutlich die anfangs blau markierte Fläche unter dem Graphen gemeint ist. Während sie zunächst noch leichte Zweifel zu haben scheint, ob es sich um die exakt gleiche Fläche handelt, ausgedrückt durch das Adverb „eigentlich", macht sie anschließend klare Aussagen („Ja, genau.") und behält ihre Meinung auch noch nach einer kritischen Rückfrage durch den Interviewer. Auf die weiterhin unterschiedlich angegebenen Zahlenwerte achtet die Schülerin nicht.

An dieser Stelle wird das naiv-empirische Vorgehen der Schülerin deutlich. Sobald sich visuell keine Unterschiede feststellen lassen, handelt es sich um die gleichen Flächen. Theoretische Überlegungen, ob die Fläche auf diese Weise überhaupt genau bestimmt werden kann, bezieht sie nicht mit ein. Diese Sichtweise könnte durch den Schieberegler des Applets verstärkt werden, bei dem sich keine höheren Werte einstellen lassen und der damit suggeriert, man habe die Fläche genau bestimmt.

Um die Überlegungen der Schülerin zur Übereinstimmung der beiden Flächen weiter anzuregen, bittet der Interviewer sie, das Bild heranzuzoomen, also einen kleineren Ausschnitt des Graphen vergrößert zu betrachten:

I: Ok. Dann zoom jetzt mal ganz nah dran. Versuch mal zu zoomen.
G: (vergrößert das Bild ein wenig)
I: Ja, genau. Was passiert da denn eigentlich? Was heißt denn zoomen?
G: Ähm. Näher 'rangehen? Ähm, und sich das von näher betrachten.
I: Ok, und warum wird denn jetzt der Funktionsgraph gar nicht dicker (zeigt auf den Graphen)? (4 sec.) Die Linie, wenn ich doch näher dran gehe?
G: Ähm, weil die Fläche in den Vordergrund rückt?

> I: Aber/ Mach mal noch näher dran und noch näher dran.
> G: (vergrößert das Bild ein wenig)
> I: Eigentlich müsste diese Linie doch jetzt dicker werden, oder nicht (zeigt auf den Graphen)?
> G: (4 sec.) Ja, nee, man macht das ja nicht dicker, man guckt sich das ja nur von näherem an eigentlich.
> I: Ok. Also das is' gar nicht wie 'n normales Mikroskop oder so, sondern/
> G: Nee, das is' eher so 'ne/ Nee, irgendwie müsste das ja dann auch größer werden, ähm/ (vergrößert Bild ein wenig) Ähm, nee, also irgendwie is' das/

Die Schülerin beantwortet die Frage des Interviewers, warum die Linie des Graphen nicht dicker wird, damit, dass die Fläche in den Vordergrund rücke. Tatsächlich wird die Fläche als zweidimensionales geometrisches Objekt anders als der Funktionsgraph beim Heranzoomen größer. Als der Interviewer nachhakt erklärt die Schülerin, dass man den Graphen nicht dicker machen würde, sondern nur „von näherem" betrachtet, überlegt dann aber weiter, dass der Graph dabei eigentlich größer werden müsste. Sie testet dies aus, indem sie weiter heranzoomt und stellt fest, dass der Graph nicht größer wird, kann sich dies aber nicht erklären.

Bei den Aussagen der Schülerin zum Funktionsgraphen wird deutlich, dass sie hierunter kein idealisiertes Objekt im Sinne einer eindimensionalen, breitenlosen Linie versteht. Ihr mathematisches Untersuchungsobjekt ist die tatsächliche Linie auf dem Bildschirm, die eben eine Breite hat, die beim Vergrößern auch breiter werden müsste. Entsprechend hat sie keine Erklärung dafür, dass die Breite der Linie beim Vergrößern eines Bildschirmausschnittes gleich bleibt. Es könnte sich bei den geäußerten Zweifeln an ihrer ursprünglichen Aussage allerdings auch nur um eine sozial erwünschte Antwort auf die kritische Rückfrage des Interviewers handeln, was bedeuten würde, dass die Schülerin eigentlich an ihrer ursprünglichen Vorstellung festhält.

Die Schülerin soll anschließend das Bild nochmal deutlich heranzoomen und beschreiben, was dadurch passiert:

> G: Ja, jetzt sieht man wieder diese einzelnen Säulen und, dass die halt trotzdem immer noch so 'n kleines Dreieck haben (zeigt mit Cursor auf die Ecke eines Rechtecks).
> I: Und das heißt?
> G: Das is' noch nich' komplett genau.
> I: Ok, ähm, und wenn ich jetzt noch höher gehe? Also, ich mein hier is' jetzt irgendwie bei 1000 Schluss (zeigt auf den Schieberegler für n), aber wenn ich jetzt noch höher gehe, irgendwann, ist das dann irgendwann gleich?
> G: Nee, das kann eigentlich gar nicht gleich sein, weil/ Also, das guckt ja immer so 'n bisschen raus (zeigt mit dem Cursor auf die Ecke eines Rechtecks).

I: Ok. Ähm. Kann man das auch an den Zahlenwerten erkennen (zeigt auf den Integralwert und den Obersummenwert), dass die nich' gleich sind?
G: Mhm (überlegend) (10 sec.) Ähm, weiß ich nich' genau.
I: Also, hier is' ja sozusagen 'ne Zahl (zeigt auf den Integralwert) und hier is' 'ne Zahl. Sind die gleich?
G: Achso, nee. Die sind nich' ganz gleich, ja.

Die Schülerin erklärt, dass man im herangezoomten Bild wieder die einzelnen „Säulen" erkennt. Ihre Wortwahl orientiert sich weiterhin an dem eingangs gezogenen Vergleich mit Säulendiagrammen. Sie schlussfolgert, dass der berechnete Flächeninhalt „noch nich' komplett genau" sein kann. Auf die Frage hin, ob der Flächeninhalt denn bei einer weiteren Vergrößerung irgendwann genau bestimmt werden kann, antwortet die Schülerin mit nein und nennt als Argument, dass „das [...] ja immer so 'n bisschen raus" gucken würde. Sie nutzt die Darstellung somit als generisches Beispiel für eine Rechtecksnäherung (Strukturgleichheit: „das guckt ja immer so 'n bisschen raus") und kommt zum Schluss, dass man mit einem Rechteck keine Fläche unter der Kurve ausfüllen kann. Auf Hinweis des Interviewers stellt Schülerin G auch fest, dass die angegebenen Zahlenwerte für die Obersumme und das Integral nicht übereinstimmen.

Im Anschluss an diese Situation zoomt die Schülerin das Bild auf Anweisung des Interviewers wieder heraus, ändert den Wert für die Anzahl der Teilintervalle auf $n = 1$ und markiert das Feld „Untersumme". Sie soll erläutern, was sich verändert hat:

G: Ähm, das untere Rechteck hier (zeigt mit Cursor auf Untersummenrechteck).
I: Mhm (bejahend). Und wie wird das Rechteck bestimmt? Was is' da anders als bei dem großen?
G: Ähm. (5 sec) Es is' nich'/ Also hier is' ja die komplette/ also komplette Fläche ausgefüllt (fährt mit dem Cursor über den Bereich oberhalb des Graphen). Und hier is' nur n' bisschen (fährt mit dem Cursor über ein Untersummenrechteck) von der Fläche (zeigt mit dem Cursor entlang des Graphen) ausgefüllt.

Die Schülerin erkennt, dass das Obersummenrechteck die komplette Fläche unter dem Graphen sowie einen Teil oberhalb des Graphen ausfüllt, während das neu hinzugekommene Untersummenrechteck nur einen Teil der Fläche unter dem Graphen ausfüllt.

Der Interviewer bittet die Schülerin, den Wert n wieder zu erhöhen. Sie stellt $n = 11$ ein:

G: (4 sec.) Mhm (überlegt). Achso, jetzt wird die untere Fläche probiert, halt/ Ähm, in der eigenen Fläche zu berechnen und nich' von oben.
I: Mhm (bejahend). Und das heißt?

G: Ahm. (4 sec.) Dass/ (4 sec.) is' vielleicht/ Also, es wird immer n' bisschen was hier weggelassen von der Fläche?
I: Mhm (bejahend). Ok, genau. Sozusagen immer zu wenig, ne?
G: Ja.

Schülerin G hat offensichtlich durch das Erhöhen des Wertes n und das neue Bild eine Einsicht bezüglich der Untersummenfläche gewonnen, die sie mit dem Wort „achso" ausdrückt. Sie beschreibt die Situation als ein Berechnen der Fläche unter dem Graphen „in der eigenen Fläche", sodass „immer 'n bisschen was […] weggelassen" wird. Sie scheint damit umschreiben zu wollen, dass bei den Untersummenrechtecken stets ein Teil der Fläche unter dem Graphen nicht abgedeckt ist, während bei der Obersumme stets mehr als die Fläche abgedeckt ist.

Die Schülerin erhöht anschließend auf Nachfrage des Interviewers den Wert n auf $n = 1000$ und beschreibt, was passiert ist:

G: Sieht aus wie eben.
I: Wie eben, genau. Und, warum sieht das jetzt wieder aus wie eben? Wo sich ja eigentlich ganz viele/
G: Weil man ja wieder ganz nah dran gegangen is'.
I: Mhm (bejahend). Wenn du dir nochmal die drei Werte anguckst (zeigt auf den Obersummenwert, den Untersummenwert und den Integralwert), wie stehen die denn im Zusammenhang zueinander?
G: Die sind eng beieinander alle/
I: Mhm (bejahend).
G: Drei.
I: Und der hier? (zeigt auf den Integralwert) Wie steht der hierzu immer im Verhältnis? (zeigt auf den Obersummenwert und den Untersummenwert)
G: Der steht dazwischen.
I: Einmal dazwischen, ok.
G: Ja.
I: Und das is' auch so, wenn ich das jetzt noch größer machen würde, oder?
G: Mhm (bejahend).
I: Und kann ich das jetzt damit genau berechnen?
G: Mhm (überlegt). Also ich glaub'/
I: Oder meinst du, da fehlt auch immer was?
G: Nee, ich glaub dann würden/ würde der Wert vielleicht eins drüber sein und der würde eins drunter sein und dann wär der halt genau dazwischen.
I: Genau dazwischen. Das heißt genau in der Mitte, oder?
G: Ja, das is' ja auch nich' ganz genau berechnet.

Die Schülerin beschreibt, dass das Bild aussehe wie beim Heranzoomen der Untersumme zuvor im Interview, „weil man ja wieder ganz nah dran gegangen is'". Die Werte für das Integral, die Obersumme und die Untersumme lägen nah beieinander. Auf Nachfrage des Interviewers erklärt sie zudem, dass der Integralwert zwischen den beiden anderen liege und dies auch so sei, wenn man n weiter erhöht. Genau berechnen könne man den Flächeninhalt unter dem Graphen allerdings auch auf diese Weise nicht, da beide Werte stets abweichen („der Wert vielleicht eins drüber sein und der würde eins drunter sein"). Auch die Mitte beider Werte gebe nicht das genaue Ergebnis an, wobei sie dafür keine weiteren Gründe angibt („das is' ja auch nich' ganz genau berechnet").

Der Interviewer bittet die Schülerin, den Wert n auf $n = 1$ zurückzusetzen und anstelle der Felder „Obersumme" und „Untersumme" das Feld „Trapezsumme" zu markieren. Die Schülerin nimmt die Einstellungen vor und erklärt, was sich dadurch verändert hat:

> G: Ja, jetzt wurde ein Trapez hier, ähm, (zeigt mit dem Cursor auf die Eckpunkte des Trapezes am Graphen) dran gemacht, also dass das Gesamte ein Trapez is' (zeigt mit dem Cursor auf das Trapez).
> I: Wie würde/ Wie wurde das denn genau bestimmt dieses Trapez? Also wie werden diese Eckpunkte vom Trapez bestimmt.
> G: Ähm, von dem Grenzwert, der an der Funktion liegt (zeigt auf den linken Trapezeckpunkt auf dem Graphen), bis zu dem (zeigt auf den rechten Trapezeckpunkt auf dem Graphen) wurd' halt einfach 'ne Linie gezogen.

Die Schülerin erkennt, dass anstelle eines Rechtecks nun ein Trapez gebildet wird, dessen obere Eckpunkte auf dem Funktionsgraphen liegen. Zwischen den beiden Punkten „wurd' halt einfach 'ne Linie gezogen".

Auf Nachfrage des Interviewers erhöht die Schülerin den Wert n auf $n = 6$ und beschreibt die Veränderungen des Settings:

> G: Es is' eigentlich ziemlich nah dran. Also, bei dem vorher waren das/ Waren ja hier diese hohen Säulen (zeigt mit dem Cursor auf die obere Seite eines Trapezes), aber hier is' es eigentlich ziemlich gerade (fährt mit dem Cursor entlang der oberen Seiten der Trapeze).
> I: Ok, und jetzt machen wir mal ganz nach rechts.
> G: (erhöht n auf $n = 1000$)
> I: Was is' denn jetzt?
> G: Ja, das is' der gleiche Wert und das is' halt einfach komplett genau berechnet.
> I: Jetzt is' es genau?
> G: Ja.

Die Schülerin erklärt, dass es sich im Fall $n = 6$ schon um eine ziemlich gute Näherung handle. Dies führt sie darauf zurück, dass der Graph durch die oberen Seiten der Trapeze gut angenähert werden könne. Über die Trapezsumme mit $n = 1000$ Trapezen sagt sie schließlich, dass es sich nun tatsächlich um die Fläche unter dem Graphen handle. Dies führt sie darauf zurück, dass die angegebenen Zahlenwerte für das Integral und die Trapezsumme übereinstimmen. Somit sei „das […] halt einfach komplett genau berechnet". Sie bestätigt ihre Antwort auch nochmal, als der Interviewer nachhakt.

Der Interviewer bittet die Schülerin zur Überprüfung das Bild noch einmal heranzuzoomen:

> I: Ok. Jetzt machen wir nochmal den Test und gehen nochmal nah dran. (zeigt auf den Bildschirm) Versuch mal nochmal nah dran zu gehen.
> G: (zoomt das Bild stark heran)
> I: Ob da irgendwas passiert?
> G: Nee. (zoomt weiter heran)
> I: Meinst du, wenn ich jetzt weiter gehe passiert auch nichts mehr? Wenn ich jetzt sozusagen immer weiter zoome. Gibt es dann irgendwann vielleicht doch 'nen Unterschied?
> G: Nee, ich glaub' das/ Nee.
> I: Warum nich'?
> G: Weil das ja der gleiche Wert is'. (zeigt mit dem Cursor auf den Trapezsummen-wert und den Integralwert)

Die Schülerin erkennt nach dem Heranzoomen weiterhin keinen Unterschied zwischen der Trapezsummenfläche und der Integralfläche. Auf die Frage des Interviewers, ob bei weiterem Heranzoomen irgendwann ein Unterschied entstehe, antwortet sie mit nein und begründet ihre Aussage damit, dass die angegebenen Werte übereinstimmen („Weil das ja der gleiche Wert is'").

Die Schülerin bezieht in ihre Überlegungen nicht mit ein, dass es sich beim angegebenen Integralwert um einen gerundeten Wert handeln könnte, der zudem ebenfalls nur numerisch bestimmt wurde. Sie scheint keine theoretischen Überlegungen darüber anzustellen, ob man mit endlich vielen Geradenstücken eine Kurve annähern kann. Vielmehr scheint die „Autorität" der gleichen Zahlenwerte die Schülerin dazu zu veranlassen, davon auszugehen, es müsse sich auch um die gleichen Flächen handeln. In dem von ihr aktivierten subjektiven Erfahrungsbereich ist das Gleichheitszeichen „=" offensichtlich mit der Angabe eines exakten Wertes verbunden, an einen gerundeten Wert denkt sie nicht. Zudem erkennt sie beim Heranzoomen, anders als im Falle der Rechtecksummen, keine Unterschiede der Flächen. Die Begründung kann somit als naiv-empirisch beschrieben werden. Es könnte sich zudem um eine Folge der Erwartungshaltung der Schülerin an das Interview handeln, da sie vermutlich davon ausgeht, am Ende des Interviews mit Hilfe des Programms eine Lösung für die gestellten Fragen bzw. den Berechnungsauftrag zu finden.

9.4.2 Schüler H

Das Interview mit Schüler H beginnt wie auch bei Schülerin G mit der Beschreibung des auf dem Bildschirm zu Sehenden:

> H: Ich sehe eine quadratische Funktion mit der Funktionsgleichung $0,4x^2 + 1$.
> I: Mhm (bejahend).
> H: Mit gestrichelten Linien eingezeichnet darunter die Fläche zwischen der Kurve und der x-Achse, was man auch das Integral nennen kann.
> I: Genau.
> H: Also was man mit dem Integral ausrechnen kann.
> I: Genau. Ähm, sozusagen, was gibt dieser Wert da rechts an, wenn Sie das symbolisch geschriebene da sehen? Diese 9, 6667?
> H: Das is' der Flächeninhalt und/ Also von der blauen Fläche.
> I: Mhm (bejahend). Ganz genau. Ähm, jetzt verändern Sie mal bitte unten diesen Punkt b. Was gibt denn eigentlich a und b an? Was/ Was is' das?
> H: Das sind die/ die Integralgrenzen und da wird dann angegeben zu welchen/ Also, die Fläche unter der Kurve is' ja bei dieser jetzt unendlich und dann muss man das eingrenzen, damit man einen Wert bekommt. Dann wird hier bei dem unteren Grenz/ Ähm, der unteren Grenze so 'ne Linie gezogen. (fährt mit dem Cursor entlang der Linie oberhalb von a) Bei der oberen Grenze eine hochgezogen (fährt mit dem Cursor entlang der Linie oberhalb von b) und dann dazwischen die Fläche berechnet. (fährt mit dem Cursor über die Fläche unter dem Graphen)

Der Schüler beschreibt, dass er auf dem Bildschirm eine Funktion sehe. Mit dem Begriff „Funktion" bezeichnet er in diesem Fall vermutlich den abgebildeten Funktionsgraphen, denn die angegebene Funktionsgleichung bezeichnet er als ebensolche. Zudem sei die Fläche „zwischen der Kurve und der x-Achse" markiert, die sich mit dem Integral ausrechnen lasse. Der auf dem Bildschirm angegebenen Integralwert gebe den Flächeninhalt der blau markierten Fläche an. Diese werde durch die Intervallgrenzen a und b eingegrenzt, da die Fläche sonst unendlich groß sei. Der Schüler hat somit bereits Erfahrung mit dem Begriff des Integrals gesammelt und wendet die kennengelernten Begriffe seiner Theorie auf das Setting an.

Der Interviewer bittet Schüler H zu erläutern, wie man den Flächeninhalt unter der Kurve berechnen könnte:

> H: Mhm (überlegt). Man könnte vielleicht von jedem Punkt, also hier einen kleinen Abschnitt nehmen (fährt mit dem Cursor einen kleinen Abschnitt rechts von a ab). Vielleicht eins oder einhalb breit und dann einfach ein Rechteck zeichnen (deutet mit dem Cursor ein schmales Rechteck an) und davon einen Wert ausrechnen. Und dann einen gleich großen Abschnitt (fährt mit dem Cursor einen kleinen Abschnitt rechts von dem vorherigen ab) und davon ein Rechteck nehmen (deutet

mit dem Cursor ein Rechteck an) und ausrechnen. Und dann kann man eben entweder bestimmen, dass/ sagen, dass das Rechteck am oberen Punkt aufhört (zeigt mit dem Cursor auf den Punkt auf dem Graphen oberhalb von b), dass hier dann 'n Überschuss is' oder, dass unten/ (zeigt mit dem Cursor auf einen Punkt auf dem Graphen etwas weiter rechts und deutet ein Rechteck unterhalb des Graphen an) dass unten die Grenze is' zum Rechteck und dann is' eben zu wenig.
I: Sozusagen, damit haben Sie schon ein bisschen Erfahrung gesammelt, oder?
H: Ja, ich hab' mir das autodidaktisch beigebracht, die Integralrechnung.

Der Schüler beschreibt, dass man das betrachtete Intervall in Teilintervalle einteilen könnte und in diesen jeweils ein Rechteck bildet. Die Höhe des Rechtecks könne man mit dem jeweils oberen oder unteren Punkt festlegen, sodass ein „Überschuss" entsteht oder „zu wenig" berechnet wird. Schüler H erklärt die Bestimmung von Ober- und Untersummen. Diese habe er sich bereits außerhalb des Unterrichts angeeignet, was auch seine Erfahrungen mit den Begriffen der Integralrechnung erklärt.

Der Schüler markiert auf Anweisung des Interviewers die Felder „Obersumme" und „Untersumme":

I: Meinen Sie sozusagen sowas in der Art, oder?
H: Ja, ich meinte/ ich meinte auch noch, dass man die nich' im gesamten/ im Bereich, sondern die Rechtecke immer Teilrechtecke (deutet mit dem Cursor mehrere vertikale Linien an).
I: Dann schieben Sie mal dieses/ diesen Schieberegler wo $n = 1$ steht etwas nach rechts.
H: (erhöht n auf $n = 6$)
I: Sozusagen so in der Art meinen Sie?
H: Ja, so mein' ich das.
I: Ähm, wie stehen jetzt diese Flächen in Beziehung zueinander? Also sozusagen diese Fläche, die da hellrosa is' und diese lilane Fläche und die blaue.
H: Also ich würde sagen, dass man/ Die rosane Fläche gibt man einen Näherungswert für die Fläche unter der Kurve an.
I: Mhm (bejahend).
H: Genauso wie die lilane Fläche.
I: Mhm (bejahend).
H: Und. (4 sec.) Die rosane/ Ich würd' sagen, die rosa/ also die rosafarbene Fläche is' zu groß und die lilane zu klein.
I: Mhm (bejahend).
H: Und die stehen insofern in Beziehung zueinander, als dass beide/ alle drei versuchen, die Fläche unter der Kurve möglichst genau/
I: Ja.
H: Anzugeben.

Schüler H erklärt, dass er sich bei seinen vorherigen Erläuterungen auf die nun dargestellten Rechtecksummen bezogen habe. Sowohl die rosafarbene (Obersumme) als auch die lilafarbene Fläche (Untersumme) geben nach Aussage des

Schülers einen Näherungswert für die Fläche unter der Kurve an. Über das Verhältnis der drei Flächen gibt er an, dass die rosafarbene Obersummenfläche „zu groß" und die lilafarbene Untersummenfläche „zu klein" sei.

Der Interviewer bittet Schüler H den Schieberegler deutlich nach rechts zu schieben. Dieser erhöht den Wert n auf $n = 905$:

> H: Mhm (überlegt). (4 sec.) Also, hier steht $n = 905$ jetzt gerade und ich nehm' mal einfach an, dass das heißt, dass die/ die Grenzen (fährt mit dem Cursor über den Bereich zwischen a und b), also der Bereich, in dem integriert werden soll in 905 gleich große Teile aufgeteilt wird und also dann immer ein Neunhundertfünftel von dieser Fläche/ von dem Grenzbereich wird dann immer sozusagen (deutet mit dem Cursor viele vertikale Linien an) abgegrenzt und dann 'n Rechteck hochgezogen und wieder ein Neun/ also immer so weiter und plus Neunhundertfünftel/
> I: Mhm (bejahend). Und kann ich das jetzt mit der Methode genau bestimmen? Is' das jetzt genau bestimmt, oder is' das nur 'ne Näherung? Also gerade eben war es ja nur 'ne Näherung, is' das jetzt immer noch nur 'ne Näherung, oder is' das jetzt genau?
> H: Es is' genauer, aber immer noch 'ne Näherung.
> I: Ok. Und kann ich das so auch irgendwie genau bestimmen?
> H: (4 sec.) Meinen Sie jetzt exakt, oder?
> I: Ja, wenn ich jetzt noch weiter gehe. Wenn ich jetzt $n = 10000$ nehme, oder/
> H: Man kann es immer genauer machen, aber es is' erst exakt, wenn man das quasi in unendlich Teile aufteilt und dann die/ die eine Seite vom Rechteck die Länge dx hat.
> I: Und sozusagen/ Sie sagen jetzt in unendlich schmale Rechtecke aufteilen. Ähm, aber was heißt denn unendlich schmal? Wie geht das denn? Also sozusagen, ich kann ja immer nur endlich weitergehen, ne? Also ich kann ja mit so 'ner Methode jetzt gar nich' bis ins Unendliche sozusagen gehen. Was bedeutet also unendlich?
> H: Unendlich bedeutet dann hier/ Man kann ja nich' ins Unendliche gehen, dass man den Grenzwert bestimmt.

Schüler H interpretiert den Wert n mit $n = 905$ als Aufteilung des betrachteten Intervalls in „905 gleich große Teile", sodass Rechtecke mit einer Breite von einem „Neunhundertfünftel [...] von dem Grenzbereich" entstehen. Diese Näherung sei genauer als die zuvor betrachtete mit weniger Rechtecken, „aber immer noch 'ne Näherung". Auch, wenn man den Wert n immer weiter erhöhe, werde es nicht exakt, sondern lediglich „immer genauer". Um den Flächeninhalt exakt berechnen zu können, müsse man „das quasi in unendlich Teile aufteilen". Eine Seite vom Rechteck habe dann die Länge dx. Der Schüler verwendet an dieser Stelle die für infinitesimale Größen übliche Schreibweise dx. Auf Nachfrage des Interviewers erklärt er zur Präzisierung seiner Aussage über unendlich viele Teile, dass man den Grenzwert bestimme. Das Wort „quasi" zeigt, dass dem Schüler bewusst zu sein scheint, dass eine empirische Deutung nur bedingt möglich ist. Dies kann auf die Theoretizität des Grenzwertbegriffs zurückgeführt werden.

Um genauer zu erfahren, was der Schüler unter dem Grenzwert versteht, fragt der Interviewer diesen, ob er das Verfahren bereits einmal durchgeführt hat:

> H: Ja, ich hab'/ Ich kenn' auch die/ also, ich kenn' die Vorgehensweise, aber ich kenn' jetzt nich' mehr die, ähm, genaue/ also, die Formel, aus der das heraus abgeleitet wird.
> I: Ok, also das wird mit 'ner Formel gemacht. Was is' denn der Vorteil von 'ner Formel gegenüber dem hier?
> H: Der Vorteil von 'ner Formel is', dass man/ Ähm, es is' einfacher und es is' möglich, weil man ja so nich' ins Unendliche gehen kann. Mit dieser Formel kann man das schnell und einfach ausrechnen und exakt bestimmen.

Der Schüler gibt an, dass er die Vorgehensweise zur Bestimmung des Flächeninhalts mithilfe eines Grenzwertes, aber nicht mehr „die Formel" kenne. Den Zweck einer Formel sieht der Schüler darin, dass es „einfacher und […] möglich" werde, den Flächeninhalt „exakt" zu bestimmen. Es scheint ihm somit bewusst zu sein, dass auf einer empirischen Ebene, durch die begrenzte Möglichkeit der Zerlegung in endlich viele Rechtecke, keine exakte Bestimmung des Inhalts einer krummlinig begrenzten Fläche erfolgen kann. Hierzu wird der theoretische Begriff des Grenzwertes notwendig, der seine Bedeutung innerhalb der Theorie erhält und damit auch nur symbolisch als „Formel" notiert werden kann. Was genau der Schüler unter einem Grenzwert versteht, bleibt in der Interviewsituation allerdings offen.

Auf Anweisung des Interviewers setzt der Schüler den Wert n auf $n = 1$ zurück und markiert anstelle der Felder „Obersumme" und „Untersumme" das Feld „Trapezsumme". Er erklärt, was jetzt neu zu sehen ist:

> H: (4 sec.) Also das is' ein/ ein Trapez, das die beiden Eckpunkte bei der/ bei der Höhe der Kurve bei/ bei der oberen Grenze und bei der unteren Grenze (zeigt mit dem Cursor auf die Eckpunkte des Trapezes) und das is' quasi die/ ja, das macht man quasi, um das/ (fährt mit dem Cursor entlang der oberen Trapezseite) um das noch eine genauere Grenze zu/
> I: Und wenn ich jetzt sozusagen das n wieder ein Stückchen erhöhe? Versuchen Sie es mal, vielleicht erstmal 'n kleines Stück.
> H: (erhöht n auf $n = 6$)
> I: So. Wie wurd' das jetzt hier jeweils immer gemacht? Wurden diese Rechtecke/ Ähm, diese Trapeze bestimmt?
> H: Der Grenzbereich wurde/ (fährt mit dem Cursor den Bereich zwischen a und b ab) der Bereich, in dem integriert wird, wurde in sechs gleiche Längen aufgeteilt (fährt mit dem Cursor einen kleinen Bereich rechts von a ab).
> I: Eigentlich sozusagen wie vorher, ne?

H: Ja, aber dann wurden keine Rechtecke gebildet, sondern immer Trapeze (fährt mit dem Cursor die obere Seite des linken Trapezes ab) bei der der eine Eckpunkt hier oben beim oberen Funktionswert liegt (zeigt mit dem Cursor auf den linken oberen Eckpunkt des linken Trapezes) und der andere Eckpunkt beim unteren Funktionswert (zeigt mit Cursor auf den rechten oberen Eckpunkt des linken Trapezes).

Nach Angaben des Schülers werden die Trapeze so gebildet, dass „die beiden Eckpunkte bei der [...] Höhe der Kurve bei [...] der oberen Grenze und bei der unteren Grenze" liegen. Der „Grenzbereich", also das für den Flächeninhalt betrachtete Intervall, werde wie bei den Rechtecksummen aufgeteilt, nur dass Trapeze gebildet werden. Seine Aussagen verdeutlicht der Schüler, indem er auf Beispielpunkte zeigt. Auf diese Weise ließe sich der Flächeninhalt genauer berechnen („das macht man quasi, [...] um das noch eine genauere Grenze zu/").

Der Schüler soll anschließend den Wert n deutlich erhöhen und stellt das Maximum $n = 1000$ ein. Er erklärt, was dadurch passiert ist:

H: Hier is' im Prinzip das Gleiche passiert wie gerade eben nur, dass man eben 1000 Trapeze gebildet wurden und keine Rechtecke.
I: Ok. Ähm jetzt stehen da ja zwei gleiche Werte rechts. Warum stehen da denn jetzt gleiche Werte? Is' das jetzt das Gleiche oder is' das noch was Anderes?
H: Mhm (überlegt), es is' was Anderes. Der untere Wert, der Integralwert, der is' exakt und der obere Wert is' nur noch eine Näherung, weil man/ Und da stehen die zwei gleichen Werte, weil die/ weil der Unterschied wahrscheinlich so klein is', dass vier Dezimalstellen/ Ähm, vier Stellen hinter dem Komma nich' ausreichen.
I: Ok, das heißt sozusagen, der Wert der da unten angegeben is', is' eigentlich auch nur 'ne Näherung?
H: Ja, keine Näherung sondern wahrscheinlich/
I: Oder 'ne Rundung.
H: (unverständlich, aber zustimmend)

Schüler H beantwortet die Frage, ob es sich bei der betrachteten Trapezsumme aus tausend Trapezen um den gleichen Wert wie beim Integral handelt, auf der Grundlage von theoretischen Überlegungen. Der Integralwert und der Trapezsummenwert werden gleich angegeben und auch augenscheinlich fallen beide Flächen zusammen. Dennoch erklärt der Schüler, dass es sich weiterhin um verschiedene Werte handle. Es scheint seiner Theorie zu widersprechen, dass man mit einer endlichen Anzahl von Schritten eine krummlinig begrenzte Fläche exakt bestimmen kann. Die beiden gleichen Zahlenwerte erklärt er deshalb damit, dass die Anzahl der angegebenen Nachkommastellen nicht ausreicht, um den Unterschied der Werte zu erkennen, dennoch bestehe dieser. Die Trapezsumme sei nur eine Näherung, der Integralwert aber der exakte Flächeninhalt, von dem im Programm ein Rundungswert angegeben wird.

Zum Abschluss des Interviews soll der Schüler das Bild noch einmal stark heranzoomen:

H: (zoomt das Bild stark heran, bis parallele Streifen zu erkennen sind)
I: So, jetzt langsam sieht man sozusagen diese Trapeze. Was is' denn da jetzt noch anders? Da sieht man doch gar nichts Anderes.
H: Man kann nichts anders sehen, aber das Problem ist, dass die Trapeze hier/ dass diese Seiten Geraden sind und die Kurve is' aber nich' gerade (fährt mit dem Cursor entlang der oberen Trapezseite bzw. des Abschnitts des Graphen). Da is' immer noch ein kleiner Unterschied.

Schüler H lässt sich von den auch nach einem starken Heranzoomen noch gleich groß aussehenden Flächen nicht beirren. Man könne mit Geraden keine Kurve annähern, deshalb sei da „immer noch ein kleiner Unterschied" da. Der Schüler verlässt sich somit nicht ausschließlich auf das Verhalten der empirischen Objekte in der konkreten Situation, sondern bezieht auch theoretische Überlegungen zur Beschreibung des Settings mit ein.

9.4.3   Schülerin J

Zu Beginn des Interviews beschreibt Schülerin J, was sie auf dem Bildschirm sieht:

J: Ähm, ich sehe eine Funktion. Ähm, und natürlich dazugehörig auch noch die/ Ähm, den Graphen einer Funktion mit 'ner x- und y-Achse. Die x-Achse geht auch in den Minusbereich. Den Minusbereich der y-Achse kann man nich' sehen und, ja, da steht auch die Beschreibung der Funktion, ähm, halt mit $f(x) = 0,4x^2 + 1$. Man kann halt auch sehen, dass der Graph eben bei der y-Achse im Punkt 1 den/ also (1, 0) dann den/ ähm, (0, 1) den Graphen schneidet und, ja. Rechts steht dann auch noch, dass es/ Ähm, ja, Integral angehakt is', also ja.
I: Mhm (bejahend). Was is' denn das hier/ das was da blau markiert is'?
J: Ähm, (8 sec.) Ja/
I: Sie brauchen keinen Namen oder so. Beschreiben Sie einfach, was das is'.
J: Ja, also man sieht halt, dass es von -2 bis 3 ein Bereich ausgewählt wurde und dieser Bereich liegt eben, ähm, ja/ unterhalb der/ des Graphen. Also er befindet sich nich' sozusagen über dem Graphen, sondern nur unterhalb des Graphen und da wird halt eben diese Kurve/ Ähm, ja, beschrieben.
I: Mhm (bejahend). Also sozusagen das is'/ Man könnte sagen, was da markiert is' is' sozusagen 'ne Fläche, ne?
J: Ja.
I: Ähm, was könnte denn dieser Wert da rechts angeben, der da blau markiert is'?
J: Ähm, meinen Sie den Integralwert?

I: Genau.

J: Ähm, der könnte vermutlich den, ähm, Flächeninhalt wiedergeben.

I: Warum? Wie kommen Sie da drauf?

J: Ähm, also weil es ja sich um den blau markierten Wert handelt und, ähm, weil wir ja festgestellt haben, dass das eine Fläche is' und, ja.

I: Bewegen Sie mal/ Unten haben Sie ja diesen Punkt a und den Punkt b. Bewegen Sie mal den Punkt b.

[...]

J: So. (klickt Punkt b an und schiebt diesen nach rechts)

I: Jetzt funktioniert's. Ähm, was passiert?

J: Ja der Wert wird größer, also weil ich das jetzt nach außen ziehe.

I: Mhm (bejahend). Und die Fläche sozusagen?

J: Die wird auch größer.

Schülerin J beschreibt das empirische Setting und verwendet dabei die Begriffe „Funktion" und „Beschreibung der Funktion" für die Funktionsgleichung, „Graph[...] einer Funktion" für den Funktionsgraphen sowie die Begriffe „x-Achse" und „y-Achse" für das Koordinatensystem. Zudem stellt sie bestimmte Eigenschaften der Objekte heraus, wie beispielsweise, dass der Graph die y-Achse im Punkt $(0, 1)$ schneidet.

Mit der blauen Markierung sei ein Bereich unterhalb des Graphen ausgewählt. Der Interviewer bezeichnet diesen Bereich anschließend als Fläche. Den angegebenen Integralwert interpretiert die Schülerin daher als Maß für den Flächeninhalt. Als Begründung erklärt sie, dass „es ja sich um den blau markierten Wert handelt". Den Zusammenhang zwischen dem Zahlenwert und der Fläche scheint die Schülerin somit in erster Linie aufgrund der gleichfarbigen Darstellung und des Suggestivimpulses des Interviewers hergestellt zu haben. Zudem erkennt sie beim Bewegen des Punktes b, der die Intervallobergrenze des Integrals bestimmt, dass sowohl der Wert als auch die Fläche größer werden.

Im Anschluss an diese Situation fragt der Interviewer die Schülerin, ob sie eine Idee hat, wie man den Flächeninhalt der markierten Fläche ausrechnen könnte:

J: Ähm, ja dafür bräuchte man auf jeden Fall was ja gegeben is' oben die Form des Graphen, weil wir ja festgestellt haben, dass sich das, ähm, nich' über den Graphen auswirkt, sondern, dass das alles nur unterhalb von dem Graphen is'.

I: Mhm (bejahend).

J: Ähm, dann bräuchte man natürlich auch noch den Wert der x-Achse, also, ähm, wie lang das is', weil das is' ja die Länge der Fläche und man bräuchte auf jeden Fall noch oben den obersten Wert/ also der y-Achse, weil das ja der oberste Punkt is'.

I: Mhm (bejahend).

J: Ähm, ja. Theoretisch könnte man/ Also wenn man das grob machen wollte und keine Formel zur Hand hätte könnte man das, ähm, in zwei Dreiecke aufteilen und dann halt noch den mittleren Wert, also hier in der Mitte, denn wenn man hier und hier das Dreieck machen würde, würde ja hier auch nochmal 'n grobes Dreieck 'rauskommen (deutet drei Dreiecke mit dem Cursor an), also könnte man somit den Wert ungefähr bestimmen, also wenn man das mit den Dreiecken machen würde.

I: Ok. Ähm, sie haben jetzt gerade von 'ner Formel gesprochen. Was is' denn, wenn man keine Formel hat?

J: Ähm, wenn man keine Formel/ also jetzt, also wenn man die hier oben nich' hat (zeigt mit dem Cursor auf die Funktionsgleichung). Ja, dann müsste man sich hier die Werte (zeigt mit dem Cursor auf verschiedene Stellen des Funktionsgraphen) halt so anschauen, ähm, und dann könnte man das halt wie gesagt ungefähr mit Dreiecken oder mit, ähm, geometrischen Figuren halt versuchen zu bestimmen.

I: Ok. Und warum kann ich das mit der/ mit dem Graphen da oben machen?

J: Ähm, mit dem Graphen kann man das, ähm, glaub' ich mit der Integralfor/ ja, ähm.

I: Ok, haben sie da schon Erfahrungen gesammelt, oder?

J: Ähm, wir hatten in der Realschule mal kurz darüber gesprochen, dass man das irgendwie so machen kann, aber da bin ich mir jetzt nich' sicher, das is' 'n Jahr her, also/

I: Ok, sozusagen 'ne Formel angegeben wie man das irgendwie anrechnen kann/ ähm, berechnen kann, oder?

J: Ja.

Die Schülerin erklärt, dass man zur Bestimmung des Flächeninhalts sowohl die Form des Graphen als auch die Länge des betrachteten Intervalls brauche. Dann könne man „wenn man das grob machen wolle" die Flächen „mit Dreiecken oder mit […] geometrischen Figuren" bestimmen. Der Schülerin ist somit bewusst, dass mit dem von ihr beschriebenen Verfahren nur ein Näherungswert berechnet werden kann. Für den genauen Wert benötige man eine „Formel". Ihre Ausführungen zur symbolischen Bestimmung eines Wertes für den Flächeninhalt einer Fläche unter einem Graphen bricht die Schülerin allerdings ab und gibt an, man brauche die „Integralfor/", womit sie vermutlich Integralformel meint. Sie habe in der Realschule bereits erste Erfahrungen mit dem Thema Integralrechnung gemacht, dies sei aber zu lange her, sodass sie sich nicht sicher sei.

Anschließend soll Schülerin J das Feld „Obersumme" markieren und erklären, wie sich das Setting dadurch verändert (Wert n auf $n = 1$):

J: Ähm, jetzt haben wir oben den Bereich markiert (zeigt mit dem Cursor auf das Obersummenrechteck oberhalb des Graphen). Ähm, wobei ich mir jetzt nich' sicher bin, ob der untere, ähm, auch/

I: Sie können mal kurz das Integralkästchen ausstellen, dann sehen sie/

J: (hebt Markierung des Integralkästchens kurz auf und markiert es anschließend wieder) Ja, ok. Ja, also das bedeutet, dass der ganze Bereich halt markiert is', also das is' dann ja jetzt ein, ähm, Viereck, bzw. ein Rechteck, weil das eben von -2 bis halt 4 und dann eben oben bis zum bestimmten Wert, also ungefähr 7, 3 oder so, ähm, bestimmt is'.

Die Schülerin erkennt, dass nun zusätzlich ein Rechteck markiert wurde, das so breit ist wie die blaue Fläche unter dem Graphen und hoch geht „oben bis zum bestimmten Wert". Damit meint sie vermutlich den höchsten Wert der Funktion in dem Intervall, führt dies aber zu diesem Zeitpunkt des Interviews nicht weiter aus, sondern nennt nur den geschätzten Wert 7, 3.

Der Interviewer fordert die Schülerin auf, den Schieberegler ein wenig nach rechts zu bewegen. Die Schülerin stellt schließlich $n = 6$ ein:

J: Ähm, wir sehen verschiedene Vierecke, die sich vermutlich in den/ also, die sich halt in diesen Intervallen, also zwischen -2 und 4 halt eben befinden und, ähm, die dann eben den höchsten Punkt nehmen und dann ungefähr halt wiedergeben, wie, ja, groß das is'.

I: Mhm (bejahend). Was gibt das n an?

J: Ähm, n gibt/ Ähm, n gibt an, wie viele von den Vierecken es da sozusagen gibt.

I: Ähm, jetzt können wir das ja sozusagen mal ganz nach rechts schieben.

J: Ja.

I: Was passiert denn dann?

J: (erhöht n auf $n = 1000$) Ja, dann is' das Ganze, also weil es so viele, ähm, Vierecke gibt is' das sozusagen angeglichen, sodass das halt der nächste Wert is' eben. Also/ Der/ Also, je weiter man das nach rechts schiebt, desto eher gleicht sich der Wert an, wie das halt auch wirklich is', weil, ähm/

I: Aber was heißt denn desto eher? Is' das jetzt der Wert oder is' das der nich'?

J: Das is' noch nich' der Wert.

I: Ok.

J: Weil/

I: Wann is' das der Wert?

J: Ähm, jaa. Das is' eigentlich 'ne sehr gute Frage. Ähm.

I: Also muss ich dann irgendwie/ Das is' jetzt $n = 1000$. Is' das dann bei 5000 der Wert oder bei 10000?

J: Eigentlich nich'. Das kann man nich' direkt so angleichen. Das muss gegen/ Das muss man gegen unendlich laufen lassen und dann irgendwann hat man einen Wert, der so nah dran is', dass der/ Ähm, ja, dass man sagen kann, dass der gleich dieser Wert is'.

I: Und was heißt denn, dass der dann so nah dran is'? Und was heißt gegen unendlich laufen? Ich kann da ja nich' unendlich/ Ich kann da ja immer nur so viele Rechtecke dahin machen, wie ich kann. Aber irgendwie kann ich den ja berechnen, den Wert. Was heißt also/ Was heißt denn gegen unendlich laufen? Kann ich das so machen, oder muss ich das irgendwie anders machen?

J: Ähm, also man nimmt ja immer mehr Rechtecke, sodass man irgendwann gar nich' mehr die kleinen Rechtecke erkennen kann und, ähm, ja, wenn man/ Also, das is' so ähnlich wie bei der Tangente, also wenn man jetzt Differentialrechnung machen möchte und dann halt mit der Tangentengleichung irgendwann, ähm, sagt man halt einfach, das ist nur noch ein Punkt, obwohl man theoretisch sagen müsste, dass es niemals nur einen Punkt geben könnte, weil es ja so viele unendliche Zahlen gibt, dass es theoretisch sich immer um 'ne Sekante handeln müsste, aber/

I: Das heißt Sie machen das so lange bis man das nich' mehr erkennen kann?

J: Ja.

Zunächst erkennt die Schülerin, dass das Intervall in mehrere Teilintervalle zerlegt wird und dort jeweils ein Rechteck gebildet wird mit einer Höhe bis zum höchsten Funktionswert im Teilintervall. Der Wert n gebe dabei die Anzahl der Rechtecke an. Auf diese Weise könne der Flächeninhalt „ungefähr" berechnet werden.

Nachdem sie den Schieberegler auf den maximalen Wert $n = 1000$ eingestellt hat, erklärt sie, dass sich so der Flächeninhalt noch besser annähern ließe. Dabei gelte „je weiter man das nach rechts schiebt, desto eher gleicht sich der Wert an, wie das halt auch wirklich is'". Den tatsächlichen Wert erhalte man so aber „noch" nicht.

Auf die Frage, wie hoch man die Anzahl der Rechtecke wählen muss, um den Flächeninhalt genau berechnen zu können, antwortet die Schülerin, dass man das so nicht machen könne, man müsse das „gegen unendlich laufen lassen". Dann habe man irgendwann einen Wert erreicht, der „so nah dran" ist, dass man sagen könne, dass „der gleich dieser Wert is'". Dies sei dann erreicht, wenn man „gar nich' mehr die kleinen Rechtecke erkennen kann". Dazu stellt sie einen Vergleich mit dem Übergang von einer Sekante zu einer Tangente an, der auch nicht zu einem Berührpunkt zusammenlaufe, dennoch „sagt man halt einfach, das ist nur noch ein Punkt".

Die Aussagen von Schülerin J legen ihr Verständnis des Grenzwertbegriffs offen. Beim Begriff des Grenzwertes handelt es sich eigentlich um einen theoretischen Begriff. Empirische Referenzobjekte lassen sich nicht finden und der Schülerin scheint keine Vortheorie zur Verfügung zu stehen, in der dieser als theoretischer Begriff eingebunden ist. Die Schülerin legt allerdings eine alternative Begriffskonstruktion dar, bei der der Grenzwert als empirischer Begriff auftritt. Ist visuell kein Unterschied mehr zu erkennen, so ist für sie der Grenzprozess beendet und der Grenzwert bestimmt. Dies geschieht dann schon nach endlich vielen Schritten und führt zu sehr schmalen Rechtecken, die aber immer noch eine feste Breite besitzen. Dieses Verständnis legt sie offenbar auch dem Grenzprozess der Differentialrechnung zugrunde. Tall (2013) bezeichnet solche Sekanten, die zwei sehr nah beieinander liegende Punkte verbindet als „practical tangent" (S. 301) und sieht sie als natürliche Übergangsvorstellung zu tatsächlichen Tangenten.

Die Schülerin soll anschließend mit dem Mausrad das Bild heranzoomen. Sie führt dies aus und beschreibt die Veränderungen:

J: Ja, jetzt sieht man eine kleine Treppe.

I: Ok. Und das heißt?

J: Ähm, wenn man 'ranzoomt, dann sieht man natürlich die kleinen, ähm, Vierecke wieder, bzw. die Rechtecke. Und, ja, man könnte den Wert jetzt versuchen noch weiter/ also noch genauer zu bestimmen, aber ab 'nem bestimmten Punkt lohnt es sich dann eigentlich auch gar nich', den genauer zu bestimmen.

I: Mhm (bejahend). Ok. Ähm, und wenn ich jetzt sozusagen/ Ja, wenn ich jetzt heranzoome, was heißt das denn eigentlich? Heranzoomen jetzt hier in dem Fall.

J: Dass ich mir den Graphen jetzt noch genauer anschaue, als ich den vorher sozusagen sehen konnte, weil ich mir ja, ähm, einen genauen Punkt sozusagen 'raussuche jetzt zum Beispiel hier, ähm, 3, 58 und, ähm, halt hier zwischen 2, 5 und 2, 56 (zeigt mit dem Cursor auf einen Punkt des Graphen), wenn ich hier halt weiter 'ranzoome, dann seh' ich ja halt, ja, dass sich halt hier wieder ein Kästchen befindet (fährt den Rechteckrand mit dem Cursor ab) und/ Ja.

I: Mhm (bejahend). Ok. Und warum wird da jetzt der Funktionsgraph, also hier diese Linie zur Begrenzung, warum wird die denn jetzt nich' dicker, wenn ich doch näher 'ran geh'?

J: Ja, weil der Funktionsgraph, ähm, ja genau die Zahl beschreibt und nich' einfach nur eine breite Masse von Zahlen, sondern die beschreibt ja genau die Zahlen.

Bei der herangezoomten Darstellung des Graphen erkennt die Schülerin „eine kleine Treppe" bzw. die „Vierecke wieder". Dies stützt ihre Aussage der vorherigen Interviewsituation, dass weiterhin ein Unterschied zwischen der Rechteckfläche und der tatsächlichen Fläche bestehe. Man könne die Fläche noch genauer berechnen, dies lohne aber nicht. Bei dieser Aussage wird deutlich, dass die Schülerin eine genaue Bestimmung des Flächeninhaltswertes nicht für möglich hält, weshalb ihr Vorschlag der Näherung bis zu einer gewissen Genauigkeit in ihrer Theorie als praktikable, aber auch einzig mögliche Lösung für das Problem anzusehen ist.

Mit dem Heranzoomen könne man „den Graphen jetzt noch genauer anschaue[n]". Die Linie werde nicht dicker, da der Graph „genau die Zahl beschreibt" und nicht „einfach nur eine breite Masse von Zahlen". An dieser Stelle wird deutlich, dass die Schülerin durchaus eine idealisierte Vorstellung eines Funktionsgraphen gegenüber der einfachen Linie besitzt. Für sie scheint ein Funktionsgraph ein eindimensionales Objekt zu sein, das eindeutige Zuordnungen zwischen zwei Zahlen vornimmt.

Schülerin J zoomt auf Geheiß des Interviewers das Bild wieder heraus und stellt den Wert n auf $n = 1$ ein, sodass ungefähr die Ausgangssituation erreicht wird und markiert zusätzlich zum Feld „Obersumme" das Feld „Untersumme":

J: Ähm, das is'/ Also, man sieht ja hier, dass es sozusagen von 0 an geht bis eben zum niedrigsten Punkt des Graphen, also bis 1 (deutet mit dem Cursor die Höhe des Untersummenrechtecks an der y-Achse an).

I: Ok, genau. Und jetzt erhöhen wir das wieder so'n bisschen das n. Mal wieder so auf 6 oder 10 oder sowas.

J: Ja. (erhöht auf $n = 20$)

I: Oder 20 geht auch.

J: Ja.

I: Ähm, was is' da jetzt? Wie verhalten die sich jetzt zueinander? Also zum Beispiel diese/ jetzt diese rosa Fläche, diese blaue Fläche und diese dunkle, lilane Fläche?

J: Ähm, also die lilane Fläche nimmt natürlich jetzt am meisten Platz ein, weil das ja die Untersumme bildet, sozusagen, ähm, wieder in dem bestimmten Kästchen den höchsten Punkt, der dann sozusagen nicht über den Graph hinaus geht und dann sieht man halt die lilane Fläche, das is' ja wieder die Obersumme, ähm, und das/ das blaue is'/ Ja, also das blaue und das lilane sind sozusagen gleich groß jeweils.

I: Mhm (bejahend). Ähm, jetzt gehen Sie wieder nach ganz rechts.

J: (erhöht n auf $n = 1000$) So.

I: Was is' jetzt passiert?

J: Ähm, ja jetzt hat sich das wieder sehr genau angeglichen. Ähm, aber diesmal halt von unten nach oben und nich' von oben nach unten.

I: Ok. Und kann ich das jetzt damit genau bestimmen?

J: Mit der Untersumme und mit der Obersumme? Ähm, ja die Untersumme is' von unten halt sozusagen ungenau, also da hab'n wir jetzt das Prob/ also das ähnliche Problem, was wir eben hatten. Wir werden halt nich' auf den genauen Wert kommen, weil da wird immer 'n kleines bisschen zu wenig sein und bei der Obersumme wird halt 'n bisschen zu viel da sein.

Die Schülerin erkennt, dass die Rechtecke der Untersumme gebildet werden, indem ihre Höhe zwischen der x-Achse („von 0") und dem niedrigsten Punkt des Graphen in dem Intervall („bis eben zum niedrigsten Punkt des Graphen, also bis 1") gebildet wird.

Nachdem sie das Bild ein wenig herangezoomt hat, beschreibt sie das Verhältnis der einzelnen Flächen. Die Untersumme nehme am meisten Platz ein, die anderen beiden Flächen seien etwa gleich groß. Bei ihrer Beschreibung beschränkt sich die Schülerin allerdings auf die sichtbaren Teile der Flächen. Eigentlich ist die Fläche der Obersumme am größten und die der Untersumme am kleinsten. In der Abbildung befindet sich die Untersummenfläche aber vor den anderen und verdeckt diese zum Teil.

Anders als bei der Obersumme werde die Fläche mit der Untersumme „von unten nach oben [angeglichen]". Es entstehe aber das gleiche Problem wie bereits bei der Obersumme, „weil da wird immer 'n kleines bisschen zu wenig sein".

Der Interviewer bittet die Schülerin anschließend, den Wert n wieder auf $n = 1$ einzustellen, die Felder „Obersumme" und „Untersumme" auszustellen und stattdessen das Feld „Trapezsumme" zu markieren. Die Schülerin erläutert anschließend ihre Beobachtungen:

J: Ähm, ich zoom' nochmal 'n bisschen 'raus (zoomt ein wenig heraus). Ja, jetzt hab'n wir halt hier das Trapez von dem niedrigsten Punkt des Graphen (zeigt mit dem Cursor auf die obere linke Ecke des Trapezes), also, ähm, wo halt sozusagen von -2 (zeigt mit dem Cursor auf Punkt a) und ja, der/ (zeigt mit dem Cursor auf die obere linke Ecke des Trapezes)

I: Is' das der niedrigste Punkt?

J: Nich' der niedrigste Punkt des Graphen, aber halt der äußerste Punkt (zeigt mit dem Cursor auf Punkt a) und dann der oberste hier (zeigt mit dem Cursor auf obere linke Ecke des Trapezes) und dann eben ein Trapez zum, ja, hier höchsten Punkt des Graphen (zeigt mit dem Cursor auf die obere rechte Ecke des Trapezes) und halt äußersten Punkt von x (zeigt mit dem Cursor auf Punkt b).

I: Mhm (bejahend). Jetzt machen wir wieder 'n bisschen höher und jetzt wirklich nur ganz, ganz bisschen höher, erstmal.

J: (erhöht n auf $n = 2$)

I: Ja, zum Beispiel 2, genau.

J: Ja, hier sind jetzt halt zwei Trapeze (fährt mit dem Cursor die oberen Seiten der Trapeze ab) und das is', ja/ (4 sec.) Es is' aber auf jeden Fall jetzt schonmal n' bisschen genauer teilweise als das von eben.

Die Schülerin erklärt, dass bei der Trapezsumme zwischen den Funktionswerten der äußeren betrachteten x-Werte ein Trapez aufgespannt wird. Auf diese Weise könne das „schonmal 'n bisschen genauer" berechnet werden als bei einer Annäherung mit Rechtecken.

Im Anschluss an diese Situation erhöht die Schülerin den Wert n auf $n = 1000$ und erklärt, welche Veränderungen des Settings sie wahrnimmt:

J: Ja, jetzt is' der Wert, ähm, so ziemlich, ja, der Wert, den wir auch von dem Integral aus haben.

I: Was heißt denn so ziemlich?

J: Es is' genau der Wert, es is' genau der Wert (zeigt mit dem Cursor auf die grüne Trapezfläche). Ähm, ja mit den Trapezen hatte man halt von Anfang an schon direkt einen genaueren Wert. Der hat sich sehr, sehr schnell angeglichen, schneller als bei der Ober- und der Untersumme. Bei, ähm, bei der Obersumme, ähm, und der Untersumme hatten wir immer Rechtecke und da wurde dann halt immer sehr viel Platz eben, ja, nich' verschenkt, aber es wurd' halt immer zu viel oder bzw. dann zu wenig immer noch angegeben. Bei den Trapezen hatten wir ja 'ne Schräge und deswegen hat sich der Wert dann schneller angeglichen.

I: Mhm (bejahend). Und jetzt is' er auch wirklich gleich, oder?

J: Ja.

Schülerin J erklärt, dass der Wert des Integrals schon so ziemlich erreicht wurde. Auf Nachfrage des Interviewers betont sie aber sehr deutlich, dass es sich nun exakt um den Integralwert handle („Es is' genau der Wert, es is' genau der Wert."). Aufgrund der schrägen oberen Seite der Trapeze im Vergleich zu den horizontalen Linien des Rechtecks erhalte man schneller eine gute Näherung der

Fläche. Diese Aussage der Schülerin passt auch zu der von ihr zuvor geäußerten pragmatischen Vorstellung eines Grenzprozesses, der nach endlich vielen Schritten bei einer sehr guten Näherung abgebrochen wird, um dann zu sagen, man hat den exakten Wert erreicht.

Die Schülerin soll das Bild anschließend stark heranzoomen und die Veränderungen erklären:

> J: (zoomt Bild weiter heran, bis nur noch wenige Trapezteile im Bild zu sehen sind)
> I: Vielleicht sehen wir auch gleich irgendwann mal die Kästchen. (4 sec.) Jetzt sieht man langsam schon die Breite der Kästchen. (7 sec.) Wollen Sie nochmal was sagen zu/ Sie hatten ja gerade gesagt, die sind genau gleich.
> J: Mhm (bejahend). Und man sieht jetzt hier immer noch keine Treppen (fährt mit dem Cursor die obere Seite eines Trapezes ab), wie man eben vorhin gesehen hat, sondern es verhält sich immer noch so, dass es weder zu viel, noch zu wenig is', es is' eigentlich immer genau gleich. (zoomt währenddessen immer weiter heran)
> I: Und wenn ich jetzt immer weiter 'ran gehe?
> J: Ähm, ja, man/
> I: Passiert irgendwann was?
> J: Ähm, bis jetzt nich' (zoomt weiter heran, sodass nur noch ein kleiner Teil eines Trapezes zu sehen ist und schließlich ein schmaler grüner Streifen oberhalb des Graphen erscheint) aber jetzt sieht man hier ganz leicht 'n bisschen was Grünes. Ähm, ja, es is' trotzdem zu erwarten, dass man halt immer noch keinen genau gleichen Wert kriegt, weil, ähm, es sich ja, ähm, immer noch um, ähm, geometrische Formen handelt und, ja deswegen.
> I: Ähm, aber warum sind denn die Werte jetzt rechts gleich? Das versteh' ich nich'.
> J: Ähm, weil es sich ja hier (zeigt mit dem Cursor auf den Integralwert) nur um eine Kommazahl mit vier Nachkommastellen handelt und deswegen is' der Wert sozusagen mathematisch gesehen gleich, aber wenn man wie gesagt in den, ähm, Nanobereich oder so rein geht, dann wird man halt immer feststellen, dass es so etwas wie einen ganz gleichen Wert, ähm, den man halt mit 'ner geometrischen Form erreichen möchte nich' gibt, also/
> I: Ok, aber irgendwie wurde ja dieser Wert jetzt oder auch noch 'n genauerer oder noch genauer ja berechnet.
> J: Ja.
> I: Also irgendwie kann man den ja berechnen, oder?
> J: Ja.
> I: Also, wieso können wir das denn jetzt nich'? Was is' denn der Unterschied?
> J: Ähm, wir benutzen momentan hier geometrische Formen, um das zu errechnen und versuchen dann halt, ähm, dadurch, dass wir eben diese tausend kleinen Trapeze benutzen, diesen Wert genau zu berechnen, aber, ähm, ja mit geometrischen Formen wird man das dann halt nich' so genau hinkriegen. Man braucht dafür dann eben eine Formel, womit man das eben, ja, berechnen kann.
> I: Was is' denn der Unterschied zwischen der Formel dann? Was is' das/ Wieso hilft die denn da?

> J: Ähm, die Formel kann zwar auf geometrischen Formen basieren, aber sie setzt
> das nich' mit geometrischen Formen um, weil hier haben wir ein Trapez und das
> Trapez kann man halt nich' anpassen, indem es halt die Kurve sich anpasst, son-
> dern es is' halt/ Ähm, ja, es is' halt fest und die Formel kann sich aber verändern
> und die kann halt tatsächlich auch, ähm, Kurven halt darstellen, was ein Trapez
> jetzt nich' kann, weil es halt eine geometrische Vierecksform is'.

Beim Heranzoomen erkennt die Schülerin zunächst „keine Treppen" wie bei den
Rechteckflächen. Daher folgert sie, „dass es weder zu viel, noch zu wenig is',
es is' eigentlich immer genau gleich". Als sie noch weiter heranzoomt erkennt
sie, dass die Flächen nicht deckungsgleich aufeinander liegen und erklärt, „dass
man halt immer noch keinen genau gleichen Wert kriegt" und führt dies darauf zurück, dass man mit geometrischen Formen eine krummlinig begrenzte
Fläche nicht genau auslegen kann. Die Werte seien nur gleich, weil lediglich
vier Nachkommastellen angegeben sind. Der Wert sei „mathematisch gesehen
gleich" aber im „Nanobereich" könne man Unterschiede feststellen. Hier wird
deutlich, dass die Schülerin die Werte für übereinstimmend hält bzw. bei einer
gewissen Nähe beider Werte zueinander als gleich betrachtet. Der von ihr angesprochene „Nanobereich" wird in ihrer Theorie bewusst außen vorgelassen. Er
gehört in der Sprechweise dieser Arbeit nicht zu den intendierten Anwendungen
ihrer empirischen Theorie.

Eine genaue Berechnung des Flächeninhalts sei nur mit einer Formel möglich.
Diese könne „zwar auf geometrischen Formen basieren", werde aber nicht „mit
geometrischen Formen um[gesetzt]". Die Formel könne sich anders als die geometrischen Objekte an die Kurve anpassen. Es zeigt sich somit, dass die Schülerin
bei einer geometrischen Vorgehensweise zwar eine pragmatische Position vertritt,
bei der exakte Übereinstimmung nicht zu erreichen ist, bei Berechnungen mit
einer Formel allerdings von der Bestimmung exakter Werte ausgeht.

Um diesem Sachverhalt genauer nachzugehen, fragt der Interviewer die Schülerin noch über den Zusammenhang mit der Ableitung und dem Begriff des
Grenzwertes:

> J: Ähm, ja, die Grenzwerte gehen gegen unendlich, bzw. also, wenn man einen/
> ähm, eine offene Funktion hat, gehen die halt gegen unendlich, weil man halt, ja,
> weil der Graph halt immer weiter nach oben geht, aber, weil man halt nich' sagen
> kann, ok, am Punkt unendlich is' der Punkt noch bei der x-Achse dort oder halt/
> Also, weil man den Punkt halt nich' mehr genau bestimmen kann, ähm, spricht
> man halt von Grenzwerten. Ähm, und man versucht halt diese Grenzwerte aus-
> zurechnen, indem man halt, ähm, ja (4 sec.) ja, man/ Also man versucht halt die
> obersten Grenzwerte halt auszurechnen bzw. festzustellen.
> I: Was könnte das hiermit zu tun haben? Können mir Grenzwerte hier vielleicht
> auch helfen?

J: Ähm, die Grenzwerte können einem in dem Fall helfen, dass man halt, ähm, einen Wert festlegt und sagt hierhin und nicht weiter und, ähm, dass man halt nich' in diesen richtig kleinen Bereich, Nanometer oder so, reinkommt.
I: So, das heißt Grenzwert is' sozusagen, dass man sagt, ähm, wir machen das jetzt so genau und das is' dann genau.
J: Genau.

Zum Abschluss des Interviews macht Schülerin J ihre Konzeption des Grenzwertbegriffs noch einmal sehr explizit. Grenzwerte gehen laut Aussage der Schülerin „gegen unendlich". Den im Unendlichen entstehenden Wert, zum Beispiel ein Funktionswert, könne man aber nicht bestimmen. Aus diesem Grund bilde man den Grenzwert, der einen konkreten Wert festlegt, für welchen gelte „hierhin und nicht weiter", damit man den „richtig kleinen Bereich" von der Schülerin als „Nanometer" bezeichnet nicht betrachten muss. Der Grenzwert wird von der Schülerin somit im wahrsten Sinne des Wortes verwendet, als Grenze, die festlegt, dass kleinere Werte bzw. Bereiche nicht betrachtet werden, also von der Beschreibung durch die Theorie ausgeschlossen werden. Diese pragmatische Herangehensweise führt dazu, dass der Grenzwertbegriff in der Theorie der Schülerin ein empirischer Begriff ist. Er tritt in der Theorie als Hilfskonstruktion auf, die dafür sorgt, dass empirisch bestimmte Näherungswerte den Status von exakten Werten erhalten.

9.5   Ergebnisdiskussion

Die drei Schülerinnen und Schüler verwenden bei der ersten Beschreibung des Settings auf der Grundlage ihrer Vortheorien ähnliche Grundbegriffe wie Graph, Funktion, x-Achse oder y-Achse. Im späteren Interviewverlauf zeigt sich dann aber, dass die Interviewten gleich bezeichneten Grundbegriffen aufgrund ihrer individuellen empirischen mathematischen Theorien zum Teil unterschiedliche Eigenschaften zuschreiben. Beispielsweise wundert sich Schülerin G beim Heranzoomen des Graphen im Programm, dass die Linie nicht breiter wird. Sie scheint somit keine idealisierte Vorstellung des Graphen als eindimensionales Objekt zu haben, sondern bezeichnet als solchen die tatsächliche Linie mit einer bestimmten Breite. Schüler H und Schülerin J scheinen den Graphen dagegen als Linie zu verstehen, die eindeutige Zahlenpaare repräsentiert und beschreiben daher das Heranzoomen als Betrachtung in einem kleineren Bereich.

Die einzelnen Schülerinnen und Schüler verwenden teilweise aber auch Begriffe, die die anderen Interviewten nicht verwenden. Beispielsweise bezeichnet Schülerin G die Rechteckflächen in vielen Interviewsituationen als Säulen, da die Darstellung sie an Säulendiagramme erinnere. Den Begriff der Fläche nennt zunächst nur Schüler H, Schülerin J bezeichnet die Fläche als Bereich unterhalb des Graphen. Schülerin G nennt das Markierte dagegen Abschnitt des Graphen. Die Betrachtung einer Fläche im Kontext von Funktionen scheint nicht Teil ihres aktivierten subjektive Erfahrungsbereichs zu Funktionen zu sein, was darauf zurückgeführt werden kann, dass sie keine Vorerfahrung mit der Integralrechnung hat. Stattdessen rückt daher der Graph selbst in den Fokus ihrer Betrachtung.

Die im Setting neu auftretenden und vorher zum Teil nicht bekannten Begriffe werden ebenfalls unterschiedlich gedeutet. Beispielsweise geht Schülerin G zunächst davon aus, dass mit dem Wert Obersumme das markierte Flächenstück oberhalb des Graphen gemeint ist. Dies könnte auf den Wortteil „Ober" zurückzuführen sein, der der Schülerin suggeriert, es müsse sich um eine Fläche oberhalb von etwas wie beispielsweise dem Funktionsgraphen handeln. Die Schülerin erkennt aber schnell, dass der Wert den Flächeninhalt des gesamten Rechtecks angibt, vermutlich da er größer als der angegebene Integralwert ist. Weitere Zuordnungen werden zum Teil auf oberflächlichen, nicht theoretisch motivierten Verbindungen zwischen den Objekten getroffen. So scheint ein wesentlicher Grund für die Bezeichnung des Integralwerts als Flächeninhalt der markierten Fläche durch Schülerin J die gleiche Farbe der Schrift und der Flächenfüllung aber auch ein Suggestivimpuls des Interviewers zu sein.

Auch die auftretenden Symbole werden von den Schülerinnen und Schülern unterschiedlich gedeutet. Während Schüler H und Schülerin J richtigerweise die Parameter n als Anzahl der Rechtecke sowie a und b als Intervallgrenzen der Fläche umschreiben, erklärt Schülerin G zunächst, es handle sich bei n um den y-Achsenabschnitt sowie bei a und b um die Parameter einer quadratischen Funktion in Normalform. In ihrem aktivierten subjektiven Erfahrungsbereich zu Funktionen scheinen diese Buchstaben fest mit dieser Bedeutung verbunden zu sein.

Die Approximation der Fläche unter dem Graphen wird von den Schülerinnen und Schülern zunächst ähnlich beschrieben. Schülerin G und Schülerin J schlagen vor, die Fläche durch verschiedene geometrische Formen wie Dreiecke anzunähern. Schüler H erklärt aufgrund seiner Vorerfahrungen mit der Integralrechnung die Bildung von Rechtecksummen. Alle Interviewten sind sich dessen bewusst, dass es sich dabei um eine Näherung handelt. Bei der Aktivierung von Ober- und Untersummen erkennen ebenfalls alle Schülerinnen und Schüler, dass die Obersumme einen größeren und die Untersumme einen kleineren Wert angibt als der Integralwert und das Ergebnis genauer wird, wenn man die Anzahl der Rechtecke erhöht.

Bei der Frage, ob man durch das Erhöhen der Anzahl der Rechtecke bzw. später im Interview auch der Trapeze irgendwann den exakten Flächeninhaltswert erhält, zeigt sich dann aber das sehr unterschiedliche Verständnis eines Grenzprozesses. Schülerin G geht bereits bei der Erhöhung der Anzahl der Untersummenrechtecke auf den durch den Schieberegler maximalen Wert von $n = 1000$ davon aus, dass es sich um das exakte Ergebnis handeln müsse. Dies führt sie darauf zurück, dass visuell kein Unterschied mehr zwischen den beiden Flächen zu erkennen ist. Zudem könnte man ihre Aussage auf den Schieberegler zurückführen, der suggeriert, man hätte die Anzahl ausreichend erhöht, wenn man den maximalen Wert eingestellt hat. Die weiterhin unterschiedlichen angegebenen Zahlenwerte stören sie bei ihrer Aussage nicht bzw. diese beachtet sie nicht. Beim Heranzoomen erkennt die Schülerin dann, dass weiterhin ein Unterschied zwischen den Flächen besteht. Sie erklärt dann, dass dieser Unterschied auch bei einer beliebigen Erhöhung der Rechteckanzahl bestehen bleiben müsse, da „das [...] ja immer so 'n bisschen raus" gucken würde (generisches Beispiel). Bei der Trapezsumme später im Interview führt sie dieses Argument nicht an. Auch beim Heranzoomen erkennt sie keinen Unterschied der Flächen und die Zahlenwerte sind gleich angegeben, weshalb sie deutlich macht, dass „das [...] halt komplett genau berechnet" wurde. Schülerin G zeigt somit eine Form der naiv-empirischen Auffassung von Mathematik, die bereits Schoenfeld (1985) ausführlich beschrieben hat. Sie stützt sich auf die visuell wahrnehmbaren Unterschiede sowie die angegebenen Zahlenwerte. Ihr mathematisches Wissen führt sie nur bedingt an, um das auf dem Bildschirm zu Sehende erklären zu können.

Eine deutlich andere Vorstellung vom Grenzprozess zeigt Schüler H. Er erklärt, dass man die Anzahl der Rechtecke und Trapeze eigentlich nur endlich erhöhen kann und es sich bei diesem Vorgehen immer um eine Näherung handelt. Der gleiche angegebene Wert und der nicht erkennbare Unterschied der Flächen auch bei einer herangezoomten Darstellung von $n = 1000$ Trapezen verunsichern den Schüler nicht. Er erklärt den vermeintlichen Unterschied zwischen seiner Theorie und den im Programm gleich angegeben Werten damit, dass es sich bei den angegebenen vier Nachkommastellen des Integral- und des Trapezsummenwertes um Rundungen handelt. Zur exakten Bestimmung müsse man das Intervall „quasi in unendlich Teile" einteilen, sodass eine Seite die Länge dx habe. Am Wort „quasi" lässt sich erkennen, dass dem Schüler bewusst ist, dass das Beschriebene nur bedingt eine empirische Deutung des Grenzwertbegriffs entsprechend eines heuristischen Hilfsmittels darstellt. Für den Grenzwert selbst erklärt er dann, dass man eine Formel benötige. Erst mit der Formel werde die exakte Bestimmung der Fläche möglich. Auch wenn er die Grenzwertbildung nicht genauer beschreibt, scheint ihm in einem gewissen Maße bewusst zu sein, dass der Grenzprozess nicht empirisch durchgeführt, sondern nur durch den Grenzwertbegriff innerhalb der Theorie geklärt werden kann. Es handelt sich um einen theoretischen Begriff, der somit auch nur symbolisch als „Formel" dargestellt werden kann.

Schülerin J nimmt schließlich eine Zwischenposition zwischen den Auffassungen vom Grenzwertbegriff der Schülerin G und des Schülers H ein. Ihr ist bewusst, dass man mit einer endlichen Anzahl von Rechtecken oder Trapezen die Fläche „eigentlich" nicht genau bestimmen kann. Daher müsse man die Anzahl gegen unendlich laufen lassen. Der Schülerin scheint bewusst zu sein, dass man keine unendliche Anzahl an Rechtecken bilden kann. Den Grenzwert erklärt sie deshalb als einen sehr guten Näherungswert bei einer großen Anzahl an Rechtecken, den man auswählt und dann als exakten Wert bestimmt („einen Wert festlegt und sagt hierhin und nicht weiter"). Ähnlich wie bei Messungen in den Naturwissenschaften wird damit der Flächeninhalt unter dem Graphen von der Schülerin mit einer bestimmten Messgenauigkeit bestimmt. Schülerin J vermeidet somit die Bildung eines theoretischen Begriffs und scheint stattdessen einen empirischen Grenzwertbegriff entwickelt zu haben, der sich vollständig empirisch deuten lässt. Die Unstimmigkeiten beim Heranzoomen werden durch eine Hilfskonstruktion beseitigt, die darin besteht, dass man die von ihr als „Nanobereich" bezeichneten Unterschiede bei der Betrachtung nah beieinander liegender Werte nicht betrachtet. Dieser Bereich gehört somit nicht zu den intendierten Anwendungen ihrer empirischen Theorie. Die Schülerin legt eine pragmatische Sichtweise zugrunde, bei der gute Näherungswerte per Definition den Status von exakten Werten erhalten („ab 'nem bestimmten Punkt lohnt es sich dann eigentlich auch gar nich'").

Insgesamt zeigen sich in dieser Fallstudie sehr unterschiedliche Vorstellungen zu zentralen Begriffen der Analysis, insbesondere zum Grenzwertbegriff. Diese können zum Teil auf die verschiedenen Vorerfahrungen der Schülerinnen und Schüler zurückgeführt werden. Schülerin G hat keine Erfahrungen mit der Integralrechnung, sondern lediglich unterrichtliche Erfahrungen mit der Differentialrechnung gesammelt. Schüler H hat sich bereits umfassend selbstständig im außerunterrichtlichen Bereich mit der Integralrechnung befasst. Schülerin J hat schließlich bereits in einem vorherigen Schuljahr erste unterrichtliche Berührungspunkte mit der Integralrechnung gehabt.

Die App Calcflow – Begründung auf der Grundlage einer Virtual-Reality-Umgebung zur Analytischen Geometrie

10

10.1 Das spezifische Forschungsinteresse

Unter dem Begriff der virtuellen Realität wird eine durch spezielle Hard- und Software erzeugte künstliche Realität verstanden, in welcher ein Benutzer vergleichsweise natürlich mit den digitalen Objekten interagieren kann. Während die VR-Technologie bereits seit mehreren Jahrzenten entwickelt und beforscht wird, ist die Hard- und Software erst seit wenigen Jahren für den persönlichen Gebrauch auf dem Massenmarkt verfügbar. In den letzten Jahren wurden verschiedene VR-Anwendungen für den Bildungsbereich entwickelt, die unter anderem auch mathematische Themen in den Blick nehmen. Empirische Untersuchungen zum Einfluss der Virtual-Reality-Technologie auf das Mathematiklernen von Schülerinnen und Schülern gibt es aber bisher nicht.

In dieser Fallstudie sollen daher erste Erkenntnisse zu den Charakteristika von mathematischen Wissensentwicklungsprozessen in VR-Umgebungen gewonnen werden. Dazu wird die Verwendung eines empirischen Settings zum Thema Orthogonalprojektionen von Vektoren in der VR-App Calcflow durch Schülerinnen und Schüler untersucht.

Es wurden Einzelinterviews mit fünf Schülerinnen und Schülern geführt. Hierbei handelt es sich um die gleichen Personen, die auch an den Interviews zum Integraphen teilgenommen haben. Sie haben einen Mathematik-Leistungskurs an einer Gesamtschule besucht und wenige Wochen vor den Interviews ihre Abiturprüfungen geschrieben. Im Unterricht haben sie Erfahrungen mit der analytischen Geometrie sammeln können, das Thema Orthogonalprojektion wurde aber nicht behandelt. Analysiert werden im Folgenden drei Interviews mit den bereits in der Integraph-Fallstudie untersuchten Schülern.

© Der/die Autor(en), exklusiv lizenziert durch Springer Fachmedien Wiesbaden GmbH, ein Teil von Springer Nature 2022
F. Dilling, *Begründungsprozesse im Kontext von (digitalen) Medien im Mathematikunterricht*, MINTUS – Beiträge zur mathematisch-naturwissenschaftlichen Bildung, https://doi.org/10.1007/978-3-658-36636-0_10

10.2 Die Virtual-Reality-Technologie im Mathematikunterricht

Bei der Virtual-Reality-Technologie (kurz: VR) handelt es sich um eine Form der Computergrafik, die eine dreidimensionale virtuelle Umgebung erzeugt, in der ein Nutzer nach bestimmten Regeln interagieren kann:

> *„Virtual reality, also called virtual environments, is a new interface paradigm that uses computers and human-computer interfaces to create the effect of a three-dimensional world in which the user interacts directly with virtual objects." (Bryson, 1996, S. 62)*

Im Vergleich zur traditionellen 3D-Computergrafik handelt es sich bei VR-Systemen nicht um eine rein visuelle Präsentation, sondern es wird eine multisensorische Wahrnehmung (visuell, akustisch, haptisch) in Echtzeit angestrebt. Zur visuellen Vermittlung der 3D-Inhalte kommen spezielle dreidimensionale Displays zum Einsatz, die meist stereoskopische Verfahren nutzen, die dem linken und rechten Auge ein unterschiedliches Bild präsentieren. Damit handelt es sich bei VR-Umgebungen um eine betrachterabhängige Präsentation (egozentrische Perspektive), bei der der Nutzer im Mittelpunkt steht. Innerhalb der Computersimulation kann der Nutzer in Echtzeit mit virtuellen Objekten interagieren. Hierzu stehen ihm 3D-Eingabegeräte zur Verfügung, die beispielsweise Körperbewegungen oder Gestik erkennen und in Interaktionen umsetzen (vgl. Dörner, Broll, Jung, Grimm & Göbel, 2019).

Das zentrale Unterscheidungsmerkmal zwischen Virtual Reality und anderen Mensch-Maschine-Schnittstellen bildet sich durch die sogenannte Immersion. In einem technischen Sinne lässt sich hierunter die Forderung verstehen, dass die Sinneseindrücke eines VR-Nutzers durch die Ausgabegeräte möglichst umfassend angesprochen werden (vgl. Dörner et al., 2019). Dies kann dadurch erreicht werden, dass der Nutzer möglichst vom realen Umfeld isoliert wird, möglichst viele seiner Sinne durch die virtuelle Realität angesprochen werden, das Ausgabegerät den Nutzer möglichst vollständig umgibt und nicht nur ein kleines Sichtfeld bietet und eine lebendige Darstellung geboten wird (vgl. Slater & Wilbur, 1997).

Diese neuen Möglichkeiten der Virtual-Reality-Technologie führen zu einer veränderten Interaktion zwischen Mensch und Maschine:

> *„The promise of immersive virtual environments is one of a three-dimensional environment in which a user can directly perceive and interact with three-dimensional virtual objects. The underlying belief motivating most virtual reality (VR) research is that this will lead to more natural and effective human-computer interfaces." (Mine, Brooks & Sequin, 1997, S. 19)*

Im Vergleich zu traditionellen Mensch-Maschine-Schnittstellen ergibt sich mit VR ein besonders natürliches und intuitives Interagieren mit der virtuellen 3D-Umgebung. Die klassische sogenannte WIMP-Schnittstelle (Abkürzung für Windows, Icons, Menus, Pointing), die bei Computern zum Einsatz kommt, wurde ursprünglich für zweidimensionale Anwendungen entwickelt und kann zur Manipulation von 3D-Objekten nicht effizient genutzt werden. Bei VR werden hingegen Interaktionstechniken eingesetzt, die dem Nutzer meist aus der alltäglichen Interaktion mit physischen Objekten bekannt sind (vgl. Dörner et al., 2019). Das Ziel ist dabei eine möglichst intuitive Interaktion, die den Lernaufwand und den mentalen Aufwand bei der Benutzung reduziert:

> *„An intuitive interface between man and machine is one which requires little training [...] and proffers a working style most like that used by the human being to interact with environments and objects in his day-to-day life. In other words, the human interacts with elements of his task by looking, holding, manipulating, speaking, listening, and moving, using as many of his natural skills as are appropriate, or can reasonably be expected to be applied to a task."* (Stone, 1993, S. 183)

Auch wenn die VR-Technologie ein großes Potential zur Erfüllung dieser Zielvorstellungen aufweist, ist eine vollständig natürliche Interaktion mit der aktuellen Technik noch nicht möglich. Dennoch wird die Interaktion mit der virtuellen Welt und die Darstellung dieser über verschiedene Sinneskanäle zunehmend realitätsnäher. Dies führt dazu, dass VR-Systeme den Nutzern die Möglichkeit geben, Erfahrungen in einer virtuellen Welt zu machen. Zur Beschreibung dieser mentalen Erfahrungen wird der Begriff der Präsenz (manchmal auch Immersion) verwendet:

> *„[...] ein wesentliches Potential von VR [liegt] in der Möglichkeit im Nutzer die Illusion der Anwesenheit in einer Virtuellen Welt zu erzeugen. Die Nutzer sollen beispielsweise das Gefühl vollständigen Eintauchens in die Virtuelle Welt erhalten. Der Begriff Präsenz [...] bezeichnet das damit verbundene subjektive Gefühl, dass man sich selbst in der Virtuellen Umgebung befindet und dass diese Umgebung sozusagen real für den Betrachter wird. Reize aus der realen Umgebung werden dabei ausgeblendet."* (Dörner & Steinicke, 2019, S. 56)

Die Präsenz einer VR-Erfahrung setzt sich aus drei Aspekten zusammen. Die Ortsillusion suggeriert dem Nutzer, sich an dem durch VR dargestellten Ort zu befinden. Durch die Plausibilitätsillusion nimmt der Nutzer simulierte Ereignisse so war, als ob sie wirklich geschehen. Mit der Involviertheit lässt sich ausdrücken, wie stark sich ein Nutzer in eine virtuelle Realität eingebunden fühlt (vgl. Dörner et al., 2019).

Zusammenfassend lässt sich Virtual Reality nach Sherman and Craig (2019) durch die vier Kernelemente virtuelle Welt, sensorisches Feedback, Interaktion zwischen virtuellen Objekten und dem Nutzer sowie Immersion definieren (vgl. Zobel, Werning, Metzger & Thomas, 2018):

> *„Virtual reality: a medium composed of interactive computer simulations that sense the participant's position and actions and replace or augment the feedback to one or more senses, giving the feeling of being mentally immersed or present in the simulation (a virtual world)." (Sherman & Craig, 2019, S. 16)*

Neben der Virtual-Reality-Technologie gibt es weitere verwandte technologische Ansätze, die ebenfalls die Interaktion mit virtuellen Objekten auf eine möglichst intuitive Weise fokussieren. An erster Stelle ist hier die Augmented-Reality-Technologie (AR) zu nennen, die anders als VR nicht eine komplette virtuelle Umgebung erzeugt, sondern virtuelle Objekte als Ergänzung in der realen Umgebung integriert:

> *„Augmented Reality (AR) is a variation of Virtual Environments (VE), or Virtual Reality as it is more commonly called. VE technologies completely immerse a user inside a synthetic environment. While immersed, the user cannot see the real world around him. In contrast, AR allows the user to see the real world, with virtual objects superimposed upon or composited with the real world. Therefore, AR supplements reality, rather than completely replacing it." (Azuma, 1997, S. 356)*

Sowohl die VR- als auch die AR-Technologie lassen sich auf dem sogenannten Mixed-Reality-Kontinuum (Milgram, Takemura, Utsumi & Kishino, 1994) verorten, dass sich zwischen den zwei Polen virtuelle Realität und Realität befindet:

> *„Mixed Reality (MR) ist ein Kontinuum, welches sich zwischen der Realität und der Virtualität (virtuellen Realität) erstreckt, wobei der Anteil der Realität kontinuierlich abnimmt, während sich der der Virtualität entsprechend erhöht. Soweit der Anteil der Virtualität hier überwiegt, ohne dass die Umgebung dabei ausschließlich virtuell ist (Virtuelle Realität), so spricht man von Augmentierter Virtualität (engl. Augmented Virtuality). Ist hingegen der Anteil der Realität größer, so handelt es sich um AR." (Dörner et al., 2019, S. 22)*

Bei der virtuellen Realität oder auch Virtualität werden (möglichst) alle Sinneseindrücke durch den Computer generiert. Die augmentierte Virtualität ist in erster Linie virtuell, wird aber durch reale Elemente ergänzt. Bei der augmentierten Realität handelt es sich schließlich um eine reale Umgebung, die durch virtuelle

Objekte angereichert wird. Der Übergang ist folglich fließend und eine eindeutige Zuordnung und Begriffsverwendung ist kaum möglich. Bei der Vermarktung von Produkten und in der öffentlichen Diskussion sind besonders die Begriffe Augmented Reality und Virtual Reality gebräuchlich.

Die Entwicklung von AR- und VR-Technologie geht zurück bis in die 1960er Jahre und damit noch vor die Markteinführung des Personal Computers. Im Jahr 1965 stellte Ivan Sutherland das wohl erste VR-System unter dem Namen „The Ultimate Display" (Sutherland, 1965) vor, das aus einem Datenhelm sowie einem ultraschallbasierten Trackingsystem bestand und es bereits ermöglichte, einfache dreidimensionale Welten perspektivisch korrekt zu betrachten (vgl. Dörner et al., 2019). Nach verschiedenen Weiterentwicklungen entsprechender Systeme mit meist sehr speziellen Anwendungen folgte im Jahr 2012 mit der Markteinführung der Oculus Rift das erste VR-System für den Massenmarkt, das insbesondere für den Entertainment-Bereich entwickelt wurde (vgl. Zobel et al., 2018). Inzwischen stehen eine Vielzahl unterschiedlicher Systeme zur Verfügung, die unter anderem im Bildungsbereich sinnvoll eingesetzt werden können.

Ein VR-System besteht aus einer speziellen Kombination von Eingabegeräten und Ausgabegeräten. Als Eingabegeräte werden verschiedene Sensoren verwendet, darunter Beschleunigungssensoren, optische Tracker, Tiefenkameras, Mikrofone, Kameras, oder Drucksensoren. Die Kombination verschiedener Eingabegeräte ermöglicht beispielsweise die Erfassung der Kopfbewegung, der Bewegung im Raum oder der Bewegung der Hände. Zusätzlich werden bei den meisten VR-Systemen Interaktionen über Controller ermöglicht. Im Prozess des Renderings werden durch das VR-System Sinnesreize auf der Grundlage eines Computer-Modells der virtuellen Welt generiert, die dem Nutzer durch die Ausgabegeräte präsentiert werden. Als Ausgabegeräte stehen insbesondere das Display zur visuellen Vermittlung und Lautsprecher zur auditiven Vermittlung zur Verfügung. Bei bestimmten Systemen finden auch sogenannte Motion-Plattformen zur Simulation von Bewegung sowie Force Feedback-Systeme zur Simulation von Haptik Einsatz (vgl. Dörner et al., 2019). Ein schematischer Überblick eines VR-Systems ist in Abbildung 10.1 zu sehen.

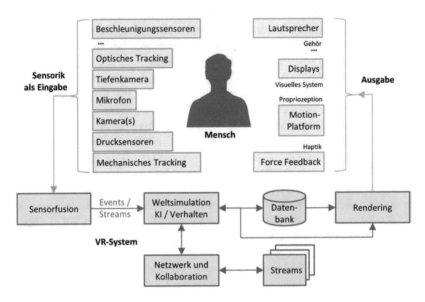

Abbildung 10.1 Schematische Darstellung eines VR-Systems. (© Dörner, Broll, Jung, Grimm & Göbel, 2019, S. 32)

Die verbreitetste Form von VR-Systemen sind sogenannte Head-Mounted-Displays, also Displays, die am Kopf unmittelbar vor dem Auge des Nutzers positioniert sind (vgl. Grimm, Broll, Herold, Reiners, Cruz-Neira, 2019). Hierunter werden unter anderem VR- und AR-Brillen gezählt. In der empirischen Studie in dieser Arbeit wurde die VR-Brille Oculus-Quest verwendet (Abbildung 10.2). Hierbei handelt es sich um eine autarke VR-Brille, was bedeutet, dass kein Computer zur Verwendung der Brille notwendig ist, sondern Berechnungen durch ein in der Brille integriertes System durchgeführt werden. Als Eingabegeräte werden optische Sensoren sowie Beschleunigungssensoren genutzt, die das Erfassen von Kopfbewegungen, Bewegungen im Raum sowie Bewegungen der Controller ermöglichen. Mithilfe der Tasten auf den Controllern können weitere Eingaben getätigt werden. Wird die Brille mit einem Computer verbunden, so lassen sich auch leistungsstärkere Anwendungen öffnen, bei denen die virtuelle Realität durch den Rechner erzeugt wird.

Abbildung 10.2 Foto der VR-Brille Oculus Quest sowie der zugehörigen Controller. (© Oculus VR)

Die Verwendung von Virtual-Reality-Technologie zu Bildungszwecken hat bereits eine lange Tradition. Bereits in den 1960er-Jahren startete die United States Airforce die Forschung zu VR-Flugsimulatoren für die Pilotenausbildung (vgl. Kavanagh, Luxton-Reilly, Wuensch & Plimmer, 2017). Besonders im Bereich der beruflichen Bildung sind VR-Systeme inzwischen verbreitet, beispielsweise zur Simulation großer technischer Systeme wie Flugzeuge und Züge oder industrieller Anlagen (vgl. Köhler, Münster & Schlenker, 2013).

Die VR-Technologie bietet aber auch ein großes Potential für die Bildung an Regelschulen. Lernumgebungen innerhalb einer virtuellen Realität können über die Grenzen des im Realen Möglichen hinausgehen und auf diese Weise innovative Lernhilfen darstellen:

> *„VR offers teachers and students unique experiences that are consistent with successful instructional strategies: hands-on learning, group projects and discussions, field trips, simulations, and concept visualization. Within the limits of system functionality, we can create anything imaginable and then become part of it. The VR learning environment is experiential and intuitive [...]." (Bricken, 1991, S. 178)*

Damit sind VR-Lernumgebungen besonders gut für Konzepte des Lernens auf der Grundlage von Erfahrungen im Sinne des Konstruktivismus geeignet (vgl. Hellriegel & Cubela, 2018). Es sind aber auch verschiedene Herausforderung mit AR- und VR-Technologie im Unterricht verbunden. Hierzu gehören die teilweise hohen finanziellen Kosten, eine mangelnde Realitätsnähe sowie das Auftreten gesundheitlicher Beeinträchtigungen (z. B. Cybersickness) (vgl. Cristou, 2010).

Bereits vergleichsweise früh hat auch die Entwicklung von VR- und AR-Anwendungen im Bereich der Mathematik begonnen. Beispiele sind die Anwendung „Construct 3D" (Kaufmann, Schmalstieg & Wagner, 2000), mit der sich raumgeometrische Konstruktionen in einer AR-Umgebung mit mehreren Personen gemeinsam erstellen lassen oder die Anwendung „Spatial-Algebra" (vgl. Winn & Bricken, 1992), die eine VR-Umgebung zum Umgang mit Algebra-Blöcken darstellt. Diese waren allerdings insbesondere aufgrund zu dieser Zeit wenig verbreiteter Hardware nicht für den Massenmarkt bestimmt und dienten insbesondere Forschungszwecken.

Inzwischen gibt es einige AR- und VR-Anwendungen, die speziell für den Mathematikunterricht oder das Lernen von Mathematik an der Hochschule konzipiert wurden und durch die inzwischen deutlich günstigere Hardware auch verwendet werden können. Für die Schule beziehen sich die Anwendungen besonders auf die Themenbereiche Geometrie (z. B. VR Math) und analytische Geometrie (z. B. edVR, vgl. Baur, 2019). Im Bereich der Hochschulmathematik wird insbesondere der Bereich der mehrdimensionalen Analysis in den Blick genommen (z. B. Calcflow). Forschungsergebnisse zum Einsatz von Virtual-Reality-Technologie zum Lernen von Mathematik gibt es allerdings bisher kaum. In einer empirischen Studie von Kang, Kushnarev, Pin, Ortiz und Shihang (2020) wurde der Einfluss einer VR-App zu mehrdimensionaler Analysis auf das Mathematiklernen von Ingenieursstudierenden untersucht. Die Personen, die die VR-App genutzt haben, können sich die Konzepte zwar nach eigenen Angaben nun besser vorstellen, in einem anschließenden Test haben sie aber im Durchschnitt schlechtere Ergebnisse erzielt als die Vergleichsgruppe. Diese ersten Ergebnisse deuten darauf hin, dass der Einsatz von VR- und AR-Anwendungen für den Mathematikunterricht sowohl mit Chancen als auch mit Herausforderungen verbunden ist.

Insgesamt lässt sich bei den AR- und VR-Anwendungen ein Trend hin zu einem anschaulicheren Zugang zur Mathematik erkennen, bei dem die Schülerinnen und Schüler Mathematik auf der Grundlage (virtueller) empirischer Objekte lernen. Die Anwendungen bilden in diesem Sinne empirische Settings, anhand derer die Schülerinnen und Schüler ihre empirischen mathematischen Theorien weiterentwickeln und begründen können. Wie solche Prozesse im Kontext dieser für den Mathematikunterricht neuen Technologie ablaufen, soll in der folgenden Fallstudie erörtert werden.

10.3   Die VR-App Calcflow und Orthogonalprojektionen von Vektoren

Die in der Fallstudie eingesetzte Virtual-Reality-Anwendung ist die von der Firma Nanome Inc. entwickelte Software Calcflow für die VR-Brillen der Hersteller Oculus, HTC und Valve. Die Anwendung basiert auf einem virtuellen dreidimensionalen Koordinatensystem, das mit Controllern, welche die Bewegung der Hände erfassen, gedreht und herangezoomt werden kann. Im Koordinatensystem können mathematische Objekte wie mehrdimensionale Funktionsgraphen, Kurven oder Vektorpfeile durch eine algebraische Beschreibung erzeugt und dargestellt werden. Die Objekte können dann durch Handbewegungen mit den Controllern weiter verändert werden (siehe Abbildung 10.3). So schreibt Nanome Inc. über die Anwendung:

Manipulate vectors with your hands, explore vector addition and cross product. See and feel a double integral of a sinusoidal graph in 3D, a mobius strip and it's normal, and spherical coordinates! Create your own parametrized function and vector field! (https://store.steampowered.com/app/547280/Calcflow/, Stand: 18.01.2021)

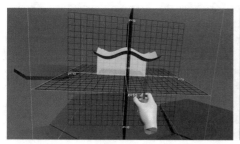

Abbildung 10.3   Screenshots der Software Calcflow zu den Themen Doppelintegral (links) und Vektorfeld (rechts). (©Nanome Inc.)

In der App Calcflow lassen sich insgesamt 15 verschiedene Szenarien aufrufen. Die einzelnen Module behandeln die Themen Vektoraddition, Kreuzprodukt, Ebenen, Doppelintegral, Dreifachintegral, parametrisierte Kurven, parametrisierte Flächen, Vektorfelder, Koordinatentransformationen, Determinanten, Vektorrotation, Orthogonalprojektion und einige weitere Themen. In den Szenarien finden sich keine konkreten Aufgaben, die Anwendung ist vielmehr als allgemeines

Werkzeug zu verwenden und auf ein besseres Verständnis grundlegender mathematischer Konzepte ausgelegt. Die Anwendung wurde eigentlich für den Bereich der Hochschulmathematik zur Unterstützung des Lernens von Vektoranalysis in Kooperation mit der UC San Diego entwickelt. Einzelne Module, wie das zur Vektoraddition und zum Kreuzprodukt, können aber auch thematisch in der Schule eingesetzt werden.

Die Grundlage für die in diesem Kapitel beschriebene Fallstudie bildet das Szenario zu Orthogonalprojektionen von Vektoren. Elemente dieses Szenarios sind ein dreidimensionales Koordinatensystem, dargestellt durch einen transparenten Würfel mit einem kartesischen Koordinatenkreuz, sowie ein Eingabefeld für numerische Parameter bzw. algebraische Ausdrücke (siehe Abbildung 10.4). In dem Szenario können sowohl Orthogonalprojektionen von Vektoren in eine Ebene als auch in eine Gerade untersucht werden. Dazu kann im Eingabefeld zwischen „Plane" und „Line" unterschieden werden. Entsprechend können die Koordinaten von ein bzw. zwei Basisvektoren („basis 1" und „basis 2") eingeben werden, die die Gerade bzw. Ebene aufspannen. Die Geraden und Ebenen gehen jeweils durch den Koordinatenursprung. Außerdem kann der Vektor eingegeben werden, der auf die Gerade oder Ebene projiziert werden soll („Vector"). Dieser wird dann als Pfeil ausgehend vom Koordinatenursprung dargestellt. Unter dem Reiter „Projection Short Cuts" können die Koordinatenachsen („x-axis", „y-axis", „z-axis") und Koordinatenebenen („xy-plane", „xz-plane", „yz-plane") auch direkt ausgewählt werden. Im Eingabefeld werden dann die Koordinaten des projizierten Vektors angezeigt („projected Vector").

Die eingegebenen Vektoren, Geraden und Ebenen werden in dem Koordinatenwürfel grafisch ausgegeben. Die Projektionsgerade bzw. Ebene wird hellblau angezeigt, der Ausgangsvektor als grüner Pfeil und der projizierte Vektor als lilafarbener Pfeil. Wird mit dem Controller im virtuellen Raum durch gedrückt Halten des Mittelfingers und Bewegen des Controllers die Spitze des grünen Pfeiles bewegt, so passen sich die Darstellung im Koordinatenwürfel sowie die Koordinaten der Vektoren im Eingabefeld automatisch an (siehe Abbildung 10.5). Zusätzlich werden die Koordinaten der Vektoren an den Pfeilspitzen im Koordinatenwürfel angezeigt.

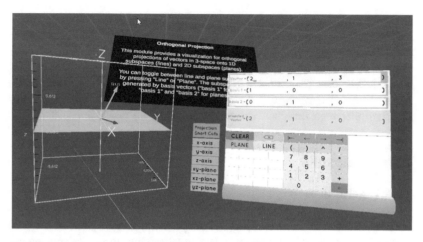

Abbildung 10.4   Eingabefeld und Koordinatenwürfel im Szenario „Orthogonalprojektion"
in der App Calcflow. (©Nanome Inc.)

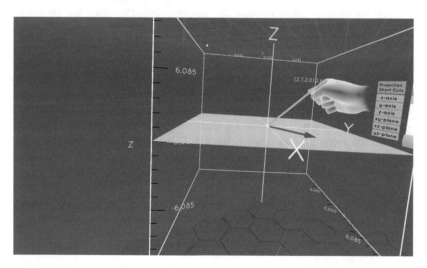

Abbildung 10.5   Ziehen an der Spitze eines „Vektorpfeils" in der App Calcflow. (©Na-
nome Inc.)

Verschiedene weitere Einstellungen können bezogen auf die Ansicht vorgenommen werden. Sowohl das Eingabefeld als auch der Koordinatenwürfel können durch gedrückt Halten des Mittelfingers am Controller und das Bewegen des Controllers an eine andere Stelle des virtuellen Raumes gezogen oder gedreht werden. Außerdem können beide Elemente durch gedrückt Halten beider Mittelfinger an den Controllern und das Auseinanderziehen bzw. Zusammenschieben der Controller vergrößert bzw. verkleinert werden.

10.4   Fallstudie

10.4.1 Schüler D

Nachdem Schüler D die Anwendung „Orthogonal Projection" geöffnet hat wird er vom Interviewer gefragt, was er in der virtuellen Umgebung erkennen kann:

> D: Ja, also da is' hier so 'n, also ich sag' mal 'n Quadrat und dadrin is' wie, das hatten wir beim Taschenrechner auch, dass dann so, da konnte man jetzt zum Beispiel so, ähm, ja Vektoren konnte man sich dann so anzeigen, wie die Graphen verlaufen und so.

Der Schüler bezeichnet den Koordinatenwürfel als Quadrat und vergleicht die Darstellung mit dem Taschenrechner, bei dem man sich Vektoren oder Graphen anzeigen lassen könne. Der Begriff des Vektors wird in der mathematischen Theorie von Schüler D somit mit einem Pfeil in einem Koordinatensystem gleichgesetzt. Die empirische Theorie dient der Beschreibung solcher Pfeile.

Auf Anweisung des Interviewers holt der Schüler den Koordinatenwürfel und das Eingabefeld im Bild weiter nach vorne. Der Interviewer fragt noch einmal genauer nach, was zu erkennen ist:

> I: Ok. Und dann wär' meine Frage, wenn Sie sich jetzt dieses, diesen Würfel angucken. Was könnte das sein? Also dieser Würfel. Das sieht man ja jetzt noch 'n bisschen mehr, wenn der näher dran is'.
> D: Mhm (bejahend). Ja, is' wahrscheinlich, ähm, so 'n 3D-Koordinatensystem, würde ich mal sagen.
> I: Mhm (bejahend), genau. Und was is' dieses Blaue da? Was is' da blau ausgewählt?
> D: Ah, hier das hier? (zeigt mit dem Controller auf die Ebene)
> I: Mhm (bejahend).
> D: Is' 'ne Ebene.
> I: 'Ne Ebene, ok. Was is' das für 'ne Ebene? Können Sie die auch genauer/ Is' das 'ne besondere Ebene oder is' das irgendeine?

D: Nee, das is' halt einfach, ich denk' mal jetzt normale, weil die is' ja jetzt nich'
verschoben oder so. Die is' einfach an den Achsen dran.
I: Ah, ok. An den Achsen dran, genau. Ähm, und jetzt sind da noch/ Was sind da
diese zwei verschiedenfarbigen/ ?
D: Ja, das könnten doch Richtungsvektoren sein.

Den zuvor noch als Quadrat bezeichneten Koordinatenwürfel identifiziert der
Schüler nun als „3D-Koordinatensystem". In dem Koordinatensystem befände
sich eine blaue Ebene. Hierbei handle es sich um eine „normale" Ebene, die
nicht „verschoben oder so", sondern „einfach an den Achsen dran" sei (dargestellt
ist die xz-Ebene). Der Schüler umschreibt den Begriff der Koordinatenebene.
Die beiden Pfeile beschreibt er als Vektoren bzw. genauer als Richtungsvektoren. Diese Assoziation hat er vermutlich, da eine Ebene üblicherweise durch
einen Punkt und zwei linear unabhängige Spannvektoren definiert wird. Der
Ursprung des Koordinatenwürfels ist durch einen gelben Punkt markiert, von
dem aus der grüne und der lilafarbene Pfeil ausgehen, sodass die Konstellation eine Ebene aufspannen könnte, allerdings nicht die im Koordinatensystem
blau markierte. Bei dem von dem Schüler verwendeten Begriff des Richtungs-
vektors handelt es sich um einen im Mathematikunterricht der Schule häufig
eingeführten Hilfsbegriff. Zur Vermeidung der Unterscheidung der zwei Operationen Punkt-Vektor-Addition und Vektor-Vektor-Addition, werden sogenannte
Ortsvektoren, die vom Ursprung ausgehen und eine Position im Raum bestimmen,
von Richtungsvektoren unterschieden, die Vektoren im eigentlichen Sinne darstellen (vgl. Henn & Filler, 2015). Die Beschreibungen des Schülers zeigen, dass er
die Begriffe Ebene und Vektor als empirische Begriffe auffasst. Die im dreidimensionalen Koordinatensystem zu sehende ebene Fläche und die Pfeile bilden die
empirischen Referenzobjekte. Die Ebene ist dabei kein ideales zweidimensionales Objekt mit unendlicher Ausdehnung in zwei Dimensionen, sondern vielmehr
die in jede Richtung begrenzte, in diesem Fall quadratische, Fläche. Ebenso steht
der Vektor nicht für eine Klasse von Pfeilen, die alle entsprechend des Pfeilklassenzugangs zum Vektorbegriff dieselbe Länge, Richtung und Orientierung
aufweisen (vgl. Filler & Todorova, 2012; Dilling, 2019b), sondern für konkret
abgebildete Pfeile. Letztlich ist auch das Koordinatensystem in der Anwendung
Calcflow in allen drei Dimensionen durch den Würfel begrenzt und besteht nicht
aus unendlich langen Achsen.

Der Interviewer bittet den Schüler anschließend, die Beziehung der Vektoren
zueinander zu beschreiben:

D: Ja, also die gehen, ich weiß jetzt nich', ob die genau parallel gehen, aber ja.
I: Gehen die parallel zueinander? Gucken Sie nochmal genauer.

D: Nee.

I: Können die denn parallel zueinander sein?

D: Nee. Nee, durch die, allein durch die Zahlen oben wahrscheinlich nich'.

I: Ok. Sie sehen ja diese Zahlen. Gibt's da irgendwie 'nen Zusammenhang? Kann man da irgendwas Genaueres erkennen?

D: Ja, ich denk mal das is' der Richtungsvektor von denen jeweils, hätt' ich jetzt gesagt. Oder die Punkte.

I: Achso, ja genau. Ok genau, das is' sozusagen der Vektor als symbolische Schreibweise, ne?

D: Mhm (bejahend).

I: Ähm, und wenn die jetzt/ Sie die beiden Zahlen mal vergleichen jeweils immer, gibt's da 'nen Zusammenhang?

D: Ja, also, die haben halt beide 2 und 3. Nur die eine hat dann halt 0 und der andere 1. Also der eine geht dann 1 sag ich mal in die andere Richtung und der andere bleibt in der x2-Ebene.

Der Schüler beschreibt den grünen Pfeil und den lilafarbenen Pfeil als parallel zueinander. Nach einer kritischen Rückfrage verwirft der Schüler seine Aussage wieder, ist sich aber nicht vollständig sicher, was er mit dem Wort „wahrscheinlich" ausdrückt. Es könnte sich um ein Interaktionsmuster handeln, in dem der Interviewer dem Schüler suggeriert, eine alternative Antwort zu nennen. Der Schüler erklärt, man könne an den „Zahlen" sehen, dass die Pfeile „wahrscheinlich" nicht parallel zueinander sind. Ähnlich wie bereits beim Begriff der Ableitung in der Fallstudie zum Integraphen, versucht sich Schüler D insbesondere auf schematische Prozesse zu stützen – in diesem Fall wird von ihm der relationale Begriff der Parallelität über das Verhältnis der beschreibenden Koordinaten zueinander definiert, die Lage der Pfeile im Koordinatensystem nutzt er nicht zur Begründung.

Die Koordinaten geben nach Angaben des Schülers den Vektor an bzw. den „Punkt", womit er vermutlich den Punkt meint, auf den die Pfeilspitze zeigt und an dem die Koordinaten symbolisch notiert sind. Beim Vergleich der Koordinaten der Pfeile erkennt der Schüler, dass zwei Koordinaten übereinstimmen und lediglich eine sich unterscheidet („die eine hat dann halt 0 und der andere 1"). Den Unterschied erklärt er damit, dass der Pfeil, bei dem eine Koordinate gleich 0 ist „in der x2-Ebene" bleibt und der andere „1 […] in die andere Richtung geht". In der empirischen Theorie des Schülers beschreiben die Koordinaten somit die Lage der Pfeile im Koordinatensystem.

Der Interviewer bittet den Schüler, die Spitze des grünen Pfeils zu packen und deren Position zu verändern:

D: (packt die Spitze des grünen Pfeils und verändert die Position ein wenig)
I: Was passiert denn mit dem anderen Pfeil?
D: Ja, der verändert sich mit, aber bleibt immer noch in der x2-Ebene.
I: Aha, ok. Der verändert sich mit und bleibt immer noch in der x2-Ebene. Und wie stehen die jetzt im Verhältnis zueinander, wenn sie nochmal gucken?
D: (verändert die Position der Pfeilspitze ein wenig) (5 sec.)
I: Also die, die Zahlen, wie passen die sich immer an?
D: Ja, die bleiben immer gleich. Nur der verändert halt/ Also x1 und x3 bleiben immer gleich, aber x2 verändert sich nur beim grünen und der andere bleibt dann in der x2/ Also bleibt x2 gleich 0.

Der Schüler bewegt die Pfeilspitze des grünen Pfeils. Er erkennt, dass sich dabei der lilafarbene Pfeil ebenfalls „mit"-verändert, aber weiterhin in der Ebene bleibe. Anhand der Koordinaten drücke sich dies aus, indem die x1- und die x3-Koordinaten gleich bleiben würden, sich die x2-Koordinate aber nur beim grünen Pfeil verändere, da der lilafarbene Pfeil in der x2-Ebene bleibe und daher die Koordinate gleich 0 sei.

Der Interviewer bittet den Schüler zu versuchen, die lilafarbene Pfeilspitze zu packen:

D: (versucht die Spitze des lilafarbenen Pfeils zu packen, stattdessen verändert er aber die Position des Koordinatenwürfels) Ja, dann verändert sich direkt die ganze Ebene.
I: Warum? Warum funktioniert das nich', den lilanen Pfeil zu verändern und der grüne passt sich automatisch an? Haben Sie 'ne Idee?
D: (versucht weiterhin die Spitze des lilafarbenen Pfeils zu packen)
I: Also es funktioniert nich'. Aber warum funktioniert das nich'? Das is' die Frage.
D: Ja, boah ähm. Da bin ich grad' 'n bisschen überfragt leider.

Der Schüler versucht erfolglos die Spitze des lilafarbenen Pfeils zu verschieben. Auch nachdem der Interviewer fragt, warum dies nicht funktioniert, versucht er weiter die Position zu verändern. Er scheint somit der Meinung zu sein, dass sich auch der lilafarbene Pfeil verschieben lassen müsse und sich der grüne entsprechend anpasst. Der Schüler kann auf Nachfrage des Interviewers nicht erklären, warum sich der lilafarbene Pfeil nicht packen lässt.

Tatsächlich ist im Programm der lilafarbene Pfeil abhängig vom grünen Pfeil und kann nur indirekt durch Bewegung des grünen Pfeils verändert werden. Eine umgekehrte Abhängigkeit besteht nicht, was sich mathematisch damit erklären lässt, dass es zu einer Orthogonalprojektion eines Vektors unendlich viele Ausgangsvektoren geben kann. Ähnlich wie bei der Fallstudie von Hölzl (1995), bei der verschiedene Arten von Punkten in Dynamischer Geometriesoftware unterschieden werden und das Begriffsverständnis der Lernenden beeinflussen, werden auch in der App Calcflow zwei Arten von Vektoren bzw. Pfeilen unterschieden. Die einen lassen sich ziehen und die anderen nur indirekt verändern. Diese Unterscheidung basiert auf der Dynamik der VR-Anwendung und ist in einer mathematischen Theorie außerhalb dieser nicht relevant.

Der Interviewer fragt anschließend den Schüler, warum die Anwendung „Orthogonalprojektion" heißt bzw. was in dem Setting senkrecht zueinander steht:

> I: Warum könnte das denn Orthogonalprojektion heißen? Was is' denn da senkrecht?
>
> D: Ja, wahrscheinlich der grüne zum lilanen, weil der bleibt ja dann immer so und damit die senkrecht bleiben (deutet mit den virtuellen Fingern einen rechten Winkel an der lilafarbenen Pfeilspitze in Richtung der grünen Pfeilspitze an), muss der halt in der x2-Ebene bleiben (zeigt auf den lilafarbenen Pfeil) und der kann sich dann halt verschieben (zeigt auf den grünen Pfeil).
>
> I: Ok, senkrecht also auf was? Senkrecht auf diesen Vektor?
>
> D: Ja, oder halt auf die x2-Ebene.
>
> I: Ah ok, ja genau. Und warum sind das dann genau diese Zahlen? Wenn der jetzt senkrecht ist, warum müssen das dann genau diese Zahlen sein? Das is' die Frage.
>
> D: Ja, x, ähm, x1 und x3 verändern sich ja nich', nur, ähm, die x2, also wie die dann da steht.

Der Schüler erklärt, dass der grüne Pfeil senkrecht zum lilafarbenen stehe. Damit meint er aber vermutlich nicht den Winkel der beiden Pfeile zueinander, sondern den Winkel zwischen dem Schaft des lilafarbenen Pfeils und der Verbindung der Pfeilspitzen zueinander, denn er deutet einen rechten Winkel an der lilafarbenen Pfeilspitze an. Dieser rechte Winkel entstehe auch in Bezug auf die x2-Ebene, da der lilafarbene Vektor „in der x2-Ebene" bleibe. Als Erklärung auf Basis der Koordinaten nennt der Schüler wieder die Übereinstimmung von x1- und x2-Koordinate.

Der Schüler soll anschließend im Eingabefeld die xy-Ebene anstelle der xz-Ebene auswählen und die Veränderungen beschreiben:

> D: Ja, jetzt is' die x3-Achse, also x3-Ebene is' 0.
>
> I: Mhm (bejahend).
>
> D: Aber die stehen immer noch, ähm, senkrecht zueinander, aber es is' halt einfach, die xy-Achse is' halt 0. So auf dieser Ebene (zeigt auf xy-Ebene).
>
> I: Ok, was meinen Sie, was passiert, wenn Sie die yz-Achse auswählen?
>
> D: Ja, dann steht das, also yz, dann steht die, ja so irgendwie hätt' ich jetzt gesagt. (zeigt entlang der y- und z-Achse)
>
> I: Ok, also is' es einfach/ Welche Zahl wird dann/
>
> D: Ja wahrscheinlich die x1.

Schüler D erklärt, dass nun die „x3-Ebene" 0 sei, womit er vermutlich ausdrücken möchte, dass die entsprechende Koordinate des lilafarbenen Vektors gleich 0 ist bzw. die Ebene als $x3 = 0$ beschrieben werden kann. Die Objekte (es erfolgt keine weitere Spezifikation durch den Schüler) stehen weiterhin „senkrecht zueinander". Den Fall der xz- und xy-Ebene überträgt der Schüler auf die yz-Ebene und erklärt, ohne die entsprechende Ebene tatsächlich einzustellen, dass dann „wahrscheinlich die x1"-Koordinate gleich 0 ist.

Anschließend fragt der Interviewer, ob der Schüler auch eine allgemeine Regel zu den beschriebenen Zusammenhängen aufstellen kann:

I: Achso, genau ok. Ähm, und können Sie da vielleicht 'ne allgemeine Regel formulieren? Also haben Sie irgendwie sozusagen so 'ne Regelmäßigkeit erkannt? (3 sec.) Also je nachdem, welche Ebene ich auswähle, sozusagen welche Zahlen bleiben gleich und welche verändern sich?

D: (5 sec.) Ähm, nee, also weiß ich jetzt gerade nich' so. Also ich würde jetzt sagen es hängt halt von den, welche, also welche Achse man aus dem Koordinatensystem nimmt, so ändert sich halt auch/

I: Welche Ebene man auswählt, ne?

I: Mhm (bejahend).

I: Ähm, also wenn ich jetzt zum Beispiel die, wie ich das gerade hab', die xy-Ebene auswähle, welche, dann wird sozusagen welche auf 0 gesetzt?

D: Das wär' dann die z-Achse, oder?

I: Genau. Und wenn ich jetzt zum Beispiel die xz-Achse auswähle, welche wär' das dann?

D: Dann die y.

I: Ok. Und wenn ich jetzt zum Beispiel mal hier 'n Beispiel nehme, wenn Sie jetzt mal den Vektor 1, 3 und 2 haben, $(1, 3, 2)$ und den jetzt in der xy-Ebene

D: $(1, 3, 2)$ (flüstert). Ja.

I: Sozusagen 'ne Orthogonalprojektion. Wie säh' der denn aus? Welchen Wert hätte der dann? $(1, 3, 2)$

D: Ja, dann wär' der ja, also der wär' dann ja irgendwo auch noch, hier Richtung y-Achse würde der ja zeigen, oder?

I: Mhm (bejahend), also Sie haben jetzt also als grünen Pfeil quasi die $(1, 3, 2)$, was wär' dann der lilane jetzt in ihrem Fall hier?

D: (3 sec.) Also wie meinen Sie das?

I: Wir haben jetzt den Vektor, den können wir beschreiben als 1 in die x-Richtung, 2 in die/ 1 in die x-Richtung, 3 in die y-Richtung und 2 in die z-Richtung, $(1, 3, 2)$.

D: Ja.

I: Und was is' dann der lilane Pfeil?

D: (5 sec.) Also, wie was is' der dann?

I: Ja, wie, wie kann man den dann beschreiben? Der is' ja nich' $(1, 3, 2)$, sondern der hätte dann welche Koordinaten?

D: Ja, zum Beispiel also hier jetzt $(1, 3, 0)$, oder nich'?

I: Ok, genau ja. Und wenn ich jetzt stattdessen die yz-Ebene auswähle, wie wär's
dann? (1, 3, 2) oder, also nich' mehr (1, 3, 0), sondern?
D: Ja, dann is', ähm (3 sec.)
I: Welcher is' dann 0?
D: Ja ich würde sagen, ähm, der erste, oder nich'?
I: Ja, genau.

Eine allgemeine Regel zu den zuvor beschriebenen Zusammenhängen kann der
Schüler zunächst nicht aufstellen. Daher fragt der Interviewer ihn, welche Koordinate bei Auswahl der xy-Ebene bzw. der xz-Ebene beim lilafarbenen Vektor
gleich 0 wäre. Der Schüler antwortet in beiden Fällen richtigerweise mit z-Achse
bzw. y-Achse. Er scheint somit den Zusammenhang der Koordinaten erkannt zu
haben. Die Anwendung der Regel auf die Beispielkoordinaten (1, 3, 2) und die
xy-Ebene fällt dem Schüler zunächst schwer bzw. er scheint die Frage des Interviewers zunächst nicht richtig zu verstehen. Er gibt dann aber die richtige Antwort
(1, 3, 0) und kann das Beispiel auch auf die yz-Ebene übertragen.

Auf Anweisung des Interviewers wählt der Schüler im Anschluss an diese
Situation anstelle einer Projektionsebene die x-Achse als Projektionsachse aus
und beschreibt die neue Situation:

D: Ja, jetzt hat man ja nur, jetzt liegt der lilane nur auf der x-Achse, aber sonst halt
nirgendswo.
I: Wie is' das hier sozusagen mit der, mit den Zahlen zueinander?
D: Ja, die stimmen halt, ähm, x1 stimmt überein, aber, nee das/ die anderen beiden
halt nich', weil die ja beide bei hier jetzt 0 wären.
I: Mhm (bejahend). Und is' das dann auch senkrecht darauf sozusagen? Oder is'
das/
D: Nee, ich glaub' nich'.
I: Warum nich'? Geht der jetzt auch senkrecht sozusagen auf den anderen drauf,
oder auf diese, auf diese Achse?
D: (betrachtet den Koordinatenwürfel aus einer anderen Perspektive) Doch,
eigentlich schon.
I: Wie können Sie das denn erkennen?
D: Ja, wahrscheinlich/
I: Oder wie können Sie das begründen?
D: Ich hätt' jetzt gesagt man sieht das, aber sonst.

Der Schüler erkennt, dass sich der lilafarbene Pfeil in der neuen Situation „nur"
auf der x-Achse befindet. Die x1-Koordinate der beiden Pfeile stimme überein,
die beiden anderen seien beim lilafarbenen Pfeil aber stets gleich 0. Auf die
Frage, ob Objekte in der neuen Situation senkrecht zueinander stehen, antwortet
der Schüler zunächst mit nein. Als der Interviewer nachhakt und die Orthogonalität in Bezug auf die x-Achse in das Gespräch einbringt, ändert der Schüler seine

Meinung und begründet sie mit den Pfeilen im Koordinatensystem als „man sieht das". Während er zuvor im Interview noch in Bezug auf den Begriff der Parallelität auf der Grundlage der Koordinaten argumentiert und damit zeigt, dass Begriffe seiner Theorie auf dieser Basis definiert werden, nutzt er in der aktuellen Situation die Lage der Pfeile, also der empirischen Objekte, zueinander und schreibt den Begriff ohne eine tiefergehende Erklärung aufgrund des allgemeinen Bildes zu. Dabei wird der empirische Charakter seiner mathematischen Theorie deutlich, die sich auf die empirischen Objekte „Pfeil" und „Achse" beziehen.

Der Schüler erklärt anschließend, was seiner Meinung nach passieren müsste, wenn man eine andere der Koordinatenachsen auswählt:

D: Ja, dann geht die Ebene immer woanders hin. Also wenn ich jetzt y-Achse auswählen würde, dann wär,' x1 und x3 müsste sein dann 0.
I: Ok.
D: Und das wär' dann halt nur hier auf der y-Achse.
I: Ja, ok. Und wenn Sie jetzt hier mal gucken und Sie haben mal hier wieder diesen Vektor (1, 3, 2), wie säh' der hier aus, (1, 3, 2) in Ihrem Fall? Wenn wir hier die x-Achse haben? (5 sec.) Also jetzt gerade dieser Fall. Wenn Sie jetzt anstatt dem grünen jetzt (1, 3, 2) haben, was kommt dann raus?
D: Dann würde der eins nach hier, drei noch oben, zwei nach da gehen (deutet eine Verschiebung mit dem Controller an)
I: Genau. und wie säh' jetzt der lilane Pfeil dann aus? Also was wär' dann der lilane Pfeil? Wie würde man den beschreiben können mit Zahlen? Nich' (1, 3, 2) sondern?
D: Ja, (1, 0, 0) oder?

Der Schüler überträgt den für die x-Achse kennengelernten Sachverhalt richtig auf den Fall einer Projektion auf die y-Achse und kann dieses Schema auch auf ein Zahlenbeispiel richtig anwenden.

Zum Abschluss des Interviews soll der Schüler die VR-Brille wieder absetzen und erklären, was er zuvor gemacht hat:

D: Ja, ich hab' mir unterschiedliche Ebenen angeguckt und konnte dann halt, anhand der Vektoren konnte ich mir dann halt auch angucken, also wie die so im Verhältnis stehen. Aber ich konnte das ja auch so sehen. Also ich konnte das ja so sehen, weil das is' ja wie bei unserem Taschenrechner. Da hat man ja auch dieses, diesen 3D-Würfel ungefähr wie hier. Das sah halt auch gleich aus. Nur jetzt konnte ich das halt genau sehen und ich konnte richtig sehen wie die so zueinander stehen.
I: Ok. Was war denn anders beim, was is' denn anders beim Taschenrechner?
D: Ja, der kann das halt nich' so wiedergeben. Also man sieht zwar auch die Pfeile, aber man kann nich' genau reingucken und nich' genau sehen, wie die so zueinander stehen. Also soweit ich das, also man sieht das zwar auch, aber so is' das halt, so kann man halt, finde ich, genau sehen, wie die stehen.

Schüler D erläutert, dass er mit der VR-Brille verschiedene Ebenen und Vektoren sowie deren Verhältnis zueinander betrachten konnte. Er vergleicht die Darstellung mit der auf dem Taschenrechner, bei der man „auch [...] diesen Würfel ungefähr wie hier" sehen könne. Mit der VR-Brille sei dies aber „genau" möglich, sodass man „richtig sehen [kann] wie die so zueinander stehen". In der Aussage des Schülers zeigt sich erneut, dass sich die Begriffe seiner mathematischen Theorie im Bereich der analytischen Geometrie auf empirische Objekte wie Pfeile oder Flächen beziehen, die mit verschiedenen Mitteln wie dem Taschenrechner oder der VR-Brille angezeigt werden können. Er macht zudem deutlich, dass die Objekte in der VR-Brille genauer dargestellt würden und insbesondere die Lage dieser zueinander besser erfasst werden könne. Dies kann darauf zurückgeführt werden, dass in einer zweidimensionalen Darstellung wie der des Taschenrechners Winkel und Abstände im Allgemeinen verzerrt dargestellt werden, während die Darstellung im (virtuellen) dreidimensionalen Raum ähnlich wie in dreidimensionalen Realmodellen unverzerrt erfolgen kann (vgl. Dilling, 2019c).

Der Interviewer bittet den Schüler auch nochmal auf die Orthogonalprojektionen in Bezug auf eine Koordinatenebene oder Koordinatenachse einzugehen:

D: Ja, immer, ja sie sind halt immer so unterschiedlich, also je nachdem, was man ausgewählt hat, is' entweder x1, x2 oder x3 halt 0 geworden. Also eine Zahl musste immer 0 sein, zumindest beim lilanen Pfeil.

I: Ja, und wenn Sie jetzt sozusagen die xy-Ebene ausgewählt haben, was war dann, musste dann 0 gesetzt werden bei der Ebene?

D: Ja, dann war ja die z-Ebene 0.

I: Ok genau. Also sozusagen zum Beispiel der Vektor $(4, 2, 1)$, was wär' der dann gewesen? Also 4,2,1 als lilaner Vektor wär' dann als grüner Vektor gewesen? Ah, andersrum $(4, 2, 1)$ als grüner Vektor als lilaner.

D: Ja $(4, 2, 0)$.

I: $(4, 2, 0)$ genau. Und dann haben Sie das nachher noch mit Geraden gemacht, ne?

D: Mhm (bejahend).

I: Wie war das da?

D: Ja, da war, ähm, da waren halt zwei 0'en, sag ich mal. Weil man hat ja nur eine Ebene auf einer Achse und dann hatten wir jetzt bei der x-Achse zum Beispiel 2, 65 und zwei mal 0, weil x2 und x3 0 waren.

Auch nachdem der Schüler die VR-Brille abgesetzt hat, kann er die Zusammenhänge zwischen den Koordinaten der Vektoren bei der Auswahl einer bestimmten Projektionsebene oder Projektionsachse wiedergeben und auch auf ein Beispiel anwenden.

10.4.2 Schüler E

Zu Beginn des Interviews soll Schüler E beschreiben, was er in der VR-Anwendung erkennen kann:

I: So. Können Sie mir vielleicht als Erstes mal sagen, was sehen Sie denn da?
E: N' dreidimensionales Koordinatensystem.
I: Mhm (bejahend) und was ist da drin abgebildet?
E: Zwei, ähm, Vektoren.
I: Mhm (bejahend) und was is' das Blaue?
E: 'Ne Ebene, also die, ähm, ja 'ne Ebene.
I: Eine besondere oder irgendeine?
E: Ja, die Ebene, die durch, ähm, die x- und y-Achse geht.
I: Genau. Also sozusagen die xy-Ebene. Ähm, und jetzt sind da diese zwei Vektoren. Wie stehen die denn in Beziehung zueinander? Haben Sie da 'ne Idee? Können Sie das erkennen? Sie können sich das auch nochmal so 'n bisschen hin und her drehen.
E: (dreht den Koordinatenwürfel in verschiedene Positionen) Ja, die haben den, also die schneiden sich im Ursprung.

Wie bereits Schüler D beschreibt auch Schüler E, dass er ein dreidimensionales Koordinatensystem, zwei Vektoren und eine Ebene, die durch die x- und y-Achse „geht", erkennt. Er scheint somit eine empirische mathematische Theorie zur Beschreibung des Settings heranzuziehen, in der ein Koordinatenwürfel, der die zugehörigen Koordinatenachsen begrenzt, eine in Form eines Quadrats begrenzte Fläche sowie zwei konkrete vom Koordinatenursprung ausgehende Pfeile die empirischen Referenzobjekte der Begriffe Koordinatensystem, Ebene und Vektor bilden. Mit dem Begriff des Vektors scheint der Schüler keine Pfeilklasse, sondern konkrete Pfeile zu verbinden, was auch durch seine Aussage gestützt wird, dass sich die Vektoren im Ursprung schneiden würden. Werden Vektoren als Pfeilklasse aufgefasst, so sind sie nicht an einen Ort gebunden und können sich entsprechend auch nicht schneiden.

Auf Anweisung des Interviewers packt der Schüler in den Koordinatenwürfel hinein und bewegt die Spitze des grünen Pfeils:

E: (bewegt die Pfeilspitze langsam in verschiedene Positionen)
I: Was is' denn da? Was passiert denn da? Können Sie das sehen? Wie verhalten die sich zueinander?
E: (bewegt die Pfeilspitze in verschiedene Positionen) (10 sec.) Die sind auf jeden Fall abhängig, aber/
I: Mhm (bejahend). Wissen Sie wie?

E: (bewegt die Pfeilspitze in verschiedene Positionen) Also der untere, also der andere, der lilane bleibt immer auf der y, ähm, xy-Ebene und, ähm, der grüne zeigt sozusagen die Richtung an, wohin der auch zeigt.

Der Schüler erkennt beim Bewegen der grünen Pfeilspitze, dass die beiden Pfeile abhängig voneinander sind. Um die Form der Abhängigkeit festzustellen, testet er weiter verschiedene Positionen des grünen Pfeils aus. Dabei erkennt er, dass der lilafarbene Pfeil immer „auf der […] xy-Ebene" bleibt und die Richtung des grünen Pfeils bestimme, in welche Richtung der lilafarbene Pfeil zeigt.

Anschließend fragt der Interviewer, warum die Anwendung „Orthogonalprojektion" heißen könnte:

I: […] So, jetzt heißt das ja „Orthogonalprojektion". Wissen Sie was orthogonal ist? Was das heißt?
E: Senkrecht, oder?
I: Mhm (bejahend). Warum könnte das denn Orthogonalprojektion heißen?
E: (7 sec.) Achso, weil, ähm, sozusagen der, weil die beiden, ähm lilanen und grüne, wenn man die verbinden würde, wären die ja orthogonal zueinander, oder? Also der (deutet mit dem Finger eine gerade Linie zwischen der grünen und lilafarbenen Pfeilspitze an).
I: Wo wär' 'n rechter Winkel? Vielleicht zeigen Sie mal drauf.
E: Ja, von hier unten, also dem lilanen hoch zu dem grünen (deutet mit dem Finger eine gerade Linie zwischen der lilafarbenen und der grünen Pfeilspitze an).

Der Schüler weiß, dass der Begriff orthogonal in der Mathematik das Gleiche wie senkrecht bedeutet. Die Verbindungslinie zwischen den Pfeilspitzen bilde an der lilafarbenen Pfeilspitze einen rechten Winkel. Vermutlich meint der Schüler, dass es sich um einen rechten Winkel zur blauen Ebene bzw. dem lilafarbenen Pfeilschaft handelt. Er gibt aber keine weiterführende Begründung, warum es sich bei diesem Winkel um einen rechten Winkel handeln könnte. Daher macht der Interviewer ihn auf die Zahlenwerte aufmerksam:

I: Ok, ja genau. Ähm, und jetzt sind da ja auch Zahlenwerte.
E: Mhm (bejahend).
I: Gibt's da auch irgendwie 'ne Regelmäßigkeit? Können Sie da was sehen? Also die Koordinaten von den Vektoren.
E: (bewegt die grüne Pfeilspitze in verschiedene Positionen) (5 sec.) Also, ähm, die, ähm die x- und y-Werte sind immer gleich, nur der z-Wert is' anders.
I: Mhm (bejahend). Warum is' das so? Haben Sie 'ne Idee?
E: Ja, weil der ja sozusagen drüber liegt. Der liegt ja immer genau orthogonal oben drüber.

Schüler E verändert gezielt die Position der grünen Pfeilspitze, um Zusammenhänge der Koordinaten der zwei Pfeile zu finden. Er erkennt dadurch, dass die x- und y-Koordinaten der Pfeile gleich sind und sich nur die z-Koordinate unterscheidet. Dies begründet er damit, dass der grüne Pfeil „immer genau orthogonal oben drüber" liegt. Der Ausdruck „orthogonal oben drüber" könnte eine Umschreibung dafür sein, dass sich der grüne Pfeil lediglich durch eine Verschiebung in z-Richtung von dem lilafarbenen Pfeil unterscheidet. Der Schüler erklärt den symbolischen Zusammenhang somit durch die geometrische Lage der Pfeile.

Schüler E stellt auf Anweisung des Interviewers die xz-Ebene anstatt der xy-Ebene ein:

> I: Was haben wir jetzt für 'ne Ebene?
> E: Ja, die xz-Ebene.
> I: Mhm (bejahend). Und wie is' das dann jetzt mit den Koordinaten?
> E: Jetzt is' immer der y-, nee, doch, jetzt is' immer der y-Wert anders.
> I: Ok. Ähm, und wenn wir jetzt, jetzt überlegen wir uns, was passiert, wenn wir uns diese yz-Ebene jetzt als nächstes auswählen würden.
> E: yz? Ja, dann wär' der x-Wert immer anders.

Der Schüler überträgt den zuvor beschriebenen Zusammenhang der Koordinaten auf den Fall der xz-Ebene. Ohne die yz-Ebene einzustellen und damit anzeigen zu lassen, kann er den Zusammenhang auch für diesen Fall beschreiben.

Daher bittet der Interviewer den Schüler, anstelle einer Ebene die x-Achse auszuwählen. Dieser nimmt die Einstellung am Eingabefeld vor und beschreibt die neue Situation:

> E: (dreht den Koordinatenwürfel) Ja, jetzt is' der, ähm, jetzt is' der, ähm, der lilane Vektor immer auf der x-Achse.
> I: Mhm (bejahend). Und wie is' das mit den Koordinaten und der Beschreibung durch Koordinaten?
> E: (bewegt die Pfeilspitze in verschiedene Positionen) (15 sec.)
> [...]
> E: Ja, aber jetzt verändert sich sozusagen die, ähm, y- und z-Werte, also vom lilanen Vektor, ähm, vom grünen Vektor. (bewegt die Pfeilspitze in verschiedene Positionen)
> I: Mhm (bejahend) und warum sind die, sind die da 0 jetzt bei dem grünen, ähm bei dem, bei dem, bei dem, bei dem/ Warum sind die von dem grünen, jetzt diese y und z, bei dem lilanen 0?
> E: Ja, bei dem lilanen 0, weil der ja auf der, nur auf der x-Achse liegt. Und, ähm, jetzt sagt der lila, ähm, grüne Vektor, kann man ja sozusagen jetzt, um die x-Achse rumfahren. (bewegt die grüne Pfeilspitze mehrfach um die x-Achse herum)
> I: Ja ok. Ähm, und gibt's da/ Wo is' da jetzt der rechte Winkel? Sie hatten ja gerade eben gesagt das is' orthogonal zueinander.

E: Ja, auch wieder wenn man jetzt hier von, ähm, von dem lilanen zum grünen verbinden würde (deutet von der lilafarbenen zur grünen Pfeilspitze), auch dann wieder bei dem lilanen hier (zeigt auf die lilafarbene Pfeilspitze).

Der Schüler beschreibt, dass der lilafarbene Pfeil bei dieser Einstellung „immer auf der x-Achse" ist. Um den Zusammenhang der Koordinaten der Pfeile zu untersuchen, testet er verschiedene Positionen des grünen Pfeils und stellt schließlich fest, dass sich nun die y- und z-Koordinaten unterscheiden. Diese seien beim lilafarbenen Pfeil gleich 0, da er sich nur auf der x-Achse befände. Der grüne Pfeil könne aber auch außerhalb der x-Achse liegen. Ein rechter Winkel befände sich an der lilafarbenen Pfeilspitze zwischen der Verbindungslinie der Pfeilspitzen und der Achse.

Anschließend fragt der Interviewer den Schüler, warum man nicht an der lilafarbenen Pfeilspitze ziehen kann.

I: Ok, versuchen Sie mal, an der Spitze von dem lilanen Pfeil zu ziehen. Funktioniert das?
E: (versucht die lilafarbene Pfeilspitze zu packen) Nee.
I: Warum denn nich'? Haben Sie 'ne Idee?
E: Ja, weil der abhängig is' von dem grünen.
I: Aber warum is' denn der grüne nich' abhängig von dem lilanen? (13 sec.) Liegt das einfach nur am Programm, oder?
E: Ja, weil der grüne sich ja sozusagen um den herum bewegen kann, was der lilane ja nich' bestimmen kann.
I: Ok. Das heißt, ähm, sozusagen, wenn ich jetzt einen von diesen, wenn ich jetzt den grünen bewege, ne?
E: Mhm (bejahend).
I: Kann ich dann den lilanen ganz genau festlegen? Weiß ich dann genau, wo der is', oder gibt's da mehrere Möglichkeiten?
E: Nee, genau.
I: Is' das andersrum auch so?
E: Nee.

Schüler E stellt fest, dass man den lilafarbenen Pfeil nicht packen und bewegen kann. Dies führt er darauf zurück, dass der lilafarbene abhängig vom grünen Pfeil ist. Anders als Schüler D ist ihm klar, dass es sich hierbei um eine einseitige programmbedingte Abhängigkeit handelt, die dadurch entsteht, dass für eine Position des lilafarbenen Pfeils unendlich viele Positionen des grünen Pfeils möglich sind. Die Orthogonalprojektion ist eine nicht injektive Abbildung und das eigenständige Bewegen des lilafarbenen Pfeils ist programmtechnisch nicht sinnvoll umsetzbar.

Schließlich überträgt der Schüler die Zusammenhänge noch richtig auf die y-Achse als Projektionsachse:

I: [...] So, jetzt überlegen Sie sich mal, wenn wir jetzt alternativ die y-Achse auswählen würden, wie wäre denn dann hier dieser grüne Pfeil? Wie würde der dann
zu 'nem lilanen werden? Wie könnte ich den dann beschreiben mit Zahlen? Wenn
ich jetzt stattdessen die y auswählen würde.
E: Also, wenn/ ja der lilane würde dann 0, ähm, 0 Strich irgendwas Strich 0 sein.

Im Anschluss an diese Situation setzt Schüler E die VR-Brille ab und erläutert,
was er zuvor gemacht hat:

E: Ja, wir hatten uns, ähm, 'n dreidimensionales Koordinatensystem angesehen
und wie sich die Vektoren da zueinander verhalten.
I: Mhm (bejahend), ähm, wie war das mit der Ebene? Wir hatten da ja so 'ne Ebene
da drin liegen.
E: Wie meinen Sie das jetzt?
I: Wir hatten 'ne Ebene und so 'nen Vektor und dann gab's 'nen anderen Vektor, der davon abhängig war, ne? Wie war der abhängig und wie konnte man das
beschreiben?
E: Ja, bei der Ebene war das noch 'n bisschen freier. Da waren halt zwei, ähm,
Koordinaten also variabel dann. Und dann, wo wir da halt die Ebene weggetan
haben, nur noch die Achse hatten, da war halt nur noch eine, ähm, Koordinate
variabel.
I: Warum? Warum war das so?
E: Weil sich ja durch den grünen Vektor immer, ähm, sozusagen dann, genau, ent-
weder halt auf der, nur auf der Ebene sich bewegen kann, oder halt nur auf der
Achse und nich' halt, ähm, noch die dritte/ dritte oder zweite Variable frei ist.
I: Ja ok. Ähm, und jetzt hatten wir ja zum Beispiel, wir stellen uns jetzt mal vor
wir nehmen jetzt diesen ersten Fall von der Ebene und wählen diese xy-Ebene aus,
ne? Dann sozusagen durch die x-Achse und durch die y-Achse die Ebene.
E: Mhm (bejahend).
I: Wie würde denn dann der Vektor $(1, 3, 2)$, zu welchem Vektor würde der wer-
den?
E: Also der andere dann, der lilane?
I: Genau.
E: $(1, 3, 2)$?
I: Mhm (bejahend).
E: Ähm, $(1, 3, 0)$.
I: Ganz genau. Und wenn ich jetzt den Vektor $(1, 3, 2)$ wieder nehme als grünen
Vektor und jetzt nehme ich mal 'ne Achse, zum Beispiel die x-Achse.
E: Ja.
I: Welcher Vektor würde das dann werden?
E: Ja, $(1, 0, 0)$.

Der Schüler kann die mit der VR-Brille untersuchten Zusammenhänge auch noch
im Anschluss erklären. Der lilafarbene Pfeil sei vom grünen Pfeil abhängig gewesen. Wenn eine Ebene ausgewählt würde, seien zwei Variablen des lilafarbenen
Pfeils frei gewesen, bei der Auswahl einer Achse dagegen nur eine Variable. Der

Schüler erklärt somit, dass sich der lilafarbene Pfeil nur innerhalb der Ebene bzw. der Achse bewegen könne, wodurch die möglichen Positionen und damit auch die Koordinaten eingeschränkt werden. Der Pfeil hat dadurch nur noch gewisse Freiheitsgrade. Den erläuterten Zusammenhang kann der Schüler zudem auf Beispielkoordinaten anwenden.

10.4.3 Schüler F

Schüler F beschreibt zunächst, was er in dem Setting erkennt:

> F: Also rechts das sieht nach 'nem Taschenrechner aus und links das is' 'n Ausschnitt aus 'nem, wie heißt das noch, kartesischen Koordinatensystem.
> I: Ja ok, ein Koordinatensystem, genau. Ähm, was is' da noch zu sehen? (3 sec.) Das waren jetzt sozusagen die beiden großen Elemente. Was is' vielleicht in diesem Koordinatensystem noch zu sehen?
> F: Diese blaue Fläche, diese Ebene in der/
> I: Mhm (bejahend) und noch mehr?
> F: Zwei Pfeile. Einmal in lila und in grün. Jeweils nach oben bzw. etwas quer dazu.

Den Koordinatenwürfel beschreibt der Schüler als kartesisches Koordinatensystem, das Eingabefeld nennt er Taschenrechner, vermutlich, da auf diesem Symbole und Zahlen abgebildet sind. In dem Koordinatensystem seien eine blaue Fläche, die er als Ebene bezeichnet, sowie ein lilafarbener und ein grüner Pfeil zu sehen. Die Begriffe Ebene, Koordinatensystem und Pfeil sind damit wie bereits bei den anderen Schülern empirische Begriffe der mathematischen Theorie. Interessant ist, dass Schüler F anders als die anderen interviewten Schüler erst deutlich später im Interview den Begriff des Vektors verwendet. Dies könnte darauf hindeuten, dass er die konkreten Pfeile im Blick hat und diese erst später mit dem Begriff des Vektors in Verbindung setzt.

Im Anschluss an die erste Begriffszuschreibung untersucht der Schüler, wie die Pfeile zueinander liegen. Hierzu dreht er mehrfach den Koordinatenwürfel und betrachtet die Pfeile aus verschiedenen Positionen. Er kommt schließlich zu dem folgenden Urteil:

> F: Ja, ähm, der grüne bewegt sich auf der, ähm, auf der y-Achse nach links. Aber der lilane scheint zumindest mal, ähm, parallel dazu zu sein.
> I: Mhm (bejahend). Parallel wozu?
> F: Zu, ähm, das is' die x-Achse. (5sec.) Ach, nee, quatsch, z-Achse mein' ich.

Der Schüler erklärt, dass der lilafarbene Pfeil parallel zur z-Achse verlaufe, sich der grüne aber in Richtung der negativen y-Achse bewege. Dies kann darauf zurückgeführt werden, dass er zu dem Zeitpunkt seiner Aussage parallel zur Ebene auf den Koordinatenwürfel schaut. Entsprechend wird der lilafarbene Pfeil verkürzt dargestellt und erscheint so, als würde er die Richtung der y-Achse anzeigen.

Auf Anweisung des Interviewers packt Schüler F in den Koordinatenwürfel und bewegt die Spitze des grünen Pfeils hin und her:

F: Ok. (bewegt die grüne Pfeilspitze)
I: So, was passiert denn da? Können Sie das erkennen? Also Sie bewegen den.
F: Mhm (bejahend).
I: Was passiert denn mit dem lilanen Pfeil?
F: (bewegt die grüne Pfeilspitze) Der kommt quasi mit.
I: Mhm (bejahend). Wo kommt der mit? Was heißt das?
F: (bewegt die grüne Pfeilspitze) Der bewegt sich praktisch um dieselbe Achse wie der grüne Pfeil.
I: Mhm (bejahend). Und kann man den irgendwie beschreiben? Also wenn ich jetzt den grünen Pfeil hab', kann ich dann den lilanen exakt festlegen und beschreiben, so wie er da jetzt gerade is'?
F: (bewegt die grüne Pfeilspitze) Er hat auf jeden Fall dieselbe Länge.
I: Er hat dieselbe Länge?
F: Mhm (bejahend).
I: Wie erkennt man das?
F: Ich hab' die gerade mal so praktisch nebeneinander laufen lassen. (bewegt die grüne Pfeilspitze innerhalb der Ebene)

Der Schüler erkennt beim Bewegen des grünen Pfeils eine Abhängigkeit des lilafarbenen, die er mit den Worten „der kommt quasi mit" beschreibt. Er erläutert weiter, dass sich der lilafarbene Pfeil „praktisch um dieselbe Achse wie der grüne Pfeil" bewege. Dies kann damit erklärt werden, dass der Schüler den Pfeil um die y-Achse bewegt und erkennt, dass der lilafarbene Pfeil dann ebenso eine Bewegung um diese Achse beschreibt.

Zudem sagt der Schüler, dass die Pfeile dieselbe Länge haben. Dies begründet er damit, dass diese, wenn man sie „nebeneinander laufen" lasse, also den grünen Pfeil innerhalb oder in der Nähe der Ebene bewegt, gleich lang aussehen. Er ist somit der Auffassung, dass die Länge des Pfeils bzw. der Pfeile bei der Bewegung nicht verändert wird. Dies zeigt, dass der Schüler die Situation als zwei Pfeile auffasst, die unter Beibehaltung gewisser Eigenschaften wie der Länge verändert werden.

Nachdem der Schüler weitere Positionen des grünen Pfeils überprüft, verwirft er seine Hypothese zu den Längen der Vektoren aber wieder:

F: (bewegt die grüne Pfeilspitze außerhalb der Ebene) Ja, wobei nee. Quatsch, wenn ich jetzt zur Seite gehe, dann wird der/ Mhm. Nich' immer die gleiche Länge.

I: Ok. Wann hat der denn die gleiche Länge?

F: Wenn die quasi übereinander liegen, also deckungsgleich sind auf der x-Achse dann zum Beispiel. Ansonsten/

I: Und wenn der jetzt woanders liegt?

F: (bewegt die grüne Pfeilspitze) Dann nich'. Denn wenn er praktisch orthogonal dazu liegt, wenn ich den auf die y-Achse ziehe, verschwindet der lilane nahezu. (setzt die grüne Pfeilspitze auf die y-Achse)

I: Mhm (bejahend).

F: Wenn ich so auf 45° gehe, keine Ahnung, vielleicht halb so lang? (setzt die grüne Pfeilspitze so, dass der Winkel zur Ebene ungefähr 45° ist) Ja.

Der Schüler verwirft seine Hypothese zur gleichen Länge der Pfeile in jeder Position und erkennt, dass die Länge nur übereinstimmt, wenn die Pfeile „deckungsgleich" sind, sich also der grüne Pfeil in der Ebene befindet. Sonst sei der lilafarbene Pfeil kleiner und verschwinde, wenn sich der grüne Pfeil auf der y-Achse befindet.

Der Interviewer lenkt die Aufmerksamkeit von Schüler F anschließend auf die angegebenen Koordinaten der Pfeile:

I: Mhm (bejahend) ok. Ähm, jetzt gucken Sie sich doch mal die Koordinaten an, mit denen die beschrieben werden.

[…]

F: […] Mhm, der erste und der dritte scheint gleich zu sein.

I: Mhm (bejahend). Warum denn?

F: (bewegt die grüne Pfeilspitze) Wenn ich das wüsste (lachend). Also letztendlich sind das doch wahrscheinlich zwei Vektoren. Heißt, (5 sec.) es könnten doch dann, sind das dann nich' quasi die Spannvektoren von, ähm, der Ebene?

I: Können das die Spannvektoren von der Ebene sein? Was haben denn die Spannvektoren von der Ebene, also wie sind die denn festgelegt im Vergleich zur Ebene?

F: Also, wenn quasi die erste und die dritte Koordinate gleich sind, beziehungsweise/ Nee, das passt nich'.

I: Die können bestimmt 'ne Ebene aufspannen. Die Frage ist, ist das die Ebene?

F: Ja, genau. ja das wär' doch quasi 'ne Ebene, die zwar auf x- und z-Achse starr ist mehr oder weniger, beziehungsweise parallel dazu ist, aber, ähm, auf der x2-Achse wird die halt verschoben.

I: Können das denn die Spannvektoren von der Ebene sein, denn wir haben ja die/

F: Von der gezeigten blauen Ebene?

I: Ja, von der gezeigten.

F: Eher weniger, das nich'.

Der Schüler erkennt, dass die erste und dritte Koordinate der beiden Pfeile übereinstimmen, kann dies aber zunächst nicht erklären („Wenn ich das wüsste (lachend)."). An dieser Stelle des Interviews bringt er das erste Mal den Begriff des Vektors in das Gespräch ein. Die zwei Pfeile seien zwei Vektoren und er stellt die Hypothese auf, dass es sich um die Spannvektoren der Ebene handeln könnte. Nach einer kritischen Nachfrage des Interviewers verwirft Schüler F dies aber wieder. Nach einer weiteren Frage des Interviewers erklärt er, dass das Spannvektoren einer anderen, nicht aber der im Koordinatenwürfel blau markierten Ebene seien. Der Begriff des Vektors dient somit auch in der Theorie von Schüler F der Beschreibung konkreter Pfeile.

Der Interviewer fragt den Schüler anschließend, warum die Anwendung „Orthogonalprojektion" heißt:

I: Ok. Jetzt stand da ja, das Programm hieß ja „Orthogonalprojektion". Was heißt das denn? Könnte das was helfen?

F: Orthogonal heißt ja quasi im 90° Winkel zu etwas.

I: Mhm (bejahend) genau. Und Projektion? Was is' das hier? (3 sec.) Wieso könnte das Orthogonalprojektion heißen?

F: Vermutlich, weil die beiden Vektoren immer orthogonal zur Ebene zeigen.

I: Sind die orthogonal dazu?

F: Nich' immer.

I: Zu welcher Achse?

F: Die sind quasi orthogonal zur, ja wozu denn? Der lilane Pfeil is' jederzeit orthogonal zur quasi yz-Achse. Ja, Moment, genau, nee, auch wieder gerade. Das is' rotierend hierzu, also/ (dreht die grüne Pfeilspitze um die y-Achse herum).

I: Wenn Sie mal nur die zwei Vektoren angucken, können Sie da vielleicht 'nen rechten Winkel erkennen? Gibt's da irgendwo 'nen rechten Winkel? Nur die beiden Vektoren.

F: (setzt die grüne Pfeilspitze so, dass der Vektor senkrecht zur Ebene steht) So quasi der rechte Winkel, wenn der eintritt, dann verschwindet der lilane Pfeil.

I: Ok, der rechte Winkel zur/ Sie meinen ja jetzt den rechten Winkel von der grünen zur blauen Ebene. Jetzt die Pfeile untereinander, gucken Sie sich die mal an. Ziehen Sie den mal nochmal 'n bisschen weg.

F: Den grünen? (bewegt die Pfeilspitze auf der y-Achse von der Ebene weg)

I: Ja, nochmal 'n bisschen weg von der Achse, auf der Sie gerade sind. Mal weiter zu Ihnen sozusagen.

F: (bewegt die Pfeilspitze von der y-Achse weg)

I: So, dann taucht ja wieder der lilane Pfeil auf.

F: Genau.

I: Wo könnte denn da 'n rechter Winkel sein? (3 sec.) Zwischen den Pfeilen.

F: Zwischen welchem Pfeil?

I: Zwischen den Pfeilen, zwischen dem lilanen und dem grünen Pfeil, gibt's da 'nen rechten Winkel?

F: (setzt die grüne Pfeilspitze erneut so, dass der Vektor senkrecht zur Ebene steht) Ja, aber dann is' ja quasi der lilane Pfeil aufgehoben.

I: Ok. Dann formulier' ich das mal anders. Gucken Sie mal von der Pfeilspitze, von der Pfeilspitze von dem grünen Pfeil senkrecht auf die Ebene.

F: Ja.

I: Was passiert denn dann, wenn Sie 'ne Linie zeichnen senkrecht auf die Ebene?

F: Mhm (bejahend).

I: Verändern Sie nochmal den grünen Pfeil noch 'n bisschen, ziehen Sie den zu sich. Näher.

F: (bewegt die Pfeilspitze von der y-Achse weg)

I: So und jetzt mal von der Pfeilspitze aus senkrecht auf die grüne Ebene, ähm, senkrecht auf die blaue Ebene von der grünen Pfeilspitze. Wo kommen Sie raus?

F: (setzt die grüne Pfeilspitze erneut so, dass der Vektor senkrecht zur Ebene steht) Auf der y-Achse.

I: Nein, Sie ziehen den nochmal zu sich.

F: (bewegt die Pfeilspitze von der y-Achse weg)

I: Und jetzt gehen Sie nich' entlang des Pfeils, sondern jetzt gehen Sie mal, lassen Sie den mal los.

F: Mhm (bejahend).

I: Jetzt loslassen. Und jetzt gucken Sie mal. Wenn Sie senkrecht von der Pfeilspitze vom grünen Pfeil auf die Ebene gehen, wo kommen Sie raus?

F: (betrachtet die grüne Pfeilspitze mit Blickrichtung entlang des grünen Schafts) Im Ursprung.

I: Is' das senkrecht auf die Ebene?

F: Nee.

I: Wie guck' ich denn senkrecht, also wie geht's denn senkrecht auf die Ebene?

F: Senkrecht auf die Ebene geht's nur von den Achsen, von der y-Achse. Quasi so. (versucht die Pfeilspitze zurück auf die y-Achse zu ziehen)

Den Begriff der Orthogonalität versteht Schüler F als „im 90° Winkel zu etwas". Er vermutet zunächst, dass die Vektoren immer orthogonal zur Ebene stehen könnten, erklärt aber auf Nachfrage des Interviewers, dass dies nicht immer der Fall sei. Der Schüler sucht daher nach rechten Winkeln zwischen den Objekten. Der Interviewer macht ihn daher darauf aufmerksam, die beiden Pfeile zu betrachten und dort nach rechten Winkeln zu suchen. Daraufhin stellt sich ein länger andauerndes Missverständnis zwischen dem Interviewer und dem Schüler ein. Der Interviewer versucht den Schüler dazu zu bringen, einen rechten Winkel zwischen dem lilafarbenen Pfeil und der Verbindungslinie der beiden Pfeilspitzen zu erkennen. Der Schüler versteht den Interviewer allerdings falsch und versucht den grünen Pfeil so zu positionieren, dass sich ein rechter Winkel zwischen beiden Pfeilen einstellt, was zum Verschwinden des lilafarbenen Pfeils führt.

In dem von Schüler F aktivierten subjektiven Erfahrungsbereich scheint das Wissen über Winkel zwischen Vektoren bzw. Pfeilen oder auch Ebenen abgespeichert zu sein. Ein Winkel zwischen einem Pfeil und einer imaginären Linie scheint für den Schüler dagegen nicht in Frage zu kommen. Zudem wirkt sich seine bereits zuvor im Interview angedeutete Vorstellung aus, nach welcher es sich auch nach Verschieben der Position der Pfeilspitze um den gleichen Pfeil handelt, der auch übereinstimmende Eigenschaften mit dem Pfeil an der ursprünglichen Position hat. Der Vektor, welcher zur Beschreibung des Pfeils herangezogen werden kann, unterscheidet sich allerdings in den zwei Situationen.

Um das Missverständnis aufzulösen, bittet der Interviewer den Schüler, die Ansicht so zu drehen, dass dieser senkrecht auf die Ebene schaut:

> F: (dreht das Koordinatensystem, sodass er senkrecht auf die Ebene schauen kann)
> I: So, die Seite, wo der Pfeil ist, und jetzt senkrecht auf die Ebene gucken. Also sozusagen jetzt/
> F: Ja.
> I: Sie sehen jetzt so ziemlich genau senkrecht auf die Ebene. Was is' jetzt passiert?
> F: Mhm (bejahend).
> I: Sehen Sie da den grünen Pfeil?
> F: Den sehe ich.
> I: Und wo is' der lilane Pfeil?
> F: Der is' genau dahinter.
> I: Warum könnte der denn genau dahinter sein? (4 sec.) Jetzt bewegen Sie mal den grünen Pfeil. Schnappen Sie sich mal hier den grünen Pfeil.
> F: (bewegt die grüne Pfeilspitze)
> I: Bleibt der immer dahinter?
> F: (bewegt die grüne Pfeilspitze)
> I: Nich' so ganz, ne?
> F: (5 sec.) Kommt der da? Nee, der bleibt auf der anderen Seite scheinbar.
> I: Is' der immer auf 'ner Seite, oder is' der auf 'nem/
> F: Nee, der is' dann praktisch, wahrscheinlich in der Ebene drin.
> I: Genau, der is' in der Ebene drin.
> F: Ja. Das heißt (3 sec.) der zweite Wert von dem lilanen Pfeil kann scheinbar nicht über 0 gehen.

Der Schüler beschreibt, dass sich bei der aktuellen Ansicht der lilafarbene Pfeil genau hinter dem grünen Pfeil befände. Als er den grünen Pfeil bewegt erkennt er, dass sich der lilafarbene Pfeil „wahrscheinlich" in der Ebene befindet und deshalb die zweite Koordinate gleich 0 sei.

Auf Anweisung des Interviewers stellt Schüler F am Eingabefeld die xy-Ebene als Projektionsebene ein und beschreibt die neue Situation:

> F: Jetzt haben wir, jetzt haben wir die xy-Ebene.
> I: Mhm (bejahend). Und die Pfeile?
> F: Die haben sich etwas verändert.

I: Warum? Der grüne Pfeil is' irgendwie gleich geblieben, aber der lilane is' jetzt 'n anderer.

F: Genau.

I: Wo liegt der?

F: Der liegt wieder in der Ebene.

I: Ok. Und kann man da auch an den Symbolen was erkennen, an den Koordinaten?

F: Ja, hier sind die ersten beiden gleich und die dritte ist anders.

I: Warum?

F: (3 sec.) Ach, ja, wir haben die xy-Koordinate, wir haben die xy-, ähm, Ebene?

I: Mhm (bejahend).

F: Sprich, dementsprechend bleibt ja dann die dritte Koordinate bei dem lilanen Pfeil, da sie ja auf der Ebene liegt immer entsprechend 0.

I: Mhm (bejahend). Ok, genau.

F: Ach, eben das war ja, genau, das war dann die xz-Achse, sprich die y-Koordinate war dann quasi da/

I: Ok. Und jetzt wählen Sie mal noch die letzte Möglichkeit aus. Wie wird das da passieren? Haben Sie schon 'ne Idee?

F: Die yz?

I: Mhm (bejahend).

F: Da dürfte ja dann die x-, ähm, dürfte ja dann die x-Koordinate leer bleiben für/ (5 sec.)

Der Schüler kann die neue Situation analog zu dem in der vorherigen Situation gültigen Zusammenhang erklären. Die z-Koordinate sei gleich Null, da sich der lilafarbene Pfeil in der xy-Ebene befinde. Auch auf den Fall der yz-Ebene kann der Schüler den Zusammenhang übertragen.

Anschließend soll Schüler F das Verfahren auf ein Beispiel anwenden:

I: Ok. Dann werden wir jetzt mal noch was, jetzt nehmen wir mal 'n Beispiel. Jetzt gucken wir uns mal den Vektor (3, 2, 1) an. Der Vektor (3, 2, 1). Wie is', wie wär' der denn jetzt, wenn ich jetzt hier, wie hier die yz-Achse auswähle?

F: (3, 2, 1)?

I: (3, 2, 1) als grüner Pfeil. Was wird das als lilaner Pfeil, (3, 2, 1)?

F: Das dürfte ja dann, ähm, (0, 2, 1) sein.

I: Genau. Und wenn ich jetzt stattdessen die xy-Ebene auswähle?

F: Die xy-Ebene?

I: Wie wär' dann (3, 2, 1)?

F: Ähm, das wäre dann (3, 2, 0).

Die zuvor identifizierten Zusammenhänge wendet der Schüler somit ohne Probleme auf die Beispielsituation an. Daher bittet der Interviewer ihn anschließend die x-Achse als Projektionsachse auszuwählen:

F: Ähm, hier is' es nur praktisch die Gerade durch die x-Achse, da is' dann die y-
und z-Koordinate gleich 0.

I: Warum?

F: Weil der lilane Pfeil ja quasi die Gerade verlassen würde, wenn die Koordinate
noch wär'. Der Pfeil ja dann/.

I: Ok. Und wo is' da jetzt wieder was rechtwinklig? Senkrecht?

F: (10 sec.) Die Pfeilspitzen zueinander vielleicht.

I: Wo is' denn da 'ne, wo, wo wär' der Winkel?

F: Also quasi von hier/ (zeigt auf die grüne Pfeilspitze) Sehen Sie eigentlich, was
ich/

I: Ja, ich seh' das.

F: Quasi von der Spitze nach dadrüben (zeigt von der grünen zur lilafarbenen
Pfeilspitze), mhm ja, könnte der Winkel sein.

Er erkennt die neue Situation, dass sich der lilafarbene Pfeil nun auf der x-
Achse befindet und entsprechend die y- und z-Koordinate gleich Null sein
müssen. Andernfalls würde der Pfeil „die Gerade verlassen". Das Nullsetzen der
Koordinaten dient nach Auffassung des Schülers somit der Positionierung auf
der x-Achse. Die Pfeilspitzen zueinander seien senkrecht, womit er vermutlich
meint, dass die Verbindungslinie der Pfeilspitzen senkrecht zur x-Achse bzw.
zum lilafarbenen Vektor steht.

Der Schüler soll den Zusammenhang zusätzlich mit den Koordinaten begründen:

I: Ok. Kann man das auch mit den Koordinaten begründen? Also, weil die irgendwie sozusagen da 0 sind und da 0 sind bei der yz, können wir deswegen auch
sagen, dass da vielleicht 'n rechter Winkel is', oder hilft uns das nichts?

F: Wir haben ja auf der x-Achse genau die gleichen Koordinaten. So, unabhängig
davon, welche Höhe ich jetzt habe mit der Spitze des grünen Pfeils, wär' das ja
dann auch im 90° Winkel dann zur Spitze des grünen Pfeils.

I: Mhm (bejahend). Warum kann ich eigentlich/

F: Quasi rotierend. (deutet eine rotierende Bewegung der grünen Pfeilspitze um
die x-Achse an)

Der Schüler erklärt, dass die Verbindungslinie der Pfeilspitzen senkrecht auf der
x-Achse stehen müsse, da die x-Koordinate beider Pfeile übereinstimme. Mit
„quasi rotierend" meint der Schüler vermutlich, dass die Verbindungslinie der
Pfeilspitzen von verschiedenen Positionen aus rund um die Achse senkrecht auf
diese fallen könne.

Der Interviewer fordert den Schüler anschließend auf, den lilafarbenen Pfeil
direkt zu bewegen:

I: Versuchen Sie mal, an dem lilanen Pfeil zu ziehen.
F: (versucht die lilafarbene Pfeilspitze zu packen)
I: Mhm, funktioniert nich'?
F: Nee.
I: Warum funktioniert das nich'? Haben Sie 'ne Idee? Warum kann ich denn nich'
den lilanen Pfeil bewegen? Den grünen kann ich ja bewegen.
F: Achso, ja, vermutlich weil, ähm, dann nich' genau gesteuert werden kann, wo
der grüne Pfeil is', weil wenn ich ja praktisch an die lilane Spitze den Befehl gebe,
irgendwo hinzuwandern, dann, ähm, gebe ich damit nich' gleichzeitig 'nen Befehl
aus, dass die, ähm, y- und z-Koordinate von dem grünen Pfeil nich' verändert wird.

Der Schüler erkennt, dass der lilafarbene Pfeil nicht direkt bewegt werden kann.
Er begründet dies damit, dass der grüne Pfeil auf diese Weise „nich' genau
gesteuert werden kann", da die y- und z-Koordinate nicht festgelegt sind. Er
erkennt somit die einseitige Abhängigkeit entstehend durch die nicht injektive
Abbildung, die dafür sorgt, dass diese Funktion im Programm nicht sinnvoll
umgesetzt werden kann.

Der Schüler wählt anschließend noch die y-Achse als Projektionsachse aus
und beschreibt die Veränderungen:

F: Genau, da is' dann bei dem lilanen Pfeil die y-Koordinate das einzige da.
I: Mhm (bejahend). Und wenn ich jetzt da wieder den, den, die Koordinaten 3, 2
und 1 für den grünen hab', was passiert mit dem lilanen jetzt hier in dem Fall, wenn
ich y auswähle?
F: Welche war das?
I: (3, 2, 1).
F: Das wär' dann, ähm, (0, 2, 0).
I: Mhm (bejahend). Und wenn ich die z-Achse auswähle, wie wär' es da zum
Beispiel? (3, 2, 1) auch wieder.
F: Das müsste dann, ähm, 0, 0. und 1 sein.

Schüler F erklärt den Fall der y-Achse analog zur Orthogonalprojektion auf die
x-Achse. Zudem kann er Beispielkoordinaten richtig umwandeln für die Orthogonalprojektion auf die y-Achse und die z-Achse. Letztere stellt er dafür im
Programm nicht gesondert ein, sondern beantwortet die Frage im Setting mit der
y-Achse als Projektionsachse.

Am Ende des Interviews soll Schüler F die VR-Brille absetzen und erläutern, was er zuvor in dem Programm gemacht hat. Dieser beschreibt zunächst
allgemein, dass er Pfeile in einem Koordinatensystem betrachtet hat und erklärt
zudem, dass die Verbindung der Pfeilspitzen senkrecht auf eine Ebene gezeigt
hätte. Der Interviewer nennt dann Beispielkoordinaten, zu denen der Schüler die
Koordinaten des projizierten Vektors angeben soll:

I: Ja, Sie haben ja zum Beispiel einfach gesagt, aus dem Vektor, wir hatten ja das
Beispiel (3, 2, 1), wenn ich die xy-Ebene auswähle, was passiert da? Was wird da
für 'n Vektor draus?

F: Ähm, xy und das wird dann, ähm, praktisch 0, 0 und 1. Oder nee? Doch, doch
ja.

I: In der Ebene sozusagen? In der xy-Ebene wär' das dann der/

F: Wie bei der Ebene.

I: Ok. Und wenn ich jetzt die yz-Ebene auswähle und den Vektor (3, 2, 1)?

F: Für die, ähm, (unv.)?

I: Ja, genau. (5 sec.) yz-Ebene.

F: yz? Schwierig, um ehrlich zu sein.

I: Is' schwierig?

F: Ja, jetzt muss ich mir das wieder im Kopf so vorstellen. Vektoren hab' ich immer
gehasst. Ähm, (3 sec.) auf der yz-Achse, da wäre ja quasi die x-Achse gleich 0.
Also wär das dann (0, 2, 1)?

Zunächst hat der Schüler Schwierigkeiten, das Problem zu bearbeiten. Die Orthogonalprojektion des Vektors mit den Koordinaten (3, 2, 1) auf die xy-Ebene
hat die Koordinaten (3, 2, 0). Er gibt stattdessen die Antwort (0, 0, 1), was der
Projektion auf die z-Achse entspricht. Nach einer kritischen Nachfrage des Interviewers korrigiert Schüler F seine Antwort. Auch bei der Projektion auf die
yz-Ebene kann er zunächst keine Antwort geben und erklärt, dies sei „schwierig, um ehrlich zu sein" und er müsse sich das „wieder im Kopf so vorstellen".
Schließlich gibt er aber die richtige Antwort.

Auch wenn der Schüler die Beispielaufgaben letztendlich richtig löst, scheint
er anfänglich Probleme zu haben, sein Wissen zu aktivieren. Während er mit der
VR-Brille ähnliche Aufgaben noch sehr sicher und schnell beantwortet, sogar
wenn diese Situationen betreffen, die in diesem Moment nicht im Koordinatenwürfel abgebildet sind, braucht er für die Antworten ohne die Brille deutlich
länger und macht auch zunächst einen Fehler. Die Schwierigkeiten könnten auf
die bereichsspezifische Speicherung des mathematischen Wissens zurückgeführt
werden. Er kann anfänglich den zur Bearbeitung notwendigen subjektiven Erfahrungsbereich nicht aktivieren, da er das Wissen in der virtuellen Welt erworben
hat, nun aber in der Realität ohne die VR-Brille abrufen soll. Dies scheint ihm
Probleme zu bereiten. Schließlich scheint ihm die Aktivierung aber zu gelingen,
sodass er im Weiteren keine Probleme mehr zeigt und unter anderem die Zusammenhänge der Projektion auf eine Achse wiedergeben, mit dem Fall der Ebene
in Beziehung setzen und korrekt auf Beispielkoordinaten anwenden kann:

F: Genau, das war ja dann, ähm, quasi ähnlich wie bei den Ebenen, nur dass dann
jeweils zwei Koordinaten quasi auf der/ bei dem lilanen Pfeil gleich Null waren.

I: Mhm (bejahend). Warum war das so?

F: Bei den Ebenen konnte der lila Pfeil sich ja quasi noch auf der Ebene bewegen, während der sich da nur auf praktisch der Geraden, ähm, Achse bewegen kann. Dementsprechend nur eine Koordinate.

I: Mhm (bejahend). Wenn ich jetzt auch wieder den Vektor (3, 2, 1) nehme und zum Beispiel die y-Achse auswähle?

F: Dann wird auch nur die y-Koordinate sich ändern. Also in dem Fall 2.

Schüler F erklärt somit den Zusammenhang der Koordinaten der beiden Pfeile wie auch bereits Schüler E über die Freiheitsgrade des lilafarbenen Pfeils.

10.5   Ergebnisdiskussion

Die drei interviewten Schüler verwenden alle die gleichen oder ähnliche mathematische Begriffe zur Beschreibung der Objekte in der Anwendung zur Orthogonalprojektion. Der in jeder Dimension begrenzte Koordinatenwürfel wird als Koordinatensystem bezeichnet, die begrenzte quadratische blaue Fläche nennen die Schüler Ebene und die zwei abgebildeten Pfeile werden von ihnen (von Schüler F erst später im Interview) als Vektoren beschrieben. Damit handelt es sich bei diesen Begriffen der Schülertheorien um empirische Begriffe mit konkreten empirischen Referenzobjekten. Es geht nicht um die Beschreibung idealisierter Objekte wie beispielsweise einer Ebene als ein zweidimensionales Objekt mit unendlicher Ausdehnung, sondern um tatsächliche empirische Objekte, in diesem Fall in der VR-Anwendung. Diese Auffassung wird auch in den Aussagen von Schüler D nach dem Absetzen der VR-Brille deutlich. Dieser erklärt, dass sich die Objekte und ihre Beziehungen zueinander wie mit dem Taschenrechner betrachten lassen, nur eben genauer. Dies zeigt, dass er konkrete Objekte und keine abstrakten Strukturen im Blick hat, die sich mit verschiedenen Mitteln (Taschenrechner und VR-Brille) unterschiedlich gut untersuchen lassen. Die VR-Brille sorgt im Vergleich zum Taschenrechner für eine echte Dreidimensionalität anstatt einer Projektion, wodurch Winkel und Abstände unverzerrt dargestellt werden können.

Deutlich wird auch in den Aussagen der drei Schüler, dass sie den Begriff des Vektors mit konkreten Pfeilen in einem Koordinatensystem identifizieren. Vektoren werden nicht entsprechend des Pfeilklassenzugangs zum Vektorbegriff als Klassen von gleich gerichteten und orientierten Pfeilen gleicher Länge aufgefasst, sondern als konkrete im Koordinatensystem verortete Pfeile, vergleichbar mit Strecken im Raum, die eine Orientierung aufweisen. Beispielsweise erklärt Schüler E, dass sich die Vektoren im Ursprung schneiden würden. Dies ist aber nur für konkrete Pfeile, nicht aber für Pfeilklassen ohne eine Ortszugehörigkeit möglich. Schüler F verwendet zudem zunächst ausgiebig den Begriff Pfeil und ersetzt diesen später im Interview durch den Begriff des Vektors. Bei seinen Ausführungen wird zudem deutlich, dass er beim Verschieben der Pfeilspitzen davon ausgeht, dass es sich anschließend um den gleichen Pfeil handelt und entsprechend Eigenschaften wie die Länge erhalten bleiben. So überprüft er das Längenverhältnis der beiden Pfeile, indem er den grünen Pfeil direkt neben den lilafarbenen bewegt und folgert daraufhin, die Pfeile hätten in jeder Position die gleiche Länge. Ebenso versucht der Schüler den grünen Pfeil orthogonal zum lilafarbenen zu positionieren, um die Lage der Pfeile zueinander zu untersuchen, anstatt in anderen Positionen senkrechte Linien zu identifizieren. Beim Verschieben der Pfeile verändern sich allerdings die Koordinaten und damit eigentlich auch der Vektor mit dem sich der Pfeil beschreiben lässt. Die Identifikation von Vektoren mit konkreten Pfeilen, kann zum Teil auf die Verwendung des Hilfsbegriffs Ortsvektor im schulischen Mathematikunterricht zurückgeführt werden, der keinen Vektor im eigentlichen Sinne, sondern einen Punkt im Raum beschreibt. Außerdem suggeriert das in der Fallstudie verwendete empirische Setting eine entsprechende Interpretation.

Schüler D und Schüler F beschreiben die zwei Vektoren zudem als Spannvektoren bzw. Richtungsvektoren der Ebene. Diese Assoziation haben sie vermutlich, da zur Definition einer Ebene ein Punkt (bzw. ein Ortsvektor) sowie zwei als Spannvektoren bezeichnete Vektoren (bzw. Richtungsvektoren) benötigt werden. Diese Konstellation wird meist durch zwei von einem Punkt ausgehende Pfeile dargestellt, wie sie auch in der VR-Anwendung auftreten.

Die zentralen Untersuchungsobjekte des empirischen Settings zur Orthogonalprojektion sind der grüne und der lilafarbene Pfeil. Um den Zusammenhang der zwei Pfeile zu untersuchen, variieren die drei Schüler gezielt die Position der grünen Pfeilspitze und beobachten die Veränderungen des lilafarbenen Pfeils. Sie arbeiten explorativ mit den empirischen Objekten zur Entwicklung von Hypothesen über die Abhängigkeiten. Auch wenn die drei Schüler ihre Vermutungen in einer unterschiedlichen Reihenfolge und in teilweise unterschiedlichen Zusammenhängen äußern, weist die schlussendliche Begründung der Abhängigkeiten der Pfeile zueinander wesentliche Gemeinsamkeiten auf. Alle drei Schüler erkennen, dass sich der lilafarbene Pfeil in der Projektionsebene bzw. auf der Projektionsachse befindet und dass die Verbindungslinie der Pfeilspitzen senkrecht auf der Ebene bzw. der Achse liegt. Hierbei handelt es sich um die zentralen Eigenschaften einer Orthogonalprojektion. Beide Eigenschaften setzen die Schüler mit den Koordinaten der Pfeile in Beziehung, was (zumindest teilweise) unabhängig voneinander möglich ist, da lediglich Koordinatenachsen und -ebenen betrachtet werden. Die Positionierung des lilafarbenen Pfeils in der Ebene bzw. auf der Achse erklären sie damit, dass entsprechend eine oder zwei Koordinaten gleich Null gesetzt werden. Senkrecht stehe die Verbindungslinie der Pfeilspitzen auf der Ebene bzw. Achse, da die übrigen Koordinaten bzw. die übrige Koordinate beider Pfeile gleiche Werte aufweisen. Die Koordinaten dienen in der empirischen Theorie der Schüler somit der Verortung von Pfeilen in einem Koordinatensystem und können zur Beschreibung der Lagebeziehungen herangezogen werden. Die jeweils beispielgebunden gewonnenen Einsichten übertragen die Schüler in der VR-Umgebung problemlos auf andere Koordinatenebenen und -achsen und wenden das neue Wissen auf Beispielkoordinaten an.

Neben der Verschiebung des grünen Pfeiles bittet der Interviewer die Schüler auch, zu versuchen, den lilafarbenen Pfeil direkt zu verschieben. Schüler E und F bemerken, dass dies nicht funktioniert und erklären, dass es sich um eine einseitige Abhängigkeit handelt und sich die Position des grünen Pfeils nicht eindeutig bestimmen ließe, wenn man den lilafarbenen bewegen würde. Sie erkennen somit, dass das eigenständige Bewegen des lilafarbenen Pfeils programmtechnisch nicht sinnvoll umsetzbar ist. Schüler D scheint hingegen der Meinung zu sein, dass sich auch der lilafarbene Pfeil verschieben lassen müsse und sich dann der grüne entsprechend anpasst. Der Schüler kann auf Nachfrage des Interviewers nicht erklären, warum sich der lilafarbene Pfeil nicht packen lässt. Ähnlich wie bei der DGS-Fallstudie von Hölzl (1995) können in der App Calcflow somit zwei Arten von Vektoren bzw. Pfeilen unterschieden werden. Die einen lassen sich ziehen und die anderen nur indirekt verändern. Diese Unterscheidung basiert auf der Dynamik der VR-Anwendung und ist in einer mathematischen Theorie außerhalb dieser nicht relevant, scheint aber dennoch von Schüler D als Teil der mathematischen Theorie aufgefasst zu werden.

Nach dem Absetzen der VR-Brille können Schüler D und E problemlos erklären, was sie zuvor gemacht und dabei herausgefunden haben und wenden es auf Beispiele an. Sie aktivieren somit den zuvor mit der VR-Brille (weiter)entwickelten subjektiven Erfahrungsbereich. Schüler F hat dagegen zunächst Probleme, sein Wissen zu aktivieren. Er erklärt falsche Zusammenhänge zwischen den Koordinaten und der Lage der Objekte, die er zuvor noch ohne Probleme wiedergegeben und angewendet hat und sagt zudem, dass ihm die Anwendung schwerfalle. Die Schwierigkeiten können auf die bereichsspezifische Speicherung des mathematischen Wissens zurückgeführt werden. Er kann anfänglich den zur Bearbeitung notwendigen subjektiven Erfahrungsbereich nicht aktivieren. Das in der virtuellen Welt entwickelte Wissen kann nicht ohne Weiteres in neuen Kontexten außerhalb der virtuellen Welt abgerufen werden. Daher stellt sich die Frage, ob in virtuellen Welten entwickeltes Wissen, gerade wenn dies über einen längeren Zeitraum geschieht und nicht nur in einem kurzen Interview stattfindet, aufgrund der immersiven Erfahrung zu besonders isolierten subjektiven Erfahrungsbereichen führen könnte.

Begründung auf der Grundlage der 3D-Druck-Technologie

11

11.1 Das spezifische Forschungsinteresse

Die 3D-Druck-Technologie stellt ein neues und bisher wenig etabliertes digitales Werkzeug dar, das sich sinnvoll in den Mathematikunterricht integrieren lässt. Der Einsatz dieser Technologie war bereits Gegenstand verschiedener empirischer Studien, die mathematische Lernprozesse mit diesem Medium vor dem Hintergrund empirischer Theorien untersucht haben. Dies ist auch das zentrale Anliegen der folgenden Fallstudie, in der in den Blick genommen wird, wie Schülerinnen und Schüler ausgehend von einem mathematischen Zusammenhang geometrische Interpretationen nachvollziehen und diese zur Begründung nutzen sowie auf andere Zusammenhänge übertragen.

Das in der Fallstudie verwendete empirische Setting bezieht sich auf Summenformeln für natürliche und ungerade Zahlen und besteht unter anderem aus geometrischen Rechtecksplättchen und einem einfachen CAD-Programm zur Entwicklung weiterer individueller Plättchen zur Begründung.

Es wurden insgesamt zwei Partnerinterviews geführt, die auch beide im Folgenden analysiert werden. Bei den Interviewteilnehmerinnen und Teilnehmer handelt es sich um drei Schülerinnen und einen Schüler der Einführungsphase eines Gymnasiums, die in der Sekundarstufe I nicht gemeinsam Mathematikunterricht hatten. Zwei der Schülerinnen und der Schüler haben auch an den Interviews zum GeoGebra-Applet „Integrator" teilgenommen und wurden in der Fallstudie untersucht (siehe Kapitel 9). Die erste Interviewgruppe bestand aus den zwei Schülerinnen G und K. Schülerin K hat bereits mit der 3D-Druck-Technologie im Rahmen einer AG gearbeitet und, wie sich im Interview herausstellt, im Unterricht erste Erfahrungen mit Summenformeln gemacht. In der zweiten Gruppe wurden Schüler H und Schülerin J gemeinsam interviewt. Schüler H hat, wie er im Interview klarstellt, bereits außerhalb des Unterrichts etwas über Summenformeln gelernt und ebenso wie Schülerin K an einer 3D-Druck-AG teilgenommen.

11.2   Die 3D-Druck-Technologie im Mathematikunterricht

Die 3D-Druck-Technologie ist ein Fertigungsverfahren, mit dem sich schnell und verhältnis-mäßig preisgünstig Modelle und Prototypen, aber auch Werkzeuge und Endprodukte herstellen lassen. Die Technologie wird zu den additiven Fertigungsverfahren gezählt, da das Material Schicht für Schicht zu einem Objekt aufgebaut wird – im Gegensatz zu subtraktiven Herstellungsverfahren, bei denen nicht zu dem Objekt gehörende Teile aus Material entfernt werden (z. B. Fräsen) (vgl. Fastermann, 2016). Die 3D-Druck-Technologie findet Anwendung in verschiedenen Bereichen der Industrie, im Hobbybereich und auch der Forschung. Trotz vermehrter fachdidaktischer Forschungsarbeiten in den letzten Jahren, handelt es sich im Bildungsbereich weiterhin um ein relativ neues digitales Medium.

Unter der 3D-Druck-Technologie wird nicht nur der 3D-Drucker als Hardware zur Herstellung von Objekten gefasst. Hinzu kommt Software zur Erstellung virtueller Objekte sowie zur Steuerung des Druckprozesses (vgl. Dilling & Witzke, 2019b). In Bezug auf den 3D-Druck-Entwicklungsprozess können daher verschiedene Phasen unterschieden werden (siehe Abbildung 11.1). Zunächst muss ein Objekt sorgfältig geplant werden. Hierauf folgt das Erstellen eines 3D-Modells mit Computer-Aided-Design Software (CAD-Software). Das konstruierte 3D-Modell wird als STL-Datei exportiert und kann dann in einer Slicer-Software für den Druck vorbereitet werden. Dabei werden verschiedene Einstellungen unter anderem in Bezug auf Größe und Qualität für einen konkreten Drucker vorgenommen. Die Daten können als gcode-Datei exportiert werden und sind damit durch den 3D-Drucker lesbar. Nach dem eigentlichen Drucken des Objektes werden Haftungs- und Stützmaterialien entfernt. Damit wird es im Unterricht nutzbar oder kann bei nicht zufriedenstellendem Ergebnis überarbeitet werden.

Der 3D-Druck-Prozess

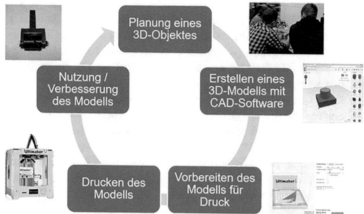

Abbildung 11.1 Schematische Darstellung des 3D-Druck-Prozesses (© Frederik Dilling)

Computer-Aided-Design-Software ist eine Klasse von Computerprogrammen, mit denen sich virtuelle dreidimensionale Modelle erstellen lassen. Es können verschiedene Arten von CAD-Software unterschieden werden, wobei eine Zuordnung nicht immer trennscharf erfolgen kann. Das direkte Modellieren erlaubt das Erstellen von Objekten durch das Kombinieren von Grundkörpern. Parametrisches Modellieren basiert auf zweidimensionalen Skizzen, die in dreidimensionale Objekte überführt werden. Beim skriptbasierten Modellieren werden die Objekte durch eine spezielle Programmiersprache definiert (vgl. Dilling, 2019a; Dilling & Witzke, 2019b).

Im Rahmen der in diesem Kapitel vorgestellten Fallstudie wurde das Direktmodellierungsprogramm Tinkercad™ der Firma Autodesk® verwendet (siehe Screenshot in Abbildung 11.2). Die Grundkörper, aus denen das Objekt zusammengesetzt werden soll, können bei diesem Programm per Drag and Drop auf die Arbeitsfläche gezogen werden. Zur Verfügung stehen eine Vielzahl einfacher geometrischer Körper (Quader, Zylinder, Kugel, Kegel, Pyramide, etc.) sowie komplexerer Körper (Ikosaeder, Paraboloid, Torus, etc.). Zudem können editierbare Textblöcke und Zahlen sowie für mathematische Zwecke weniger relevante Formen ausgewählt werden. Die ausgewählten Körper können auf der

Arbeitsebene (x-y-Ebene) frei bewegt werden. Durch Ziehen an einem Pfeil lassen sie sich zudem entlang der z-Achse verschieben. Eine genaue Verortung der Objekte ist durch die Funktion „Lineal" möglich. Dieses kann an einer beliebigen Stelle der Ebene fixiert werden und bestimmt damit den Nullpunkt eines Koordinatensystems. Der Abstand eines Körpers in x-, y- und z-Dimension zum Nullpunkt wird dann durch Zahlenwerte angegeben und kann mit Hilfe dieser verändert werden. Zusätzliche Arbeitsebenen können auf den Seitenflächen von eingefügten Körpern hinzugefügt werden.

Die Form und die Größe der ausgewählten Grundkörper können durch die Anpassung von Parametern (Länge, Breite, Höhe, Radius, etc.) verändert werden. Dies kann durch Ziehen an Ecken und Kanten der Körper, die Eingabe von Zahlenwerten oder die Betätigung von Schiebereglern erfolgen. Bei krummlinig begrenzten Körpern (Zylinder, Kugel, etc.) kann zudem die Auflösung, also die Qualität der Näherung durch Dreiecksflächen über einen Schieberegler beeinflusst werden. Unabhängig von Form und Größe kann ein Körper als „Volumenkörper" oder „Bohrung" eingestellt werden. Diese Einstellung ist entscheidend, wenn Körper mit der Funktion „Gruppieren" verbunden werden. Gruppiert man zwei „Volumenkörper", so bildet sich die Vereinigung beider Körper. Ein Körper mit der Einstellung „Bohrung" wird hingegen beim Gruppieren aus einem „Volumenkörper" ausgeschnitten, mengentheoretisch beschrieben als Differenz. Die Verbindung zwischen Objekten kann auch mit der Funktion „Gruppierung aufheben" zurückgesetzt werden, sodass die Objekte wieder einzeln bearbeitet werden können. Die Ansicht kann während des gesamten Konstruktionsprozesses durch Halten der rechten Maustaste und Bewegen der Maus oder durch Rotieren eines in der oberen linken Ecke dargestellten Würfels verändert werden. Mit dem Mausrad kann Heran- oder Herausgezoomt werden (vgl. Dilling, Marx, Pielsticker, Vogler & Witzke, 2021).

Die Verwendung der direkten Modellierungsmethode ist vergleichsweise intuitiv, da die Veränderung des Körpers zu jeder Zeit sichtbar ist. Dies erlaubt spontane Änderungen an den Objekten und eine eher experimentelle Herangehensweise. Das Erstellen von komplexen Objekten ist allerdings im Vergleich zu anderen Modellierungsverfahren aufwändig (vgl. Dilling, 2019a).

Die mit der CAD-Software Tinkercad^{TM} erstellten Objekte können mit einem beliebigen 3D-Drucker ausgedruckt werden. Für den Einsatz im Bildungsbereich ist insbesondere das sogenannte Fused Deposition Modeling Verfahren (FDM) geeignet, bei dem Material von einem Heizblock geschmolzen und anschließend sukzessive durch eine Düse auf ein Druckbett aufgetragen wird.

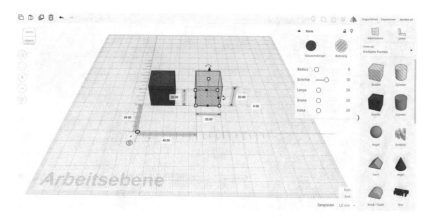

Abbildung 11.2 Screenshot des Programms Tinkercad™ der Firma Autodesk®

Das Material, auch Filament genannt, liegt beim FDM-Verfahren auf einer Spule aufgewickelt vor und wird vom Drucker Stück für Stück eingezogen. Dies wird durch eine Transporteinheit ermöglicht, die aus zwei gegenüberliegenden, mit einem Schrittmotor verbundenen, kleinen Rädern besteht. Die Transporteinheit drückt das Filament in den sogenannten Extruder. Dieser besteht aus einem Heizblock und einer Düse. Der Heizblock wird je nach Filament auf eine festgelegte Temperatur erhitzt, wodurch er das durchlaufende Filament schmilzt. Das verflüssigte Filament wird anschließend durch die Düse gedrückt und schichtweise auf das Druckbett aufgetragen (Abbildung 11.3, links). Dazu wird die Düse nach jeder Schicht um einen vorher festgelegten Abstand nach oben bewegt. Das Druckbett ist bei einigen Druckern beheizbar, um die Haftung und damit die Druckqualität zu erhöhen (vgl. Dilling, Marx, Pielsticker, Vogler & Witzke, 2021). Eine schematische Darstellung des FDM-Verfahrens ist in Abbildung 11.3 rechts zu sehen.

Die 3D-Druck-Technologie kann den Mathematikunterricht auf verschiedene Weise beeinflussen. Es können insbesondere vier Nutzungsszenarien unterschieden werden (vgl. Witzke & Heizer, 2019; Dilling & Witzke, 2020b; Witzke & Hoffart, 2018). Zunächst kann der 3D-Drucker zur Reproduktion existierender Materialien verwendet werden. Alternativ kann die Lehrperson auch Arbeitsmittel zur Nutzung im Mathematikunterricht selbst entwickeln. Die 3D-Druck-Technologie kann zudem im Unterricht durch die Schülerinnen und Schüler zur Entwicklung von Materialien eingesetzt werden. Zuletzt ist die Technologie selbst

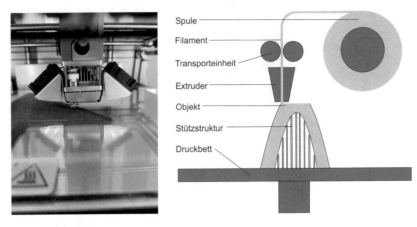

Abbildung 11.3 Druckbett eines 3D-Druckers (links) sowie schematische Darstellung des FDM-Verfahrens (rechts) (© Frederik Dilling)

auch ein interessantes Artefakt, dessen Untersuchung im Unterricht Anwendungen mathematischer Konzepte aufzeigen kann. Das zweite Einsatzszenario, bei dem Material im Vorhinein entwickelt und anschließend zum Mathematiklernen genutzt wird, spielt unter anderem in der Fallstudie zum Integraphen in Kapitel 8 dieser Arbeit eine Rolle.

In der in diesem Kapitel betrachteten Interviewsituation wird dagegen das Arbeiten von Schülerinnen und Schülern mit der Technologie entsprechend dem dritten Szenario untersucht, wobei auch bereits vorbereitetes Material genutzt wird. Diese Einsatzmöglichkeit der 3D-Druck-Technologie war bereits Gegenstand verschiedener empirischer Studien (u. a. Pielsticker, 2020; Dilling, 2019a, 2020c; Dilling, Pielsticker & Witzke, 2019, 2020b; Dilling & Vogler, 2020; Dilling & Witzke, 2020a, c). Hierbei hat sich gezeigt, dass die eigenen Entwicklungen der Schülerinnen und Schüler zu tiefgehenden Aushandlungsprozessen innerhalb des Unterrichts führen können und damit die Wissensentwicklungsprozesse wesentlich unterstützen können. Das entwickelte mathematische Wissen der Lernenden konnte als empirische Theorien über die 3D-gedruckten Objekte sowie die virtuellen Objekte in der CAD-Software beschrieben werden (vgl. u. a. Pielsticker, 2020). Zudem bietet die Arbeit mit der 3D-Druck-Technologie das Potential zur Förderung prozessbezogener mathematischer Kompetenzen wie dem

Problemlösen (vgl. Dilling, 2020d; Pielsticker, 2020) oder allgemeiner mathematikbezogener Fähigkeiten wie dem räumlichen Vorstellungsvermögen (vgl. Dilling & Vogler, 2021; Vogler & Dilling, 2020).

Eine praxisorientierte Einführung in den Einsatz der 3D-Druck-Technologie im Mathematikunterricht bietet das „Praxishandbuch 3D-Druck im Mathematikunterricht" (Dilling, Marx, Pielsticker, Vogler & Witzke, 2021). Hierin werden zu verschiedenen mathematischen Themengebieten wie der Geometrie, der Algebra, der Analysis und der Stochastik Unterrichtsvorschläge vorgestellt, die insbesondere mit Blick auf das oben beschriebene dritte Nutzungsszenario, also der Erstellung von Materialien durch die Lernenden im Unterricht, nach Ansicht der Autorinnen und Autoren einen inhaltlichen Mehrwert bieten können. Im Bereich der Geometrie können Schülerinnen und Schüler beispielsweise Pantographen selbst (nach)entwickeln und den Sachverhalt der zentrischen Streckung anhand des Gerätes erarbeiten (siehe Abbildung 11.4, links). Im Bereich der Algebra lassen sich Materialien zur Begründung der binomischen Formeln entwickeln (siehe Abbildung 11.4, rechts). In der Analysis können dreidimensionale Modelle von reellen Funktionsgraphen entwickelt werden, die dann zur Entwicklung erster Vorstellungen zu den Begriffen der Stetigkeit und Differenzierbarkeit genutzt werden können (siehe Abbildung 11.5, links). In der Stochastik bietet sich schließlich unter anderem die Möglichkeit, durch den Vergleich selbsterstellter manipulierter Spielwürfel Aushandlungsprozesse zum Begriff der Wahrscheinlichkeit anzuregen und die Würfel in Zufallsexperimenten zu verwenden (siehe Abbildung 11.5, rechts).

Abbildung 11.4 3D-gedruckte Objekte für den Mathematikunterricht: Pantograph (links) und Plättchen zur ersten und zweiten binomischen Formel (rechts) (© Dilling, Marx, Pielsticker, Vogler & Witzke, 2021)

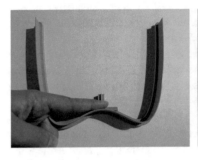

Abbildung 11.5 3D-gedruckte Objekte für den Mathematikunterricht: Modelle reeller Funktionsgraphen (links) und manipulierte Spielwürfel (rechts) (© Dilling, Marx, Pielsticker, Vogler & Witzke, 2021)

An den wissenschaftlichen Untersuchungsergebnissen und der oben dargestellten Auswahl an Themen, bei denen der 3D-Druck sinnvoll Einsatz finden kann, lässt sich das Potential der 3D-Druck-Technologie zur Unterstützung von mathematischen Lernprozessen erkennen. Im folgenden Unterkapitel soll nun das in dieser Fallstudie verwendete empirische Setting zu Summen natürlicher Zahlen vorgestellt werden.

11.3   3D-Druck und Summen natürlicher Zahlen

In dieser Fallstudie wird das Thema Summenformeln natürlicher Zahlen unter Nutzung der 3D-Druck-Technologie aufbereitet. Die Grundlage hierfür bilden bekannte inhaltlich-anschauliche Beweise zur Summe der ersten n natürlichen Zahlen und der Summe der ersten n ungeraden Zahlen. Das im Interview verwendete Material basiert wesentlich auf einer Unterrichtseinheit aus dem „Praxishandbuch 3D-Druck im Mathematikunterricht" (Dilling, Marx, Pielsticker, Vogler & Witzke, 2020).

Die Formel zur Berechnung der Summe der ersten n natürlichen Zahlen wird auch Gaußsche Summenformel genannt:

$$\sum_{k=1}^{n} k = \frac{n(n+1)}{2}$$

Der klassische Beweis der Gültigkeit dieser Gleichung erfolgt mit der Methode der vollständigen Induktion:

Induktionsanfang:

$$\sum_{k=1}^{1} k = 1 = \frac{1(1+1)}{2}$$

Induktionsschritt: Für alle $n \in \mathbb{N}$ gilt: Wenn die Aussage für n gilt (Induktionsvoraussetzung), dann auch für $n+1$:

$$\sum_{k=1}^{n+1} k = \sum_{k=1}^{n} k + (n+1) \overset{Vor.}{=} \frac{n(n+1)}{2} + (n+1) = \frac{n(n+1) + 2(n+1)}{2} = \frac{(n+1)(n+2)}{2}$$

Es lassen sich für den Mathematikunterricht der Schule verschiedene anschauliche heuristische Argumentationen für die Gaußsche Summenformel anführen, die in der Fallstudie dieses Kapitels eine wesentliche Rolle spielen.

(1) Eine dieser Argumentationen geht auf eine Anekdote über Carl Friedrich Gauß zurück (vgl. von Waltershausen, 1856). Dieser nutzte das generische Beispiel der Summe bis zur Zahl 100. Addiert man den ersten mit dem letzten Summanden, den zweiten mit dem vorletzten, usw., so erhält man stets 101. Insgesamt entstehen 50 solcher Summen, die wiederum addiert $50 \cdot 101 = 5050$ ergeben, was dann der Summe der natürlichen Zahlen bis 100 entspricht. Diese Struktur des generischen Beispiels lässt sich auf eine Summe bis zu einer beliebigen geraden natürlichen Zahl n übertragen. Dabei entstehen $\frac{n}{2}$ Summen mit einem Wert von jeweils $n+1$, insgesamt also $\frac{n(n+1)}{2}$. Bei ungeradem n weicht die Struktur vom Beispiel der Zahl 100 ab, weshalb die Zahl 100 hier nicht als generisches Beispiel bezeichnet werden kann. Hier wird ebenfalls der erste mit dem letzten Summanden, der zweite mit dem vorletzten, usw. addiert, wodurch stets die Zahl $n+1$ entsteht. Es entstehen $\frac{n-1}{2}$ solcher Summen, wobei die mittlere Zahl $\frac{n+1}{2}$ übrig bleibt. Zusammengerechnet erhält man $\frac{n-1}{2} \cdot (n+1) + \frac{n+1}{2}$, was sich zu $\frac{n(n+1)}{2}$ vereinfachen lässt.

(2) Eine ähnliche Begründung wie diese, welche aber für gerade und ungerade Zahlen gleichermaßen geführt werden kann, nutzt die Idee, die Summe der ersten n natürlichen Zahlen zunächst zu verdoppeln, sodass $2 \cdot \sum_{k=1}^{n} k = \sum_{k=1}^{n} k + \sum_{k=1}^{n} k$ entsteht. Nun addiert man stets die kleinste Zahl der einen Summe mit der größten der anderen, die zweitkleinste der einen mit der zweitgrößten der anderen, usw. Man erhält auf diese Weise n Summen mit einem Wert von $n + 1$. Damit gilt $2 \cdot \sum_{k=1}^{n} k = n(n + 1)$, was sich durch Dividieren der Zahl 2 auf beiden Seiten der Gleichung zur äquivalenten Gleichung $\sum_{k=1}^{n} k = \frac{n(n+1)}{2}$ umformen lässt. Es lässt sich auch eine ähnliche anschauliche heuristische Argumentation mit einem geometrischen Bezug anführen. Dazu werden die natürlichen Zahlen bis zu einer Zahl n durch entsprechende Anzahlen an Einheitsquadraten dargestellt. Verdoppelt man die Anzahl dieser Einheitsquadrate, so entspricht der Flächeninhalt der Gesamtfläche dem eines Rechtecks mit den Seitenlängen n und $n + 1$. Man erhält somit $n \cdot (n + 1)$ Einheitsquadrate. Die Summe der ersten n natürlichen Zahlen ergibt sich somit aus halb so vielen Einheitsquadraten, weshalb man die Formel $\sum_{k=1}^{n} k = \frac{n(n+1)}{2}$ erhält. In Abbildung 11.6 ist das Beispiel für den Fall $n = 5$ zu sehen. Dieses kann wie im beschriebenen Sinne als generisches Beispiel für die Summenformel aufgefasst werden, womit man unmittelbar eine anschauliche heuristische Argumentation für die Summenformel erhält.

(3) Eine alternative anschauliche heuristische Argumentation betrachtet das Beispiel in Abbildung 11.6 als generisches Beispiel für die Wenn-Dann-Aussage im Rahmen einer vollständigen Induktion. Hierbei zeigt das generische Beispiel, dass sich stets aus einem Rechteck mit den Seitenlängen n und $n + 1$ durch Hinzufügen von $2n + 2$ Einheitsquadraten ein Rechteck mit den Seitenlängen $n + 1$ und $n + 2$ bilden lässt. Wird dies angenommen, so benötigt man zusätzlich das Prinzip der vollständigen Induktion und die Betrachtung des Falls $n = 1$, um eine anschauliche heuristische Argumentation für die Summenformel zu erhalten.

Die Summe der ersten n ungeraden Zahlen lässt sich ebenfalls in einer Formel zur einfachen Bestimmung der Werte zusammenfassen:

$$\sum_{k=1}^{n} (2k - 1) = n^2$$

Abbildung 11.6
Abbildung zur Formel zur
Berechnung der Summe der
ersten *n* natürlichen Zahlen
(© Frederik Dilling)

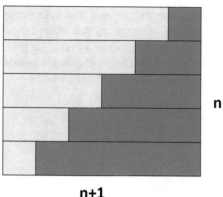

n

n+1

Zum Beweis kann die Methode der vollständigen Induktion herangezogen werden:

Induktionsanfang:

$$\sum_{k=1}^{1}(2k-1)=1=1^2$$

Induktionsschritt: Für alle $n \in \mathbb{N}$ gilt: Wenn die Aussage für n gilt (Induktionsvoraussetzung), dann auch für $n+1$:

$$\sum_{k=1}^{n+1}(2k-1)=\sum_{k=1}^{n}(2k-1)+(2n+1)\overset{Vor.}{=}n^2+(2n+1)=(n+1)^2$$

Hier lässt sich ebenfalls für die Schule eine anschauliche heuristische Argumentation anführen. Angefangen wird mit der Zahl 1 als erste ungerade Zahl, repräsentiert durch ein Einheitsquadrat. Setzt man an zwei benachbarten Seiten Einheitsquadrate an, so fehlt ein weiteres Einheitsquadrat, um ein Quadrat der Seitenlänge 2 zu bilden. Somit ergibt sich $1+3=2^2$. Dieses Muster kann entsprechend mit den folgenden ungeraden Zahlen fortgeführt werden. Um aus einem Quadrat der Seitenlänge n ein Quadrat der Seitenlänge $n+1$ zu formen, benötigt man immer zwei Mal n Einheitsquadrate sowie ein weiteres Einheitsquadrat – dies entspricht dem Term $2n + 1$. Es handelt sich um die $(n + 1)$-te natürliche ungerade Zahl. In Abbildung 11.7 ist eine entsprechende Darstellung für den Fall $n = 5$ zu sehen, die ein generisches Beispiel für die Summenformel der ersten n ungeraden Zahlen sein kann:

Abbildung 11.7
Abbildung zur Formel zur
Berechnung der Summe der
ersten n ungeraden
natürlichen Zahlen (©
Frederik Dilling)

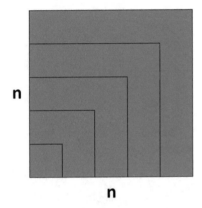

Beide dargestellten Summenformeln – die für die Summe der ersten n natürlichen Zahlen sowie für die Summe der ersten n ungeraden natürlichen Zahlen – sind inhaltlicher Bestandteil der für die Fallstudie geführten Interviews. Zur Begründung der ersten Summenformel wird den Schülerinnen und Schülern Material bereitgestellt, welches bereits im Vorfeld der Interviews mit 3D-Druckern hergestellt wurde. Hierbei handelt es sich um zehn kleine Plättchen, von denen zwei jeweils gleich sind (Abbildung 11.8, links). Alle Plättchen haben eine Breite von $1 cm$ und bestehen aus einer Anzahl von 1 bis 5 Einheitsquadraten der Fläche $1 cm^2$. Alternativ zu dieser bereits für die Abbildung 11.6 angesetzten Interpretation, kann die Zahl n auch als Flächeninhalt der Plättchen, der zwischen $1 cm^2$ und $5 cm^2$ liegt, oder als Länge der Plättchen, die zwischen $1 cm$ und $5 cm$ liegt, interpretiert werden. In Hinblick auf die Bereichsspezifität der Schülerdeutungen in den Fallstudien handelt es sich hierbei um unterschiedliche Kontexte.

Bei einer möglichen anschaulichen heuristischen Argumentation für die Gültigkeit der Formel mithilfe des Materials könnte man die Plättchen für die Fälle $n = 1$ bis $n = 5$ zu einem Rechteck zusammenlegen (Abbildung 11.8, rechts) und erklären, warum dieses Verfahren auch für alle größeren natürlichen Zahlen möglich ist.

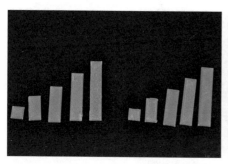 

Abbildung 11.8 Material zur Begründung der Formel für die Summe der ersten n natürlichen Zahlen als zwei aufsteigende Treppen (links) sowie zu einem Rechteck zusammengelegt (rechts) (© Frederik Dilling)

Auf dem Material aufbauend sollten die Schülerinnen und Schüler eigenes Material zur Argumentation für die Gültigkeit der Formel für die Summe der ersten n ungeraden natürlichen Zahlen mit der CAD-Software Tinkercad™ entwickeln. 3D-gedrucktes Material, das sich hierfür eignet, ist in Abbildung 11.9 zu sehen. Die einzelnen Plättchen haben die Flächeninhalte $1cm^2$, $3cm^2$, $5cm^2$, $7cm^2$, $9cm^2$ und $11cm^2$ und stehen für die ungeraden Zahlen zwischen 1 und 11 bzw. die Fälle $n = 1$ bis $n = 6$ der Formel. Die Plättchen können für die einzelnen Fälle zu einem Quadrat zusammengesetzt werden und es kann argumentiert werden, weshalb dies auch für die übrigen Fälle möglich ist.

Abbildung 11.9 Material
zur Begründung der Formel
für die Summe der ersten n
ungeraden natürlichen
Zahlen (© Frederik Dilling)

Zusätzlich zum haptischen Material werden den Schülerinnen und Schülern während des Interviews Zettel mit den zwei Gleichungen

$$1 + 2 + 3 + \cdots + n = \frac{n \cdot (n + 1)}{2}$$

$$1 + 3 + 5 + \cdots + (2n - 1) = n^2$$

sowie weiteren konkreten Berechnungsaufträgen, wie z. B.

$$1 + 2 + 3 + \cdots + 100 = ?$$

$$1 + 3 + \cdots + 13 = ?$$

ausgehändigt.

11.4   Fallstudie

11.4.1 Schülerin G und Schülerin K

Am Anfang des Interviews übergibt der Interviewer den Schülerinnen einen Zettel, auf dem „$1 + 2 + 3 + \cdots + 100 = ?$" geschrieben steht, und bittet sie den Ausdruck zu deuten:

> I: Dann fangen wir an, hiermit. (übergibt Zettel auf dem steht „$1 + 2 + 3 + \cdots + 100 = ?$") Was is' da zu sehen? Was is' das?
> K: Das is' Zusammenrechnen. $100 + 99 + 98$.
> I: Mhm (bejahend).
> K: Ja, und ich weiß theoretisch wie das geht, aber ich hab's vergessen. Ähm, wir hatten das mal mit 36 gemacht und da kam auf jeden Fall 666 raus, aber ich hab's vergessen.
> G: Achso.
> I: Also sozusagen, ihr habt da schon mal 'ne Formel dafür bestimmt, oder?
> K: Ja, mit Frau (Name einer Lehrerin) letztes Jahr, aber ich hab's vergessen, wie das ging.
> G: Also ich würd' da jetzt einfach/
> I: Hast du das auch schon mal gemacht? (spricht Schülerin G an)
> G: Nee, aber ich würd' jetzt einfach $100 \cdot 100$ rechnen und dann immer 1 abziehen? Nee, das is' falsch glaub' ich.
> K: Das war auf jeden Fall hoch irgendwas und dann minus 1. Nee.

Schülerin K erklärt, dass es sich um „Zusammenrechnen" handle und deutet das Addieren aller Summanden durch Nennen der größten drei an. Sie scheint somit verstanden zu haben, dass mit dem Ausdruck die Summe der ersten 100 natürlichen Zahlen gemeint ist und man diese bestimmen soll. Sie habe dazu im Unterricht eine Formel kennengelernt, wisse aber nicht mehr, wie diese lautet. Offen bleib dabei, ob und wenn ja wie die Formel im Unterricht begründet wurde. Mit dem Prinzip der vollständigen Induktion scheint die Schülerin keine Erfahrung gemacht zu haben, wie es im Folgenden noch deutlich wird. Schülerin G kennt die Aufgabe und die Formel bisher nicht. Sie schlägt vor „100 · 100" zu rechnen und „dann immer 1 ab[zu]ziehen", verwirft ihre Idee aber schnell wieder.

Anschließend erklären die Schülerinnen, dass man die Summe auch „nacheinander zusammenrechnen" könnte. Der Interviewer erklärt, dass dies zwar möglich ist, aber sehr aufwändig wäre. Daraufhin teilt er den Schülerinnen einen Zettel aus, auf dem die allgemeine Formel $1 + 2 + 3 + \cdots + n = \frac{n \cdot (n+1)}{2}$ notiert ist. Schülerin K erklärt, dass dies die Formel sei, die sie bereits im Unterricht verwendet hat. Die Schülerinnen sollen die Formel beschreiben:

I: Genau, also wie funktioniert denn diese Formel, wenn ihr euch das mal anguckt?
K: Ja, also n is' die höchste Zahl, nämlich 100. (zeigt auf n auf der linken Seite der Formel)
I: Mhm (bejahend). So hoch wie wir hoch gehen sozusagen.
K: Ja. Und dann setz' ich das ein.
I: Und was kommt dann da raus jetzt zum Beispiel? Was setzt du da ein?
K: 100 · (100 + 1)/2.
I: Und das is'?
K: Ähm.
I: Ihr dürft auch 'nen Taschenrechner benutzen.
G: 100 · 101 sind 10100?
I: Mhm (bejahend).
G: Das durch 2 sind 5050.
I: Schon haben wir's. Sehr gut.
G: (lacht)
I: Ähm, genau, sozusagen so wendet man die Formel an. Jetzt hab' ich hier noch was Anderes. (übergibt Zettel auf dem steht „1 + 2 + 3 + · · · + 10 =?") Wie is' das jetzt zum Beispiel hier? Was würde da rauskommen?
G: Achso.
K: 10 · 11 sind einhundert/
G: zehn.
K: 55?
I: Genau ok. Das heißt ihr habt jetzt verstanden, wie man die Formel anwendet, oder?
K: Ja.

Die Schülerinnen erkennen, dass die Variable n den größten Summanden angibt, also „so hoch wie wir hoch gehen". Im Beispiel sei dies die Zahl 100, sodass sich auf der rechen Seite der Gleichung „100 · (100 + 1)/2" ergibt. Die Schülerinnen rechnen das Ergebnis aus und bestimmen anschließend auch die Summe der ersten zehn natürlichen Zahlen korrekt. Sie scheinen somit die Anwendung der Formel verstanden zu haben, was sie auf Nachfrage des Interviewers auch bestätigen.

Der Interviewer fragt die Schülerinnen anschließend, wie man begründen kann, dass die Formel richtig ist:

> I: Wie könnte ich denn jetzt begründen, dass das die richtige Formel is'?
>
> K: Ich würd's ausprobieren, aber das geht ja wahrscheinlich anders.
>
> I: Was is' denn ausprobieren?
>
> K: Ja, ich setz' 10 ein, ich setz' 100 ein, ich setz' 1.000 ein und guck' immer, ob das stimmt.
>
> I: Und wenn das dann stimmt, passt das dann? Kann ich dann sicher sein, dass die gilt, oder kann ich mir noch nich' sicher sein?
>
> K: Dann kann ich nich' sicher sein, weil das müsst' ich ja für alle Zahlen ausprobieren. Aber so wenn ich das bis 1.000.000 ausprobier', dann schon.
>
> I: Ok. Hast du noch irgendwas/ Hast du noch 'ne andere Idee?
>
> G: Ähm, also wenn man die ja einfach alle einzeln zusammenrechnet (zeigt auf linke Seite der Formel) und dann das Gleiche da rauskommt wie bei der Formel, dann kann man sicher sein, dass die Formel (zeigt auf rechte Seite der Formel) stimmt, eigentlich.
>
> I: Wie meinst du das?
>
> G: Ja, wenn ich jetzt $1 + 2 + 3 + 4$ plus alles (zeigt mit Finger entlang der linken Seite der Formel), das is' ja eigentlich die sicherste, aber längste Methode. Und wenn das Ergebnis dann genau das Gleiche wie durch die Formel is' (zeigt auf rechte Seite der Formel), dann is' die Formel ja richtig.
>
> I: Sozusagen für einzelne ausprobieren?
>
> G: Ja.
>
> I: Aber dann hab ich's ja noch nich'/ Also gilt die dann für alle, wenn ich die für einzelne ausprobiere?
>
> G: Achso. Ähm.
>
> I: Oder muss ich da einfach viele ausprobieren?
>
> G: Ja, man müsste das dann bei allen ausprobieren, ob das dann stimmt.
>
> I: Was sind denn alle?
>
> G: Ja, zum Beispiel man müsste das einmal hier ausprobieren (zeigt auf Zettel mit „$1 + 2 + 3 + \cdots + 10 =$?") und dann müsste man das aber auch hier ausprobieren (zeigt auf Zettel mit „$1 + 2 + 3 + \cdots + 100 =$?").
>
> I: Und dann auch noch?
>
> G: Und dann auch noch bei 1.000 und so weiter.
>
> I: Ok. Und vielleicht auch bei 9, oder? Und bei 8 oder so?
>
> K: Ja, sonst hat das vielleicht nur was mit der 10 zu tun.
>
> G: Ich glaub' auch, dass das irgendwas damit zu tun hat. Obwohl, nee.
>
> K: Nee, es geht ja auch mit 9.
>
> I: Die funktioniert auch mit 9, die Formel.
>
> G: Es hat nichts/ Ja. Vielleicht müsste man das auch zurückleiten oder so.

Schülerin K schlägt vor, die Gültigkeit der Formel durch „ausprobieren" zu begründen. Dafür setze man für n beispielsweise 10, 100 und 1.000 ein und schaue jeweils, ob das stimmt. Nach einer Nachfrage des Interviewers erklärt Schülerin K, dass man durch Überprüfen einzelner Beispiele nicht unbedingt sicher sein könne, dass die Formel gilt. Es bleibt allerdings zunächst offen, ob die Schülerin dem Suggestivimpuls des Interviewers nur oberflächlich zustimmt, oder tatsächlich davon überzeugt ist. Die Schülerin erklärt weiter, dass man die Zahlen bis zu einer sehr großen Zahl zum Beispiel „bis 1.000.000" überprüfen müsse, um sicher auf die Gleichheit schließen zu können. Sie scheint einen Beweisbegriff zugrunde zu legen, bei dem man sicher bzw. mit ausreichender Sicherheit davon ausgehen kann, dass die Gleichung in allen Fällen gilt, wenn man eine sehr große Anzahl an Fällen überprüft, was weiterhin einer induktiven Überprüfung der Formel entspricht. Eine alternative Interpretation wäre, dass sie dem induktiven Schluss auch tatsächlich eine wahrheitsübertragende Funktion zuschreibt, was dann das Überprüfen der Formel an Einzelbeispielen nahelegt.

Auch Schülerin G möchte Einzelbeispiele überprüfen und dazu jeweils die linke und die rechte Seite der Gleichung separat berechnen. Eine naheliegende Interpretation ihrer Ausführungen zur Zahl 10 – sie möchte es für die Zahlen 10, 100, „1.000 und so weiter" ausprobieren und erklärt, dass das „vielleicht nur was mit der 10 zu tun" hat – wäre, dass sie nicht von einer Gültigkeit der Formel für alle natürlichen Zahlen, sondern lediglich für die Potenzen von 10 ausgeht. Dies könnte durch die zwei in das Interview eingebrachten Zahlenbeispiele 100 und 10 suggeriert worden sein. Daher solle man die Formel für die Potenzen von 10 testen (10, 100, 1.000 und so weiter). Es bleibt offen, ob der Schülerin bewusst ist, dass es unendlich viele Potenzen der Zahl 10 gibt. Als Schülerin K und der Interviewer sie darauf aufmerksam machen, dass die Formel beispielsweise auch für die Zahl 9 gilt, schlägt Schülerin G vor, die Formel „zurück[zu]leiten". Die Bedeutung von „zurückleiten" geht aus dem Kontext nicht eindeutig hervor. Hiermit könnte Sie das Herleiten aus anderen Zusammenhängen heraus meinen, was dem Einbringen eines deduktiven Zuganges entspricht, oder aber die Rückführung des Falles $n = 10$ auf den Fall $n = 9$, was bedeuten würde, dass Sie an ihrem ursprünglichen Vorschlag festhält, die Formel für den Fall $n = 10$ (bzw. die Potenzen von 10) zu überprüfen. Es ist nicht ersichtlich, inwiefern die Schülerinnen die Überprüfung von Einzelbeispielen weiterhin als mögliche Begründung heranziehen würden, da ihre Zustimmung zu den Aussagen des Interviewers auch auf das zugrundeliegende Interaktionsmuster (Erarbeitungsprozeßmuster) zwischen Interviewer und Schülerinnen zurückgeführt werden kann, was lediglich ein Eingehen auf Suggestivimpulse des Interviewers, nicht aber ein tatsächliches Ablehnen einer induktiven Überprüfung bedeuten würde.

In einer anschließenden Interviewsituation überlegen die zwei Schülerinnen weiter, wie sich die Formel begründen lässt:

K: Also ich würd' immer die höchste Zahl nehmen und die rechnest du ja einmal mal die höchste Zahl/ (zeigt auf die rechte Seite der Formel) Oh, nee.
G: Also, dass man das höchste mal nimmt, is' ja schon mal klar, weil man dann alle Zahlen miteinbezogen hat. Und wenn man dann/ Aber ich find'/ Also für mich is' das eigentlich viel zu viel.
K: Ich glaube du hast erst mal 10 und dann plus 10, also dann quasi $10 + 11$. (zeigt auf Zettel mit „$1 + 2 + 3 + \cdots + 10 =$?")
G: Guck mal, du musst mal überlegen, du nimmst hier die Zahl, die größte Zahl nimmst du mal die größte Zahl plus 1 (zeigt auf rechte Seite der Formel). Das is' ja eigentlich voll viel dafür, dass die ersten Zahlen ja immer nur richtig klein sind. Und dann teilt man das nur durch 2 und dann is' das das gesamte Ergebnis, also.
K: Ja, aber du hast ja die oberen, die sind ja dafür sehr, sehr groß und die unteren dafür sehr, sehr klein.
I: Also meinst du das gilt gar nich' unbedingt immer?
G: Also, es wird ja wahrscheinlich gelten, aber für mich sieht das irgendwie unrealistisch aus.
I: Aber du bist nich' überzeugt so richtig?
G: Nee.

Schülerin G erklärt die rechte Seite der Gleichung damit, dass man die größte Zahl nehmen müsse, da auf diese Weise „alle Zahlen miteinbezogen" werden. Die Summe auf der linken Seite bestimmt das Ergebnis auf der rechten Seite. Entsprechend muss in dem Term auf der rechten Seite ein von der größten Zahl abhängiger Ausdruck, in diesem Fall die Variable n selbst, aufgeführt sein. Diesen Zusammenhang scheint die Schülerin ausdrücken zu wollen.

Nach der genaueren Betrachtung der rechten Gleichungsseite meint die Schülerin, das Ergebnis sei zu groß, denn „die größte Zahl [...] mal die größte Zahl plus 1" sei „eigentlich voll viel dafür, dass die ersten Zahlen ja immer nur richtig klein sind". Die Schülerin betont, dass die ersten Summanden klein sind, beachtet dabei aber nicht, dass die letzten Summanden auch entsprechend groß sind. Schülerin K scheint dieses Verständnis aber zugrunde zu legen, denn sie erklärt, dass „die oberen ja dafür sehr, sehr groß" seien.

Der Interviewer teilt den Schülerinnen anschließend das Material für die Summe der ersten n natürlichen Zahlen aus (siehe Abbildung 11.8) und bittet sie die Bedeutung der Plättchen zu erläutern und mit diesen zunächst die Gültigkeit der Formel für den Fall $n = 1$ zu zeigen:

K: (legt die jeweils gleich großen Plättchen zusammen) 1, 2, 3, 4, 5. (zeigt nacheinander von den kleinsten bis zu den größten Plättchen)

I: Mhm (bejahend). Jetzt sind das immer zwei Plättchen, ne? Warum sind das zwei Plättchen?

K: Weil ich/ (zeigt auf die Zahl 2 im Nenner des Bruchs auf der rechten Formelseite) Nee, das weiß ich nich'.

G: Ähm, weil/ weil man das durch 2 teilt.

I: Mhm (bejahend) ok. Genau, ja is' schon mal 'ne gute Idee. So, und jetzt versucht mal für den ersten Fall das zu legen. Also warum $1 = 1 \cdot (1 + 1)/2$ is'. (zeigt auf verschiedene Teile der Formel)

G: Achso.

I: Also welche Plättchen brauche ich?

K: (nimmt zwei 1er-Plättchen und ein 2er-Plättchen)

G: Ja dann, ich würd' hier direkt 2/ (fügt ein zweites 2er-Plättchen hinzu) Achso, ja. Mach's einfach weiter.

K: Häh? So, oder?

G: Nee, ich würd'/

K: 3, 4, 5. (legt hintereinader die Plättchen der Längen 1 bis 5, siehe Abbildung 11.10 oben)

I: Ok, das is' 1 plus/ Genau.

K: Ah, das geht jetzt wieder nich' auf.

G: Ich weiß grad' überhaupt nich' was wir machen sollen, ehrlich gesagt. Ich dachte wir sollten das für 1 machen.

I: Genau. Erstmal nur für die Zahl 1, genau. Also sozusagen diese Summe 1 (zeigt auf Zahl 1 auf der linken Seite der Formel) und weiter gehen wir gar nich'. Erstmal nur den ersten.

G: Achso. Dann $1/1 \cdot 2 = 2; 2 : 2 = 1$. (legt ein 2er-Plättchen rechts neben ein 1er-Plättchen und mittig darunter ein weiteres 2er-Plättchen, siehe Abbildung 11.10 links)

K: So, oder?

G: (entfernt 2er-Plättchen, siehe Abbildung 11.10 rechts) Ja. Die beiden eigentlich nur.

Schülerin K bezeichnet die Plättchen, die aus 1 bis 5 Einheitsquadraten bestehen, mit den Zahlen 1 bis 5. Dies scheint sie an der Größe der Plättchen festzumachen, gibt aber keine weitergehende Begründung beispielsweise bezogen auf die Anzahl der Einheitsquadrate, den Flächeninhalt oder die Seitenlänge ab. Die doppelte Anzahl der Plättchen führen die Schülerinnen auf die Zahl 2 im Nenner des Bruches auf der rechten Gleichungsseite zurück, erklären aber nicht, wie dieser Zusammenhang zustande kommt.

Nachdem der Interviewer sie bittet, die Formel für den Fall $n = 1$ mit den Plättchen zu legen, reiht Schülerin K die Plättchen zunächst der Größe nach aneinander (siehe Abbildung 11.10, oben). Sie scheint damit die linke Seite der Gleichung abbilden zu wollen, was durch diese Konstellation für den Fall

$n = 5$ möglich ist. Schülerin G unterbricht die Ausführungen von Schülerin K und macht darauf aufmerksam, dass zunächst der Fall $n = 1$ gezeigt werden sollte. Die Schülerinnen wissen zunächst nicht, wie sie dies ausführen sollen. Das kann darauf zurückgeführt werden, dass es sich aus Sicht der Schülerinnen vermutlich um eine kuriose Aufgabe handelt. Während der Interviewer offensichtlich eine Begründung mithilfe des Prinzips der vollständigen Induktion forciert (Begründungsmöglichkeit (3) aus Abschnitt 11.3) und zunächst den Fall $n = 1$ überprüfen will, kennen die Schülerinnen dieses Prinzip nicht bzw. verfolgen einen anderen Begründungsansatz (beispielsweise Begründungsmöglichkeit (2) aus Abschnitt 11.3). Der Fall $n = 1$ erfüllt allerdings nicht die Funktion eines generischen Beispiels (was er aus Sicht des Interviewers auch nicht braucht), da er zu simpel strukturiert und damit nicht verallgemeinerbar ist. Hinzu kommt, dass im Fall $n = 1$ gar keine Formel benötigt wird, da es sich um gar keine Summe handelt.

Schließlich setzt Schülerin G für n in den Term $\frac{n \cdot (n+1)}{2}$ auf der rechten Seite der Gleichung die Zahl 1 ein und rechnet „$1 \cdot 2 = 2; 2 : 2 = 1$". Gleichzeitig legt sie ein 2er-Plättchen und ein 1er-Plättchen nebeneinander und ein weiteres 2er-Plättchen darunter (siehe Abbildung 11.10, unten links). Sie scheint somit die Plättchen nicht in einem geometrischen Sinne zu verwenden, bei dem das Zusammensetzen von Plättchen als Zusammenfügen von Flächen und damit als Addition von Flächeninhalten verstanden wird, sondern verwendet die Plättchen als Ersatz der Zahlen in einer symbolischen Schreibweise. Die beiden oberen Plättchen stehen dabei für den Zähler und werden durch eine Multiplikation verbunden, das untere Plättchen bildet den Nenner. Sie rechnet „$1 \cdot 2 = 2$" und legt entsprechend das 1er-Plättchen wieder weg (siehe Abbildung 11.10, unten rechts).

Dies lässt sich auf die Bereichsspezifität ihres mathematischen Wissens zurückführen. Zu Beginn des Interviews arbeiten die Schülerinnen mit der Formel und sollen diese auf verschiedene Beispiele anwenden. Das Ziel ist die Begründung dieses symbolisch notierten Zusammenhangs. Hierzu hat Schülerin G einen subjektiven Erfahrungsbereich aktiviert, der als Symbol-SEB bezeichnet werden soll. Der Symbol-SEB scheint bei der Arbeit mit den Plättchen aktiviert zu bleiben. Mit dem mathematischen Umgang mit Plättchen bzw. entsprechenden geometrischen Zusammenhängen hat die Schülerin entweder keine Erfahrung gemacht, also keinen SEB gebildet, oder was wahrscheinlicher ist, die Erfahrungen und das Wissen sind in einem auf entsprechende Kontexte spezialisierten SEB gespeichert (Plättchen-SEB oder Geometrie-SEB). Die Interpretation der Plättchen erfolgt in dem Symbol-SEB aber nur unzureichend und führt schließlich dazu, dass die Plättchen nur als Ersatz für Zahlen in einem symbolischen Zusammenhang genutzt, nicht aber mit Bezug auf ihre geometrischen Eigenschaften interpretiert werden.

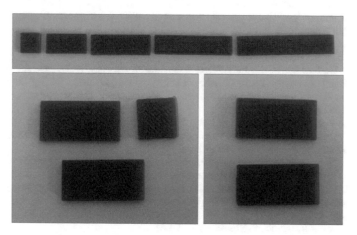

Abbildung 11.10 Von Schülerin K (oben) und Schülerin G (unten links und rechts) gelegte Plättchen

Da der Interviewer merkt, dass es den Schülerinnen schwerfällt, den Bruch auf der rechten Seite der Formel geometrisch zu deuten, bittet er sie, die Formel so umzuformen, dass der Nenner wegfällt. Die Schülerinnen formen korrekt um und erhalten die Gleichung $(1 + 2 + 3 + \cdots + n) \cdot 2 = n \cdot (n + 1)$. An dieser Stelle sei bereits angemerkt, dass diese Umformung den Status der Zahlen auf der linken und rechten Seite der Gleichung vermischt. Bislang konnten die Zahlen auf der linken Seite als Namen von Plättchen aufgefasst werden – auf der rechten Seite ging das nicht. In der neuen Gleichung sind die Zahlen auf der linken Seite gemischt, denn die hinzugekommene Zahl 2 ist kein Name für ein Plättchen.

Auf Nachfrage des Interviewers erklärt Schülerin G, dass wenn die erste Gleichung gilt auch die zweite gelten müsse, da „man ja einfach nur umgeformt hat". Ob die Schülerin damit auch davon ausgeht, dass der Nachweis der Gültigkeit der zweiten Gleichung auch die Gültigkeit der ersten impliziert, bleibt jedoch offen.

Der Interviewer fordert die Schülerinnen anschließend auf, die umgeformte Gleichung für den Fall $n = 1$ mit den Plättchen zu legen:

K: (legt wie vorher ein 2er-Plättchen rechts neben ein 1er-Plättchen, siehe Abbildung 11.11 links)

I: 1 plus/ 1 · 2 sozusagen. (zeigt auf die linke Seite der Gleichung)

G: Ja.

I: Also machen wir vielleicht mal so. 2 mal die 1, ne? (tauscht das 2er-Plättchen gegen ein 1er-Plättchen, sodass nun zwei 1er-Plättchen zusammenliegen, siehe Abbildung 11.11 Mitte links)

K: Achso, ja.

G: Mhm (bejahend).

I: Ok. Und was is' das jetzt auf der rechten Seite? (zeigt auf rechte Seite der Gleichung) Warum is' das das Gleiche wie auf der linken Seite, wie 1·2? (legt die zwei 1er-Plättchen zu einem Rechteck mit den Seitenlängen 1 und 2 zusammen, siehe Abbildung 11.11 Mitte rechts)

K: Weil wenn ich hier 'ne 1 einsetze für n (zeigt auf rechte Seite der Formel), weil das is' ja die höchste Zahl, es gibt ja nur 'ne 1, dann hab' ich hier, und ich das auflöse, dann kommt hier ja $1 + 1$ und $1 + 1 = 2$ und dann is' auch $1 · 2$.

I: Ok genau. Und jetzt mit den Plättchen. (zeigt auf das Plättchenrechteck) (4 sec.)

K: (legt 2er-Plättchen unter die 1er-Plättchen, siehe Abbildung 11.11 rechts)

I: Vielleicht guckt ihr euch mal den Flächeninhalt an. Wir nehmen die Plättchen mal weg und gucken uns mal den Flächeninhalt an. (legt das 2er-Plättchen wieder weg, siehe Abbildung 11.11 Mitte rechts, und zeigt auf eines der 1er-Plättchen) Also das da hat den Flächeninhalt $1 · 1$, ne?

K: Ja.

I: Und das hat den Flächeninhalt $1 · 1$. (zeigt auf das zweite 1er-Plättchen)

I: Und was haben die denn zusammen für 'nen Flächeninhalt?

K: $1 · 2$.

I: $1 · 2$; $1 · 2$ (zeigt auf rechte Seite der Gleichung) und $2 · 1$ (zeigt auf Plättchen).

K: Ja.

G: Mhm (bejahend).

I: Sozusagen is' das das Gleiche, ne?

K: Ja.

I: Das kann man sozusagen hier dran sehen, oder? Sozusagen jetzt für die erste Zahl?

K: Kann man, ja.

Die linke Seite der umgeformten Gleichung für den Fall $n = 1$ legt Schülerin K analog zur vorherigen Gleichung durch ein 1er- und ein 2er-Plättchen (siehe Abbildung 11.11, links). Diese sollen offensichtlich wieder das Produkt aus den Zahlen 1 und 2 ausdrücken, woraus gefolgert werden kann, dass auch Schülerin K eine Art Symbol-SEB aktiviert hat. Daher interveniert der Interviewer und tauscht das 2er-Plättchen gegen ein zweites 1er-Plättchen aus (siehe Abbildung 11.11, Mitte links). Er versucht den Schülerinnen zu erklären, dass sich der Ausdruck „2 · 1" auch als die Verbindung von zwei 1er-Plättchen deuten lässt. Hierbei handelt es sich um die oben bereits angesprochene veränderte Interpretationsregel für die linke Gleichungsseite, bei der eine Multiplikation als Zusammenfassung der Summation mehrerer gleicher Teile aufgefasst wird, in diesem Fall von 1er-Plättchen. Dies hat zur Folge, dass die neue Zahl 2 auf der linken Seite der Gleichung kein Name für ein Plättchen ist, die anderen Zahlen aber schon.

Die Schülerinnen sollen die Plättchenkonstellation anschließend mit der linken Seite der umgeformten Gleichung in Verbindung setzen. Sie erklären richtigerweise, dass die Zahl 1 für das n in der Gleichung eingesetzt wird, wodurch man „nur 'ne 1" habe (sowie als zweiten Faktor die Zahl 2). Wird die linke Gleichungsseite aufgelöst, erhalte man $1+1$, was der Zahl 2 entspreche und wiederum auch das Ergebnis von $1 \cdot 2$ sei.

Zudem sollen die Schülerinnen die Plättchenkonstellation mit der rechten Gleichungsseite in Verbindung setzen. Um die Deutung als ein Rechteck nahezulegen, schiebt der Interviewer die einzelnen 1er-Plättchen zusammen (siehe Abbildung 11.11, Mitte rechts). Schülerin K fügt ein 2er-Plättchen unter den 1er-Plättchen hinzu (siehe Abbildung 11.11, rechts). Sie scheint somit den Impuls des Interviewers nicht aufzugreifen und stattdessen wieder eine Art Rechnung für die rechte Gleichungsseite legen zu wollen mit den Plättchen als stellvertretende Symbole für die Zahlen. Die durch das Umformen der Gleichung veränderten und vom Interviewer beschriebenen Interpretationsregeln verwendet sie nicht.

Der Interviewer entfernt das 2er-Plättchen wieder (siehe Abbildung 11.11, Mitte rechts) und fordert die Schülerinnen auf, den Flächeninhalt der Plättchen zu betrachten. Nach starken Impulsen des Interviewers nennen die Schülerinnen eine korrekte Interpretation bezogen auf den Flächeninhalt. Sie stimmen zudem den Aussagen des Interviewers zu. Beides kann auch mit dem Interaktionsmuster zwischen dem Interviewer und den Schülerinnen erklärt werden, weshalb nicht deutlich wird, ob die Schülerinnen die neuen Interpretationsregeln tatsächlich verstanden haben oder akzeptieren.

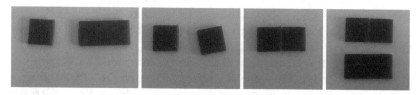

Abbildung 11.11 Verschiedene Konstellationen von Plättchen für den Fall $n = 1$

Anschließend sollen die Schülerinnen den Fall $n = 2$ mit den Plättchen überprüfen:

I: So, und jetzt zeigen wir's mal für $1 + 2$. Also $1 + 2$ is' gleich?
K: 3.
I: Was brauchen wir dann dazu? Was brauchen wir noch für Plättchen, wenn wir jetzt die rechte Seite für die 1 und die 2 zeigen wollen?
G: Das dritte? (nimmt 3er-Plättchen in die Hand) Nein, eigentlich das zweite, oder?
K: Die rechte Seite is' ja das (zeigt auf rechte Seite der Gleichung). Das heißt dann müssen wir rechnen $2 \cdot 3$, also $2 \cdot 3$. (legt ein 3er-Plättchen rechts neben 2er-Plättchen, Abbildung 11.12 rechts)
G: $2 \cdot 3$?
K: Ja, weil n is' doch 2, oder?
G: Achso, ja.
K: Und dann haben wir hier $2 \cdot 3$ (zeigt auf rechte Seite der Formel) und hier haben wir dann $3 \cdot 2$ (zeigt auf linke Seite der Gleichung und legt zusätzlich ein 2er-Plättchen rechts neben ein 3er-Plättchen, siehe Abbildung 11.12 links).
G: Ja, das Gleiche.
K: Das is' das Gleiche, weil hier, wenn ich hier $1 + 2$ rechne, hab' ich 3 und mal 2 (zeigt auf linke Seite der Gleichung) und hier, wenn ich hier 2 einsetze, hab' ich hier 2 und da 3 (zeigt auf rechte Seite der Gleichung) und dann is' das das Gleiche.

Schülerin K legt die Gleichung wie bereits in den vorherigen Situationen in einem symbolischen Sinne. Der linke Teil der Gleichung, also der Ausdruck $(1 + 2) \cdot 2$, wird von der Schülerin zu $3 \cdot 2$ zusammengerechnet und als ein 2er-Plättchen rechts neben einem 3er-Plättchen gelegt (siehe Abbildung 11.12, links). Wird $n = 2$ in die rechte Seite der Gleichung eingesetzt erhält man $2 \cdot (2 + 1)$, was vereinfacht $2 \cdot 3$ ist und von der Schülerin als ein 3er-Plättchen rechts neben einem 2er-Plättchen gelegt wird (siehe Abbildung 11.12, rechts). Es sei in beiden Fällen das Gleiche. Der Schülerin scheint bewusst zu sein, dass nach dem Kommutativgesetz das gleiche Ergebnis herauskommt, macht dies aber nicht explizit und bestimmt auch nicht das Ergebnis. Da es sich auch bei den Plättchen jeweils um ein 2er- und ein 3er-Plättchen handelt, sieht sie die Plättchenkonstellation vermutlich als weiteren Beleg ihrer These oder zumindest nicht als Widerspruch.

Die vorherigen Ausführungen des Interviewers über eine mögliche alternative Deutung der Plättchen in einem geometrischen Sinne haben die Schülerinnen somit nicht aufgenommen. Stattdessen verwenden sie diese weiterhin in einem symbolischen Sinne. Dies kann darauf zurückgeführt werden, dass sich die Ausführungen des Interviewers aus der Perspektive des Symbol-SEB gar nicht richtig deuten lassen. Hierzu wäre bereits ein von diesem verschiedener Plättchen- oder Geometrie-SEB notwendig (der konkrete Umfang des SEB ist in diesem Fall nicht von Bedeutung). Hinzu kommt, dass der Fall $n = 1$ nicht als generisches Beispiel fungieren kann, da es ein zu einfaches Beispiel ist, bei dem es sich auch gar nicht um eine Summe handelt. Entsprechend ist der Fall $n = 2$ nur bedingt strukturgleich, was eine Übertragung erschwert.

Abbildung 11.12 Von Schülerin K gelegte Plättchen

Nachdem Schülerin K erklärt, dass jeweils 2·3 bzw. 3·2 herauskommt, wundert sich Schülerin G über das Ergebnis 6:

G: Ähm, stopp mal ganz kurz. 3 · 2 is' doch 6.
K: Ja.
G: Aber hier hab' ich doch nur 5. (zeigt auf die 2er- und 3er-Plättchen)
K: Es geht ja um den Flächeninhalt. Achso. Ja, das müsste jetzt/ Das is' jetzt aber doof (lachend).
G: Ja, dann müssten doch eigentlich 6 rauskommen. Nee, das is' jetzt hier irgendwie falsch.
K: Jaa, aber wir hatten ja noch die vom Anfang, das Plättchen, oder? Wenn ich das jetzt dazu lege (nimmt 1er-Plättchen und möchte es dazu legen), kommt doch 6 raus.
G: Nein, nein, nein, stopp, stopp, warte, nein. Wir haben hier nur $1 + 2$ gerechnet. Das sind 3·2 (legt Plättchen der Längen 3 und 2 wieder zusammen) und hier haben wir auch nur $2 + 1$ gerechnet (zeigt auf rechte Seite der Gleichung) und/ Ja, nee, warte, stopp, ich weiß was wir vergessen haben.
K: Was denn?
G: Nee, wir haben's doch nich' vergessen.
K: Wir haben das vom ersten vergessen.
G: Nein. Nein, das is' richtig, also, so wie wir das gelegt haben is' es richtig (zeigt auf die Plättchen), aber das Ergebnis falsch (zeigt auf Formel). Also kann die Formel ja nich' richtig sein.
K: Aber die is' richtig, die Formel.
G: Oder? Also ich würd' die Formel jetzt bezweifeln.
[...]
I: Ok. Ähm, so, das heißt ihr bezweifelt jetzt sozusagen diese Formel? Oder du?
G: Ja.
I: Aber du nich'?
K: Ich glaub', also ich, ich mein' die war 'n bisschen anders, die Formel, die wir hatten, aber kann auch/ Vielleicht vertue ich mich auch.

G: An sich kommt ja das gleiche Ergebnis auf beiden Seiten raus, aber/
K: Ja, es kommt das gleiche Ergebnis raus, aber es kommt nich' der gleiche Flächeninhalt raus.
G: Es kommt nich' raus, dass wenn man, wenn man das rechnet/

Schülerin G stellt fest, dass das Ergebnis 6 von $2 \cdot 3$ bzw. $3 \cdot 2$ nicht mit den Plättchen übereinstimmt. Diese ergeben nach Meinung der Schülerin jeweils 5. Die jeweils unterschiedlichen Ergebnisse lassen sich auf die unterschiedlichen Interpretationen in beiden Fällen zurückführen. Im ersten Fall versuchen die Schülerinnen den symbolischen Ausdruck $2 \cdot 3$ und $3 \cdot 2$ empirisch zu deuten. Im aktivierten Symbol-SEB legen sie 2er- und 3er-Plättchen nebeneinander und sehen eine multiplikative Verbindung zwischen diesen. Die anschließende Interpretation im zweiten Fall in Bezug auf die Flächeninhalte scheint mit der Aktivierung eines anderen SEB verbunden zu sein. In diesem Fall werden die zusammenliegenden Plättchen addiert. Schülerin G erkennt die unterschiedlichen Ergebnisse – die Formel als Teil der empirischen mathematischen Theorie lässt sich ihrer Meinung nach nicht zur Beschreibung der Plättchen nutzen.

Schülerin K versucht die Theorie zu retten und erklärt, dass sie „die vom Anfang, das Plättchen" noch einfügen müssen. Es scheint dabei so, als wolle die Schülerin, dass ein Flächeninhalt von 6 entsteht, fügt daher ein 1er-Plättchen hinzu und versucht dann nach Gründen zu suchen, warum auch nach der Theorie das Plättchen hinzugefügt werden muss.

Bei Schülerin G bleiben die Zweifel aber bestehen, was dazu führt, dass sie die Gültigkeit der Formel „bezweifelt". Dies ist interessant, denn sie ist sich dessen bewusst, dass bei $2 \cdot 3$ und $3 \cdot 2$ das gleiche Ergebnis herauskommt, verwirft die empirische Theorie aber dennoch, da sie sich ihrer Meinung nach nicht zur Beschreibung des Legens von Plättchen eignet („Ja, es kommt das gleiche Ergebnis raus, aber es kommt nich' der gleiche Flächeninhalt raus."). Diese Argumentation in einem speziellen SEB spricht für einen starken Kontextbezug des Wissens der Schülerin und zeigt die Herausforderung anschaulicher heuristischer Argumentationen auf.

Da der Interviewer merkt, dass die Schülerinnen ihre Argumentationen nicht weiterführen können, erklärt er das Vorgehen für den Fall $n = 2$:

I: Also, das hier hat den Flächeninhalt 1 (zeigt auf 1er-Plättchen), das hat den Flächeninhalt 2 (nimmt 2er-Plättchen).
K: Ja.
I: $1 + 2$. Das hat den Flächeninhalt 1 und das hat auch den Flächeninhalt 2. (nimmt weiteres 1er- und 2er-Plättchen, sodass Bild wie in Abbildung 11.13 links oben entsteht)
K: Ja.

I: 1+2. So und jetzt rechnen wir die zusammen. Und jetzt legen wir die zusammen.
(legt die vier Plättchen zu einem Rechteck der Seitenlängen 2 und 3 zusammen,
siehe Abbildung 11.13 rechts oben)
K: Ja.
I: So, was kommt raus?
K: 6.
I: 6. Und is' das das Gleiche wie $2 \cdot 3$? (zeigt entlang zweier benachbarter Recht-
eckseiten)
K: Ja.
G: Ja.
I: Ok, jetzt machen wir das mal noch weiter. So, jetzt wollen wir $1 + 2 + 3$ und
$1+2+3$. (schiebt Rechteck wieder auseinander und bildet zwei gleiche „Treppen"
mit Plättchen der Längen 1 bis 3, siehe Abbildung 11.13 links unten)
K: Mhm (bejahend).
I: Und setzen die wieder zusammen. (schiebt „Treppen" zu einem Rechteck mit
den Seitenlängen 3 und 4 zusammen, siehe Abbildung 11.13 rechts unten) Was
kommt jetzt dabei raus?
K: (3 sec.) 12.
I: Warum?
K: $4 \cdot 3$ (zeigt entlang zweier benachbarter Rechteckseiten).
I: Mhm (bejahend). Und stimmt das wieder überein? $4 \cdot 3$? Wir hatten ja hier gesagt,
also $1 + 2 + 3$, 3 is' ja unser n (zeigt auf linke Gleichungsseite), mal 2, da hatten
wir ja 2 mal diese, wir hatten ja 2 mal so, ne? (zieht kurz eine der „Treppen" aus
dem Rechteck und schiebt sie dann wieder zurück)
K: Ja, $3 + 2 + 1$ is' 6 und mal 2 is' 12 passt.

Der Interviewer erläutert den Schülerinnen eine weitere Möglichkeit, den Zusammenhang zwischen den Plättchen und der Formel zu beschreiben. Dazu erklärt er
für den Fall $n = 2$, dass das 1er-Plättchen einen Flächeninhalt von 1 und das 2er-
Plättchen einen Flächeninhalt von 2 hat. Legt man jeweils ein 1er-Plättchen mit
einem 2er-Plättchen zusammen (in diesem Fall zu einer „Treppe", siehe Abbildung 11.13, oben links), so repräsentieren sie den Ausdruck $1 + 2$. Zwei solcher
Treppen lassen sich zu einem Rechteck zusammensetzen (siehe Abbildung 11.13,
oben rechts), das den Flächeninhalt 6 hat und dessen Inhalt sich auch mit dem
Ausdruck $2 \cdot 3$ (zeigt dabei entlang der Seitenflächen) bestimmen lässt. Er führt
das gleiche Verfahren für den Fall $n = 3$ vor (siehe Abbildung 11.13, unten),
wobei er die „Treppen" hierzu nicht in die gleiche Position dreht, sondern nur
auseinanderzieht. Er fragt anschließend, wie sich der Flächeninhalt nun berechnen
lässt. Schülerin K zeigt entlang der Rechteckseiten und sagt „$4 \cdot 3$". Sie scheint
somit das Prinzip vom Fall $n = 2$ auf den Fall $n = 3$ übertragen zu können. Es
könnte sich allerdings auch um die Nachahmung der Handlung des Interviewers
handeln (entlang der Rechteckseiten zeigen und sagen, was bei $n = 3$ auf der
rechten Gleichungsseite herauskommt).

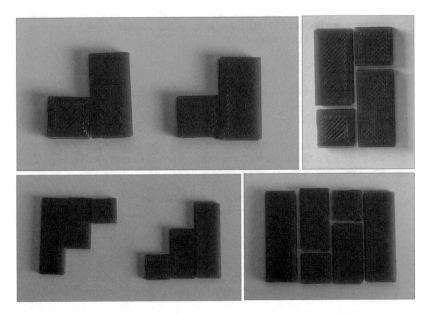

Abbildung 11.13   Verschiedene Konstellationen von Plättchen für die Fälle $n = 2$ (oben) und $n = 3$ (unten)

Der Interviewer fordert die Schülerinnen anschließend auf, das Verfahren weiterzuführen. Die Schülerinnen ziehen die Treppen wieder auseinander und fügen analog zum Fall $n = 3$ jeweils ein 4er-Plättchen hinzu. Anschließend setzen sie die Treppen wieder zu einem Rechteck zusammen (siehe Abbildung 11.14, links). Das Rechteck erweitern sie dann auf den Fall $n = 5$, indem sie außen zwei 5er-Plättchen anlegen. Dies geschieht, ohne dass zunächst die Treppen auseinandergezogen werden (siehe Abbildung 11.14, rechts).

Die Schülerinnen scheinen verstanden zu haben, dass sich durch Hinzufügen zweier um eins größerer Plättchen stets ein neues Rechteck ergibt und können den Flächeninhalt über die Seitenlängen des Rechtecks beschreiben. Dieses Prinzip können sie durch verschiedene Handlungen ausführen:

1. Hinzufügen zweier um eins größerer Plättchen zu zwei gleichen Treppen, Drehen einer der Treppen, Zusammenfügen zu einem Rechteck (für den Übergang von $n = 1$ auf $n = 2$ durchgeführt vom Interviewer)

2. Auseinanderziehen der Treppen, Hinzufügen zweier um eins größerer Plättchen zu zwei gleichen Treppen, Zusammenfügen zu einem Rechteck (für den Übergang von $n = 1$ auf $n = 3$ durchgeführt vom Interviewer, für den Übergang von $n = 3$ auf $n = 4$ durchgeführt von den Schülerinnen)

3. Direktes Hinzufügen zweier um eins größerer Plättchen zu einem größeren Rechteck (für den Übergang von $n = 4$ auf $n = 5$ durchgeführt von den Schülerinnen)

Die Schülerinnen scheinen somit anstelle des Symbol-SEB einen zu der Situation passenden (neu gebildeten oder bereits zuvor vorhandenen) SEB aktiviert zu haben, in dem der Flächeninhalt der Plättchen eine entscheidende Rolle spielt.

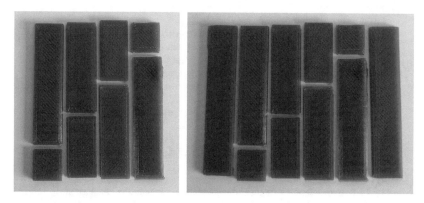

Abbildung 11.14 Konstellationen von Plättchen für die Fälle $n = 4$ (links) und $n = 5$ (rechts)

Da alle zur Verfügung stehenden Plättchen verwendet wurden und die Schülerinnen das Verfahren zur Bildung von Rechtecken verstanden zu haben scheinen, stellt der Interviewer die Frage, ob man dieses immer weiterführen könnte, forciert also die Begründung des Induktionsschrittes mithilfe des Materials:

> I: […] So, jetzt is' meine Frage: kann ich das jetzt immer so weiter machen? Also welche/ Wie is' jetzt sozusagen das Verhältnis hier (zeigt entlang zweier benachbarter Rechteckseiten) zu der Anzahl der Plättchen, die ich da rein tue? Also wir haben jetzt hier irgendwie fünf Plättchen reingetan jeweils, ne? (zeigt entlang der Plättchen)
> K: Mhm (bejahend).

I: Und wie is' das hier? (zeigt entlang zweier benachbarter Rechteckseiten) (3 sec.) Die Seitenverhältnisse? Was muss ich hier rechnen?

K: Also, wenn ich die jetzt wegmache (deutet ein Entfernen der 5er-Plättchen an), dann werden die Seitenverhältnisse hier nich' größer (zeigt entlang einer der kurzen Rechteckseiten), aber hier in der Länge (zeigt entlang einer der langen Rechteckseiten).

I: Mhm (bejahend). Das heißt so, wie in der Formel oder anders? (3 sec.) Also sozusagen is' es immer das größte mal das größte plus 1? (zeigt auf rechte Gleichungsseite) Is' es hier auch so? (zeigt auf Plättchenrechteck) Das größte mal das größte plus 1, oder is' es anders?

K: Ja, es is' so.

I: Und jetzt wär' meine Frage: kann ich das jetzt immer weiter machen? Also wenn ich jetzt zum Beispiel das mit der 6 als nächstes nehme, funktioniert das jetzt auch wieder, wenn ich jetzt ein 6 langes nehme?

K: Ja.

G: Ja.

I: Warum funktioniert das? Kann ich die anlegen?

G: Ja, wenn man hier das größte anlegt (zeigt entlang einer der kurzen Rechteckseiten) und hier das größte plus 1 anlegt (zeigt entlang einer der langen Rechteckseiten), kann man auch hier das größte (zeigt entlang einer der kurzen Rechteckseiten) und hier das größte plus 1 anlegen (zeigt entlang einer der langen Rechteckseiten).

K: Ich kann das ja auch so rum legen, oder? (legt ausgestreckte Hand parallel zur langen Rechteckseite)

I: Mhm (bejahend), klar.

K: Dann kann ich ja hier 'ne 6 dranlegen. (zeigt entlang einer der langen Rechteckseiten)

I: Und wo kann ich die andere 6 dranlegen?

K: Ja, drunter oder hier. (zeigt entlang der beiden langen Rechteckseiten)

I: Ok, ja genau. Ähm, und dann die 7, kann man die auch wieder anlegen?

K: (3 sec.) Nee.

G: Doch.

K: Wie denn?

G: Ja, du hast ja hier dann 6 (zeigt entlang einer der kurzen Rechteckseiten), wenn du hier die/ (deutet Plättchen neben einer der langen Rechteckseiten an)

K: Ach, stimmt. Ich hab' dann hier/ (zeigt entlang einer der kurzen Rechteckseiten)

G: Nee, warte mal ganz kurz.

K: Doch, ich hab' die 1, 2, 3, 4, 5 und dann leg' ich da zwei dran (zählt entlang einer der kurzen Rechteckseiten und bewegt den Finger darüber hinaus) und dann hab' ich 7. Und dann kann ich hier nochmal. Und dann kann ich das/

G: Mhm (bejahend), ja.

I: Mhm (bejahend). Und geht das jetzt allgemein, immer?

K: Ja, ich kann immer wieder so und so dran machen.

I: Und warum kann man das immer? Wieso geht das immer? Kann man das immer weiter machen?

K: Weil's immer plus 1 wird. Also, weil ich auch immer hier den Flächeninhalt in jedem vergrö␠er' (deutet mit dem Finger eine Vergrößerung des Rechtecks an) und deswegen kann ich immer wieder 'n neues dranlegen.
I: Ok. Und is' das denn jetzt 'ne Begründung? Heißt das wir können das für alle, wenn wir das sozusagen immer weiter machen können, heißt das das geht für alle natürlichen Zahlen, also bis so groß, wie ich mir das nur denke? Oder geht das nich'?
K: Ich würde sagen schon.

Schülerin K stimmt dem Interviewer zu, dass die auf der rechten Seite der Gleichung gegebenen Faktoren in den betrachteten Fällen immer mit den Seitenlängen der Rechtecke übereinstimmen. Der Interviewer fragt die Schülerinnen daher, ob man dies beliebig weit fortführen kann, also immer ein um eine Längeneinheit längeres Plättchen zum Rechteck hinzufügen kann. Beide Schülerinnen sind der Meinung, dass dies geht. Schülerin G begründet es damit, dass man an der kürzeren Rechteckseite das „größte" Plättchen anlegen kann und an der längeren Seite das „größte plus 1". Eigentlich müsste man aber zwei der von ihr als das „größte plus 1" beschriebenen Plättchen anlegen. Dies ist auch möglich, da neben den beiden Seiten für ein vollständiges Rechteck auch die an die Ecke des Rechtecks angrenzende Einheitsfläche gefüllt werden muss. Es bleibt offen, ob sie dieses Vorgehen beschreiben wollte.

Schülerin K hingegen erklärt, dass man zwei der um eine Einheit größeren als das bisher größte verwendete Plättchen an die längere Rechteckseite anlegen könnte. Dies könne beliebig fortgeführt werden, da man an die kürzere Seite „zwei dran" lege und diese damit um 2 größer wird, sodass das nächste Plättchen an dieser Seite angelegt werden kann. Man könne die nächsten Plättchen „immer wieder so und so dran machen", weil die Fläche, an die angelegt wird, immer größer werde.

Beide Schülerinnen scheinen somit das Hinzufügen von Plättchen und das Zusammensetzen zu größeren Rechtecken an den Einzelbeispielen verstanden zu haben. Ebenso scheint ihnen bewusst zu sein, dass die Einzelbeispiele auch als generische Beispiele für größere Rechtecke fungieren können. Fraglich bleibt allerdings, ob sich die Aussagen und Erkenntnisse der Schülerinnen nur auf die Plättchen beziehen oder ob ihnen ein Bezug zur Struktur der Menge der natürlichen Zahlen und der Summenformel möglich ist. Die zuvor festgestellte starke kontextuelle Bindung des mathematischen Wissens der Schülerinnen spricht eher gegen letztere Interpretation.

Schülerin K erklärt abschließend auf Nachfrage des Interviewers, dass die Formel mit den genannten Argumenten nun begründet ist. Es stellt sich allerdings die Frage, ob die Schülerin tatsächlich überzeugt ist oder dies nur eine erwartete

Reaktion auf eine rhetorische Frage des Interviewers ist, zumal die Schülerin im Konjunktiv und abgeschwächt durch das Adverb „schon" antwortet. Wenngleich es durchaus auch intuitiv sinnvoll erscheint, dass eine Behauptung für alle natürliche Zahlen gilt, wenn sie für die erste gilt und man den Übergang von jeder anderen auf die nächste zeigen kann, hatten die Schülerinnen zuvor wohl keine Erfahrungen mit vollständiger Induktion und eher rudimentäre Vorstellungen von der Struktur der Menge der natürlichen Zahlen, bedenkt man die Probleme beim Wechsel zwischen Plättchenkonfigurationen und Symbolen.

Da die Schülerinnen nach Auffassung des Interviewers zufrieden mit ihrer Begründung sind, übergibt dieser einen neuen Zettel, auf dem die Formel $1 + 3 + 5 + \cdots + (n - 1) = n^2$ notiert ist. Die Formel weist bei der Übergabe einen Druckfehler auf, der dafür sorgt, dass der Faktor 2 vor der Variablen n im Summanden $(n - 1)$ nicht dargestellt wird. Der Interviewer bemerkt dies erst nach etwa einer Minute und korrigiert die Formel handschriftlich zu $1 + 3 + 5 + \cdots + (2n - 1) = n^2$. Die Schülerinnen arbeiten daher zunächst mit einer fehlerhaften Formel:

I: Erklärt erstmal, was da is'.
K: Ja, da fehlt jetzt die 2.
I: Und was fehlt noch?
K: Alle geraden Zahlen.
G: Und die höchste Zahl.
I: Das heißt das sind alle/
G: Alle natürlichen Zahlen.
K: Nee, natürlich is' ja auch gerade. Alle ungeraden Zahlen.
G: Achso, stimmt.
I: Das sind alle ungeraden Zahlen. Warum steht das jetzt $n - 1$? Du hast ja gerade schon gesagt, also du hattest das ja gerade schon angesprochen (spricht Schülerin G an).
G: Ja, also es fehlt ja eigentlich die größte.
K: Ja, weil die gera/ weil wegen/ weil wenn die geraden fehlen, dann kann ich das irgendwann nich' mehr so gut anlegen. Muss ich/ Nee.
G: Achso, ähm, minus 1 is', wenn man das so legen würde, weil das ja nur die ungeraden Zahlen sind. Wenn man jetzt nur n nehmen würde (zeigt auf $(n - 1)$ in der Formel), dann würde das nich' mehr passen mit dem, ähm, Viereck.
I: Tatsächlich muss ich hier mal gerade korrigieren. Eigentlich is' da ein Fehler drauf. Deswegen funktioniert das auch nich'. (ändert $(n - 1)$ zu $(2n - 1)$ ab)
K: 2n.
I: $2n - 1$ muss da eigentlich stehen. Könnt ihr euch vorstellen, warum da $2n - 1$ steht? (9 sec.) Was passiert denn, wenn ich nur mir dieses $2n - 1$ betrachte. Ich schreib' das mal gerade da drauf. $2n - 1$ (notiert „$2n - 1$" auf einem Zettel). Wenn ich da 'ne 1 einsetze für das n, was is' das für 'ne Zahl?
K: 2.
I: Minus 1.

G: 1.
K: 1.
I: Ok. Und wenn ich jetzt 'ne 2 einsetze. $2 \cdot 2 - 1$, was kommt da raus?
K: 3.
G: 3. Achso, ja.
I: Und was is' $2 \cdot 3 - 1$?
G: 5, also da kommen immer ungerade Zahlen raus.
I: Ok. Und das heißt sozusagen das is' was? (zeigt auf linke Formelseite) Das sind einfach?
G: Ungerade Zahlen.
I: Sozusagen die ersten ungeraden Zahlen bis zu irgendwie 'nem bestimmten Punkt. Und die rechte Seite? (zeigt auf rechte Formelseite) Was heißt das hier?
K: Quadrat. Also die höchste Zahl zum Quadrat.
I: Die höchste Zahl, oder?
K: Nee, nich' die höchste Zahl.
G: Ja, man hat ja hier keine höchste Zahl angegeben eigentlich.
K: Ja.
I: Was is' denn die höchste Zahl, sozusagen bis wo ich gehe?
K: 5.
I: Das is' die, achso ok, die höchste Zahl is' die 5, ok (zeigt auf Zahl 5 auf der linken Seite der Formel). Und was is' dieses $2n - 1$? (zeigt auf $(2n - 1)$) Is' das auch 'ne Zahl?
G: Ja.
K: Ja, wenn ich n einsetze, kommt da 'ne Zahl raus.
I: Genau ok. Das heißt, wenn ich n einsetze/ (zeigt auf $(2n - 1)$ auf der linken Seite der Formel)
K: Aber ich muss ja für das n das Gleiche einsetzen wie für das n. (zeigt auf linke und rechte Formelseite)
I: Genau, so is' das. Also wenn ich jetzt zum Beispiel bis zur 9 gehe (zeigt auf $(2n - 1)$), was steht dann da für 'n n?
K: 9.
I: Nee, 9 is' ja dann das Ganze, was is' denn dann mein n?
G: Ähm, 5.
I: Genau, 5.
K: Wie 9 is' das Ganze?
I: 9 is' diese Klammer. (zeigt auf $(2n - 1)$)
K: Achso, das heißt n is' nich' immer die höchste Zahl.
I: Sondern?
K: Sondern immer das, was die Klammer quasi ausrechnet.
G: Ah, ja.
K: Das heißt, wenn ich hier 9 einsetze, is' das wie 5 zum Quadrat, also wie 25.

Die Schülerinnen erkennen, dass die Zahl 2 in der Summe auf der linken Seite der Gleichung nicht vorkommt. Sie schließen darauf, dass alle geraden Zahlen nicht in der Summe stehen und es sich entsprechend um eine Summe ungerader Zahlen handelt. Schülerin G beschreibt zudem, dass „die höchste Zahl fehle".

Hiermit meint sie vermutlich, dass die Zahl n in der Summe nicht aufgeführt ist, die in der zuvor im Interview untersuchten Summe der ersten n natürlichen Zahlen den größten Summanden angibt. Stattdessen hört die Summe aufgrund des Schreibfehlers bei $(n - 1)$ auf. Zu erkennen ist zudem, dass sich die Erklärungen der Schülerinnen auf ihre vorherigen Erfahrungen mit den Plättchen beziehen. Die Schülerinnen sagen, „dann kann ich das irgendwann nich' mehr so gut anlegen" und „dann würde das nich' mehr passen mit dem, ähm, Viereck", obwohl sie ausschließlich die Formel ausgehändigt bekommen haben. Die Symbole der Summenformel werden damit als sprachlicher Ausdruck einer empirischen Theorie zur Beschreibung von (Anzahlen von) Plättchen verstanden.

Nachdem der Interviewer den Ausdruck in $(2n - 1)$ abändert, sollen die Schülerinnen diesen deuten. Dazu sollen sie nacheinander für n die Zahlen 1, 2 und 3 einsetzen. Die Schülerinnen erkennen, dass „da immer ungerade Zahlen raus [kommen]", eine Begründung außerhalb der Beispiele geben sie dafür aber nicht ab. Die rechte Seite der Gleichung deutet Schülerin K zunächst als die höchste Zahl zum Quadrat und bezieht sich auf die Variable n. Schülerin G erklärt daraufhin, „man hat hier keine höchste Zahl angegeben". Sie hat somit entweder verstanden, dass n bei dieser Formel nicht den höchsten Summanden angibt oder sie deutet $2n - 1$ gar nicht als Zahl und kann sie nicht mit den angegebenen Zahlen 1, 3 und 5 in Verbindung bringen, was ein nicht hinreichend ausgebildetes Variablenverständnis zeigen würde.

Um die Auswirkungen der Variablen n auf die linke und rechte Gleichungsseite zu untersuchen, stellt der Interviewer die Frage, welches n gewählt werden muss, damit man die Zahl 9 als höchsten Summanden erhält. Schülerin K antwortet spontan mit „9". Schülerin G erklärt ihr, dass das n in diesem Fall 5 ist, da 9 das Ergebnis von $2n - 1$ ist. Schülerin K scheint dies anschließend verstanden zu haben, da sie erklärt, die höchste Zahl sei „das, was die Klammer quasi ausrechnet".

Da der Interviewer davon ausgeht, dass die Schülerinnen die Formel ausreichend genau beschrieben haben, sollen sie diese nun auf die Summe der ersten ungeraden Zahlen bis zur Zahl 13 anwenden. Er gibt ihnen dazu einen Zettel, auf dem „$1 + 3 + \cdots + 13 =$?" notiert ist:

I: […] Was is' denn dann bis zur 13? Wie kann ich das denn berechnen, diese Summe?
G: Ja.
K: (schreibt „$2 \cdot 13 - 1$")
I: Vielleicht schreibt ihr's auch einfach mal auf, genau.
G: Häh, nein wir sollen doch 13 rauskriegen.
K: Ach ja.

G: Dann schreib' mal $2 \cdot x - 1$.

K: (schreibt „$2 \cdot x - 1 = 13$")

G: Nee, nee.

K: Häh?

G: Ach doch, ja doch. Warte, ich würd' das jetzt so machen. Ich würd' $2 \cdot x - 1 = x^2$? (schreibt „$(2 \cdot x - 1) = x^2$") (lacht) Oder man könnte/

K: Da musst du aber die Wurzel aus/

G: Ja, dann zieh' ich die Wurzel. Dann hab' ich die Wurzel aus/ (schreibt „$\sqrt{(2 \cdot x - 1)}$")

I: Is' das denn vollständig?

K: Nee.

I: Guckt mal, ihr habt ja jetzt im Grunde das letzte genommen, is' gleich das. Aber eigentlich habt ihr ja dann die davor vergessen.

G: Ach so, ja, mhm (bejahend).

K: Darf ich mal?

G: Mhm (bejahend).

K: $+3 + 5 + 7 + 9 + 11 + 13(2n - 1) = n^2$. (schreibt „$1 + 3 + 5 + 7 + 9 + 11 + 13(2n - 1) = n^2$") So sieht das ja dann aus, oder?

G: Ja.

K: Ja, und die Frage is'/ Jetzt müssen wir irgendwie n rausbekommen. (zeigt auf n in der zuletzt notierten Gleichung)

G: Ähm, ja, jetzt würd' ich erstmal die Wurzel ziehen, also hier. (zeigt auf n^2 in der zuletzt notierten Gleichung)

K: Wurzel ziehen?

G: Ja, damit n alleine steht.

K: Ja, dann hast du ja hier die Wurzel aus n. (schreibt „$\sqrt{1 + 3 + 5 + 7 + 9 + 11 + 13(2n - 1)} = n$")

G: Dann würd' ich die erstmal zusammenrechnen.

K: Ja, wie wollen wir die denn zusammenrechnen? Das is' ja unser Ziel, oder? Die zusammenzurechnen.

G: Wir wollen doch n rauskriegen. Wenn du die doch jetzt zusammen/ Ok.

I: Vielleicht greif' ich hier mal kurz ein. Also, genau, was ihr ja rausfinden wollt, is' genau das hier. (zeigt auf den Bereich zwischen der Zahl 1 und der Zahl 13 in der notierten Gleichung „$1 + 3 + 5 + 7 + 9 + 11 + 13(2n - 1) = n^2$")

K: Ja.

I: Warum steht denn da noch 'n $2n - 1$? (zeigt auf $(2n - 1)$ in der Gleichung) Warum habt ihr das denn dazu geschrieben?

K: Wir müssen eigentlich nur das (streicht $(2n - 1)$ in der Gleichung „$1 + 3 + 5 + 7 + 9 + 11 + 13(2n - 1) = n^2$" sowie die gesamte umgeformte Gleichung durch) und dann davon die Wurzel ziehen. Und das is' dann n.

G: Ja, achso.

K: Aha, und wir möchten doch/

G: Sicher, dass das n is'? Ja, stimmt.

K: Häh, aber dann, wenn wir das zusammenrechnen und davon die Wurzel ziehen, dann haben wir ja auch/

G: Ja, stimmt.

I: Dann habt ihr's ja eigentlich schon zusammengerechnet, ne?

K: Ja.

I: Könnt ihr vielleicht das n anders bestimmen? Also ihr wisst, eure größte Zahl is' die 13 und ihr wisst, die 13 müssen wir dann so ausdrücken.

G: Durch probieren kann man das doch/

K: So, $13 = 2n - 1$. (schreibt „$13 = 2n - 1$") Jetzt rechne ich plus /

I: Kann ich jetzt mein n ausrechnen?

K: Ja, jetzt rechne ich plus 1 und dann hab' ich $14 = 2n$: 2 und dann hab' ich $n = 7$. (löst Gleichung in zwei Schritten auf und erhält „$7 = n$")

G: Ja.

I: Aha, ok. Und was is' dann, kommt dann jetzt für meine Summe raus? Was is' das jetzt 1 plus und so weiter plus 13?

K: $2 \cdot 7 - 1$ sind 13. (schreibt „$2 \cdot 7 - 1 = 13$")

G: 49, oder? $7 \cdot 7$ sind doch 49.

K: Häh, warum denn $7 \cdot 7$?

G: Ja, weil wir haben doch 7 rausgekriegt für n.

K: Ja, aber du musst doch/

G: Wenn man das dann hier in die Formel einsetzt, dann kommt da doch 49 raus.

K: Ach, in die Formel (zeigt auf den rechten Teil der Formel „$1 + 3 + 5 + \cdots + (2n - 1) = n^2$"), ich dachte in die (zeigt auf den Ausdruck $(2n - 1)$ in der Formel). Ja ok, macht Sinn.

Die Schülerinnen sollen die Summe der ungeraden Zahlen bis zur Zahl 13 bestimmen. Schülerin K beginnt und schreibt „$2 \cdot 13 - 1$". Sie setzt somit die Zahl 13 für n in den Term $2n - 1$ ein (der letzte Summand der linken Seite), anstatt sie mit $2n - 1$ gleichzusetzen. Als Schülerin G sie darauf aufmerksam macht, dass sie 13 „rauskriegen" sollten verbessert Schülerin K ihre Notiz unmittelbar zu „$2 \cdot x - 1 = 13$" und deutet mit „ach ja" an, dass sie ihren Fehler erkannt hat. Hierbei handelt es sich um die korrekte Gleichung zur Bestimmung der Zahl n, die Schülerin K mit x bezeichnet. Die Variable x wird in der Schule häufig im Kontext von Gleichungssystemen verwendet, weshalb die Schülerin vermutlich diese Notation wählt. Schülerin G unterbricht allerdings die Ausführungen von Schülerin K und schreibt die Gleichung $(2 \cdot x - 1) = x^2$ auf. Sie scheint damit Bezug auf die Formel $1 + 3 + 5 + \cdots + (2n - 1) = n^2$ zu nehmen. Schülerin K stimmt ihr zu und macht den Vorschlag, nun die Wurzel zu ziehen. Der Interviewer macht die Schülerinnen anschließend darauf aufmerksam, dass sie nur einen Teil der Gleichung verwenden. Daraufhin verbessert Schülerin K die notierte Gleichung zu $1 + 3 + 5 + 7 + 9 + 11 + 13(2n - 1) = n^2$. Sie macht damit erneut den Fehler, dass sie den Ausdruck $2n - 1$ nicht als größte Zahl, in diesem Fall 13, interpretiert, sondern nun als zusätzlichen Term zu der Summe der ungeraden Zahlen.

Der Dialog zeigt ziemlich deutlich, dass die Schülerinnen von einem angemessenen Verständnis von Algebra weit entfernt sind. Insbesondere scheinen sie Algebra noch nicht als eine eigenständige Sprache bzw. Theorie aufzufassen, die sie anwenden können. Algebra scheint von ihnen eher als eine Sprache zur Beschreibung von Phänomenen innerhalb eines spezifischen Kontextes (hier: Plättchen) verstanden zu werden, denn als eine eigenständige Theorie, in der man gewisse Umformungen vornehmen und dann die Ausdrücke auf beliebige Kontexte beziehen kann.

Beide Schülerinnen gehen davon aus, mit dem Ausdruck $1+3+5+7+9+11+13(2n-1) = n^2$ die richtige Gleichung aufgeschrieben zu haben und versuchen n zu bestimmen, indem sie auf beiden Seiten der Gleichung die Wurzel ziehen. Schülerin G macht daraufhin den Vorschlag, zunächst die Summe zu berechnen, um auf diese Weise n zu erhalten. Schülerin K entgegnet, dass die Berechnung der Summe das Ziel der Verwendung der Formel sei. Daraufhin interveniert der Interviewer und fragt, warum die Schülerinnen den Ausdruck $2n-1$ zur Summe dazu geschrieben haben. Schülerin K streicht daraufhin den Term $2n-1$ aus der Gleichung heraus und meint nun wie zuvor auch Schülerin G, dass man n dann durch Ausrechnen der Summe und Ziehen der Wurzel bestimmen könnte. Beide Schülerinnen merken aber schnell, dass dadurch auch nicht die Formel zur Bestimmung der Summe genutzt wird. Der Interviewer erklärt, dass man den Wert für n auch anders bestimmen kann und erklärt, dass man wisse, dass die größte Zahl der Summe als $2n-1$ beschrieben wird. Schülerin K schreibt daraufhin die Gleichung $13 = 2n - 1$ auf und formt diese korrekt zu $n = 7$ um. Schülerin G führt dann die Bestimmung der Summe der ungeraden Zahlen bis 13 fort, indem sie die Zahl 7 zum Quadrat nimmt und als Ergebnis die Zahl 49 erhält. Nach mehreren zum Teil starken Impulsen des Interviewers haben die Schülerinnen die Formel korrekt auf den Fall $n = 7$ angewendet.

Anschließend sollen die Schülerinnen das Verfahren noch auf zwei weitere Beispiele anwenden:

I: Sehr schön. Ja, sehr gut. Jetzt machen wir das mal mit der hier. (übergibt Zettel auf dem steht „$1 + 3 + 5 + 7 =$?") Was is' denn dann $1 + 3 + 5 + 7$?
G: Den ersten Schritt machst du.
K: (schreibt Gleichung „$7 = 2n - 1$" und löst auf zu „$4 = n$")
I: Warum macht man das denn so?
G: Ähm, ja um nach n umzustellen.

I: Genau, ok. Und jetzt haben wir $n = 4$ und was kommt dann sozusagen als Ergebnis raus für meine Summe?

K: (schreibt „$4^2 = 16$")

G: 16.

I: 16, ok. Jetzt hab' ich noch eine. Probieren wir's mal noch mit 'ner größeren Zahl. (übergibt Zettel auf dem steht „$1 + 3 + \cdots + 33 =$?")

K: (schreibt Gleichung „$33 = 2n-1$" und löst mit dem Zwischenschritt „$34 = 2n$" auf zu „$17 = n$") 17, oder?

G: 17, ja.

I: Kann ich denn/ Bekomm' ich denn da immer 'ne richtige Zahl raus hier? 'Ne gerade Zahl? (zeigt auf „$17 = n$") Weil wir haben jetzt ja hier immer gerade Zahlen, ähm nich' gerade Zahlen, immer ganze Zahlen rausbekommen, ne? Natürliche Zahlen. Bekomm' ich die denn immer raus, oder kann hier vielleicht mal 'ne ungerade stehen (zeigt auf „$34 = 2n$") und dann komm' ich irgendwie auf 'ne Kommazahl?

K: Nee, kann sie nich', weil ich ja hier nur ungerade hab' in meinem Ding und/ (zeigt auf Zettel mit Formel)

I: Ok, ja. Genau.

K: Und was is' jetzt das Resultat? Das wissen wir leider nich'.

G: Das sind 349, oder?

I: Is' egal. Ihr wisst, wie ihr die Formel anwendet, ja? [...]

Nach den anfänglichen Problemen mit der Anwendung der Formel auf die Summe der ersten ungeraden Zahlen bis 13 wenden die Schülerinnen die Formel auf die Summen bis zur 7 und bis zur 33 korrekt an, wobei der Interviewer das Vorgehen recht stark strukturiert (z. B.: „Und jetzt haben wir $n = 4$ und was kommt dann sozusagen als Ergebnis raus für meine Summe?"). Er fragt sie anschließend, ob für n immer eine natürliche Zahl herauskommt. Schülerin K erklärt daraufhin, dass $2n - 1$ immer eine ungerade Zahl sei und $2n$ folglich eine gerade Zahl. Sie scheint diesen Zusammenhang somit verstanden zu haben.

Daher stellt der Interviewer die Frage, wie man die Formel begründen kann. Schülerin G meint, dass man wieder etwas mit Plättchen „bauen" müsse. Dies könnte dafür Sprechen, dass Schülerin G die Formel als einen Ausdruck der Sprache einer empirischen Theorie über Plättchen(anzahlen) ansieht oder sich am vorherigen Vorgehen orientiert. Der Interviewer erklärt, dass sie dafür die Plättchen von vorher nutzen oder andere mit einem CAD-Programm und dem 3D-Drucker entwickeln können. Hierzu erklärt er kurz die wichtigsten Funktionen des Programms und zeigt, wie man eines der für die Begründung der Summe der ersten n. natürlichen Zahlen genutzten Plättchen konstruieren kann. Anschließend beginnen die Schülerinnen mit der Suche nach einer Begründung:

I: So, und jetzt wär' die Frage: müsst ihr die nehmen, oder könnt ihr vielleicht andere benutzen, oder braucht ihr vielleicht andere? Deswegen wäre es wichtig, dass ihr jetzt sozusagen erstmal plant, wie könnte man diese Formel denn hier darstellen. Nochmal diese Formel hier nehmen, da haben wir sie. Wie könnte man die darstellen? (schiebt Zettel mit der Formel „$1 + 3 + 5 + \cdots + (2n - 1) = n^2$" in die Mitte des Tischs) Ich schreib's vielleicht nochmal hier drunter ordentlich auf. Und jetzt fangt ihr vielleicht wieder an erstmal mit dem ersten und dann vielleicht mit dem zweiten, also plus 3 und dann so weiter.

K: Also beim ersten hast du $2 \cdot 1$ (legt ein 2er-Plättchen neben ein 1er-Plättchen) minus 1 (entfernt 1er-Plättchen), also 2. Gleich 1 (nimmt 1er-Plättchen) Quadrat (nimmt zweites 1er-Plättchen) und $1^2 = 2$ (legt beide 1er-Plättchen weg und nimmt stattdessen ein 2er-Plättchen). (für die Verschiebung der Plättchen siehe Abbildung 11.15)

G: Ich muss grad' erstmal hier reinkommen. $2 \cdot 1 - 1$ (legt hintereinander ein 2er-Plättchen, ein 1er-Plättchen und mit etwas Abstand wieder ein 1er-Plättchen). Eins weg (entfernt das mittlere 1er-Plättchen) mal/

K: Ich weiß gar nich' was du vor hast da.

G: Ich weiß auch nich' genau. Warte mal kurz. $2 \cdot 1 - 1$, ne? (legt erneut hintereinander ein 2er-Plättchen, ein 1er-Plättchen und ein weiteres 1er-Plättchen)

K: Ja.

G: Guck mal, dann könnt' ich auch einfach direkt, wenn ich das mit denjenigen machen würde, könnte ich auch das hier wegnehmen. (entfernt die beiden 1er-Plättchen) (für die Verschiebung der Plättchen siehe Abbildung 11.16)

K: Ja, genau, das hatte ich vor.

G: Dann würde 2 rauskommen. Aber hier kommt ja 1 raus in der Klammer. (zeigt auf Formel)

Die Schülerinnen nutzen zunächst die Plättchen, die bereits zur Begründung der Summe der ersten n natürlichen Zahlen verwendet wurden. Schülerin K beginnt die linke Seite der Formel für den Fall $n = 1$ zu legen. Für den Ausdruck $2 \cdot 1 - 1$ legt sie zunächst ein 1er-Plättchen neben ein 2er-Plättchen und nimmt anschließend das 1er-Plättchen wieder weg und folgert „also 2". Die Schülerin nutzt die Plättchen also wie bereits bei der vorherigen Summenformel als Ersatz für die zugehörigen Zahlen in einer Rechnung (1er- neben 2er-Plättchen für $2 \cdot 1$). Die Subtraktion der Zahl 1 deutet sie anschließend allerdings in einem geometrischen Sinne und entfernt das 1er-Plättchen. Es bleibt ein 2er-Plättchen übrig, weshalb sie als Ergebnis von der Zahl 2 ausgeht. Die Schülerin konzentriert sich vollständig auf ihre Umformungen mit den Plättchen und scheint daher nicht zu merken, dass sie für die eigentlich einfache Rechnung $2 \cdot 1 - 1 = 1$ mit der Zahl 2 ein falsches Ergebnis erhält. Die rechte Seite der Gleichung für $n = 1$, also den Ausdruck 1^2, deutet sie, indem sie zwei 1er-Plättchen nimmt. Sie deutet somit das

Quadrieren der Zahl 1 als Multiplikation mit der Zahl 2 bzw. damit als Addition der 1 mit sich selbst. Die zwei 1er-Plättchen tauscht sie gegen ein 2er-Plättchen aus, da sie den gleichen Wert haben (siehe Abbildung 11.15). Dass die Schülerin für beide Gleichungsseiten auf das gleiche aber falsche Ergebnis kommt, scheint kein Zufall zu sein. Vielmehr scheint sie davon auszugehen, dass beide Seiten das gleiche Ergebnis haben und passt daher die rechte Seite der Gleichung entsprechend an. Sie erwartet die Zahl 2 und nimmt entsprechend ein zweites 1er-Plättchen hinzu.

Schülerin G legt den Ausdruck $2 \cdot 1 - 1$ ebenfalls, indem sie die Plättchen als Teile einer Rechnung auffasst. Sie legt zwei 1er-Plättchen rechts neben ein 2er-Plättchen. Die zwei 1er-Plättchen sind bei ihr durch ein Minuszeichen verbunden, das mittlere 1er- und das 2er-Plättchen durch ein Malzeichen. Sie entfernt dann zunächst das mittlere 1er-Plättchen, später beide 1er-Plättchen und kommt wie bereits Schülerin K auf das Ergebnis 2 (siehe Abbildung 11.16). Sie stellt fest, dass dieses Ergebnis nicht der eigentlichen Rechnung $2 \cdot 1 - 1 = 1$ entspricht.

Die Schülerinnen scheinen den bereits bei der ersten Summenformel anfänglich verwendeten Symbol-SEB aktiviert zu haben, in dem die Plättchen nur als Ersatz für Zahlen in einem symbolischen Zusammenhang genutzt werden, nicht aber die geometrischen Eigenschaften der Flächen betrachtet werden. Der zwischenzeitlich aktivierte bzw. neu gebildete SEB, der eine geometrische Interpretation der Formeln mit den Plättchen ermöglichte, war vermutlich wenig stabil und kann sich daher in der neuen Situation und dem neuen Kontext nicht gegen den robusten Symbol-SEB durchsetzen. Dies führt wie auch bereits in vorherigen Interviewszenen zu Unstimmigkeiten zwischen der Formel und den gelegten Plättchen. Alternativ kann das erneute Auftreten des Symbol-SEB auch dahingehend interpretiert werden, dass die zwischenzeitlichen Begründungen die Schülerinnen in Bezug auf die Formel nicht vollständig überzeugt oder sie diese nicht wirklich verstanden haben und dem Interviewer nur oberflächlich aufgrund der Zugzwänge des Interaktionsmusters zugestimmt wurde. Möglicherweise haben sich ihre Ausführungen aufgrund der Aufgabenstellung auf die konkreten Plättchen bezogen, die mit ihrer empirischen Theorie beschrieben werden sollen. Die Plättchen treten dann mit Blick auf die Kontextgebundenheit vermutlich gar nicht als generisches Beispiel für die Summenformel (als algebraischen Ausdruck bezogen auf die Menge der natürlichen Zahlen) auf.

Abbildung 11.15
Veranschaulichung des
Legeprozesses von
Schülerin K durch Pfeile

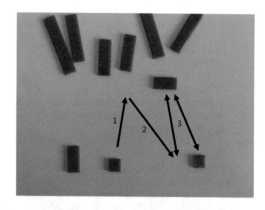

Abbildung 11.16
Veranschaulichung des
Legeprozesses von
Schülerin G durch Pfeile

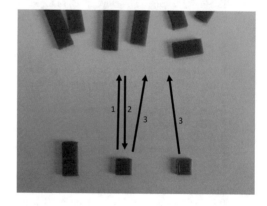

Die Schülerinnen führen das Legen der Plättchen auf diese Weise noch mehrfach durch, kommen aber wieder auf die festgestellten Unstimmigkeiten. Daher gibt der Interviewer den Hinweis, die rechte Seite der Formel durch Quadrate mit entsprechend vielen Einheitsquadraten abzubilden:

> I: Versucht das doch mal/ Wir hatten das ja hier gerade sozusagen mit dem Flächeninhalt gemacht, ne? Wir wär's denn, wenn ihr zum Beispiel mal 'n Quadrat aufzeichnet? 'n Quadrat mit Seitenlänge $1 \cdot 1$, $2 \cdot 2$, $3 \cdot 3$. Und dann habt ihr ja eigentlich die rechte Seite, ne? Die is' ja immer so 'n Quadrat. Vielleicht zeichnet ihr's erstmal. Dann wisst ihr sozusagen vielleicht ungefähr, worauf ihr hinauswollt.
> K: (zeichnet drei verschieden große Quadrate und beschriftet die Seiten mit den Zahlen 1, 2 und 3, siehe Abbildung 11.17)

I: Sozusagen das wär' jetzt für den ersten Fall, das wär' für den zweiten Fall, das für den dritten Fall. Und die Frage is': kann man das jetzt vielleicht einteilen? Also im ersten Fall, welche müsst ihr da rein tun? Welche Zahl muss ich da addieren? Eigentlich nur die 1.

K: Ja.

G: Ja.

I: Klappt das? Das is' $1 \cdot 1$ auch gleichzeitig, ne? Wenn ich jetzt noch 'ne 3 dazu nehme, kann ich dann $2 \cdot 2$ draus machen? $1 + 3$?

K: Wie meinst du das?

I: Jetzt brauch' ich ja sozusagen, wenn ich das jetzt hier/ (zeigt auf das zweite Quadrat)

G: Also, so? Nee, das geht ja dann nur über die Ecke. Dann hätte man hier 3 und 1. (zeichnet Linien in das Quadrat für den Fall $n = 2$, sodass ein kleines Quadrat mit einer Flächeneinheit und eine Fläche mit drei Flächeneinheiten entsteht, die sie mit einem Stricht markiert, siehe Abbildung 11.17)

K: Häh? $2 \cdot 2$ kannst du doch einfach so legen. (legt zwei 2er-Plättchen zusammen)

G: Ja, aber er hat doch grad' gefragt, ob wir die 3 da auch rein dingsen können?

I: Genau. $2 \cdot 2$ is' ja jetzt die rechte Seite.

K: Ja.

G: Ja.

I: Und hier auf der linken Seite muss ja dann $1 + 3$ stehen. (zeigt auf linke Seite der Formel) Und wie kann ich herausfinden, dass $1 + 3 = 2 \cdot 2$ ist?

G: Ah, ok.

I: Das hast du ja gerade hier gemacht, ne?

K: Weil $4 \cdot 1$ das Gleiche is' wie $2 \cdot 2$.

I: Ja, das is' auch richtig.

K: Hat das überhaupt was damit zu tun? (lachend)

I: Das müsst ihr wissen.

G: (schreibt „$1 + 3 + (2n - 1) = 2^2 = 3 + 1$") 2 und 2, also müsste man hier auch die/ Das müsste ja dann auch $3 + 1$.

I: Vielleicht macht ihr hier auch nochmal dieses 2/

K: Ja, aber wie kommst du den jetzt auf was mit 2 für n? (zeigt auf 2^2 in der Gleichung)

G: Ja, weil doch 2 rauskommt.

I: Also hier/ Genau. Dann brauch' ich aber diesen Teil ja nich' (zeigt auf $(2n - 1)$ in der Gleichung). Dann is' das ja mein $2n - 1$ (zeigt auf die Zahl 3 in der Gleichung). Vielleicht streichst du das mal weg. Das $2n - 1$.

K: (streicht „$+ (2n - 1)$" in der Gleichung durch)

I: Funktioniert das so?

K: Ja, tut es.

I: Is' $1 + 3 = 2^2$?

G: Mhm (bejahend).

I: Kann ich das hier einzeichnen? Du hast es ja eigentlich schon gemacht.

G: Ja, halt hier über die Ecke.

Auf Aufforderung des Interviewers zeichnet Schülerin K drei unterschiedlich große Quadrate und beschriftet die Seiten mit den Zahlen 1, 2 und 3. Der Interviewer bittet die Schülerinnen dann, im mittleren Quadrat, das den Flächeninhalt 2^2 hat, die linke Gleichungsseite 1+3 wiederzufinden. Schülerin G teilt die Fläche dazu in eine Einheitsfläche und eine aus drei Einheitsflächen bestehende Fläche ein (siehe Abbildung 11.17) und erklärt dazu „dann hätte man hier 3 und 1". Das Plättchen würde dann „über die Ecke gehen". Schülerin K schlägt daher vor, stattdessen zwei 2er-Plättchen zu einem Quadrat zusammenzulegen. Sie scheint nicht verstanden zu haben, dass zur Darstellung der linken Gleichungsseite eine Einteilung in eine 1er und eine 3er Fläche notwendig ist. Dies zeigt sich auch in ihrer späteren Aussage, dass „4 · 1 das Gleiche is' wie 2 · 2".

Schülerin G versucht anschließend die Formel für die Summe bis zur Zahl 3 aufzustellen, scheint aber Probleme bei der Deutung des Terms $2n - 1$ zu haben, sodass sie diesen als zusätzlichen Summanden hinter die Zahlen 1 und 3 schreibt. Der Interviewer macht die Schülerin darauf aufmerksam, dass $2n - 1$ dem größten Summanden, also in diesem Fall der Zahl 3, entspricht und man daher $2n - 1$ nicht zusätzlich aufführt. Die Schülerin streicht den Term aus der Summe heraus und bestätigt, dass auf beiden Seiten das gleiche Ergebnis herauskommt.

Anschließend sollen die Schülerinnen das Quadrat mit der Seitenlänge 3 einteilen:

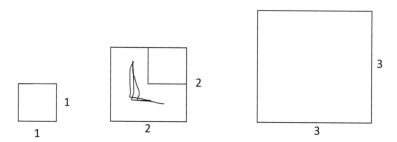

Abbildung 11.17 Nachbildung der Zeichnung der Schülerinnen G und K

I: […] Und jetzt hier? (zeigt auf das dritte Quadrat für den Fall $n = 3$) Kann ich die 3 · 3, welche Zahlen muss ich da unterbringen? Also wir haben jetzt hier n^2, also 3^2. Das heißt ich muss auf der linken Seite was addieren?
K: 9.
I: 1 plus?
K: $1 + 3 + 5$.

I: 1 + 3 + 5. Kann ich die hier auch einzeichnen in die 3 · 3? (zeigt auf Quadrat)
G: Ja.
K: (zeichnet neues Quadrat und teilt es durch vier Striche in neun Einheitsflächen auf)
G: Ja.
I: Und wo is' jetzt meine 1, wo is' meine 3, wo is' meine 5?
K: Ähm, das is' jetzt/ (beschriftet die einzelnen Flächen mit Zahlen, um die Zusammengehörigkeit auszudrücken, siehe Abbildung 11.18)
G: Mach' doch, warte, wir könnten doch einfach/ Hier das sind fünf Steinchen, das sind drei Steinchen und das is' ein Steinchen. (schraffiert die Flächen mit den jeweils gleichen Zahlen)
K: Ja, so mein' ich das auch.

Schülerin K beschreibt, dass im Fall $n = 3$ auf der linken Seite der Gleichung die Zahlen 1, 3 und 5 addiert werden müssen und als Ergebnis die Zahl 9 entsteht. Das Quadrat der Seitenlänge 3 teilt die Schülerin anschließend in drei Teilflächen auf, die aufgrund der jeweiligen Anzahl an Einheitsflächen den Zahlen 1, 3 und 5 entsprechen. Dies macht sie, indem sie das Quadrat zunächst in 9 Einheitsflächen unterteilt und diese anschließend durch hineinschreiben der Zahlen 1, 3 und 5 zuordnet. Sie scheint somit wie Schülerin G bereits in der Interviewsituation zuvor zu wissen, wie man die Quadrate aufteilt, um die Übereinstimmung mit der linken und rechten Seite der Gleichung zu denstrieren.

Abbildung 11.18
Nachbildung der Zeichnung
von Schülerin K

1	3	3
5	5	3
5	5	5

Die Schülerinnen sollen anschließend das Quadrat für den Fall $n = 3$ mit dem Quadrat zum Fall $n = 2$ in Beziehung setzen und darauf aufbauend auch den Fall

$n = 4$. darstellen. Diese Aufforderung macht der Interviewer, da er wie bereits bei der Gaußschen Summenformel auf einen Beweis per vollständige Induktion mithilfe der Plättchen hinaus will:

I: Ok. Ähm, aber jetzt/ Ja ok, kann man so machen, genau. Und jetzt machen wir sozusagen weiter. Is' da jetzt irgend 'ne Systematik drin? Oder kann ich das auch systematisch machen? Kann ich vielleicht auch mit dem hier weiter machen (zeigt auf Quadrat für den Fall $n = 2$) und das hier nehmen und schonmal dareinbringen (zeigt auf Quadrat für den Fall $n = 3$) und trotzdem die 5 dazu noch machen? Hier hab' ich ja schon die 1 und die 3, ne? (zeigt auf Quadrat für den Fall $n = 2$) Kann ich jetzt noch die 5 sozusagen dazu machen.

G: Achso, mhm (bejahend). (zeichnet neues Rechteck mit vier Teilflächen für den Fall $n = 2$ und beschriftet eine Teilfläche mit der Zahl 1, die anderen mit einer 3)

I: So, das sind jetzt die 1 und die 2, ähm, 1 und die 3, genau so. Wie kann ich jetzt die 5 dazumachen, um n' Quadrat zu bilden?

K: (zeichnet außen um das Quadrat fünf Einheitsflächen, um ein größeres Quadrat zu bilden)

G: Ja.

I: Gut. Kannst da auch mal Fünfer reinmachen.

K: Und das geht immer so weiter.

G: Ja.

K: Wenn ich nämlich jetzt weitermache, habe ich 7. (zeichnet weitere sieben Einheitsflächen um das Quadrat, sodass ein größeres entsteht)

I: Ok.

K: (beschriftet die Einheitsflächen mit den Zahlen 5 und 7)

G: Ja.

I: Wie kann man das/ Was is' jetzt das Quadrat da bei der 7 dann?

G: 4.

K: $4 \cdot 4$.

[…]

I: Und geht das jetzt immer weiter?

K: Ja.

I: Und warum?

K: Weil das in Relation zueinander steht. (zeigt auf $(2n - 1)$ auf der linken Seite und die Zahl 16 auf der rechten Seite der notierten Gleichung) Weil du kannst das, 4 kannst du immer größer machen. Und ich kann ja immer nochmal noch so einen/ (zeichnet neun weitere Einheitsflächen um das Quadrat, sodass die Zeichnung in Abbildung 11.19 entsteht)

I: Und warum geht denn da immer genau die nächst größere ungerade Zahl hin? Warum geht denn da jetzt genau die 9 hin, wenn ich da vorher die 7 hatte?

K: Weil ich sowohl in der Breite als auch in der Länge immer um 1 erhöhe (zeigt entlang der Quadratseite) und dann sozusagen immer genau so viel Kästchen mehr. Und es is' immer 'ne ungerade Zahl, wegen dieser Ecke (zeigt auf die an der Ecke des Quadrats hinzugefügte Einheitsfläche).

Die Schülerinnen zeigen auf Hinweis des Interviewers ausgehend vom Rechteck für den Fall $n = 2$, dass sich durch Hinzufügen von fünf Einheitsquadraten ein Quadrat der Seitenlänge 3 bilden lässt. Der Interviewer stellt die Frage, ob sich dieses Verfahren immer weiterführen lässt. Die Schülerinnen stimmen zu und erklären, dass man als nächstes sieben Einheitsquadrate hinzufügen müsse und dann ein Quadrat mit der Seitenlänge 4 erhalte, das aus „$4 \cdot 4$" Einheitsquadraten besteht (siehe Zeichnung in Abbildung 11.19).

Schülerin K begründet, dass das Verfahren immer weiter geht, da die linke und die rechte Seite der Gleichung in Relation zueinander stünden. Anhand des Quadrats erklärt die Schülerin, dass sich mit jedem Schritt die Breite und die Länge des Quadrats um „1" erhöhe. Die ungerade Anzahl hinzugefügter Einheitsflächen entstehe durch die zwei gleich langen Quadratseiten und die an die Ecke des Quadrats angelegte Fläche. Sie begründet somit anhand der geometrischen Zeichnung, also dem empirischen Objekt, dass es sich bei den um das Quadrat gelegten Einheitsflächen stets um eine ungerade Anzahl handelt, die mit jedem Schritt um 2 zunimmt.

Abbildung 11.19
Zeichnung von Schülerin K

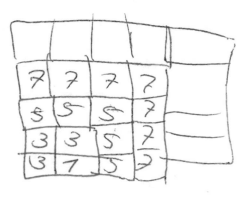

Die Schülerinnen konstruieren anschließend im Programm Tinkercad^{TM} ihre zuvor konzipierten Flächenstücke. Interessant ist, dass sie dabei durch ihre vorherigen Erörterungen beeinflusst zu werden scheinen. So bilden sie die „über die Ecke" gehenden Stücke durch Wegnahme eines Quadrats aus einem Quadrat mit einer um eine Einheit größeren Seitenlänge mithilfe der Bohrungsfunktion (siehe Abbildung 11.20). Sie nutzen somit aus, dass es sich für jedes n um ein Quadrat handelt und konstruieren das für den Übergang zwischen zwei Quadraten notwendige Plättchen als Differenz von diesen. Insgesamt erstellen sie auf diese Weise Plättchen für die Fälle $n = 1$, $n = 2$ und $n = 3$.

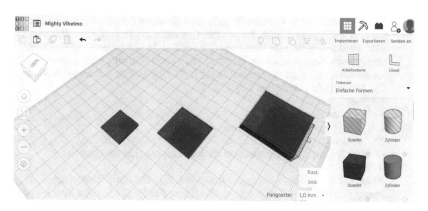

Abbildung 11.20 Screenshot während des Konstruktionsprozesses der Schülerinnen in Tinkercad[TM]

Da die von den Schülerinnen konstruierten Plättchen bis auf die Höhe, die von ihnen aber während des Konstruktionsprozesses als irrelevant bezeichnet wird, mit dem vom Interviewer vorbereiteten Material (siehe Abbildung 11.9) übereinstimmt, wurde ihnen dieses ausgegeben:

> I: Ja, wir können uns gleich dann mal die 3D-Drucker angucken. Wir können das auch drucken. Ich hab' hier aber schonmal was. (übergibt Plättchen zur Begründung der Summe der ersten n ungeraden Zahlen) Is' das so ähnlich, wie das, was ihr hattet, gemacht habt, gebaut habt?
> K: Ja. Das war zumindest unser Ziel.
> G: Ah.
> I: Und jetzt erklärt/ vielleicht erklärt ihr mir jetzt hier dran nochmal die Formel und warum die denn gilt und warum die vielleicht auch für mehr Zahlen als nur die, die wir da haben, gilt, ne?
> G: Ja.
> K: Bei der 1 is' das (legt 1er-Plättchen in die Mitte). Sobald ich dann die höchste Zahl 3 hab', is' es das. (legt 3er-Plättchen so dazu, dass ein Quadrat mit Seitenlänge 2 entsteht, siehe Abbildung 11.21)
> I: Darf ich mal kurz? Was meintest du mit ja?

G: Ja, das ergibt Sinn. Weil man ja die ganzen einzelnen Dingse zusammenmacht, hat man ja die gesamte Zahl, das gesamte Quadrat. Ah, jetzt ergibt das alles Sinn. Gib' mal kurz. Wenn man hier/ Das is' ja der Teil $2n - 1$ (nimmt 3er-Plättchen) und da setzt man ja immer das Einzelne, was vor der Klammer steht setzt man ja immer darein und dann hat man das Quadrat (fügt 1er-Plättchen so hinzu, dass ein Quadrat entsteht, siehe Abbildung 11.21).

I: Mhm (bejahend).

K: Das is' n minus/

I: Was is' n, genau. Was is' denn eigentlich jetzt n?

K: Das hier. (zeigt auf 5er-Plättchen)

G: Mhm (bejahend). Und wenn man die quadriert, hat man das Quadrat.

I: Genau.

K: Ja, das is' n (zeigt entlang der Seiten des 5er-Plättchens). Und minus 1 is' immer das von davor (zeigt entlang der Seiten des 3er-Plättchens). Hier is' n minus/ minus 1.

G: Häh? Aber das sieht man doch am besten an hier dem hier. Hier das hier is' die Seitenlänge n (zeigt entlang einer Seite des 3er-Plättchens) und wenn das quadrieren, also wenn man das quadrieren will, hat man das gesamte Quadrat und hier is' die Seitenlänge $n \cdot 2$. Also das mal das (zeigt entlang der Seiten des 3er-Plättchens). Und dann $n - 1$ is' ja die Formel. Wenn man 1 wegnimmt, hast du ja (nimmt 1er-Plättchen weg). Krank (lachend).

I: Ja genau. Und wie is' das jetzt hier, wenn ihr das jetzt an diesem Ding noch zeigen wollt? (bildet Quadrat aus dem 1er-, 3er- und 5er-Plättchen) (5 sec.)

G: Ja, also/ (3 sec.)

I: Was is' hier das n?

K: An dem hier, das hier. (zeigt entlang einer Seite des Quadrats)

I: Also wie viel, wenn wir 'ne Zahl nehmen?

K: 3.

I: 3. Ok und wie viel is' jetzt sozusagen der Flächeninhalt davon?

K: 9.

I: Wie kann ich den aber jetzt noch indem ich die einzelnen Plättchen addiere machen? Was is' sozusagen der Flächeninhalt der Einzelplättchen?

K: 1 plus/ Der Flächeninhalt hiervon is' 1. (nimmt 1er-Plättchen weg) Der Flächeninhalt hiervon is'/ (nimmt 3er-Plättchen weg)

G: 3. Nein, doch 3.

K: Doch 3. Und der Flächeninhalt hiervon is'/ (nimmt 5er-Plättchen weg)

G: 5. Nee 6, oder? Nee, muss ja 5 sein.

K: 5, ja muss 5 sein.

I: Und das heißt? Wir können jetzt sozusagen sagen $1 + 3 + 5 = 3^2$, ne?

G: Mhm (bejahend).

K: Ja. Und dann kann ich immer plus 7 plus 9 plus/ Immer so weiter. (legt Stück für Stück die weiteren Plättchen dazu)

G: Ja.

I: Mhm (bejahend). Und es muss immer 'n Quadrat geben, oder? Wollte ich nochmal nachfragen. Wieso passen die denn immer da drum? Warum?

K: Weil das, weil du immer so ein Teil mehr hast. Du machst ja immer plus 1 auf beiden Seiten, also in der Länge und in der Breite (zeigt auf zwei benachbarte Seiten des Quadrats).

G: Weil das quadriert wird. Wenn's nich' quadriert werden würde, wär's ja nur hier auf der einen Seite und die andere wäre leer quasi. (zeigt auf zwei benachbarte Seiten des Quadrats)

K: Ja.

Die Schülerinnen bestätigen, dass die vom Interviewer vorbereiteten Plättchen ihren mit Tinkercad^{TM} entworfenen Plättchen entsprechen. Daher sollen die Schülerinnen diese zur Begründung nutzen. Schülerin K beginnt, das 1er- und das 3er-Plättchen zusammenzulegen (siehe Abbildung 11.21). Schülerin G scheint dabei eine Eingebung zu haben, die sie mit „Ja, das ergibt Sinn." ausdrückt. Sie erklärt, dass das 3er-Plättchen „der Teil $2n - 1$" der Gleichung sei. Dies führt sie darauf zurück, dass das gesamte Quadrat, also zusammen mit dem 1er-Plättchen, „die Seitenlänge $n \cdot 2$" habe, da die Seiten des Quadrats überall gleich n seien. Das „*minus* 1" entstehe, indem man dann das 1er-Plättchen wegnimmt. Übrig bleibe das 3er-Plättchen, das somit der $2n - 1$ entspreche.

Die Schülerin möchte erklären, warum das 3er-Plättchen im Fall $n = 2$ dem Ausdruck $2n - 1$ in der Formel entspricht. Eine an den Plättchen orientierte Begründung könnte lauten, dass zwei Plättchen der Länge n beim Zusammensetzen zu einer L-förmigen Fläche mit äußeren Seitenlängen n um eine Flächeneinheit „überlappend" zusammengesetzt werden müssten und die „überlappende" Flächeneinheit daher wieder weggenommen werden müsste. Die Schülerin gibt mit ihrer Erklärung aber eigentlich wieder, warum das Plättchen dem Ausdruck $n^2 - 1$ entspricht. Dieser Term stimmt im Fall $n = 2$ tatsächlich mit der Zahl 3 überein, bei der Wahl eines anderen n aber nicht. Die Schülerin scheint aber davon auszugehen, dass die Begründung übertragbar ist, sie nur am Beispiel $n = 2$ besonders deutlich wird („Aber das sieht man doch am besten an hier dem hier.")

Die beiden Schülerinnen erklären anschließend am Fall $n = 3$, warum sich sowohl die linke Seite als auch die rechte der Gleichung in der Plättchenkonstellation wiederfinden lässt. Sie sind zudem der Meinung, dass sich immer ein Plättchen mit einer um zwei größeren Anzahl an Einheitsflächen anlegen lässt und damit das nächstgrößere Quadrat entsteht. Dies begründen sie damit, dass das Quadrat sowohl in der Breite als auch in der Länge um „1" erweitert wird.

Abbildung 11.21 Zu
einem Quadrat
zusammengesetztes 1er-
und 3er-Plättchen

11.4.2 Schüler H und Schülerin J

Zu Beginn des Interviews übergibt der Interviewer einen Zettel, auf dem „1 +
2 + 3 + ⋯ + 100 =?" notiert ist, und fragt Schüler H und Schülerin J, was dies
bedeute und wie man das Ergebnis bestimmen könnte:

> H: Also, das is' eine Summe, wo immer, ähm, ja, die Summe der natürlichen
> Zahlen bis 100.
> I: Mhm (bejahend). Also wie geht das dazwischen weiter?
> H: Plus 4, plus 5, plus 6, plus 7, plus 100.

Schüler H erklärt, dass es sich um die Summe der ersten 100 natürlichen Zahlen
handelt und deutet die in der Formel durch drei Punkte markierte Auslassung
durch Aufzählen der ersten fehlenden Zahlen an.

Der Interviewer fragt daraufhin die Schülerin und den Schüler, wie man die
Summe bestimmen könnte. Schüler H erklärt, dass er die dazugehörige Formel
kenne. Daher soll zunächst Schülerin J ihre Ideen äußern:

> J: Ähm, ja, ich weiß, dass es 'ne Schreibweise mit 'nem Ausrufezeichen gibt, aber
> ich glaub' da ging's halt um Malrechnen. Ähm, ja.
> I: Genau. Sozusagen, Sie meinen Fakultät, ne?

J: Genau, die Fakultät, ja.
I: Das is' sozusagen tatsächlich für's Produkt.
J: Genau.

Die Schülerin sagt, dass sie das Fakultätszeichen („Schreibweise mit 'nem Ausrufezeichen") kenne, dieses aber für Produkte gedacht ist. Eine Idee, wie man die Summe leichter bestimmen kann, hat sie nicht. Daher bittet der Interviewer Schüler H, sein Wissen zu der Formel wiederzugeben und diese zu erklären:

H: Ja, das war glaub' ich Karl Friedrich Gauß mit sieben Jahren, als er das in der Schule berechnen sollte als Strafe. Da war er nach zehn Minuten/ fünf Minuten fertig, weil er den Trick gefunden hat. Der hat nämlich immer die erste Zahl genommen, die 1, hat sie plus die 100 genommen, die zweite plus die 99, die dritte/
J: Achso, ja.
H: Und das dann 50 Mal oder 49? Also bis, bis dann 50 + 51 war. Dann 50 Mal. Und das war immer 101.
I: Mhm (bejahend). Und das kann man, kann man das auch mit jeder/ also kann ich jetzt auch, wenn ich sage von 1 bis keine Ahnung, 100.000 oder so, kann ich das auch so machen?
H: Ja, also man kann jetzt nich', das könnte man machen, wenn man Zeit hat. Aber der Gauß hat sich dann die Formel dafür ausgedacht, und zwar die Zahl, die letzte Zahl aus der Summe mal dieselbe plus 1, also hier wär's 100 · 101 und davon die Hälfte, weil man eben immer nur bis zur 50 geht und dann bis zur Hälfte der Summe geht und aufhört, weil man dann ja alle Zahlen ausgeschöpft hat.

Schüler H gibt die häufig im Zusammenhang mit der Summenformel erzählte Anekdote wieder, dass Karl Friedrich Gauß die Formel zur Bestimmung der ersten n natürlichen Zahlen entwickelt haben soll, nachdem sein Lehrer ihm die Aufgabe gegeben hatte, die ersten 100 Zahlen zu addieren. Schüler H beschreibt auch detailliert das von Gauß angewendete Verfahren, bei dem die kleinste mit der größten Zahl, in diesem Fall die Zahlen 1 und 100, die zweitkleinste mit der zweitgrößten, in diesem Fall die 2 und die 99 und so fort addiert werden, was 50 mal zu dem gleichen Ergebnis 101 führt (hierbei handelt es sich um die Begründung (1) aus Abschnitt 11.3). Auf Nachfrage des Interviewers erklärt der Schüler, dass dies zu einer Formel führe, die sich auch auf andere Zahlen anwenden lasse und bei der man „die letzte Zahl aus der Summe mal dieselbe plus 1 […] und davon die Hälfte" rechnen würde. Beim angesprochenen Beispiel wäre dies „100 · 101 und davon die Hälfte, weil man eben immer nur bis zur 50 geht und […] dann ja alle Zahlen ausgeschöpft hat".

Die Summe der ersten 100 natürlichen Zahlen nutzt Schüler H als generisches Beispiel zur Begründung der anschließend beschriebenen Formel (nicht im Rahmen einer anschaulichen heuristischen Argumentation). Er erklärt zwar am konkreten Fall, wie die Formel entwickelt wird, dabei sind aber weniger die spezifischen Zahlen relevant als ihre Rolle in dem Rechenausdruck als erste und letzte Zahl oder zweite und vorletzte Zahl. Er geht dann intuitiv davon aus, dass sich das Verfahren übertragen lässt und damit die Formel gilt. Angemerkt sei an dieser Stelle, dass das Beispiel eigentlich nur für gerade Zahlen als generisches Beispiel fungieren kann, da sich die Struktur bei einer ungeraden Anzahl an Summanden unterscheidet.

Der Interviewer übergibt den Interviewten einen Zettel, auf dem die von Schüler H beschriebene Formel $1 + 2 + 3 + \cdots + n = \frac{n \cdot (n+1)}{2}$ notiert ist, und bittet Schülerin J, diese zu erläutern:

> J: Ja, also Zahl n war ja eben in dem Beispiel 100, aber wenn man's jetzt mit Worten macht, ähm, n mal halt, ähm, also die höchste Zahl mal eben die höchste Zahl plus 1, also in Klammern, und das halt mal, ähm, durch die Hälfte, also durch 2. Die Hälfte davon, weil man dann eben/ Ja.
>
> I: Genau. Ähm, dann versuchen Sie das doch mal anzuwenden hier drauf. (übergibt Zettel auf dem steht „$1 + 2 + 3 + \cdots + 10 = ?$") Also jetzt bis 10. Was wäre dann sozusagen die, die Lösung? Was wäre die Summe von 1 bis 10?
>
> J: Also das wäre dann ja als Formel, wenn man das da einsetzen würde, $10 \cdot (10 + 1)/2$. Also wären das, ähm, $11 \cdot 10/2$, also, ähm, ja/
>
> I: Is' auch egal, also 55. Genau, aber darauf sozusagen/ Sie haben verstanden, glaub' ich, wie das angewendet wird. Ähm, haben Sie das verstanden, oder?
>
> J: Ja.

Schülerin J erklärt die Verwendung der Formel und kann sie auch korrekt auf ein Beispiel anwenden. Sie scheint somit verstanden zu haben, wie die Formel angewendet wird und bestätigt dies auch auf Nachfrage des Interviewers. Auf Aufforderung des Interviewers hin wiederholt Schüler H anschließend noch einmal seine zuvor abgegebene Begründung mit direktem Bezug zur notierten Formel. Schließlich erklärt der Interviewer, dass es auch andere Möglichkeiten der Begründung gibt. Dazu teilt er die in Abbildung 11.8 zu sehenden 3D-gedruckten Plättchen zur Begründung der Summenformel aus und fordert die Schülerin und den Schüler dazu auf, die Formel mit dem Material zu begründen:

> H: Also, hier das könnte eine 1 sein (zeigt auf 1er-Plättchen). Man könnte sich das als Zahlen vorstellen und die Zahlen sind immer die Länge von der einen Seite des Rechtecks und hier in dem Fall das Quadrat. Also 1, 2, 3 und so weiter. (verschiebt nacheinander die 1er-, 2er- und 3er-Plättchen)
>
> I: Mhm (bejahend). Und wie könnte man das jetzt damit begründen?
>
> J: Ja, wenn man sich die, ähm, jetzt nebeneinander stellen würde, also wenn man sozusagen das kleinste mit dem längsten danebenen machen würde (schiebt 1er-Plättchen und 5er-Plättchen zusammen, sodass eine Gesamtlänge von 6 entsteht),

ähm ja, würde, würden die halt alle nachher die, also wenn wir das nach dieser Reihe machen würden, würden die halt alle dieselbe Länge haben.

I: Machen Sie doch mal.

J: Ähm. Das hier is' ja die 2, haben wir ja gesagt und das hier wäre ja dann glaub' ich das hier (schiebt 2er- und 4er-Plättchen zusammen und legt sie neben die zusammengeschobenen 1er- und 5er-Plättchen). Dann würden wir das hier haben. Da wäre dann glaub' ich hier das hier, oder? (legt zwei 3er-Plättchen dazu)

I: Ja.

J: Ja, und so könnte man das dann halt begründen. Das hier is' halt so, weil, ähm, so rum, weil das hier is' ja/

I: Mhm (bejahend).

J: Wenn wir das ordentlich machen wollten.

I: Genau.

J: Dann haben wir hier das hier auf hier der Seite. (schiebt alle Plättchen so zusammen, dass ein Rechteck mit den Seitenlängen 5 und 6 entsteht, wie es in Abbildung 11.22 zu sehen ist)

Die Schülerin und der Schüler setzen die einzelnen natürlichen Zahlen mit den Längen der Plättchen in Verbindung. Anschließend erklären sie, dass man das kleinste Plättchen mit dem längsten zusammenschieben könne und das zweitkürzeste mit dem zweitlängsten, wodurch sich jeweils die gleiche Länge ergebe. Schließlich schiebt Schülerin J alle Plättchen so zusammen, dass ein Rechteck mit den Seitenlängen 5 cm und 6 cm entsteht (siehe Abbildung 11.22). Es sei bereits hier angemerkt, dass das Vorgehen der Schülerin und des Schülers auf die Begründung (2) aus Abschnitt 11.3 hinausläuft und somit von der zuvor angegebenen Begründung (1) abweicht.

Abbildung 11.22
Plättchen-Rechteck mit den
Seitenlängen 5 und 6

Der Interviewer fragt anschließend, ob das eine Begründung für die Formel ist:

> J: Ja, also wir sehen ja, ähm, also wir können ja jetzt uns das hier bildlich anschauen, dass wir, ähm, hier mit der kleinsten Zahl, also wenn wir jetzt von Zahlen sprechen, mit der kleinsten Zahl 1 (zeigt auf 1er-Plättchen) mit der größten Zahl, ähm, war jetzt hier 5 (zeigt auf 5er-Plättchen), ähm, sozusagen das wären dann halt 6. Und dann wär' hier die 4 die nächstkleinere Zahl (zeigt auf 4er-Plättchen) und die 2 (zeigt auf 2er-Plättchen) und das wären ja dann auch wieder 6. Dann hätten wir hier 3 und 3. Dann hätten wir auch wieder 6. Und dann hätten wir hier halt wieder, ja/
> I: Ja ok. Ähm, und jetzt haben Sie sozusagen diese einzelnen aufgezählt, aber wo is' jetzt die rechte Seite? Hier steht ja $n \cdot (n + 1)/2$. Wie kann ich die rechte Seite dadrin wiederfinden?
> H: Das hier is' die Seite $n + 1$ und hier n (zeigt auf die zwei Seiten des Rechtecks), weil hier 1, 2, 3, 4, 5 Einheiten sind (zählt Plättchen an der einen Seite ab).
> I: Also sozusagen über den Flächeninhalt, oder?
> H: Ja. Das wäre der Flächeninhalt vom Zähler und der Nenner wäre der Flächeninhalt dann durch 2.

Schülerin J erklärt noch einmal mit Bezug auf die mit den Plättchen identifizierten Zahlen, dass die Summe dieser Zahlen stets 6 sei. Der Interviewer entgegnet, dass dies eine Beschreibung der linken Seite der Formel sei, und fragt daher, wie man die rechte Seite der Formel mit den Plättchen abbildet. Daraufhin erklärt Schüler H, dass die Seiten des mit den Plättchen gelegten Rechtecks für die Zahlen n und $n + 1$ stehen, da man fünf Reihen gelegt hat, wobei im konkreten Fall die Zahl 5 dem n entspricht. Der Interviewer bringt daraufhin den Begriff des Flächeninhalts ein. Der Schüler nutzt diesen und erklärt, dass der Flächeninhalt für den Zähler im rechten Teil der Formel steht und „der Nenner wäre der Flächeninhalt dann durch 2". Beim Nenner handelt es sich eigentlich nicht um einen Flächeninhalt. Was der Schüler vermutlich meint ist, dass die rechte Seite, also der Bruch bestehend aus Zähler („Flächeninhalt") und Nenner (die Zahl 2), den Flächeninhalt geteilt durch die Zahl 2 angebe.

Damit haben die Schülerin und der Schüler gezeigt, dass sowohl die rechte Seite als auch die linke Seite der Formel durch die Plättchen abgebildet werden können. Für die linke Seite betrachten sie die Längen der Plättchen. Bei der rechten Seite wiederum den Flächeninhalt, was auf das Eingreifen des Interviewers zurückzuführen ist. Ein Flächeninhalt und ein Längenwert können nicht gleichgesetzt werden. Hierzu wäre eine Betrachtung des Flächeninhalts der einzelnen Plättchen notwendig, der sich jeweils aus dem Produkt der Plättchenlänge (zwischen 1 cm und 5 cm) und der jeweils gleichen Plättchenbreite von 1 cm ergibt. Eine solche Überlegung äußern die Schülerin und der Schüler allerdings nicht.

Möglicherweise legen sie stattdessen die intuitive Vorstellung zugrunde, dass kein Plättchen weggenommen oder hinzugefügt wurde und folglich Gleichheit (in welcher Form auch immer) zwischen beiden Situationen bestehen müsse, ohne dabei spezifisch auf die einzelnen Maßeinheiten einzugehen. Eine alternative Interpretation wäre, dass die Schülerin und der Schüler gar nicht die Gleichheit beider Seiten in den Blick nehmen, sondern es bei der Interpretation der einzelnen Seiten der Gleichung als Längen und Flächeninhalte belassen.

Zudem machen die Schülerin und der Schüler nicht explizit, dass die Plättchen für die Zahlen 1 bis 5 jeweils doppelt verwendet werden und erklären nur für den Fall der rechten Formelseite, dass man den Wert noch halbieren müsse. Dieses Halbieren war in der ursprünglich von Schüler H geäußerten Begründungsidee (1) aus Abschnitt 11.3 auch nicht notwendig, da jeder Summand nur einfach betrachtet wird. Die nun im Kontext der Plättchen angeführte Begründung entspricht dagegen Begründung (2) aus Abschnitt 11.3, bei der zunächst die doppelte Anzahl an Summanden bzw. Plättchen betrachtet wird, sodass sich der Term $n \cdot (n + 1)$ bzw. ein Rechteck mit den entsprechenden Seitenlängen bilden lässt. Der Wechsel zu der zum Teil durchaus ähnlichen Begründung (2) (ähnlich, da ebenfalls der kleinste mit dem größten Summanden, usw., addiert wird) könnte durch die doppelte Anzahl an verfügbaren Plättchen suggeriert worden sein, was zur impliziten Aufforderung führt, alle Plättchen zur Begründung heranzuziehen. Ob die Schülerin und der Schüler die Begründungsidee (2) aber vollständig erfasst haben und die Plättchen tatsächlich als generisches Beispiel für die Gaußsche Summenformel auffassen, bleibt offen.

Der Interviewer fragt anschließend die Schülerin und den Schüler, ob es sich bereits um eine mathematische Begründung handle oder ob man das Beschriebene weiterführen müsse und könne. Dabei ist zu erkennen, dass der Interviewer wie bereits bei den Schülerinnen G und K auf eine anschauliche heuristische Argumentation per vollständige Induktion mithilfe der Plättchen abzielt:

H: Also, das is' keine mathematische Begründung würde ich sagen, weil's noch ein Beispiel is' und kein, und keine Allgemeingültigkeit hat, weil's nur die ersten 5 sind. Dann müsste man eben bis n gehen. Also könnte man hieraus eben nich', ähm, schließen, wenn man nich' weiß, was n is'.

I: n gibt's irgendwie nich', ne? So, jetzt haben wir's sozusagen für die ersten haben wir's irgendwie gezeigt. Für die 1 können wir's damit zeigen, für die 2, für die 3, für die 4, für die 5. Können wir denn vielleicht zeigen, dass man, wenn man irgendeine bestimmte hat, dass man immer dann die danach bekommen könnte? Also, dass ich zum Beispiel sagen kann, wenn ich die 4 hab', dann gilt das auch für die 5. Wenn ich weiß für die 4 gilt es/ Also sozusagen das is' ja, wenn ich hier die äußeren mal wegnehme und das hier sozusagen 'n bisschen runterrücke (entfernt 5er-Plättchen und setzt die übrigen Plättchen zu einem neuen Rechteck zusammen, siehe Abbildung 11.23 links), kann ich ja sagen, ok, ich weiß jetzt für die 4 gilt es. Das is' meine Ausgangslage. Kann ich jetzt daraus schließen, dass es auch für die 5 gilt?

H: Ich glaube, wenn man/ das kann man schon, wenn man bei der 5, wenn man die 5 hat und dann eins wegnimmt, dann wäre es ja hier 1 entfernt und hier 1 (zeigt entlang zweier benachbarter Rechteckseiten). Und wenn man dann 1 hinzufügt, dann wäre es ja, ähm, dann würde man das wegtun und hier das hier hin (entfernt ein 4er-Plättchen und fügt ein 5er-Plättchen hinzu, siehe Abbildung 11.23 Mitte). Dann wär's 1 mehr und wenn man dann/

I: Oder versuchen Sie mal die außen dranzulegen. Man kann sozusagen ja auch, wir könnten die ja auch einfach außen dranlegen (macht Änderung von Schüler H wieder rückgängig und legt 5er-Plättchen außen an Rechteck für den Fall $n = 4$, siehe Abbildung 11.23 rechts). So, das heißt, jetzt haben wir die sozusagen außen dran. Ähm, und kann ich jetzt auch mir sozusagen allgemein überlegen, kann man denn immer die um 1 größere außen dranlegen? Also wenn ich jetzt dieses Ausgangsrechteck hab', was meinetwegen außen n und $n + 1$ hat (zeigt entlang zweier benachbarter Rechteckseiten), kann ich denn dann immer das nächste, also immer $n + 1$ lange Stück zwei Mal da dran legen und bekomme jetzt eins mit $(n + 1) \cdot (n + 2)$? Is' das so?

J: Ja.

H: Ich glaube schon. Hier is' ja die Länge $n + 1$ und hier auch (zeigt auf die gegenüberliegenden Rechteckseiten der Länge 6) und dann könnte man dann/

J: an beiden Seiten wieder was dran tun (zeigt auf die Rechteckseiten der Länge 5) und dann halt wieder hier (zeigt auf die Rechteckseiten der Länge 6). Und das dann immer abwechselnd.

I: Ok. Jetzt hab' ich hier $n + 1$ und $n + 1$ dran gemacht, was bekomme ich dann als nächstgrößeres Rechteck sozusagen? Welchen Flächeninhalt hat das dann?

H: $(n + 1) \cdot (n + 2)$ (zeigt auf benachbarte Rechteckseiten).

Schüler H ist der Auffassung, dass durch die Betrachtung des konkreten Falls $n = 5$ noch keine Begründung für den allgemeinen Fall bestehe. Hierzu müsse man einen konkreten Wert für n gegeben haben. Er scheint n hier als unbekannte aber dennoch konkrete Zahl und nicht als Veränderliche aufzufassen. Dies erklärt auch, dass er bei einem konkret gegeben n das Legen der Plättchen als Begründung akzeptiert. Die generische Struktur des gelegten Plättchenbeispiels, welche er zuvor im Interview noch erklärt und offensichtlich wahrgenommen hat, akzeptiert er aber nicht als Begründung für ein anderes n (ob als Unbekannte oder Veränderliche).

Daraufhin regt der Interviewer an, den Übergang von einem konkreten Fall auf den nachfolgenden zu untersuchen. Dafür nimmt er die 5er-Plättchen aus dem von der Schülerin und dem Schüler gebildeten Rechteck weg und setzt die übrigen Plättchen zu einem neuen Rechteck für den Fall $n = 4$ zusammen (siehe Abbildung 11.23, links). Er fordert sie anschließend auf, aus diesem auf den Fall

$n = 5$ zu schließen. Dies zeigt das Bestreben des Interviewers, die Schülerin und den Schüler zu einer anschaulichen heuristischen Argumentation nach dem Prinzip der vollständigen Induktion zu führen.

Schüler H beginnt und nimmt ein 4er-Plättchen weg und fügt stattdessen ein 5er-Plättchen hinzu (siehe Abbildung 11.23, Mitte). Er folgert, dass dadurch „eins mehr" entstehe. Da der Interviewer merkt, dass der Schüler bei seiner Argumentation nicht weiterkommt, gibt er den Hinweis, stattdessen außen die 5er-Plättchen anzulegen und führt dies dann selbst durch, sodass ein Rechteck mit den Seitenlängen 5 und 6 entsteht (siehe Abbildung 11.23, rechts). Er greift an dieser Stelle also stark in den Begründungsprozess des Schülers ein, der vermutlich nicht auf einen Beweis durch vollständige Induktion hinauswill, sondern seine geäußerten Begründungen (entsprechend den Begründungen (1) und (2) aus Abschnitt 11.3) fortführen und präzisieren will. Der Interviewer stellt anschließend die Frage, ob man immer zwei um eine Einheit größere Plättchen außen an das Rechteck anlegen kann. Er präzisiert seine Frage, indem er den Seiten des Ausgangsrechtecks die Längen n und $n + 1$ zuordnet und fragt, ob man dann durch das Hinzufügen von zwei Plättchen der Länge $n + 1$ ein Rechteck mit den Seitenlängen $n + 1$ und $n + 2$ erhält.

Die Schülerin und der Schüler stimmen beide zu. Schüler H begründet seine Vermutung damit, dass die zwei längeren gegenüberliegenden Rechteckseiten eine Länge von $n + 1$ hätten, sodass man auf beiden Seiten ein Plättchen anlegen könne. Dadurch entstehe ein Rechteck mit den Seitenlängen $n + 1$ und $n + 2$. Schülerin J führt die Ausführungen von Schüler H fort und erklärt, dass man anschließend an die jeweils anderen Seiten die größeren Plättchen anlegen könne und sich dies im Wechsel immer weiter fortführen ließe.

Abbildung 11.23 Rechteck für den Fall $n = 4$ (links), Modifikation durch Schüler H (Mitte) und Rechteck für den Fall $n = 5$ (rechts)

Der Interviewer stellt anschließend die Frage, ob der durch die Seitenlängen $n + 1$ und $n + 2$ bestimmte Flächeninhalt, den Schüler H dem neuen Rechteck zuschreibt, tatsächlich zum Doppelten der Summe der ersten $n + 1$ natürlichen Zahlen gehört. Daraufhin multipliziert der Schüler auf einem Zettel die Ausdrücke $(n + 2) \cdot (n + 1)$ und $n \cdot (n + 1)$ aus und bestimmt die Differenz als $2n + 2$ (siehe Abbildung 11.24).

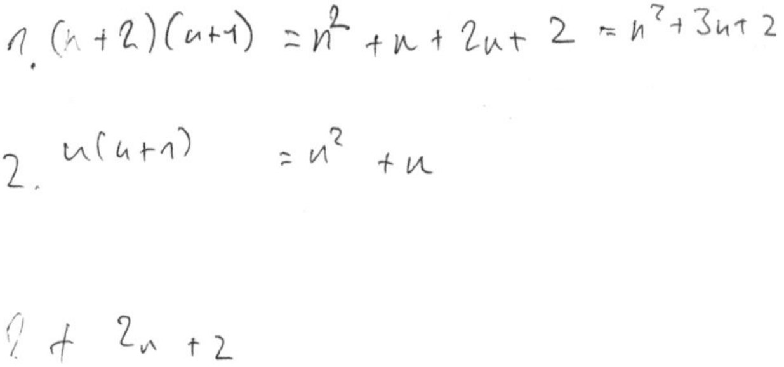

$$1. \ (n + 2)(n+1) = n^2 + n + 2n + 2 = n^2 + 3n + 2$$

$$2. \ n(n+1) = n^2 + n$$

$$? + 2_n + 2$$

Abbildung 11.24 Notizen von Schüler H

Schüler H kann die von ihm aufgestellte Formel in diesem Moment nicht deuten, obwohl er für eine symbolische Begründung der Formel eigentlich nur einen weiteren Umformungsschritt durchführen und das Ergebnis $2n + 2 = 2 \cdot (n + 1)$ entsprechend als das Doppelte der auf n folgenden natürlichen Zahl deuten müsste:

I: Mhm (bejahend). Hilft uns das was?

H: Ich glaub' nich'.

I: Vielleicht fangen wir nochmal 'n bisschen anders an. Jetzt stellen wir uns mal vor, wir hören hier nich' bei n auf, sondern wir hören hier stattdessen bei $n + 1$ auf. Das wär' ja sozusagen der 1 höhere. Was würde dann jetzt hier anstatt dessen auf der rechten Seite kommen, wenn wir einfach die Formel nehmen?

H: Also man ersetzt n durch $n + 1$. Und dann $(n + 1) \cdot (n + 1 + 1)$. Das wäre $(n + 1) \cdot (n + 2)$.

I: Mhm (bejahend). Und stimmt das mit dem überein, was wir hatten? Uns überlegt hatten?

H: Ja, das stimmt überein. (zeigt auf erste Gleichung)

I: Ok, das heißt sozusagen, wir können jetzt mal sagen/ Also sozusagen, was haben wir jetzt begründet? Wir haben jetzt begründet, dass wir das für die 1 zum Beispiel zeigen können und für die 2 und für die 3. Wir haben aber auch begründet, dass

wir das allgemein, wenn das für 'n n gilt, auch für das nächste davon gilt, immer.
Is' das jetzt 'ne Begründung für alle oder nich'?
H: Ja, schon.
I: Warum is' das 'ne Begründung für alle?
H: Ja, wenn es dann für das nächste gilt, dann gilt's für, wenn man dann von diesem ausgeht, gilt's ja auch wieder für das nächste und dann wieder für das nächste. Und dann hat man das quasi im Prinzip, mit dem Prinzip der vollständigen Induktion bewiesen.

Der Schüler ersetzt in der Formel auf Anweisung des Interviewers das n auf der rechten Seite durch $n + 1$ und erhält auf diese Weise $(n + 1) \cdot (n + 2)$, wobei er auf die Zahl 2 im Nenner des Bruchs auf der rechten Formelseite nicht eingeht. Diesen Ausdruck hat er auch bereits als Gleichung bei seinen Umformungen aufgelöst. Er entspricht dem Produkt der Seitenlängen also dem Flächeninhalt des zusammengesetzten Rechtecks aus den Plättchen bis zur Länge $n + 1$. Dies macht Schüler H allerdings nicht deutlich, weshalb offenbleibt, ob er den Flächeninhalt oder die Länge der Plättchen betrachtet.

Damit konnte er den Zusammenhang der linken und rechten Formelseite mit den konkreten Plättchen bzw. Plättchenrechtecken für zwei aufeinanderfolgende Fälle (n und $n + 1$) zeigen. Außerdem konnte er mit den Plättchen begründen, dass der Schritt von einem Rechteck mit den Seitenlängen n und $n + 1$ zu einem Rechteck mit den Seitenlängen $n + 1$ und $n + 2$ immer stets mit zwei Plättchen der Länge $n + 1$ möglich ist. Die einzelnen Schritte wurden meist durch den Interviewer inszeniert und durch die Schülerin oder den Schüler ausgeführt.

Entsprechend dem Prinzip der vollständigen Induktion kann man somit auf die Gültigkeit in allen Fällen schließen. Es handelt sich um eine anschauliche heuristische Argumentation entsprechend der Begründung (3) aus Abschnitt 3.11, bei der der Übergang zwischen zwei Plättchenrechtecken (hier für die Fälle $n = 4$ und $n = 5$) als generisches Beispiel für den Induktionsschritt zur Begründung der Gaußschen Summenformel fungiert. Schüler H antwortet auf die Frage des Interviewers, ob es sich um eine Begründung handelt, mit „ja" und erklärt, dass man stets auf den folgenden Fall schließen könne („gilt's ja auch wieder für das nächste und dann wieder für das nächste"). Zudem nennt er den Begriff der vollständigen Induktion. Dies könnte ein Anzeichen dafür sein, dass er die Ausführungen als adäquate Begründung der Gaußschen Summenformel auffasst, eventuell auch für den Fall, dass n eine Veränderliche und nicht, wie zuvor durch den Schüler beschrieben, eine Unbekannte ist.

Ob es sich allerdings bei den Ausführungen des Schülers nur um eine erwartete Antwort auf die Suggestivfrage des Interviewers handelt, kann nicht abschließend gesagt werden. Die zusammenfassenden Worte des Interviewers

(„Wir haben jetzt begründet, dass wir das für die 1 zum Beispiel zeigen können und für die 2 und für die 3. Wir haben aber auch begründet, dass wir das
allgemein, wenn das für 'n n gilt, auch für das nächste davon gilt, immer.") könnten den Schüler an das eventuell in anderen Kontexten kennengelernte Prinizip
der vollständigen Induktion erinnert haben, ohne dass er dieses notwendigerweise
verstanden haben muss oder als Begründung akzeptiert.

Im Anschluss an die Betrachtung der Summe der ersten n natürlichen Zahlen
sammelt der Interviewer die Zettel wieder ein und gibt stattdessen einen Zettel
aus, auf dem die Formel $1 + 3 + 5 + \cdots + (2n - 1) = n^2$ notiert ist. Er bittet die
Schülerin und den Schüler die Formel zu beschreiben bzw. zu interpretieren:

J: Ähm, ja also das is' halt immer/ also es geht jetzt in Zweierschritten, also von
1 auf 3 sind halt plus 2. Von 3 auf 5 ja dann auch wieder plus 2 und ja.
I: Das heißt manche lasse ich aus. Welche sind das denn, welche Zahlen? Die
haben ja auch 'nen Namen.
J: Das sind alle ungeraden Zahlen.
I: Alle ungeraden Zahlen, ok. Und warum steht da jetzt $2n - 1$? Was is' dieses
$2n - 1$?
H: Das is' eine ungerade Zahl, weil/
I: Wann is' das 'ne ungerade Zahl?
H: $2n - 1$ is' eine ungerade Zahl, weil jede Zahl mal 2 is' eine gerade Zahl und
wenn man davon eine abzieht, is' es wieder eine ungerade.
I: Ok, das heißt sozusagen egal, was ich hier (zeigt auf Symbol n im Summanden
$(2n - 1)$ der Formel) für 'ne natürliche Zahl einsetze, das is' immer 'ne ungerade
Zahl, ne?
H: Ja.
I: Genau ok. und was heißt das jetzt, wenn ich jetzt zum Beispiel bis zur Zahl 7
gehe (zeigt auf „$(2n - 1)$" in der Formel), was is' dann mein n?
H: 13.
I: Achso.
H: Nee, nee, nee, das n is' 7 und dann kommt 13 raus.
I: Das heißt, wenn ich die ersten sieben ungeraden Zahlen nehme, dann komme ich
bei 13 raus, ne? Und was kommt dann auf der rechten Seite? (zeigt auf rechte Seite
der Gleichung) Da steht ist gleich? Also wenn ich jetzt wieder bis zur 13 gehe als
Beispiel.
H: Dann wären's 7^2, also 49.
I: Ok. Kennen Sie die Formel auch schon?
H: Hab' ich schon mal gesehen.
I: Aber noch nie begründet?
H: Ja, ich hab's mal bewiesen, aber ich weiß nich' mehr wie's geht.

Die Schülerin und der Schüler erkennen, dass es sich um die Aufsummierung
ungerader Zahlen handelt und damit nun jede Zahl einen Abstand von 2 zueinander aufweist. Den letzten Summanden $2n - 1$ beschreibt Schüler H als Darstellung

für eine ungerade Zahl und begründet dies damit, dass das Produkt einer natürlichen Zahl mit der Zahl 2 stets gerade ist und bei Subtraktion der Zahl 1 eine ungerade Zahl entsteht. Schüler H wendet die Formel korrekt auf die Summe der ersten sieben ungeraden Zahlen an, indem er den letzten Summanden als die Zahl 13 und den rechten Teil durch Quadrieren der Zahl 7 als 49 bestimmt. Er habe die Formel vor dem Interview schon einmal gesehen, könne sich aber an den Beweis nicht mehr erinnern.

Anschließend fordert der Interviewer die Schülerin und den Schüler auf, die Formel auf die Fälle „$1 + 3 + 5 + 7 =$?" sowie „$1 + 3 + \cdots + 33 =$?" (jeweils notiert auf einem Zettel) anzuwenden:

J: Ähm, ja, also wir haben ja, also 7 is' ja jetzt sozusagen das $2n - 1$. Ähm, heißt also, ähm, dass ich ja 7 als große Zahl habe. Das bedeutet n wäre in dem Fall ja eigentlich, ähm, halt $4 \cdot 2 - 1$.
I: Genau, 4.
J: Und deswegen wären dann halt 4 ins Quadrat, halt 16 dann.
I: Und stimmt das? Kommt da 16 raus?
J: Ähm, ja, da kommt 16 raus.
I: Ok. So, noch ein weiteres Beispiel und dann lass' ich Sie sozusagen mit Beispielen in Ruhe. Dann dürfen Sie weitermachen. (übergibt Zettel auf dem steht „$1 + 3 + \cdots + 33 =$?") (4 sec.) Wie macht man das da? Sonst können auch Sie nochmal, wenn Sie möchten.
H: Ähm, $2n + 1$ wäre dann, wenn man von dem Beispiel ausgeht, dass man alle ungeraden aufaddiert, wäre dann 33. Und da würde dann, ähm, 18 rauskommen. Ja, die 18, oder? n wäre dann 18 und dann könnte man nach dieser Formel 18^2 nehmen und die Fläche/ ähm, die Summe ausrechnen.
I: Ich glaub' Sie haben sich sozusagen verrechnet. Es müsste glaube ich 17 sein, aber darauf kommt's ja nich' an. Weil Sie sozusagen ja die, hier diese -1 (zeigt auf „$(2n - 1)$") muss ich ja dann hier (zeigt auf die Zahl 33) drauf addieren, dann hab ich 34 : 2. Das wären dann 17. Aber genau, ja richtig. Sie wissen, wie man die anwendet. [...]

Sowohl Schülerin J als auch Schüler H wenden die Formel richtig auf die Beispiele an, indem sie zunächst die Variable n für den konkreten Fall bestimmen. Dazu setzen sie $2n - 1$ mit dem letzten Summanden gleich. Den berechneten Wert für n quadrieren sie anschließend. Schüler H macht bei der Berechnung der Variable n einen Rechenfehler, der aber vermutlich nicht auf mangelndes Verständnis, sondern die Berechnung im Kopf zurückzuführen ist. Beide scheinen verstanden zu haben, wie die Formel anzuwenden ist.

Der Interviewer fragt anschließend, wie man die Formel begründen könnte:

I: [...] Jetzt wär' die Frage, wie können wir begründen, dass die gilt?
H: (6 sec.) Man könnte wieder mit dem, vielleicht mit den Plättchen rumprobieren.
I: Ja, vielleicht nehmen Sie mal die Plättchen, genau. Oder vielleicht brauchen Sie auch andere Plättchen. Vielleicht is' das aber sozusagen, vielleicht können Sie mit denen was machen, wenn nicht, würd' ich Sie auf diesen Computer verweisen und dann können Sie mit dem Programm, was ich jetzt hier öffne, sozusagen die eigenen Plättchen erstellen. Sie können die ruhig erstmal auch planen, wenn Sie andere Plättchen brauchen, falls. Vielleicht is' es auch mit denen möglich. Das würd' ich jetzt gar nich' behaupten. Falls Sie aber andere Plättchen brauchen, können Sie das hiermit machen.
H: Wenn man jetzt die ersten drei ungeraden Zahlen aufaddiert, is' $1 + 3 + 5$. (legt 1er-, 3er- und 5er-Plättchen aneinander, sodass ein Plättchen der Länge 9 entsteht, siehe Abbildung 11.25 links)
I: Sie kennen das Programm schon, ne? Das hatten Sie glaub' ich mal gemacht.
H: Dann wäre n ja gleich 3. Dann könnten wir 3^2 nehmen. (legt ein Quadrat mit einer Seitenlänge von 3 aus jeweils zwei 1er- und 2er-Plättchen sowie einem 3er-Plättchen, siehe Abbildung 11.25 rechts) Das wäre dann quasi die, die Summe der ersten drei ungeraden Zahlen.
I: Das müssen Sie jetzt nochmal erklären.
H: Also, wenn man/ Die rechte Seite der Gleichung sagt ja, dass die Summe n^2 is' und n is' 3. Also hat man hier $3 \cdot 3$ und das wären 9.
I: Mhm (bejahend). Und was hat das jetzt mit der linken Seite zu tun? Also mit der $1 + 3 + 5$? (3 sec.) Sozusagen das is' jetzt die rechte Seite. Das is' richtig. Das is' 3^2. Und die linke Seite, wie steckt die denn da drin?
H: Also wir haben halt hier die, ähm, die 1, die 3 und dann, $2 \cdot 2$ und 4, das wären dann insgesamt 5. (nimmt hintereinander 1er- und 3er-Plättchen und anschließend zusammen die restlichen Plättchen weg)
I: Ok.
H: Also $1 + 3 + 5$.

Schüler H macht von selbst den Vorschlag, die Plättchen wiederzuverwenden, die bereits zur Begründung der Summenformel für die ersten n natürlichen Zahlen benutzt wurden. Der Interviewer macht den Schüler darauf aufmerksam, dass er andernfalls auch gerne anderes Material mit dem CAD-Programm erstellen und mit dem 3D-Drucker drucken könne. Der Schüler legt aber stattdessen 1er-, 3er- und 5er-Plättchen aneinander, sodass ein Plättchen der Länge 9 entsteht (siehe Abbildung 11.25, links). Er erkennt, dass in diesem Fall $n = 3$ sei und legt daher ein Quadrat mit den Seitenlängen 3 (siehe Abbildung 11.25, rechts). Er überträgt somit das bereits bei der ersten Summenformel genutzte Prinzip, dass das Produkt auf der rechten Formelseite den Flächeninhalt eines Rechtecks angibt, dessen Seitenlängen den Faktoren entspricht. Da dies mit dem 5er-Plättchen nicht möglich ist, tauscht er es gegen zwei 2er- und ein 1er-Plättchen aus, was dem gleichen Wert entspricht.

Das entstandene Quadrat gebe die Summe der ersten drei ungeraden Zahlen an. Die rechte Seite der Formel lasse sich in dem Plättchenrechteck wiederfinden, da es sich um ein Quadrat mit den Seitenlängen 3 handelt, was dem Einsetzen von $n = 3$ in den Term n^2 entspreche. Die Verbindung der linken Seite mit den gelegten Plättchen begründet der Schüler, indem er die zu den einzelnen Summanden gehörenden Plättchen nacheinander aus dem Plättchenrechteck entfernt und damit zeigt, dass es sich um Plättchen mit den Werten 1, 3 und 5 handelt, wobei die Zahl 5 durch zwei 2er- und ein 1er-Plättchen repräsentiert wird.

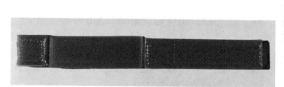

Abbildung 11.25 Längs (links) sowie zu einem Quadrat (rechts) zusammengesetzte Plättchen

Der Interviewer fordert Schüler H auf, die Formel für den Fall der Summe der ersten ungeraden Zahlen bis zur Zahl 7 zu zeigen:

H: (legt Quadrat mit einer Seitenlänge von 4) Also das wäre jetzt $1+3+5+7$. Also 4^2, weil $n = 4$ is'. Und das sind dann 16. Und dann hat man hier die 1 (legt ein 1er-Plättchen weg), dann die 3 (legt ein 1er- und ein 2er-Plättchen weg), die 5 (legt ein 2er- und ein 3er-Plättchen weg) und die 7 (legt ein 3er- und ein 4er-Plättchen weg).

I: Mhm (bejahend) ok. Das heißt sozusagen an diesen Beispielen konnten wir das jetzt zeigen, dass man das so aufteilen kann.

H: Ja.

I: So, jetzt wollen wir, sozusagen was fehlt denn jetzt, wenn wir das jetzt wieder wie gerade mit diesem Prinzip, wie Sie das ja auch gerade schon richtig benannt haben, vollständige Induktion/ Da müssen wir ja sozusagen/ Da fehlt ja jetzt noch irgendwas. Das sind ja jetzt Beispiele. Wir müssen ja jetzt sozusagen diesen Schritt machen von/ Wir gehen davon aus, dass das sozusagen für das n gilt, dann gilt das auch für das $n + 1$. Wie können wir das denn jetzt hier machen? Können wir das hier auch machen wieder mit den Plättchen?

H: Also vielleicht wieder das Beispiel $1 + 3 + 5$ nehmen und dann könnte man da vielleicht wieder was dranlegen wie vorhin. (legt Quadrat mit einer Seitenlänge von 3)

I: Das heißt wir sind jetzt hier schon mal bei $1 + 3 + 5$. Wir nehmen uns ja jetzt hier erstmal irgendeins raus.

H: Und wenn man, dann würde man jetzt für die nächsthöhere Zahl 4^2 brauchen und dann würde man eine 4 anlegen und eine 3 (legt ein 4er- und ein 3er-Plättchen so an, dass ein Quadrat mit einer Seitenlänge von 4 entsteht, siehe Abbildung 11.26).

I: Mhm (bejahend). Und is' das jetzt genau das, was fehlt?

H: Ja, das wäre dann $3 + 4$ und das wäre die nächste Zahl 7.

Schüler H zeigt wie bereits bei $n = 3$ für den Fall $n = 4$, dass sich die linke und die rechte Seite der Formel mit den gleichen Plättchen abbilden lässt. Daher fordert ihn der Interviewer auf, wie bereits bei der Summe der ersten n natürlichen Zahlen den Schritt von einer Zahl n auf die nächstgrößere Zahl $n + 1$ zu zeigen, damit sich die Formel mit dem Prinzip der vollständigen Induktion begründen lässt. Der Schüler legt als Ausgangspunkt ein Quadrat mit den Seitenlängen 3 und folgert, dass er zur Bildung eines Quadrates der Seitenlänge 4 zwei Plättchen mit den Seitenlängen 3 und 4 hinzufügen muss, was der Zahl 7 entspreche (siehe Abbildung 11.26). Schüler H hat somit den Übergang von einer Zahl auf die nächstgrößere an einem Beispiel durchgeführt.

Abbildung 11.26
Quadrat für den Fall $n = 4$

Das Vorgehen soll der Schüler nun mit Bezug auf die Plättchen für den Fall erklären, dass man für das Ausgangsquadrat die Seitenlänge n annimmt:

I: Ok. Und jetzt wollen wir das wieder allgemein machen. Jetzt gehen wir mal davon aus das wären jetzt $n \cdot n$. Was is', sozusagen was muss ich dann dranlegen?

H: Dann müsste man einmal n und einmal $n + 1$ dranlegen (legt ein 4er- und ein 5er-Plättchen an das Quadrat, sodass ein Quadrat mit einer Seitenlänge von 5 entsteht, siehe Abbildung 11.27).

I: Mhm (bejahend). Und sind das dann jetzt sozusagen insgesamt die, die ich/ Also sozusagen wir haben ja hier die Formel gehabt. Wo haben wir die hingelegt. Hier. Hier is' die Formel (legt Zettel in die Tischmitte, auf dem steht „$1 + 3 + 5 + \cdots + (2n - 1) = n^2$"). Is' da jetzt irgendwie dieses n und $n + 1$? (5 sec.) Also Sie haben gesagt, man muss irgendwie n und $n + 1$ anlegen. Warum muss ich das denn machen? (3 sec.) Also hier das is' ja sozusagen unsere Ausgangsposition, ne? (legt 4er- und 5er-Plättchen weg, sodass wieder das Quadrat mit der Seitenlänge 4 entsteht) Das is' unsere Ausgangsposition. Bis zu $2n - 1$ gehen wir (zeigt auf $(2n - 1)$ in der Formel). So, was wär' denn der nächste, der jetzt kommt?

H: $n + 1$

I: $2n + 1$ meinen Sie, oder?

H: Ich meine, dass man n durch $n + 1$ ersetzt.

I: Achso, n durch $n + 1$ ersetzen. Was kommt dann da raus, als Zahl? Sozusagen als letzte große Zahl (zeigt auf $(2n - 1)$ in der Formel), ähm, letzte ungerade Zahl, die wir betrachten, wenn ich $n + 1$ einsetze?

H: $2 \cdot (n + 1) - 1$. Das wären $2n + 2 - 1$, also $2n - 1$, plus 1 meine ich.

I: $2n + 1$, ok. Wie viele Kästchen haben wir da angelegt gerade?

H: $n + 1$ mal/ ähm, $n + 1 + n$, das wären auch $2n + 1$.

I: Ok, also es passt?

H: Ja.

I: Ok. Ähm, haben wir dann jetzt sozusagen unseren Schritt gezeigt, oder fehlt da noch was? Is' das dann jetzt gezeigt oder begründet?

H: Ich, ich glaube man muss noch zeigen, dass auf der rechten Seite dasselbe rauskommt.

I: Ok. Dann versuchen Sie das mal. Also wenn Sie sozusagen, wir waren ja, hier waren wir bei $n \cdot n$. (zeigt entlang zweier benachbarter Quadratseiten) Jetzt tun wir das hier dran. (legt 4er- und 5er-Plättchen wieder an) Was kommt jetzt dabei raus?

H: Also, wenn man das jetzt ersetzt, dann würde da $(n + 1)^2$ rauskommen.

I: Genau. Und da?

H: Das wär' dann $(n + 1)^2$. Hier is' $n + 1$ (zeigt entlang des 4er-Plättchens) und das n (zeigt entlang des 3er-Plättchens), das is' 1 (zeigt auf kurze Seite des 4er-Plättchens). Also $(n + 1)^2$.

Schüler H erkennt, dass man zu einem Quadrat mit der Seitenlänge n zwei Plättchen der Längen n und $n + 1$ hinzufügen muss, um ein Quadrat mit der Seitenlänge $n + 1$ zu erhalten. Gegen Ende der dargestellten Interviewsituation erklärt er genauer, dass das entstehende Quadrat die Seitenlänge $n + 1$ haben müsse, da man ein Plättchen der Länge $n + 1$ anlegt sowie ein Plättchen der Länge n, das gemeinsam mit der Breite des Plättchens der Länge $n + 1$ ebenfalls eine Seitenlänge von $n + 1$ ergibt. Damit stimme die rechte Seite der Formel überein.

Der Interviewer fragt den Schüler, was der größte Summand im Fall $n + 1$ ist. Um diesen zu bestimmen, setzt der Schüler in den Term $2n - 1$ anstatt der Variablen n den Ausdruck $n + 1$ ein und bestimmt den letzten Summanden durch Umformen als $2n + 1$. Dies stimme mit dem Anlegen der Plättchen mit den Längen n und $n + 1$ überein, weshalb die linke Seite der Formel mit den gelegten Plättchen übereinstimme.

Es handelt sich bei der Begründung des Schülers wie bereits bei der Summe der ersten n natürlichen Zahlen um eine anschauliche heuristische Argumentation, die das Prinzip der vollständigen Induktion nutzt. Es wird Bezug auf die konkreten Plättchen genommen, die als generisches Beispiel für den Induktionsschritt der vollständigen Induktion stehen. Die übertragbare Struktur dieses generischen Beispiels wird verdeutlicht, indem der Schüler Ausführungen über hypothetische Plättchenlängen n und $n + 1$ macht. Am generischen Beispiel folgert er, dass man zu einem Quadrat der Seitenlänge n stets ein Plättchen der Länge n und eines der Länge $n + 1$, was einer Gesamtlänge von $2n + 1$ entspricht, hinzufügen muss, um ein Quadrat mit der Seitenlänge $n + 1$ zu erhalten. Die zwei hinzugefügten Plättchen entsprechen dem hinzugefügten Summanden $2n + 1$ beim Übergang der Summe der ersten n auf die ersten $n + 1$ ungeraden Zahlen. Die Quadrate der Seitenlängen n und $n + 1$ gehören zu der rechten Seite der Formel in den zwei Fällen.

Abbildung 11.27
Ergänzung des Quadrats für
$n = 4$ zu dem Quadrat für
$n = 5$

Da der Schüler sehr schnell eine Begründung mit den Plättchen entwickelt hat, fragt ihn der Interviewer, ob er bereits Erfahrungen mit diesem Beweis hat. Dieser erklärt, dass er nur in Zusammenhang mit der Summe der ersten n natürlichen Zahlen den bereits beschriebenen Zugang von Karl Friedrich Gauß kannte, im Fall der zweiten Formel kannte er kein „bildliches Beispiel". Da die Begründung im Fall der zweiten Formel insbesondere durch Schüler H erfolgte, fragt der Interviewer Schülerin J, ob sie dies für eine richtige Begründung halte:

I: Ja, ok. Ähm, wollen Sie auch noch was dazu sagen, oder? Sind Sie zufrieden? Meinen Sie das is' jetzt 'ne richtige Begründung?
J: Ähm, ja, wir haben ja bewiesen, dass es halt auf der rechten Seite gleich is' mit der linken Seite (zeigt auf Formel). Wir haben auch gesagt, dass es halt, hier $n + 1$ (zeigt auf 5er-Plättchen) und hier is' ja n (zeigt auf 4er-Plättchen) und deshalb, plus 1 (zeigt auf kurze Seite des 5er-Plättchens), dass es dann hier auch $(n + 1)^2$ is' (zeigt auf rechte Seite der Formel). Also, ja, an sich ja schon.

Schülerin J fasst die wesentlichen von Schüler H hervorgebrachten Beweisschritte zusammen. Dies zeigt, dass sie dessen Ausführungen zumindest aufmerksam verfolgt hat. Sie kommt zu dem Urteil, dass es sich um eine richtige Begründung handelt. Dies kann allerdings auch auf die zustimmende Haltung des Interviewers gegenüber Schüler H zurückgeführt werden, weshalb Schülerin J vermutlich von einer richtigen Lösung ausgeht.

Zum Abschluss des Interviews fragt der Interviewer noch, ob es sich um eine schlechtere Begründung handelt, wenn man die Plättchen benutzt anstelle einer Formel:

H: Ich würd' sagen es is' eine bessere Begründung.
I: 'Ne bessere?
H: Es is' leichter zu verstehen.
I: Ok, besser, weil leichter zu verstehen.
H: Und anschaulicher.
I: Und anschaulicher?
J: Ja.
I: Und is' es denn dafür ungenauer als 'ne Formel, weil ich 'n Bild hab'? Oder is' das eigentlich genau so?
H: Also es gibt dasselbe. Die Formeln beschreiben ja nur das, was wir gerade gemacht haben.
I: Ok.
J: Is' ja eigentlich nur 'ne andere Schreibweise, wenn man das zusammenfasst mit Zahlen und Buchstaben.

Schüler H entgegnet, dass es sich bei der Plättchenbegründung nicht um eine schlechtere, sondern eine bessere Begründung handle, da sie leichter zu verstehen und anschaulicher sei. Diese grundsätzlich positive Einstellung der Schülerin und des Schülers kann in erster Linie auf die Interviewsituation zurückgeführt werden, in der die Interviewten sozial erwünscht antworten. Als der Interviewer fragt, ob es nicht ungenauer sei, mit einem Bild anstelle der Formel zu arbeiten, antwortet Schüler H, dass die Formeln „ja nur das [beschreiben], was wir gerade gemacht haben." An dieser Aussage wird deutlich, dass Schüler H eine empirische Auffassung von Mathematik vertritt. Seine mathematische Theorie dient der Beschreibung empirischer Objekte wie zum Beispiel der Plättchen. Entsprechend können diese auch unmittelbar in die Begründung einbezogen werden, was zu einem leichteren Verständnis führe. Für den Schüler scheint es somit wichtig zu sein, dass seine mathematische Theorie auch mit empirischen Phänomenen wie dem Zusammenlegen von Plättchen in Verbindung steht und diese adäquat beschreibt. Schülerin J stützt die Aussage von Schüler H, indem sie sagt, es sei „eigentlich nur 'ne andere Schreibweise, wenn man das zusammenfasst mit Zahlen und Buchstaben". Hierin wird deutlich, dass die Schülerin die Verwendung von Zahlen und Symbolen nicht als eine Abstraktion versteht, bei der die ontologische Bindung der mathematischen Theorie verloren geht. Vielmehr werden die empirischen Objekte in der empirischen Theorie durch die Zahlen und Symbole beschrieben.

11.5   Ergebnisdiskussion

In den beschriebenen Interviews haben die Schülerinnen und Schüler Formeln zur Bestimmung von Summen natürlicher sowie ungerader Zahlen beschrieben, angewendet und begründet. Die Begründung erfolgte direkt auf Grundlage der Formeln, durch die Beschreibung von Zeichnungen und unter der Verwendung rechteckiger 3D-gedruckter Plättchen.

Zu Beginn der Interviews erhielten sowohl Gruppe 1, bestehend aus den Schülerinnen G und K, als auch Gruppe 2, bestehend aus dem Schüler H und der Schülerin J als Impuls zur Hypothesenbildung die Aufgabe „$1+2+3+\cdots+100 =$?". Die Schülerinnen aus Gruppe 1 können keine Formel zur Bestimmung der Summe angeben. Schüler H aus Gruppe 2 kennt dagegen die Anekdote des jungen Karl Friedrich Gauß und erklärt am Beispiel der Zahl 100, dass die Addition des ersten mit dem letzten Summanden wie auch des zweiten mit dem vorletzten jeweils 101 ergibt. Dies führe zu einer Formel, die sich auch auf andere Zahlen anwenden lasse und bei der man „die letzte Zahl aus der Summe mal dieselbe

plus 1 [...] und davon die Hälfte" rechnen würde. Beim angesprochenen Beispiel wäre dies „$100 \cdot 101$ und davon die Hälfte, weil man eben immer nur bis
zur 50 geht und [...] dann ja alle Zahlen ausgeschöpft hat". Die Summe bis zur
Zahl 100 verwendet der Schüler somit als generisches Beispiel und beschreibt
auf diese Weise ein allgemeines Verfahren und eine Formel, die sich auf andere
Summen natürlicher Zahlen anwenden lässt (Begründung (1) aus Abschnitt 11.3).

Diese Formel wird beiden Schülergruppen in der Form $1 + 2 + 3 + \cdots + n = \frac{n \cdot (n+1)}{2}$ ausgeteilt. Sowohl Gruppe 1 als auch Gruppe 2 kann diese Formel auf verschiedene Beispiele ($n = 100$, $n = 10$) anwenden. Daher fragt der Interviewer sie,
wie man die Gültigkeit der Gleichung begründen könnte. Schüler H aus Gruppe
2 nutzt die bereits am generischen Beispiel der Summe bis 100 verwendeten
Argumente. Die Schülerinnen aus Gruppe 1 äußern dagegen die Idee, dass man
bei einer großen Anzahl an Zahlen überprüfen könnte, ob auf beiden Seiten der
Gleichung das gleiche Ergebnis herauskommt. Schülerin K ist der Meinung, dass
man, wenn man nur wenige Zahlen betrachte, nicht sicher auf die Gültigkeit
der Gleichung schließen könne, wenn man aber die Zahlen „bis 1.000.000" ausprobiere schon. Die Schülerin scheint an dieser Stelle also einen Beweisbegriff
zugrundezulegen, nach dem die Betrachtung einer sehr großen Anzahl an Fällen
wahrheitsübertragend ist. Eigentlich handelt es sich weiterhin um einen induktiven Schluss, der folglich nicht wahrheitsübertragend sein kann, für die Schülerin
sind besonders große Zahlen, die größer als „1.000.000" sind, aber offensichtlich
nicht von Bedeutung bzw. verhalten sich dann auch wie die kleineren Zahlen.
Schülerin J scheint zunächst davon auszugehen, dass die Formel nicht für alle
natürlichen Zahlen, sondern lediglich für die Potenzen von 10 gilt. In diesem
Zusammenhang möchte sie jeweils die linke und rechte Seite separat berechnen.
Es bleibt im Transkript allerdings unklar, ob Schülerin J davon ausgeht, dass es
sich um endlich oder unendlich viele Zahlen handelt. Als sie darauf aufmerksam
gemacht wird, dass die Formel auch für andere Zahlen gilt, macht sie den Vorschlag, die Formel „zurück[zu]leiten". Die Bedeutung von „zurückleiten" geht
aus dem Kontext allerdings nicht ausreichend hervor.

Im Anschluss an die direkten Begründungen bzw. Begründungsversuche der
Schülerinnen und Schüler erhalten die Gruppen das haptische Material und sollen
dieses zur Begründung der Formel heranziehen. Schüler H aus Gruppe 2 deutet
zu diesem Zweck die Plättchen aufgrund ihrer unterschiedlichen Längen als die
Zahlen zwischen 1 und 5. Ihre Begründung auf der Basis des immer gleichen
Ergebnisses bei der Addition des kleinsten mit dem größten Summanden und des
zweitkleinsten mit dem zweitgrößten Summanden, usw. übertragen Schüler H
und Schülerin J auf die Plättchen, wobei sie dabei entgegen ihrer ursprünglichen
Idee die doppelte Anzahl an Plättchen verwenden, was der doppelten Anzahl an

Summanden in der Formel entspricht (Begründung (2) aus Abschnitt 11.3). Sie legen das längste neben das kürzeste Plättchen, das zweitlängste neben das zweit-kürzeste, usw. und erklären, dass jeweils die gleiche Länge entsteht. Zusätzlich legen sie die gleich langen Seiten der Plättchenpaare nebeneinander, sodass ein Rechteck entsteht. Den Zusammenhang zwischen den Plättchen und den beiden Seiten der Gleichung machen sie am Beispiel $n = 5$ deutlich, wobei die Schülerin und der Schüler nicht explizit machen, warum sie bei der Interpretation der linken Gleichungsseite von der Länge der Plättchen und im Fall der rechten Seite der Gleichung den vom Interviewer in das Gespräch eingebrachten Begriff des Flächeninhalts nutzen. Schüler H erklärt auf Nachfrage des Interviewers, dass dies noch kein Beweis der Formel sei, da nur ein Beispiel betrachtet wurde. Auf Anregung des Interviewers zeigen die Schülerin und der Schüler den Übergang von einem Rechteck mit den Seitenlängen 4 und 5 zu einem mit den Seitenlängen 5 und 6. Dabei wird besonders deutlich, dass der Interviewer die Argumentation der Schülerin und des Schülers in Richtung einer vollständigen Induktion (Begründung (3) aus Abschnitt 11.3) drängt. Für eine Begründung des Übergangs zwischen zwei beliebig großen solcher Rechtecke geben diese den Seiten die fiktiven Längen n und $n + 1$ und erklären anhand der Plättchen, warum dann stets zwei Plättchen mit einer Länge von $n + 1$ angelegt werden müssen, um ein Rechteck mit den Seitenlängen $n + 1$ und $n + 2$ zu erhalten. Gemeinsam mit dem Beispiel für den Fall $n = 1$ und dem Prinzip der vollständigen Induktion haben die Schülerin und der Schüler damit unter Führung des Interviewers eine anschauliche heuristische Argumentation für die Gültigkeit der Gaußschen Summenformel entwickelt. Die Handlungen an den Plättchen nehmen dabei die Funktion eines generischen Beispiels für den Induktionsschritt des Beweises ein. Ob es sich dabei im Sinne der Schüler um eine Begründung der Formel handelt, wird nicht vollständig deutlich. Schüler H antwortet zwar auf die Frage des Interviewers, ob es sich um eine Begründung handelt, mit „ja" und erklärt, dass man stets auf den folgenden Fall schließen könne („gilt's ja auch wieder für das nächste und dann wieder für das nächste"). Er nennt in diesem Zusammenhang auch den Begriff der vollständigen Induktion. Es könnte sich aber auch um eine erwartete Antwort auf die Suggestivfrage des Interviewers handeln, in der der Schüler die zusammenfassenden Worte des Interviewers aufgreift und mit dem Begriff der vollständigen Induktion in Verbindung setzt. Damit muss er das Prinzip nicht notwendigerweise verstanden haben oder im konkreten Fall tatsächlich als Begründung akzeptieren.

Die Schülerinnen aus Gruppe 1 deuten die Plättchen ebenfalls als die Zahlen 1 bis 5. Zur Begründung legen sie aber anders als in Gruppe 2 keine Rechtecke aus den Plättchen. Sie verwenden die Plättchen stattdessen als Ersatz für die Zahlen in einem symbolischen Ausdruck. Beispielsweise wird der Ausdruck $1 \cdot 2$ durch ein 2er- neben einem 1er-Plättchen gelegt. Dies lässt sich auf die Bereichsspezifität ihres mathematischen Wissens zurückführen. Zu Beginn des Interviews arbeiten die Schülerinnen mit der Formel und sollen diese auf verschiedene Beispiele anwenden. Das Ziel ist die Begründung dieses symbolisch notierten Zusammenhangs. Hierzu aktivieren sie jeweils einen subjektiven Erfahrungsbereich, der als Symbol-SEB bezeichnet werden soll. Dieser scheint bei der Arbeit mit den Plättchen aktiviert zu bleiben und zu einer unzureichenden Interpretation der Plättchen zu führen, in der diese nur als Ersatz für Zahlen in einem symbolischen Zusammenhang genutzt, nicht aber mit Bezug auf ihre geometrischen Eigenschaften interpretiert werden.

Diese Form der Verwendung der Plättchen führt im Verlauf des Interviews an verschiedener Stelle zu Unstimmigkeiten zwischen den gelegten Plättchen und den aufgrund der Formel vorhergesagten Ergebnissen. So stellt beispielsweise Schülerin G fest, dass das Ergebnis 6 von $2 \cdot 3$ bzw. $3 \cdot 2$ nicht mit den nebeneinander gelegten 2er- und 3er-Plättchen übereinstimmt. Diese ergeben nach Meinung der Schülerin jeweils 5. Die unterschiedlichen Ergebnisse lassen sich auf die unterschiedlichen Interpretationen in beiden Fällen zurückführen. Im ersten Fall versuchen die Schülerinnen den symbolischen Ausdruck $2 \cdot 3$ und $3 \cdot 2$ empirisch zu deuten. Im aktivierten Symbol-SEB legen sie 2er- und 3er-Plättchen nebeneinander und sehen eine multiplikative Verbindung zwischen diesen. Die anschließende Interpretation im zweiten Fall in Bezug auf die Flächeninhalte scheint mit der Aktivierung eines anderen SEB verbunden zu sein. In diesem Fall werden die zusammenliegenden Plättchen addiert. Die Schülerin erkennt die unterschiedlichen Ergebnisse und die dadurch entstehende Inadäquatheit ihrer Theorie zur Beschreibung der Plättchen. Daher zweifelt sie die Gültigkeit der Formel an. Schülerin K versucht hingegen die empirische Theorie zu retten und sucht nach Gründen dafür, warum die Plättchen möglicherweise auf falsche Weise gelegt wurden und sich die Unstimmigkeit ergibt.

Der Interviewer versucht zu verschiedenen Zeitpunkten eine alternative geometrische Interpretation der Plättchen anzubieten. Diese werden allerdings von den Schülerinnen zunächst nicht übernommen, was darauf zurückgeführt werden kann, dass die Ausführungen des Interviewers aus der Perspektive des Symbol-SEB nicht richtig gedeutet werden können. Hierzu wäre bereits ein von diesem verschiedener Plättchen- oder Geometrie-SEB notwendig. Hinzu kommen Schwierigkeiten, die dadurch entstehen, dass der Interviewer eine Begründung nach dem Prinzip der vollständigen Induktion forciert. Aus der Perspektive der Schülerinnen ist allerdings die damit verbundene Aufgabe, den Fall $n = 1$ mit den Plättchen zu legen, vermutlich kurios und erfüllt zudem nicht die Funktion eines generischen Beispiels (was es für die Induktion auch nicht soll, da zunächst der Fall $n = 1$ separat gezeigt wird), da es zu simpel ist und auch gar keine Summe darstellt. Erst als der Interviewer sehr detailliert und für verschiedene Werte von n erklärt, wie sich die linke und rechte Seite der Gleichung in den Plättchen wiederfinden lässt, scheinen die Schülerinnen die vom Interviewer intendierte geometrische Deutung mit Bezug auf die Anzahl an Einheitsquadraten vorzunehmen. Sie scheinen somit einen SEB entwickelt oder aktiviert zu haben, der eine entsprechende Deutung und Verwendung der empirischen Objekte ermöglicht. Es könnte sich aber auch lediglich um eine Nachahmung der Handlungen des Interviewers handeln, was keinem tieferen Verständnis der Schülerinnen für die Zusammenhänge bedarf. Sie übertragen das Prinzip, indem sie weitere Übergänge zu größeren Plättchenrechtecken durchführen und erläutern. Sie begründen zudem mit Bezug auf die Plättchen, warum sich das Verfahren beliebig fortsetzen lässt. Auf Nachfrage des Interviewers bezeichnen sie die Ausführungen zudem als eine Begründung der Formel. Es stellt sich allerdings auch hier die Frage, ob die Schülerinnen tatsächlich überzeugt sind oder dies nur eine erwartete Reaktion auf eine Suggestivfrage des Interviewers ist. Außerdem scheinen sich die Ausführungen und Erkenntnisse auf die Plättchen zu beschränken. Ein tatsächlicher Bezug zur Summenformel und zur Struktur der Menge der natürlichen Zahlen wird nicht vorgenommen. Dies könnte auch auf die, wie sich im Interview zeigt, eher rudimentären Vorstellungen der Schülerinnen von der Struktur der natürlichen Zahlen zurückgeführt werden.

Nach der Untersuchung der Formel zur Berechnung der Summe der ersten n natürlichen Zahlen erhalten beide Gruppen die Formel für die ersten n ungeraden Zahlen $1 + 3 + 5 + \cdots + (2n - 1) = n^2$. Schüler H aus Gruppe 2 identifiziert die linke Seite der Gleichung korrekt als Summe ungerader Zahlen und erklärt zudem, warum der Term $2n - 1$ für ein natürliches n stets eine ungerade Zahl angibt. Dies führt er deduktiv darauf zurück, dass das Produkt einer natürlichen Zahl mit der Zahl 2 immer gerade ist und infolgedessen nach Subtraktion der Zahl 1 eine ungerade Zahl entsteht. Schüler H und Schülerin J aus Gruppe 2 wenden die Formel anschließend richtig auf drei Beispiele an (Summe bis 7, 13 sowie 33).

Die Schülerinnen aus Gruppe 1 erkennen in der linken Seite der Gleichung ebenfalls ungerade Zahlen, können aber den Term $2n - 1$ zunächst nicht richtig deuten und erkennen erst durch Einsetzen der Zahlen 1, 2 und 3 für n, dass hiermit ungerade Zahlen angegeben werden können. Anders als im Fall der Summe der ersten n natürlichen Zahlen, gibt die Variable n bei der Summe der ersten n ungeraden Zahlen nicht mehr den höchsten Summanden an. Schülerin G erklärt, „man hat hier keine höchste Zahl angegeben". Sie hat somit entweder verstanden, dass n bei dieser Formel nicht den höchsten Summanden angibt oder sie deutet $2n - 1$ gar nicht als Zahl und kann sie nicht mit den angegebenen Zahlen 1, 3 und 5 in Verbindung bringen, was ein nicht hinreichend ausgebildetes Variablenverständnis zeigen würde. Zudem deuten die Ausführungen der Schülerinnen deutlich darauf hin, dass sie die Symbole der Summenformel als sprachlichen Ausdruck einer empirischen Theorie zur Beschreibung von (Anzahlen von) Plättchen verstehen. Beispielsweise sagen die Schülerinnen, „dann kann ich das irgendwann nich' mehr so gut anlegen" und „dann würde das nich' mehr passen mit dem, ähm, Viereck", obwohl sie ausschließlich die Formel ausgehändigt bekommen haben.

Bei der Anwendung der Formel auf das Beispiel „$1 + 3 + \cdots + 13 =$?" zeigen die Schülerinnen deutliche Probleme. Sie schreiben beispielsweise „$1 + 3 + 5 + 7 + 9 + 11 + 13(2n - 1) = n^2$" und betrachten damit $2n - 1$ nicht als Teil der Summe. Erst nach mehreren starken Hinweisen durch den Interviewer stellen die Schülerinnen die Gleichung $13 = 2n - 1$ auf und formen diese zu $n = 7$ um, sodass sie für die rechte Seite der Gleichung die Zahl 49 herausbekommen. Der Dialog zeigt deutlich, dass die Schülerinnen kein angemessenes Verständnis von Algebra haben. Insbesondere scheinen sie Algebra noch nicht als eine eigenständige Sprache bzw. Theorie aufzufassen, die sie anwenden können, sondern vielmehr als eine Sprache zur Beschreibung von Phänomenen innerhalb eines spezifischen Kontextes (hier: Plättchen). Anschließend können sie das Verfahren mit Strukturierung des Interviewers auch auf die Summe der ungeraden Zahlen bis 7 und bis 33 anwenden. In einer deutlich späteren Situation des Interviews treten entsprechende fehlerhafte Anwendungen der Formel aber wieder auf und $(2n - 1)$ wird dort als weiterer Summand neben dem höchsten Summanden aufgeführt.

Nachdem die Schülerinnen und Schüler beider Gruppen die Formel gedeutet und auf Beispiele angewendet haben, sollen sie diese mit Plättchen begründen. Hierzu können sie entweder die vorhandenen Plättchen nutzen oder mit Tinkercad^{TM} neue spezifische Plättchen erstellen. Schüler H aus Gruppe 2 arbeitet mit den bereits vorhandenen Plättchen und legt zwei 1er-Plättchen, zwei 2er-Plättchen und ein 3er-Plättchen zu einem Quadrat zusammen. Er erklärt, dass durch die Seitenlängen des Quadrats die rechte Seite der Gleichung abgebildet wird und deutet die linke Seite dadurch an, dass er Schritt für Schritt Plättchen mit einem Flächeninhalt von 1, 3 und 5 Flächeneinheiten aus dem Quadrat herauszieht. Anschließend beschreibt er analog zum Vorgehen bei der ersten Formel, dass man den Übergang von einem Quadrat mit der fiktiven Seitenlänge n zu einem Quadrat der Seitenlänge $n + 1$ immer durch Plättchen mit einem Flächeninhalt von $2n + 1$ gestalten kann. Er verdeutlicht dies durch Anlegen eines 4er-Plättchens und eines 5er-Plättchens an das Ausgangsquadrat für den Fall $n = 4$. Die Plättchenkonstellationen setzt er mit den beiden Seiten der Gleichung in Beziehung. Er führt somit auch hier eine auf dem Prinzip der vollständigen Induktion fußende anschauliche heuristische Argumentation, bei der eine konkrete Plättchenkonstellation bzw. deren Veränderung als generisches Beispiel für den Induktionsschritt fungiert.

Schüler H und Schülerin J erklären abschließend, dass eine Begründung mit den Plättchen besser sei als eine unmittelbar auf die Formel bezogene Begründung, da sie leichter zu verstehen und anschaulicher sei. Dies kann aber zu einem großen Teil auch auf die soziale Erwünschtheit der Antworten der Interviewten zurückgeführt werden. Die Formel beschreibe „nur das, was wir gerade gemacht haben" und es sei „eigentlich nur 'ne andere Schreibweise, wenn man das zusammenfasst mit Zahlen und Buchstaben". An den Aussagen wird deutlich, dass die Schülerin und der Schüler eine empirische Auffassung von Mathematik vertreten und ihre empirischen mathematischen Theorien der Beschreibung empirischer Objekte wie zum Beispiel der Plättchen dienen. Die Zahlen und Symbole der Formeln verstehen sie nicht als abstrakte Objekte ohne ontologische Bindung, sondern vielmehr als Form der Beschreibung empirischer Objekte.

Schülerin G und Schülerin K aus Gruppe 1 gehen bei der Begründung der Formel zur Berechnung der Summe der ersten n ungeraden Zahlen anders vor als Schülergruppe 2. Sie verwenden auch zunächst die bereits zuvor im Interview zur Begründung herangezogenen Plättchen, legen diese aber wie auch bei der ersten Formel in einem symbolischen Zusammenhang. Sie scheinen den bereits bei der ersten Summenformel anfänglich verwendeten Symbol-SEB aktiviert zu haben, in dem die Plättchen nur als Ersatz für Zahlen in einem symbolischen Zusammenhang genutzt werden, nicht aber die geometrischen Eigenschaften der Flächen betrachtet werden. Der eventuell zwischenzeitlich aktivierte bzw. neu gebildete SEB, der eine geometrische Interpretation der Formeln mit den Plättchen ermöglicht, war vermutlich wenig stabil und kann sich daher in der neuen Situation und dem neuen Kontext nicht gegen den robusten Symbol-SEB durchsetzen. Alternativ kann das erneute Auftreten des Symbol-SEB auch dahingehend interpretiert werden, dass die zwischenzeitlichen Begründungen die Schülerinnen in Bezug auf die Formel nicht vollständig überzeugt oder sie diese nicht wirklich verstanden haben und dem Interviewer nur oberflächlich aufgrund der Zugzwänge des Interaktionsmusters zugestimmt wurde. Möglicherweise haben sich ihre Ausführungen aufgrund der Aufgabenstellung auf die konkreten Plättchen bezogen, die mit ihrer empirischen Theorie beschrieben werden sollen. Die Plättchen treten dann mit Blick auf die Kontextgebundenheit vermutlich gar nicht als generisches Beispiel für die Summenformel (als algebraischer Ausdruck bezogen auf die Menge der natürlichen Zahlen) auf.

Der Interviewer schlägt daher einen Ansatz ausgehend von verschieden großen gezeichneten Quadraten zur Abbildung der rechten Seite der Gleichung vor. Die Quadrate sollen die Schülerinnen in Bezug auf die linke Seite der Gleichung in den einzelnen Fällen ($n = 1$, $n = 2.$, usw.) in entsprechend den Summanden verschieden große Teilflächen einteilen. Nach anfänglichen Problemen können die Schülerinnen entsprechende Einteilungen vornehmen. Sie argumentieren auf Basis der Zeichnung, warum man zur Bildung eines Quadrates mit einer um eine Längeneinheit größeren Seitenlänge im Vergleich zu einem Ausgangsquadr immer eine ungerade Anzahl an Einheitsflächen benötigt, was sich als Verwendung der konkreten Zeichnungen als generische Beispiele für den Induktionsschritt in einer anschaulichen heuristischen Argumentation per vollständige Induktion deuten lässt. Es ist allerdings nicht klar, ob die Schülerinnen das Beispiel auf diese Weise verwenden oder sich die Ausführungen ausschließlich auf die Plättchen selbst beschränken und die Menge der natürlichen Zahlen sowie deren Struktur außenvorlassen. Die von den Schülerinnen anschließend in Tinkercad™ konstruierten Plättchen sind gleich aufgebaut wie die vom Interviewer vorbereiteten, weshalb er diese zur weiteren Argumentation zur Verfügung stellt. Die gleichen Ergebnisse sollten aber nicht als Folge eines natürlichen Prozesses fehlinterpretiert werden, der zwangsläufig zu einer solchen Darstellung führt, die der Formel dann eindeutig zugeordnet ist. Vielmehr scheinen sie eine Folge der Hinweise und Impulse als Reaktionen des Interviewers auf die Äußerungen der Schülerinnen zu sein. Die Schülerinnen nutzen die vom Interviewer bereitgestellten Plättchen schließlich dazu, ihre zuvor an der Zeichnung entwickelte Argumentation erneut darzulegen.

Zusammenfassend zeigt diese Fallstudie, dass Lernende die Plättchen als empirische Objekte und die Formeln als Teil der empirischen Theorien sehr unterschiedlich in Beziehung gesetzt haben. Der Fokus lag dabei zunächst auf der Formel, die dann mit Bezug auf die empirischen Plättchen begründet werden sollte. Hierzu war bei den einzelnen Schülerinnen und Schülern eine deutlich unterschiedlich ausgeprägte Führung durch den Interviewer zu erkennen. In beiden Fällen wollte der Interviewer auf eine Begründung durch vollständige Induktion hinaus, wobei er dies nicht klar kommuniziert hat. Im Falle der Schülerin G und der Schülerin K aus Gruppe 1 wurden viele Hinweise und Impulse gegeben, damit sie die Plättchen geometrisch interpretieren und zum Teil mit der Formel in Verbindung setzen konnten. Ihre Argumentation zielte dabei auf die konkreten Plättchen ab; das unzureichend ausgebildete Wissen im Bereich der Algebra, die vermutlich nicht als eigenständige, auf beliebige Kontexte anwendbare Theorie angesehen wurde, machte einen Bezug zur Summenformel im Kontext der natürlichen Zahlen schwierig. Daher haben die Schülerinnen die

Plättchenkonstellationen vermutlich nicht als generisches Beispiel für die Summenformel angesehen. Bei Schüler H und Schülerin J aus Gruppe 2 wurden Interpretationen und einzelne Argumentationsschritte weitgehend eigenständig entwickelt, die Impulse des Interviewers dienten dort eher der Strukturierung und Einbindung in eine anschauliche heuristische Argumentation mithilfe des Prinzips der vollständigen Induktion, die von der Schülerin und dem Schüler zunächst nicht verfolgt wurde. Es bleibt festzuhalten, dass Begründungen mit Bezug auf konkrete empirische Objekte sehr herausfordernd sein können und die Auseinandersetzung in Aushandlungsprozessen mit Mitschülerinnen und Mitschülern und der Lehrperson bzw. in diesem Fall dem Interviewer eine wichtige Voraussetzung bildet.

Fazit

12

Das Ziel dieser Arbeit war die Untersuchung von Begründungsprozessen auf der Grundlage von empirischen Settings. Unter einem empirischen Setting wird eine Konstellation empirischer Objekte verstanden, die Schülerinnen und Schülern in unterrichtlichen Lernprozessen zur Verfügung gestellt wird und mit der sich nach Ansicht der Lehrperson bestimmte intendierte mathematische Zusammenhänge entwickeln oder begründen lassen.

Beschreibt man das mathematische Wissen von Schülerinnen und Schülern wie in dieser Arbeit als empirische Theorien, so können die Wissenssicherung und die Wissenserklärung als Teile der Begründung von Wissen unterschieden werden. Unter der Wissenserklärung wird die deduktive Rückführung auf bereits bekanntes Wissen in der empirischen Theorie verstanden. Die Wissenssicherung dient der Überprüfung der empirischen Theorie an der Empirie und kann nur im Rahmen eines Experiments durch induktive Schlüsse geschehen.

In den verschiedenen Fallstudien konnten eine Vielzahl verschiedener Begründungsanlässe untersucht werden, die von klassischen mathematischen Sätzen bis zu konkreten mathematischen Zusammenhängen reichten und nun zur Beantwortung der auf Begründungsprozesse bezogenen Forschungsfragen herangezogen werden können. In Bezug auf die Verwendung verschiedener Schlussweisen durch Schülerinnen und Schüler wurde die folgende Forschungsfrage gestellt:

1. Welche Spezifika lassen sich für induktive und deduktive Schlüsse von Schüler*innen in Begründungssituationen mit empirischen Settings beschreiben?

© Der/die Autor(en), exklusiv lizenziert durch Springer Fachmedien Wiesbaden GmbH, ein Teil von Springer Nature 2022
F. Dilling, *Begründungsprozesse im Kontext von (digitalen) Medien im Mathematikunterricht*, MINTUS – Beiträge zur mathematisch-naturwissenschaftlichen Bildung, https://doi.org/10.1007/978-3-658-36636-0_12

Die Schülerinnen und Schüler haben in den verschiedenen Fallstudien sowohl induktive als auch deduktive Schlüsse gezogen. Ein Beispiel für die Verwendung eines induktiven Schlusses lässt sich unter anderem in der Fallstudie zum Schulbuchausschnitt über Symmetrien von Funktionsgraphen finden. Schüler A schlägt mehrfach während des Interviews vor, einzelne Funktionswerte mit der Funktionsvorschrift zu bestimmen und in einer Wertetabelle gegenüberzustellen, um die Symmetrie eines Graphen festzustellen. Er ist der Meinung, dass sich auf diese Weise alle Werte überprüfen lassen, betrachtet aber eigentlich nur die ganzen Zahlen im dargestellten Ausschnitt der Parabel. Ein weiteres besonders prägnantes Beispiel für die Nutzung induktiver Schlüsse liefern Schülerin G und Schülerin K in der Fallstudie zu Summenformeln. Sie äußern die Idee, dass man für eine große Anzahl an Zahlen überprüfen könnte, ob auf beiden Seiten der Gleichung das gleiche Ergebnis herauskommt. Laut Schülerin K könne man sicher auf die Gültigkeit der Gleichung schließen, wenn man alle Zahlen „bis 1.000.000" ausprobiere. Die Schülerin legt damit einen Beweisbegriff zugrunde, nach dem die Betrachtung einer sehr großen Anzahl an Fällen wahrheitsübertragend ist.

Dass induktive Schlüsse nicht wahrheitsübertragend sind und zu fehlerhaften Aussagen führen können, zeigt ein Beispiel aus der Fallstudie zum Integraphen. Schüler D und Schüler E stellen die Hypothese auf, der Integraph zeichne den Graphen der Ableitungsfunktion. Beide begründen dies damit, dass sich der Tiefpunkt der Parabel als Ausgangskurve und eine Nullstelle der gezeichneten Kurve beim gleichen x-Wert befinden. Die x-Werte stimmen tatsächlich überein, dies liegt aber nur daran, dass sich der Wendepunkt der von den Schülern gezeichnete Stammkurve auf der x-Achse befindet, weil sie die Stammkurve im Ursprung zu zeichnen begonnen haben. Erst nach einem Hinweis des Interviewers verwerfen die zwei Schüler ihre Hypothese wieder und erklären, die Parabel sei die Ableitung des gezeichneten Graphen, da die Nullstellen der Parabel und die Extremstellen des gezeichneten Graphen übereinstimmen. Die Schüler scheinen der Auffassung zu sein, dass es ausreichend ist, besondere Punkte der Graphen zu überprüfen, um auf ihre Beziehung an jeder Stelle zu schließen. Dies kann darauf zurückgeführt werden, dass auch im Unterricht meist nur besondere Stellen von Funktionsgraphen von Interesse sind und diese beispielsweise bei der klassischen Kurvendiskussion gezielt berechnet werden.

Beispiele für deduktive Schlüsse können unter anderem in der Fallstudie zu Symmetrien von Funktionsgraphen gefunden werden. Schüler C begründet die Symmetrie der zu den Gleichungen $f(x) = x^2$ und $g(x) = x^2 + 1$ gehörenden Graphen mit der zuvor kennengelernten Regel, dass Funktionsgraphen y-achsensymmetrisch sind, wenn gilt $f(x) = f(-x)$. Hierzu setzt er für die

Variable x die Variable $-x$ ein und stellt durch Umformen unter der Verwendung von Regeln wie „Minus mal Minus is' ja plus" fest, dass der gleiche Term herauskommt. Einen deduktiven Schluss führt auch Schüler H in der Fallstudie zu Summenformeln. Er erklärt, dass der Term $2n - 1$ stets eine ungerade Zahl ergibt, da das Produkt aus der Zahl 2 und einer natürlichen Zahl stets gerade ist und entsprechend durch die Subtraktion der Zahl 1 eine ungerade Zahl entsteht.

Weit häufiger als deduktive Schlüsse im Rahmen von Beweisen lassen sich anschauliche heuristische Argumentationen oder die Verwendung generischer Beispiele im Datenmaterial identifizieren. Besonders präzise geführte anschauliche heuristische Argumentationen liefern Schüler H und Schülerin J in der Fallstudie zu Summenformeln. Sie zeigen zunächst am Fall $n = 5$, dass sich beide Seiten der Gleichung $1+2+3+\cdots+n = \frac{n\cdot(n+1)}{2}$ in einem Plättchenrechteck mit den Seitenlängen 5 und 6 finden lassen, das aus jeweils zwei Plättchen mit Flächeneinheiten zwischen 1 und 5 zusammengesetzt ist. Für eine Begründung des Übergangs zwischen zwei beliebig großen solcher Rechtecke geben sie den Seiten die fiktiven Längen n und $n+1$ und erklären anhand der Plättchen, warum dann stets zwei Plättchen mit einer Länge von $n+1$ angelegt werden müssen, um ein Rechteck mit den Seitenlängen $n+1$ und $n+2$ zu erhalten. Die Begründung nimmt Bezug auf die konkreten Plättchen, führt aber Argumente an, die auch auf andere zu untersuchende Fälle übertragbar sind. Es handelt sich somit um eine anschauliche heuristische Argumentation für die Gültigkeit der Gleichung, die das Prinzip der vollständigen Induktion nutzt und bei welcher der konkrete Übergang zwischen Plättchen als generisches Beispiel für den Induktionsschritt fungiert. Für die zweite in der Fallstudie betrachtete Summenformel führen die Schülerin und der Schüler ähnliche Argumente an. Auch in der Fallstudie zum Integraphen können Beispiele für anschauliche heuristische Argumentationen gefunden werden. Schüler E und Schüler F identifizieren das dem Integraphen zugrundeliegende mathematische Prinzip, ausgedrückt durch den ersten Teil des Hauptsatzes der Differential- und Integralrechnung. Sie sind beide der Auffassung, dass sich mit dem Integraphen auch beliebige weitere Funktionsgraphen graphisch integrieren lassen und begründen den Zusammenhang zwischen der Ausgangskurve und der mit dem Instrument gezeichneten Kurve auf der Basis der Funktionsweise des Gerätes und den Sätzen ihrer empirischen Theorie (insbesondere dem Hauptsatz).

Auch generische Beispiele außerhalb von anschaulichen heuristischen Argumentationen können an verschiedener Stelle im Datenmetarial gefunden werden. So begründet Schüler H die Formel $1+2+3+\cdots+n = \frac{n\cdot(n+1)}{2}$ in der Fallstudie zu Summenformeln zunächst anhand der Aufgabe „$1 + 2 + 3 + \cdots + 100 =?$". Er erklärt an diesem Beispiel, dass die Addition des ersten mit dem letzten Summanden wie auch des zweiten mit dem vorletzten 101 ergibt. Dies ließe sich für alle Zahlen fortführen, sodass man „100 · 101" erhalte. Man erhält auf diese Weise 50 Summanden, da „man eben immer nur bis zur 50 geht und dann [...] aufhört, weil man dann ja alle Zahlen ausgeschöpft hat". Die Summe bis zur Zahl 100 verwendet der Schüler somit als generisches Beispiel und beschreibt auf diese Weise ein allgemeines Verfahren und eine Formel, die sich auf andere Summen natürlicher Zahlen anwenden lässt. Auch Schüler A in der Fallstudie zu Symmetrien von Funktionsgraphen verwendet an verschiedener Stelle generische Beispiele. Beispielsweise erklärt er durch Einsetzen der Zahlen -2 und 2 in die Funktionsgleichung $f(x) = x^2$, warum beim Einsetzen einer natürlichen Zahl und der entsprechenden negativen Zahl immer das gleiche Ergebnis herauskommt und es sich um einen y-achsensymmetrischen Graphen handeln muss.

Neben der Untersuchung der Nutzung verschiedener Schlussweisen sollte in dieser Arbeit auch die Beziehung der Schlussweisen zueinander und ihre Rolle bei der Sicherung und Erklärung von Wissen in den Blick genommen werden:

> 2. Wie sind die verschiedenen Schlussweisen aufeinander bezogen und wie tragen diese zur Wissenssicherung und Wissenserklärung bei?

Wie es in der Antwort auf die erste Forschungsfrage formuliert werden konnte, haben die Schülerinnen und Schüler sowohl induktive als auch deduktive Schlüsse verwendet. Diese treten allerdings in den Ausführungen häufig nicht klar voneinander getrennt auf. Eine eindeutige Zuordnung zur Wissenssicherung oder zur Wissenserklärung, wie sie entsprechend dem Strukturalismus für empirische Theorien erfolgen kann, lässt sich für die komplexen und dynamischen Strukturen von Schülerbegründungen nicht vornehmen.

Eine (mehr oder weniger präzise) Erklärung des Wissens nehmen alle untersuchten Schülerinnen und Schüler vor oder versuchen zumindest eine solche Erklärung zu finden. Das häufig in der Literatur beschriebene mangelnde Beweisbedürfnis bzw. mangelndes Erklärbedürfnis von Schülerinnen und Schülern bildet sich in den Fallstudien nicht ab. Dies kann allerdings auch darauf zurückgeführt werden, dass die Lernenden durch das empirische Setting und den Interviewer zu entsprechenden Erklärungen explizit aufgefordert werden.

Die Phase der Wissenssicherung, die der Überprüfung der Theorie an der Empirie entspricht, findet nicht bei allen Schülerinnen und Schülern statt. Beispielsweise begründet Schüler C in der Fallstudie zu Symmetrien von Funktionsgraphen wie bereits oben beschrieben die Symmetrie des zu den Funktionsvorschriften $f(x) = x^2$ und $g(x) = x^2 + 1$ gehörenden Graphen lediglich auf der Grundlage der Vorschrift, also innerhalb der empirischen Theorie. Eine Überprüfung der tatsächlichen Funktionsgraphen findet nicht statt. Der Schüler scheint eine direkte Verbindung zwischen dem Graphen und der Funktionsgleichung als Konstruktionsvorschrift für diesen anzunehmen, die dafür sorgt, dass sich an der Gleichung entwickelte Erkenntnisse auf den Graphen übertragen lassen. Diese Annahme kann als eine Folge der ausgiebigen Untersuchung von Funktionsgraphen und -gleichungen im Unterricht interpretiert werden, die nicht zu Unstimmigkeiten geführt zu haben scheint.

Ein Grund für das Ausbleiben einer Wissenssicherung in manchen Situationen in den Fallstudien kann somit darin gesehen werden, dass die empirischen (Vor-)Theorien der Schülerinnen und Schüler bereits an verschiedener anderer Stelle ihres mathematischen Lernprozesses an der Empirie überprüft wurden, sodass sie bei neuen Phänomenen nicht zwangsläufig das Bedürfnis verspüren, die Theorie-Empirie-Passung zu überprüfen. Das mangelnde Bedürfnis zur Wissenssicherung kann auch darauf zurückgeführt werden, dass im Unterricht durch die Lehrperson im Allgemeinen korrekte Aussagen untersucht werden. Die unterrichtlichen Interaktionsprozesse legen dann ein Erklären des Wissens auf der Grundlage einer mathematischen Theorie und durchaus auch mit Bezug auf die Empirie nahe. Eine tatsächliche experimentelle Überprüfung wird dagegen häufig als fakultativ dargestellt. Auch im Interview gehen die Schülerinnen und Schüler vermutlich davon aus, dass die vom Interviewer angebotenen mathematischen Zusammenhänge richtig sind und nur noch erklärt werden müssen. Lediglich Schülerin G aus der Fallstudie zur Summenformel zweifelt nach dem Legen von Plättchen zur Begründung der Summenformel aufgrund von (durch Fehlinterpretationen entstandenen) Unstimmigkeiten zwischen der Plättchenkonstellation und dem Ergebnis der Summe die Summenformel als Teil der empirischen Theorie an.

Einzelnen untersuchten Schülerinnen und Schülern scheint zudem der Unterschied zwischen induktiven und deduktiven Schlüssen nicht bewusst zu sein. Wie bereits bei der ersten Forschungsfrage beschrieben wurde, gehen Schüler A, die Schülerin H und die Schülerin K davon aus, dass man Zusammenhänge für alle reellen oder natürlichen Zahlen durch die Betrachtung von Einzelbeispielen überprüfen könnte. Schüler A scheint dabei nicht bewusst zu sein, dass es unendlich viele natürliche Zahlen gibt, die geprüft werden müssten, und die Schülerinnen H und K sind der Auffassung, man könne einfach besonders viele Beispiele testen. Bei anderen Schülerinnen und Schülern konnten ähnliche Aussagen gefunden werden. Dies führt insbesondere in der Fallstudie zu Symmetrien von Funktionsgraphen dazu, dass auf den Schlussweisen basierende Argumente nicht bewusst zur Wissenssicherung oder -erklärung im Rahmen einer Begründung eingesetzt,

sondern vielmehr nach Bedarf verwendet wurden. Ein Argument schien deshalb
ausgewählt worden zu sein, weil es in dem Moment zugänglich war, nicht aber
weil das Wissen erklärt oder gesichert werden sollte.

Zusammenfassend lässt sich mit Bezug auf die zweite Forschungsfrage feststellen, dass sich die Begriffe Wissenssicherung und Wissenserklärung zur
Beschreibung von Begründungsprozessen in einem empirisch-gegenständlichen
Mathematikunterricht eignen und sich entsprechende Bestrebungen zur Sicherung
und Erklärung von Wissen bei Schülerinnen und Schülern auch empirisch feststellen lassen. Neben der Rolle von induktiven und deduktiven Schlüssen sowie
Phasen der Wissenssicherung und -erklärung in mathematischen Begründungsprozessen von Schülerinnen und Schülern wurde in dieser Arbeit auch die Bedeutung
der Bereichsspezifität des mathematischen Schülerwissens in Zusammenhang mit
empirischen Settings untersucht. Betrachtet man Wissensentwicklungsprozesse
aus einer konstruktivistischen Perspektive und Mathematik in der Schule als
Erfahrungswissenschaft, so rückt auch die Bereichsspezifität von Wissen bzw.
Erfahrungen in den Vordergrund. Im Rahmen dieser Arbeit wurde diese mit der
Theorie der Subjektiven Erfahrungsbereiche nach Heinrich Bauersfeld beschrieben. Diese besagt, dass menschliche Erfahrung stets in einem bestimmten Kontext
gemacht wird und die Speicherung dieser subjektiven Erfahrungen in voneinander getrennten subjektiven Erfahrungsbereichen (kurz: SEB) erfolgt. Damit sind
das im Unterricht gelernte Wissen und andere Dimensionen der Erfahrung situativ gebunden. Ein in einer Situation aktivierter subjektiver Erfahrungsbereich
bestimmt die jeweils zur Verfügung stehenden Konzepte und Vorgehensweisen.
In Bezug auf die Fallstudien stellte sich daher die folgende Frage:

> 3. Welche Bedeutung hat Bereichsspezifität, also der Erwerb und die
>   Speicherung des Gelernten in voneinander getrennten subjektiven Erfah-
>   rungsbereichen, für die Begründungsprozesse von Schüler*innen in
>   empirischen Settings?

In den verschiedenen Fallstudien hat sich gezeigt, dass die Bereichsspezifität der
Erfahrungen und damit des mathematischen Wissens einen wesentlichen Einfluss
auf Begründungsprozesse mit empirischen Settings hat und diese adäquat durch
die Theorie der Subjektiven Erfahrungsbereiche beschrieben werden kann.

Wohl am deutlichsten zeigt sich der Einfluss der Bereichsspezifität bei den
Begründungsprozessen der Schülerinnen G und K in der Fallstudie zu Summenformeln. Diese verwenden die Plättchen bei ihren Begründungen nicht in

einem geometrischen Zusammenhang, sondern als Ersatz für die Zahlen in einem symbolischen Ausdruck. So wird zum Beispiel der Ausdruck $1 \cdot 2$ durch ein 2er-Plättchen neben einem 1er-Plättchen gelegt. Dies lässt sich auf die Bereichsspezifität ihres mathematischen Wissens zurückführen. Zu Beginn des Interviews arbeiten die Schülerinnen mit der Formel und sollen diese auf verschiedene Beispielzahlen anwenden. Das Ziel ist die Begründung dieses symbolisch notierten Zusammenhangs. Hierzu aktivieren sie jeweils einen subjektiven Erfahrungsbereich, der als Symbol-SEB bezeichnet werden kann. Dieser scheint bei der Arbeit mit den Plättchen aktiviert zu bleiben und zu einer unzureichenden Interpretation der Plättchen zu führen, in der diese nur als Ersatz für Zahlen in einem symbolischen Zusammenhang genutzt, nicht aber mit Bezug auf ihre geometrischen Eigenschaften betrachtet werden.

Im Verlauf des Interviews führt diese Form der Verwendung der Plättchen an verschiedener Stelle zu Unstimmigkeiten zwischen den gelegten Plättchen und den aufgrund der Formel vorhergesagten Ergebnissen. So stellt beispielsweise Schülerin G fest, dass das Ergebnis 6 von $2 \cdot 3$ bzw. $3 \cdot 2$ nicht mit den nebeneinander gelegten 2er- und 3er-Plättchen übereinstimmt. Diese ergeben nach Meinung der Schülerin jeweils 5. Die jeweils unterschiedlichen Ergebnisse lassen sich auf die unterschiedlichen Interpretationen in beiden Fällen zurückführen. Im ersten Fall versuchen die Schülerinnen den symbolischen Ausdruck $2 \cdot 3$ und $3 \cdot 2$ empirisch zu deuten. Im aktivierten Symbol-SEB legen sie 2er- und 3er-Plättchen nebeneinander und sehen eine multiplikative Verbindung zwischen diesen. Die anschließende Interpretation im zweiten Fall in Bezug auf die Flächeninhalte scheint mit der Aktivierung eines anderen SEB verbunden zu sein. In diesem Fall werden die zusammenliegenden Plättchen addiert, beispielsweise durch Zählen der Einheitsquadrate der Plättchen. Die Schülerin erkennt die unterschiedlichen Ergebnisse und die dadurch entstehende Inadäquatheit ihrer empirischen mathematischen Theorie zur Beschreibung der Plättchen. Daher zweifelt sie die Gültigkeit der Formel an. Schülerin K versucht hingegen die empirische Theorie zu retten und sucht nach Gründen dafür, warum die Plättchen möglicherweise auf falsche Weise gelegt wurden und sich die Unstimmigkeit ergibt.

Der Interviewer versucht zu verschiedenen Zeitpunkten eine alternative geometrische Interpretation der Plättchen anzubieten. Diese wird allerdings von den Schülerinnen zunächst nicht übernommen, was darauf zurückgeführt werden kann, dass die Ausführungen des Interviewers aus der Perspektive des Symbol-SEB nicht richtig gedeutet werden können. Hierzu wäre bereits ein von diesem verschiedener Plättchen- oder Geometrie-SEB notwendig. Erst als der Interviewer sehr detailliert und für verschiedene Werte von n erklärt, wie sich die Plättchen zu „Treppen" und anschließend zu Rechtecken zusammensetzen lassen und dadurch den Fokus auf den Umgang mit den Plättchen legt, scheinen die Schülerinnen die Zusammenhänge auf die intendierte Weise zu verstehen. In späteren Interviewsituationen, als die Summenformel für ungerade Zahlen begründet werden soll, gehen die Schülerinnen aber wieder wie zu Beginn vor und legen die Plättchen in einem symbolischen Zusammenhang. Sie scheinen somit den Symbol-SEB erneut aktiviert zu haben. Der zwischenzeitlich aktivierte bzw. neu gebildete SEB, der eine geometrische Interpretation der Formeln mit den Plättchen ermöglichte, war vermutlich wenig stabil und konnte sich daher in der neuen Situation und dem neuen Kontext nicht gegen den robusten Symbol-SEB durchsetzen. Dies könnte auch auf den durch die Deutung und Anwendung der Formel vermehrt stattfindende Manipulation symbolischer Ausdrücke unmittelbar vor dieser Interviewsituation zurückgeführt werden.

Auch an anderer Stelle zeigt sich in den Fallstudien der Einfluss der Bereichsspezifität. Dies betrifft beispielsweise Interpretationen der Elemente des GeoGebra-Applets „Integrator" durch Schülerin G. Diese nennt die markierte Fläche unter dem Graphen einen Abschnitt des Graphen. Die Betrachtung einer Fläche im Kontext von Funktionen scheint nicht Teil des aktivierten subjektiven Erfahrungsbereichs zu Funktionen zu sein, was darauf zurückgeführt werden kann, dass sie keine Vorerfahrung mit der Integralrechnung hat. Stattdessen rückt daher der Graph selbst in den Fokus ihrer Betrachtung. In späteren Interviewsituationen soll sie die Symbole n, a und b deuten, die im Applet die Anzahl der Vierecke der Ober-, Unter- und Trapezsumme sowie die Intervallgrenzen des Integrals bzw. der betrachteten Fläche unter dem Graphen angeben. Schülerin G erklärt stattdessen, es handle sich bei n um den y-Achsenabschnitt sowie bei a und b um die Parameter einer quadratischen Funktion in Normalform. In ihrem aktivierten subjektiven Erfahrungsbereich zu Funktionen scheinen diese Buchstaben fest mit dieser Bedeutung verbunden zu sein, eine alternative Verwendung kommt für sie (zunächst) nicht in Frage.

Die Bereichsspezifität der Erfahrungen betrifft nicht nur die Aktivierung von Wissen während der Arbeit mit empirischen Settings, sie scheint auch die Aktivierung von in einem empirischen Setting erworbenem Wissen in späteren Situationen beeinflussen zu können. Dies wird besonders bei Schüler F in der Fallstudie zur VR-Technologie deutlich. Der Interviewer bittet die interviewten Schüler im Anschluss an die Arbeit mit der App Calcflow, die VR-Brille abzusetzen und ihre Erfahrungen mitzuteilen sowie einige Fragen zu beantworten. Schüler D und Schüler E können problemlos erklären, was sie zuvor gemacht und dabei herausgefunden haben und wenden es auf Beispiele an. Sie aktivieren somit den zuvor mit der VR-Brille (weiter)entwickelten subjektiven Erfahrungsbereich. Schüler F hat dagegen zunächst Probleme, sein Wissen zu aktivieren.

Er erklärt falsche Zusammenhänge zwischen den Koordinaten und der Lage der Objekte, die er zuvor noch ohne Probleme wiedergegeben und angewendet hat und sagt zudem, dass ihm die Anwendung auf Beispiele schwerfalle. Die Schwierigkeiten können auf die bereichsspezifische Speicherung des mathematischen Wissens zurückgeführt werden. Er kann anfänglich den zur Bearbeitung notwendigen subjektiven Erfahrungsbereich nicht aktivieren. Das in der virtuellen Welt entwickelte Wissen kann nicht ohne Weiteres in neuen Kontexten außerhalb der virtuellen Welt abgerufen werden. Daher stellt sich die Frage, ob in virtuellen Welten entwickeltes Wissen, gerade wenn dies über einen längeren Zeitraum geschieht und nicht nur in einem kurzen Interview stattfindet, aufgrund der immersiven Erfahrung zu besonders isolierten subjektiven Erfahrungsbereichen führen könnte. Auch für die Arbeit mit anderen empirischen Settings kann dies eine wesentliche Herausforderung darstellen.

Im theoretischen Hintergrund dieser Arbeit wurde das Konzept der Beliefs und Auffassungen sowie insbesondere das Begriffspaar einer empirischen Auffassung von Mathematik, bei der diese als eine Art Naturwissenschaft aufgefasst wird, und einer formalistischen Auffassung, bei der die mathematischen Begriffe keine ontologische Bindung aufweisen, eingeführt. Die Beschreibung von Schülertheorien im Mathematikunterricht kann als empirische Theorien über die im Unterricht diskutierten empirischen Objekte (auch im Rahmen empirischer Settings) erfolgen. Bei empirischen Theorien lassen sich vereinfacht empirische Begriffe, welche eindeutige empirische Referenzobjekte besitzen und durch diese bestimmt werden, von theoretischen Begriffen, welche erst innerhalb der betrachteten Theorie bestimmt werden, unterscheiden (eine spezifizierte Unterteilung kann zwischen theoretischen und nichttheoretischen Begriffen erfolgen, siehe Abschnitt 3.3). Arbeiten Schülerinnen und Schüler mit empirischen Settings, so interpretieren sie diese und setzen ihre Theorien mit den empirischen mathematischen Objekten in Beziehung. Diesbezüglich stellt sich die folgende Forschungsfrage:

4. Wie setzen Schüler*innen ihre (Vor-)Theorien mit Objekten der mathematischen empirischen Settings in Beziehung und welche Rolle spielen dabei empirische und theoretische Begriffe?

Bei allen Fallstudien ist zu erkennen, dass die Schülerinnen und Schüler grundlegende Objekte meist mit ähnlichen (zum Teil unterschiedlich konnotierten) Begriffen in Beziehung setzen. Oberflächlich betrachtet deuten die Schülerinnen und Schüler die Settings somit gleich, betrachtet man allerdings die Eigenschaften der Begriffe in den einzelnen Schülertheorien, so wird deutlich, dass sich die Konzeptionen auch bei den grundlegenden Begriffen zum Teil deutlich unterscheiden, was auch die sich teilweise deutlich unterscheidenden gezogenen Schlussfolgerungen bei der Arbeit mit den empirischen Settings erklärt. Beispielsweise verwenden die Schülerinnen und Schüler in der Fallstudie zum GeoGebra-Applet „Integrator" alle den Begriff des Graphen. Dass die Lernenden mit diesem Begriff aber unterschiedliche Vorstellungen verbinden, zeigt sich, als der Interviewer die Interviewten bittet, das Bild heranzuzoomen. Schülerin G wundert sich, dass die Linie nicht breiter wird. Sie hat somit keine idealisierte Vorstellung des Graphen als eindimensionales Objekt, sondern bezeichnet als solchen die tatsächliche Linie mit einer bestimmten Breite. Folglich kann sie das Verhalten des Graphen auf der Grundlage ihrer Schülertheorie nicht erklären. Schüler H und Schülerin J scheinen den Graphen dagegen als Linie zu verstehen, die eindeutige Zahlenpaare repräsentiert und beschreiben daher das Heranzoomen als Betrachtung in einem kleineren Bereich.

In verschiedenen Situationen der Fallstudien wird zudem deutlich, dass einigen Schülerinnen und Schülern die Deutung eines empirischen Settings auf der Grundlage der eigenen empirischen Theorie nicht leichtfällt. Zum Beispiel kann Schüler D in der Fallstudie zum Integraphen die mechanischen Bauteile des Gerätes erst nach einiger Hilfe durch den Interviewer mathematisch beschreiben. Dies kann darauf zurückgeführt werden, dass die Interpretation eines empirischen Settings unter Umständen mit einer Erweiterung der intendierten Anwendungen der empirischen Schülertheorie verbunden ist. Diese kann nicht ohne Weiteres erfolgen, sondern muss stets mit der Einsicht verbunden sein, dass eine entsprechende Beschreibung an der Stelle passt. Im Fall von Schüler D kommt hinzu, dass er in seiner mathematischen Theorie insbesondere Kalküle zur Definition von Begriffen zu verwenden scheint oder zumindest in dem aktivierten subjektiven Erfahrungsbereich allgemeinere Konzepte nicht abrufen kann. Entsprechend verwendet er erst nach einem Hinweis des Interviewers den Begriff der Tangente und nutzt diesen dann zur Beschreibung des Integraphen.

Besonders große Unterschiede bei der Deutung empirischer Settings auf der Grundlage empirischer Schülertheorien scheinen beim Einbezug potentiell theoretischer Begriffe zu entstehen Dies legt insbesondere die zuvor bereits beschriebene Fallstudie zum GeoGebra-Applet „Integrator" nahe, bei der die Schülerinnen und Schüler ihr Verständnis eines Grenzprozesses offenlegen, als sie die Frage beantworten, ob man durch das Erhöhen der Anzahl der Rechtecke bzw. später im Interview auch der Trapeze irgendwann den exakten Flächeninhaltswert erhält.

Schülerin G geht bereits bei der Erhöhung der Anzahl der Untersummenrechtecke auf den durch den Schieberegler maximalen Wert von $n = 1000$ davon aus, dass es sich um das exakte Ergebnis handeln müsse. Dies führt sie darauf zurück, dass visuell kein Unterschied mehr zwischen den beiden Flächen zu erkennen ist. Zudem könnte man ihre Aussage auf den Schieberegler zurückführen, der suggeriert, man hätte die Anzahl ausreichend erhöht, wenn man den maximalen Wert eingestellt hat. Die weiterhin unterschiedlichen angegebenen Zahlenwerte stören sie bei ihrer Aussage nicht bzw. sie beachtet diese nicht. Beim Heranzoomen erkennt die Schülerin dann, dass weiterhin ein Unterschied zwischen den Flächen besteht. Sie erklärt, dass dieser Unterschied auch bei einer beliebigen Erhöhung der Rechteckanzahl bestehen bleiben müsse, da „das […] ja immer so 'n bisschen raus" gucken würde. Sie nutzt die Darstellung somit als generisches Beispiel für eine Rechtecksnäherung. Bei der Trapezsumme später im Interview führt sie dieses Argument nicht an. Auch beim Heranzoomen erkennt sie keinen Unterschied der Flächen und die Zahlenwerte sind gleich angegeben, weshalb sie deutlich macht, dass „das […] halt komplett genau berechnet" wurde. Sie stützt sich auf die visuell wahrnehmbaren Unterschiede sowie die angegebenen Zahlenwerte, theoretische Überlegungen führt sie aber nur bedingt an, weshalb sich das Verhalten als naiv-empirische Auffassung von Mathematik beschreiben lässt.

Eine deutlich andere Vorstellung vom Grenzprozess zeigt Schüler H. Er erklärt, dass man die Anzahl der Rechtecke und Trapeze eigentlich nur endlich erhöhen kann und es sich bei diesem Vorgehen immer um eine Näherung handelt. Der gleiche angegebene Wert und der nicht erkennbare Unterschied der Flächen auch bei einer herangezoomten Darstellung von $n = 1000$ Trapezen verunsichern den Schüler nicht. Er erklärt den vermeintlichen Unterschied zwischen seiner Theorie und den im Programm gleich angegeben Werten damit, dass es sich bei den angegebenen vier Nachkommastellen des Integral- und des Trapezsummenwertes um Rundungen handelt. Zur exakten Bestimmung müsse man das Intervall „quasi in unendlich Teile" einteilen, sodass eine Seite die Länge dx habe. Am Wort „quasi" lässt sich erkennen, dass dem Schüler bewusst ist, dass das Beschriebene nur bedingt eine empirische Deutung des Grenzwertbegriffs entsprechend einem heuristischen Hilfsmittel darstellt. Für den Grenzwert selbst erklärt er dann, dass man eine Formel benötige. Erst mit der Formel werde die exakte Bestimmung der Fläche möglich. Ihm scheint somit in einem gewissen Maße bewusst zu sein, dass der Grenzprozess nicht empirisch durchgeführt, sondern nur durch den Grenzwertbegriff innerhalb der Theorie geklärt werden kann. Es handelt sich um einen theoretischen Begriff, der somit auch nur symbolisch durch eine „Formel" dargestellt werden kann.

Schülerin J nimmt schließlich eine Zwischenposition zwischen den Auffassungen vom Grenzwertbegriff der Schülerin G und des Schülers H ein. Ihr ist bewusst, dass man mit einer endlichen Anzahl von Rechtecken oder Trapezen die Fläche „eigentlich" nicht genau bestimmen kann. Daher müsse man die Anzahl gegen unendlich laufen lassen. Ihr scheint bewusst zu sein, dass man keine unendliche Anzahl an Rechtecken bilden kann. Den Grenzwert erklärt sie deshalb als einen besonders großen, aber endlichen Wert, den man auswählt und dann als exakten Wert bestimmt („einen Wert festlegt und sagt hierhin und nicht weiter"). Ähnlich wie bei Messungen in den Naturwissenschaften wird damit der Flächeninhalt unter dem Graphen von der Schülerin mit einer bestimmten Messgenauigkeit bestimmt. Schülerin J vermeidet somit die Bildung eines theoretischen Begriffs und scheint stattdessen einen empirischen Grenzwertbegriff entwickelt zu haben, der sich vollständig empirisch deuten lässt. Die Unstimmigkeiten beim Heranzoomen werden durch eine Hilfskonstruktion beseitigt, die darin besteht, dass man die Unterschiede im „Nanobereich" bei der Betrachtung nah beieinander liegender Werte nicht zum Bereich der intendierten Anwendungen der Theorie zählt. Die Schülerin legt eine pragmatische Sichtweise zugrunde, bei der gute Näherungswerte per Definition den Status von exakten Werten erhalten.

Die Einbindung theoretischer Begriffe zur Beschreibung empirischer Settings ist somit mit besonderen Herausforderungen verbunden, die Struve (1990) mit Bezug auf die theoretischen Begriffe Gerade und Halbgerade beschreibt:

> *„Unsere Ausführungen zeigen, daß Verständnisschwierigkeiten von Schülern mit den Begriffen „Gerade" und „Halbgerade" im Status dieser Begriffe begründet sein können. Es handelt sich um theoretische Begriffe, die keinen unmittelbaren Bezug zum Thema des Unterrichts, den intendierten Anwendungen, haben. Diese Schwierigkeiten liegen, wie wir herausgestellt haben, in der „Natur der Sache" und sind nicht durch persönliche Unzulänglichkeiten einzelner Schüler zu erklären." (Struve, 1990, S. 44)*

Schülerinnen und Schülern sollte im Unterricht genügend Raum gegeben werden, im Umgang mit den empirischen Objekten auf der Grundlage ihrer eigenen Schülertheorien Begriffe zu entwickeln. Insbesondere bei theoretischen Begriffen sind Aushandlungsprozesse zwischen den Schülerinnen und Schülern und der Lehrperson von Bedeutung, da diese keinen unmittelbaren Bezug auf empirische Referenzobjekte aufweisen (vgl. auch Pielsticker, 2020). Der Lehrperson kommt in der Auseinandersetzung mit den individuellen Schülertheorien die Aufgabe zu, die in der mathematischen Fachcommunity als geteilt geltenden Fassungen der Begriffe zu vertreten.

In Bezug auf die Arbeit mit empirischen Settings stellt sich zudem die folgende Frage:

5. Nutzen Schüler*innen die empirischen Settings zur Weiterentwicklung oder Begründung ihrer Theorien?

In den meisten Situationen der Fallstudien nutzen die Schülerinnen und Schüler die empirischen Settings, um ihre empirischen Theorien weiterzuentwickeln oder zu begründen. Nur in wenigen Situationen findet eine reine Beschreibung der empirischen Settings statt, ohne diese weiterführend zu verwenden.

Die Schülerinnen und Schüler gehen vielfach explorativ mit den empirischen Objekten der Settings um und entwickeln auf diese Weise Hypothesen und Begründungen für mathematische Aussagen. Beispielsweise sind die zentralen Untersuchungsobjekte des empirischen Settings zur Orthogonalprojektion der grüne und der lilafarbene Pfeil. Um den Zusammenhang der zwei Pfeile zu untersuchen, variieren die drei Schüler gezielt die Position der grünen Pfeilspitze und beobachten die Veränderungen des lilafarbenen Pfeils. Auf diese Weise entwickeln sie Hypothesen über deren Abhängigkeiten. Auch in anderen Fallstudien lassen sich entsprechende explorative Arbeitsweisen feststellen wie beispielsweise das Nachzeichnen von Kurven mit dem Integraphen, um die Funktionsweise zu erkennen, oder die Bewegung des Schiebereglers in der Fallstudie zu GeoGebra, um die Folgen auf die Rechteckapproximation auszutesten.

Der Umgang mit den empirischen Settings führt teilweise dazu, dass spezifische Eigenschaften der Settings von den Lernenden in ihre mathematischen Theorien übernommen werden. Dies wird besonders deutlich, als die Schüler in der Studie zur VR-App Calcflow versuchen sollen, den lilafarbenen orthogonalprojizierten Pfeil anstelle des grünen Pfeils zu bewegen. Die Schüler E und F bemerken, dass dies nicht funktioniert und erklären, dass es sich um eine einseitige Abhängigkeit handelt und sich die Position des grünen Pfeils nicht eindeutig bestimmen ließe, wenn man den lilafarbenen bewegen würde. Sie erkennen somit, dass das eigenständige Bewegen des lilafarbenen Pfeils programmtechnisch nicht sinnvoll umsetzbar ist. Schüler D scheint hingegen der Meinung zu sein, dass sich auch der lilafarbene Pfeil verschieben lassen müsste und sich dann der grüne entsprechend anpasst. Der Schüler kann auf Nachfrage des Interviewers nicht erklären, warum sich der lilafarbene Pfeil nicht packen lässt. Ähnlich wie bei der DGS-Fallstudie von Hölzl (1995) können in der App Calcflow somit zwei Arten von Vektoren bzw. Pfeilen unterschieden werden. Die einen lassen sich ziehen und die anderen nur indirekt verändern. Diese Unterscheidung basiert auf der Dynamik der VR-Anwendung und ist in einer mathematischen Theorie außerhalb dieser nicht relevant, wird aber dennoch von Schüler D als Teil der mathematischen Theorie aufgefasst.

Schließlich stellt sich in Bezug auf die Verbindung der empirischen mathematischen Schülertheorien mit den empirischen Settings noch die folgende Frage:

6. Inwiefern trägt die Auseinandersetzung mit empirischen Settings zu einer empirischen Auffassung von Mathematik bei?

Im Umgang der Schülerinnen und Schüler mit den empirischen Settings in den Fallstudien äußert sich eine empirische Auffassung von Mathematik. Sie scheinen die empirischen Settings auf der Grundlage einer empirischen Theorie zu beschreiben und verstehen die empirischen Objekte der Settings als einen zentralen Untersuchungsgegenstand ihrer mathematischen Theorien, die damit auch mit diesen weiterentwickelt und begründet werden können.

Die empirischen Objekte werden mithilfe der mathematischen Begriffe gedeutet. Beispielsweise fassen die Schüler der Fallstudie zu Symmetrien von Funktionsgraphen den Begriff der Symmetrie in einem geometrischen Sinne auf und führen diesen auf den Begriff der Spiegelung zurück. Schüler C erklärt, man könne Spiegel an die Achse halten und es würde der gleiche Graph entstehen. Hierin wird der empirische Charakter der Schülertheorien deutlich, bei der auf konkrete empirische Vorgehensweisen Bezug genommen wird. Schüler B zeigt Schwierigkeiten bei der Übertragung des geometrischen Symmetriebegriffs auf den Kontext Funktionen. Symmetrie bezieht sich für den Schüler auf geschlossene Figuren, also Flächen, was unter Umständen auch auf die vorhergehenden Erklärungen des Interviewers zurückgeführt werden kann. Die Erweiterung der intendierten Anwendungen auf Linien kann nicht ohne Weiteres erfolgen, weshalb der Schüler dies für problematisch hält. In der Fallstudie zum Integraphen werden die mechanischen Bauteile des Geräts von den Schülern mit geometrischen Begriffen bzw. Begriffen aus dem Kontext Funktionsgraphen beschrieben. Sie beschreiben beispielsweise die drehbare Richtungsrad-Stange als Tangente an die gezeichnete Kurve in den einzelnen Punkten.

Besonders deutlich wird der empirische Charakter der mathematischen Schülertheorien auch in der Fallstudie zu Orthogonalprojektionen von Vektoren mit der VR-Technologie. Der in jeder Dimension begrenzte Koordinatenwürfel wird von den Schülern als Koordinatensystem bezeichnet, die begrenzte quadratische blaue Fläche nennen die Schüler Ebene und die zwei abgebildeten Pfeile werden von ihnen als Vektoren beschrieben. Damit handelt es sich bei diesen Begriffen der Schülertheorien um empirische Begriffe mit konkreten empirischen Referenzobjekten. Es geht nicht um die Beschreibung idealisierter Objekte wie beispielsweise einer Ebene als ein zweidimensionales Objekt mit unendlicher Ausdehnung, sondern um tatsächliche empirische Objekte, in diesem Fall in der VR-Anwendung. Diese Auffassung wird auch in den Aussagen von Schüler D nach dem Absetzen der VR-Brille deutlich. Er erklärt, dass sich die Objekte und ihre Beziehungen zueinander wie mit dem Taschenrechner betrachten lassen, nur eben genauer. Dies zeigt, dass er konkrete Objekte und keine abstrakten Strukturen im Blick hat, die sich mit verschiedenen Mitteln (Taschenrechner und VR-Brille) unterschiedlich gut (Verzerrung von Winkeln, Verkürzung von Längen, etc.) untersuchen lassen.

Deutlich wird in den Aussagen der drei Schüler zudem, dass sie den Begriff des Vektors mit konkreten in einem Koordinatensystem verorteten Pfeilen identifizieren und nicht entsprechend dem Pfeilklassenzugang zum Vektorbegriff mit einer Klasse von gleich gerichteten und orientierten Pfeilen gleicher Länge. Beispielsweise erklärt Schüler E, dass sich die Vektoren im Ursprung schneiden würden, was nur für konkrete Pfeile, nicht aber für Pfeilklassen ohne eine Ortszugehörigkeit möglich ist. Bei den Ausführungen von Schüler F wird zudem deutlich, dass dieser beim Verschieben der Pfeilspitzen davon ausgeht, dass es sich anschließend um den gleichen Pfeil handelt und entsprechend Eigenschaften wie die Länge erhalten bleiben. So überprüft er das Längenverhältnis der beiden Pfeile, indem er den grünen Pfeil direkt neben den lilafarbenen bewegt und folgert daraufhin, dass die Pfeile in jeder Position die gleiche Länge haben. Ebenso versucht der Schüler den grünen Pfeil orthogonal zum lilafarbenen zu positionieren, um die Lage der Pfeile zueinander zu untersuchen, anstatt in anderen Positionen senkrechte Linien zu identifizieren. Beim Verschieben der Pfeile verändern sich allerdings die Koordinaten und damit eigentlich auch der Vektor, mit dem sich der Pfeil beschreiben lässt. Die Identifikation von Vektoren mit konkreten Pfeilen, kann zum Teil auf die Verwendung des Hilfsbegriffs Ortsvektor im schulischen Mathematikunterricht zurückgeführt werden, der keinen Vektor im eigentlichen Sinne, sondern einen Punkt im Raum beschreibt. Außerdem suggeriert das in der Fallstudie verwendete empirische Setting eine entsprechende Interpretation.

Auch Schüler H und Schülerin J aus der Fallstudie zu Summenformeln machen in einer an die eigentliche Arbeitsphase anknüpfenden Reflexion ihre Auffassung von Mathematik explizit. Auf die Frage hin, ob es sich um eine schlechtere Begründung handelt, wenn man die Plättchen anstelle einer Formel benutzt, entgegnet Schüler H, dass es sich bei der Plättchenbegründung nicht um eine schlechtere, sondern eine bessere Begründung handelt, da sie leichter zu verstehen und anschaulicher sei. Als der Interviewer fragt, ob es nicht ungenauer sei, mit einem Bild anstelle der Formel zu arbeiten, antwortet Schüler H, dass die Formeln „ja nur das [beschreiben], was wir gerade gemacht haben." An dieser Aussage wird deutlich, dass Schüler H eine empirische Auffassung von Mathematik vertritt. Seine mathematische Theorie dient der Beschreibung empirischer Objekte, wie zum Beispiel der Plättchen. Entsprechend können diese auch unmittelbar in die Begründung einbezogen werden, was zu einem leichteren Verständnis führe. Für den Schüler scheint es somit wichtig zu sein, dass seine mathematische Theorie auch mit empirischen Phänomenen wie dem Zusammenlegen von Plättchen in Verbindung steht und diese adäquat beschreibt. Schülerin J stützt die Aussage von Schüler H, indem sie sagt, es sei „eigentlich nur 'ne andere Schreibweise, wenn man das zusammenfasst mit Zahlen und Buchstaben". Hierin wird deutlich, dass die Schülerin die Verwendung von Zahlen und Symbolen nicht als eine Abstraktion versteht, bei der die ontologische Bindung der mathematischen Theorie verloren geht. Vielmehr werden die empirischen Objekte in der empirischen Theorie durch die Zahlen und Symbole beschrieben, was lediglich einem Darstellungswechsel entspricht.

In dieser Arbeit wird das Erkenntnismodell des radikalen Konstruktivismus bzw. des auf unterrichtliche Prozesse bezogenen Interaktionismus verwendet. Hiermit verbunden ist die Grundannahme, dass Wissen durch menschliche Konstruktionen gebildet wird und sich auf eine subjektive Erfahrungswelt anstelle einer objektiven Realität bezieht. Die subjektiven Bedeutungen werden an der Erfahrungswelt getestet sowie in Interaktionsprozessen zwischen Individuen ausgehandelt, sodass als geteilt geltende Bedeutungen entstehen. Diese Mehrdeutigkeit bezieht sich auch auf die Verwendung von empirischen Settings. Entsprechend des CSC-Modells werden empirische Settings für den Mathematikunterricht gezielt entwickelt oder ausgewählt, um eine bestimmte mathematische Theorie zu vermitteln. Die Entwicklung bzw. Auswahl erfolgt auf der Basis des von den einzelnen beteiligten Personen (insb. Lehrer*innen, Schulbuchautor*innen und Wissenschaftler*innen) akzeptierten mathematischen Wissens (Concept). Die Schülerinnen und Schüler interpretieren das Setting aber auf der Grundlage ihrer individuellen empirischen mathematischen Theorie (Conception). Daher stellt sich die folgende Forschungsfrage:

7. Welche Gemeinsamkeiten und Unterschiede lassen sich zwischen der intendierten Interpretation eines empirischen Settings und den Interpretationen auf Grundlage der individuellen Schülertheorien beschreiben?

Betrachtet man die Zuschreibungen der Schülerinnen und Schüler oberflächlich, so scheint es zunächst so, als würde ein Großteil der intendierten Interpretation entsprechen. Betrachtet man das Vorgehen der Schülerinnen und Schüler aber genauer, so lassen sich zum Teil erhebliche Unterschiede feststellen.

Die Diskrepanz zwischen einem weitgehend an der intendierten Interpretation orientierten und einem in verschiedener Hinsicht nicht mit diesem übereinstimmenden Vorgehen lässt sich besonders deutlich an der Fallstudie zu Summenformeln zeigen. Schüler H und Schülerin J betrachten wie intendiert den Flächeninhalt der Plättchen bzw. die Anzahl der Einheitsquadrate, legen diese für spezifische Fälle zu einem Rechteck bzw. einem Quadrat zusammen und überprüfen einen Zusammenhang mit den linken und den rechten Seiten der zu begründenden Gleichungen. Schließlich zeigen sie durch Betrachtung fiktiver, variabler Seitenlängen an den konkreten Plättchen, welche Plättchen für den Übergang zu dem Rechteck bzw. Quadrat mit um eine Längeneinheit größeren Seitenlängen notwendig sind. Das Vorgehen der Schülerinnen G und K unterscheidet sich von der intendierten Interpretation deutlich. Sie betrachten die Plättchen nicht als geometrische Objekte, sondern verwenden sie in weiten Teilen des Interviews als Symbole für die Zahlen von 1 bis 5 und legen die Plättchen als Teile einer Rechnung. Auf diese Weise kommen sie zu falschen Ergebnissen und stellen schließlich auch Unterschiede zwischen den aufgrund der Summenformel erwarteten Ergebnissen und den mit den Plättchen erhaltenen Werten fest.

Wie es bereits in der Antwort auf die vierte Forschungsfrage deutlich wurde, führt insbesondere der Einbezug theoretischer Begriffe aufgrund der höchst individuellen Konzeptionen zu deutlich verschiedenen Schülertheorien und entsprechend auch unterschiedlichen Verwendungen der Settings. Die damit verbundenen individuellen Interpretationen weisen unterschiedlich viele Gemeinsamkeiten mit der intendierten Interpretation auf. In der Studie zum GeoGebra-Applet „Integrator" ist beispielsweise die Grenzwertkonzeption von Schüler H nah an dem intendierten theoretischen Grenzwertbegriff. Die Aussagen der Schülerinnen G und J zum Grenzprozess weisen hingegen wesentliche Unterschiede zur intendierten Interpretation auf.

Auch bei zumindest in einzelnen Aspekten neuen symbolischen Ausdrücken scheinen Schülerinnen und Schüler von der intendierten Interpretation verschiedene Konzeptionen zugrunde zu legen. Dies kann anhand der Fallstudie zu Symmetrien von Funktionsgraphen gezeigt werden. Schüler B deutet dort die Symbole $f(x)$ und $f(-x)$ im Setting zur Achsensymmetrie als Zeichen für den linken und den rechten Parabelast. Die Symbole werden nicht als analytische Ausdrücke gedeutet, sondern vielmehr handelt es sich um Namen für die gesamten Objektteile. Die Gleichung $f(x) = f(-x)$ wird damit als Übereinstimmung der beiden Objektteile beschrieben. Diese Sichtweise führt bei Schüler B schließlich dazu, dass er mit $f(x) = x^2 + 1$ nur die positive Seite eines Graphen beschreibt und für die negative Seite eine Funktionsvorschrift der Form $f(-x)$ sucht. Schüler C stellt hingegen eine andere Konzeption des Ausdrucks auf. Er betrachtet x als Längenangabe in einem geometrischen Sinne, die somit nur positive Werte aufweisen kann. Das Vorzeichen bestimmt in seiner Theorie, ob die Länge ausgehend vom Ursprung in negative oder positive Richtung abgetragen wird. In der Gleichung $f(x) = f(-x)$ stehe das f für die y-Achse und man überprüfe „dass von einem Punkt minus 'ne Variable, dass die gleich dieser Punkt und die Variable is'". Schüler A macht seine möglichen geometrischen Deutungen von $f(x)$ und $f(-x)$ nicht so explizit wie die anderen Schüler. Er geht in seinen Ausführungen stattdessen sehr ausführlich auf das Einsetzen von Zahlenwerten in $f(x)$ bzw. $f(-x)$ ein. Auch den Schülerinnen G und K in der Fallstudie zu Summenformeln fällt die Deutung des Terms $2n - 1$ als allgemeine Schreibweise für eine ungerade Zahl und im Falle der Formel für die Summe der ersten n ungeraden Zahlen als höchsten Summanden schwer, was beispielsweise dazu führt, dass sie diesen bei Berechnungen zusätzlich zum höchsten Summanden aufführen. Dies kann unter anderem auf unzureichende Kenntnisse im Bereich der Algebra zurückgeführt werden.

Es bleibt somit festzuhalten, dass empirische Settings nicht selbstevident sind. Werden diese in mathematischen Lernsituationen verwendet, so ist die eigene Wissenskonstruktion mit diesen gefolgt von der Anpassung der Konstruktion im Rahmen von unterrichtlichen interaktiven Aushandlungsprozessen notwendig. Finden solche Aushandlungsprozesse nicht statt oder wird den Schülerinnen und Schülern nicht genügend Raum für eigene Konstruktionen gegeben, so entwickeln diese unter Umständen Theorien (Conception), die weit von dem intendierten mathematischen Wissen (Concept) entfernt sind.

Die empirischen Settings, die in den verschiedenen Fallstudien verwendet wurden, sind in traditionelle und digitale Medien eingebunden. Daher stellt sich die Frage, ob sich Charakteristika für digitale oder traditionelle Medien feststellen lassen:

8. Sind Charakteristika für den Einsatz digitaler (oder traditioneller) Medien in empirischen Settings beschreibbar?

Die in den verschiedenen Studien verwendeten digitalen und traditionellen Medien lassen sich sowohl den Arbeitsmitteln bzw. Werkzeugen als auch den Anschauungsmitteln zuordnen. Arbeitsmittel ermöglichen die Manipulation empirischer mathematischer Objekte, während Anschauungsmittel statisch sind und spezielle Situationen darstellen. Werkzeuge sind Arbeitsmittel mit einem besonders großen Anwendungsbereich.

Der in der ersten Fallstudie verwendete Schulbuchausschnitt besteht aus konkreten empirischen Objekten in Form eines Koordinatensystems mit Funktionsgraphen und weiteren Linien. Zudem wurden in Textform Regeln zur analytischen Bestimmung von Symmetrien dargelegt, die durch die Linien an einem konkreten Beispiel verdeutlicht wurden. Der Schulbuchausschnitt kann somit dem Bereich der Anschauungsmittel zugeordnet werden, da die Schülerinnen und Schüler nicht die Möglichkeit hatten, die Konstellation zu variieren oder andere Fälle zu betrachten. Es wird jeweils für die Achsen- und Punktsymmetrie ein Beispiel geliefert, das als generisches Beispiel in den Argumentationen der Schülerinnen und Schüler auftreten kann.

In der zweiten Fallstudie wurde das historische Zeichengerät Integraph verwendet. Es handelt sich um ein klassisches Werkzeug aus der Analysis, das zur graphischen Integration einer Vielzahl von Funktionsgraphen eingesetzt werden kann. Es ermöglicht damit die Betrachtung beliebig vieler verschiedener Fälle. Auf diese Weise wird es möglich, explorativ mit dem Gerät umzugehen und aktiv Hypothesen und Begründungen zu konstruieren.

Die dritte Fallstudie hat das digitale Mathematikwerkzeug GeoGebra eingebunden. Konkret wurde das Applet „Integrator" verwendet, welches die graphische und numerische Bestimmung von Ober-, Unter- und Trapezsummen für verschiedene Funktionsgraphen und verschieden feine Zerlegungen ermöglicht. Mit dem Applet wird der Werkzeugcharakter von GeoGebra bewusst eingeschränkt, um Schülerinnen und Schüler in einer festgelegten Umgebung mit durch den Ersteller im Vorhinein bestimmten Regeln arbeiten zu lassen. In diesem Rahmen können die Lernenden die empirischen Objekte manipulieren und auf diese Weise explorativ auf Hypothesen und Begründungen schließen.

Die in der vierten Fallstudie verwendete Anwendung zu Orthogonalprojektionen von Vektoren in der App Calcflow stellt ein digitales Arbeitsmittel dar, mit dem sich die Orthogonalprojektion eines Vektors in Bezug auf eine beliebige Ebene oder Gerade graphisch und numerisch bestimmen lässt. Ein in der Graphik zu sehender Pfeil kann durch Ziehen am Objekt oder durch Verändern numerischer Werte manipuliert werden. Die interviewten Schüler haben diese Möglichkeit in den verschiedenen Situationen zur Bildung von Hypothesen und Begründungen genutzt.

Schließlich stellt die letzte Fallstudie zur 3D-Druck-Technologie eine Verbindung aus digitalen und traditionellen Medien dar. Die 3D-Druck-Technologie selbst ist ein digitales Werkzeug, mit dem sich ein beinahe beliebig geformtes 3D-Objekt entwickeln lässt. Die mit einem 3D-Drucker hergestellten Objekte können wiederum als klassische Arbeits- oder Anschauungsmittel fungieren. In dem betrachteten Setting zu Summenformeln haben die Schülerinnen und Schüler sowohl Rechtecksplättchen (traditionelles Arbeitsmittel) zur Begründung als auch die 3D-Druck-Technologie (digitales Werkzeug) zur Entwicklung weiterer Plättchen genutzt.

Im Vergleich zwischen den einzelnen Medien konnten bestimmte Charakteristika in Bezug auf die mathematischen Lernprozesse der Schülerinnen und Schüler festgestellt werden. Beispielsweise ist eine Schulbuchabbildung als Anschauungsmittel eher statisch und scheint damit weniger gut für exploratives Arbeiten geeignet zu sein. Die dynamisch orientierten Arbeitsmittel und Werkzeuge wurden von den Schülerinnen und Schülern hingegen vielfach für experimentelle Hypothesenbildungen sowie zur Begründungsentwicklung genutzt. Zudem unterscheiden sich die einzelnen Arbeitsmittel und Werkzeuge in Bezug auf das Verhältnis zwischen Freiheit und Führung der Schülerhandlungen. Während die Möglichkeiten der Nutzung der Plättchen in der empirischen Studie zur 3D-Druck-Technologie sehr frei sind und mithilfe des 3D-Druckers beliebige eigene Plättchen entwickelt werden können, haben die Schülerinnen und Schüler beim Integraphen, dem GeoGebra-Applet „Integrator" und der VR-Anwendung zu Orthogonalprojektionen deutlich eingeschränktere Manipulationsmöglichkeiten.

Bei den beschriebenen Unterschieden handelt es sich allerdings nicht zwangsweise um Spezifika der betrachteten Medien, die in jeder Situation auftreten. Ebenso unterscheiden sich Lernprozesse mit empirischen Settings und deren Ergebnisse nicht prinzipiell, nur weil sie in traditionelle oder digitale Medien eingebunden sind. Es hängt stattdessen insbesondere vom konkreten empirischen Setting sowie den das Setting verwendenden Schülerinnen und Schülern ab, wie sich die Wissensentwicklungsprozesse gestalten. Digitale Medien bieten im Vergleich zu traditionellen Medien sicherlich mehr Möglichkeiten zur Implementation dynamischer Manipulationen oder besonders freier Arbeitsweisen. Die

Freiheit wird häufig aber auch bewusst eingeschränkt, um die Lernprozesse ziel-führend zu gestalten. Zudem haben statische Situationen gegenüber dynamischen gerade den Vorteil, dass die Bilder sich nicht verändern und damit auch weniger flüchtig sind.

In dieser Arbeit wurden Begründungsprozesse von Schülerinnen und Schülern mit empirischen Settings untersucht. Dabei hat sich gezeigt, dass Schülerinnen und Schüler sowohl induktive als auch deduktive Schlüsse zur Begründung ihrer empirischen mathematischen Theorien heranziehen. Vielfach ließen sich bei der Entwicklung von Begründungen auch anschauliche heuristische Argumentatio-nen finden, die sich auf konkrete empirische Objekte und Fälle bezogen. Ebenso konnten Phasen der Wissenssicherung und Wissenserklärung in den Begründun-gen der Schülerinnen und Schüler ausgemacht werden, wobei sich diese nicht so klar unterscheiden ließen, wie es entsprechend des Strukturalismus für empirische Theorien erfolgen kann. Ein Grund hierfür war, dass einzelnen Schülerinnen und Schülern der Unterschied zwischen induktiven und deduktiven Schlüssen nicht bewusst zu sein schien, sodass sie induktive Schlüsse als wahrheitsübertragend verwendet haben.

Ein besonderer Einflussfaktor bei der Arbeit mit empirischen Settings scheint die Bereichsspezifität von Wissen zu sein. Die Aktivierung von SEB bestimmt wesentlich die Interpretation und Nutzung eines Settings, was sich insbesondere darin zeigt, dass eine inadäquate Aktivierung eines SEB die Interpretations- und Nutzungsmöglichkeiten so stark einschränken kann, dass bestimmte Hypothesen und Begründungen nicht oder nur schwer entwickelt werden können. Ebenso kann auch die Aktivierung von mit einem empirischen Setting entwickeltem Wissen in anderen Situationen eine Hürde darstellen.

In den Fallstudien konnte gezeigt werden, dass die untersuchten Schülerin-nen und Schüler eine empirische Auffassung[1] von Mathematik vertreten, bei der diese als eine empirische Wissenschaft verstanden wird, die der Beschrei-bung empirischer Phänomene dient. Empirische Settings bieten Schülerinnen und Schülern die Möglichkeit, ihr Wissen systematisch anhand empirischer Objekte zu entwickeln. Die Schülerinnen und Schüler haben im Umgang mit den empi-rischen Settings gezeigt, dass sie die darin verwendeten empirischen Objekte als zentrale Untersuchungsgegenstände ihrer mathematischen Theorien wahr-nehmen. Sie nutzten die Settings sowohl zur Weiterentwicklung als auch zur Begründung ihrer Theorien. Diese ließen sich dabei adäquat als empirische Theorien beschreiben, bei denen sich die empirischen mathematischen Begriffe

---

[1] Teilweise konnten auch Aspekte einer naiv-empirischen Auffassung beobachtet werden.

auf eindeutige empirische Referenzobjekte beziehen. Insbesondere bei theoretischen Begriffen scheinen die Konzeptionen von Schülerinnen und Schüler auseinanderzugehen, sodass Aushandlungsprozesse notwendig werden, damit die individuellen mathematischen Theorien mit der allgemein akzeptierten Begriffs- und Theoriefassungen in Verbindung gesetzt werden können.

Insgesamt zeigten sich bei einer detaillierten Betrachtung deutliche Unterschiede in den empirischen mathematischen Theorien der untersuchten Schülerinnen und Schüler (Conceptions) auch mit Bezug auf dieselben empirischen Settings. Beim Vergleich der individuellen Schülertheorien (Conceptions) mit der von der mathematischen Fachcommunity und insbesondere von den direkt beteiligten Personen (z. B. die Mathematiklehrperson) intendierten und akzeptierten mathematischen Theorie (Concept) zeigten sich in allen betrachteten Fällen Abweichungen, die von kleinen begrifflichen bis hin zu deutlichen und systematischen konzeptuellen Unterschieden reichen. Entsprechend der konstruktivistischen Erkenntnistheorie ist auch die akzeptierte mathematische Theorie eine Folge von Aushandlungsprozessen und zeigt sich in den Theorien der einzelnen Personen auf verschiedene Weise. Diskrepanzen zwischen den Theorien verschiedener Personen liegen in der Natur der Sache und können nur durch ausgiebige Bedeutungsaushandlungen minimiert bzw. als minimiert angenommen werden. Empirische Settings können somit zur Unterstützung mathematischer Wissensentwicklungsprozesse herangezogen werden, indem sie als Verbindungsglied zwischen der als akzeptiert geltenden mathematischen Theorie und den individuellen empirischen Schülertheorien vermitteln. Empirische Settings können hierzu in traditionelle und digitale Medien eingebunden werden, wodurch die jeweils spezifischen Potentiale nutzbar werden.

Die durch theoretische Erörterungen und die Betrachtung empirischer Fallstudien in dieser Arbeit gewonnenen Erkenntnisse sollen Impulse für die Gestaltung mathematischer Lehr-Lern-Prozesse geben. Sie können damit auch die Grundlage für weitere systematische Forschung in diesem Bereich bilden. Durch die Beschränkung auf Einzelfälle konnten in dieser Arbeit keine gesicherten allgemeingültigen Erkenntnisse formuliert werden. Das Ziel war dagegen die Sensibilisierung für das Verhältnis von individuellen mathematischen Schülertheorien zu der durch den Unterricht intendierten mathematischen Theorie und die Explikation dieses Ansatzes anhand verschiedener Beispiele, bei denen empirische Settings als Verbindungsglied zwischen den Theorien fungieren. Da die analysierten Fallbeispiele in klinischen Interviewsituationen erhoben wurden, können die Ergebnisse auf unterrichtliche Lernprozesse nur begrenzt übertragen werden. Diese unterliegen weiteren spezifischen Einflussfaktoren, die in den Fallstudien in dieser Form nicht abgebildet werden konnten.

Literatur

Abdank-Abakanowicz, B. (1889). *Die Integraphen. Die Integralkurve und ihre Anwendungen.* Leipzig: Teubner.

Abelson, H., & DiSessa, A. (1981). *Turtle Geometry. The Computer as a Medium for Exploring Mathematics.* Cambridge, MA: MIT Press.

Arzarello, F., Olivero, F., Paola, D., & Robutti, O. (2002). A cognitive analysis of dragging. *Zentralblatt für Didaktik der Mathematik, 34*(3), 66–71.

Azuma, R. T. (1997). A Survey on Augmented Reality. *Presence: Teleoperators and Virtual Environments, 6*(4), 355–385.

Balacheff, N. (1991). The benefits and limits of social interaction: the case of mathematical proof. In A. J. Bishop, E. Mellin-Olsen, & J. V. Dormolen (Hrsg.), *Mathematical knowledge: its growth through teaching* (S. 175–192). Dordrecht: Kluwer.

Balacheff, N. (1993). Artificial Intelligence and Real Teaching. In C. Keitel, & K. Ruthven (Hrsg.), *Learning from Computers: Mathematics Education and Technology* (S. 131–158). Berlin: Springer.

Balzer, W., & Mühlhölzer, F. (1982). Klassische Stoßmechanik. *Zeitschrift für allgemeine Wissenschaftstheorie, 13*(1), 22–39.

Barzel, B., & Greefrath, G. (2015). Digitale Mathematikwerkzeuge sinnvoll integrieren. In W. Blum, S. Vogel, C. Drüke-Noe, & A. Roppelt (Hrsg.), *Bildungsstandards aktuell: Mathematik in der Sekundarstufe II* (S. 145–157). Braunschweig: Westermann.

Barzel, B., & Weigand, H.-G. (2008). Medien vernetzen. *Mathematik Lehren, 146,* 4–10.

Bauersfeld, H. (1978). Kommunikationsmuster im Mathematikunterricht – Eine Analyse am Beispiel der Handlungsverengung durch Antworterwartung. In H. Bauersfeld (Hrsg.), *Fallstudien und Analysen zum Mathematikunterricht* (S. 158–170). Hannover: Schroedel.

Bauersfeld, H. (1983). Subjektive Erfahrungsbereiche als Grundlage einer Interaktionstheorie des Mathematiklernens und -lehrens. In H. Bauersfeld, H. Bussmann, G. Krummheuer, J. H. Lorenz, & J. Voigt (Hrsg.), *Lernen und Lehren von Mathematik. Analysen zum Unterrichtshandeln II* (S. 1–56). Köln: Aulis.

Bauersfeld, H. (1985). Ergebnisse und Probleme von Mikroanalysen mathematischen Unterrichts. In W. Dörfler, & R. Fischer (Hrsg.), *Empirische Untersuchungen zum Lehren und Lernen von Mathematik* (S. 7–25). Wien: Hölder-Pichler-Tempsky.

Bauersfeld, H. (1988). Interaction, construction and knowledge: Alternative perspectives for mathematics education. In T. Cooney, & D. Grouws (Hrsg.), *Effective mathematics teaching* (S. 29–46). Reston, VA: National Council of Teachers of Mathematics.

Bauersfeld, H. (1992a). Integrating Theories for Mathematics Education. *For the Learning of Mathematics, 12*(2), 19–28.

Bauersfeld, H. (1992b). Classroom cultures from a social constructivist's perspective. *Educational Studies in Mathematics, 23*(5), 467–481.

Bauersfeld, H. (1994). Theoretical Perspectives on Interaction in the Mathematics Classroom. In R. Biehler, R. W. Scholz, R. Sträßer, & B. Winkelmann (Hrsg.), *Didactics of Mathematics as a Scientific Discipline* (S. 133–146). Dordrecht: Kluwer Academic Publishers.

Bauersfeld, H. (1995a). „Language Games" in the Mathematics Classroom: Their Function and Their Effects. In P. Cobb, & H. Bauersfeld (Hrsg.), *The Emergence of Mathematical Meaning. Interaction in Classroom Cultures* (S. 271–291). Hillsdale, NJ: Lawrence Erlbaum Associates.

Bauersfeld, H. (1995b). The Structuring of the Structures: Development and Function of Mathematizing as a Social Practice. In L. P. Steffe, & J. Gale (Hrsg.), *Constructivism in Education* (S. 137–158). Hillsdale, NJ: Lawrence Erlbaum Associates.

Bauersfeld, H. (2000a). Radikaler Konstruktivismus, Interaktionismus und Mathematikunterricht. In E. Begemann (Verf.), *Lernen verstehen – Verstehen lernen. Zeitgemäße Einsichten für Lehrer und Eltern. Mit Beiträgen von Heinrich Bauersfeld* (S. 117–145). Frankfurt am Main: Peter Lang.

Bauersfeld, H. (2000b). Neurowissenschaft und Mathematikdidaktik. In E. Begemann (Verf.), *Lernen verstehen – Verstehen lernen. Zeitgemäße Einsichten für Lehrer und Eltern. Mit Beiträgen von Heinrich Bauersfeld* (S. 147–168). Frankfurt am Main: Peter Lang.

Baur, J. (2019). Entwicklung einer Virtual Reality Lernumgebung und Gestaltung zweier Anwendungen für den gymnasialen Mathematikunterricht. URL: https://www.impuls mittelschule.ch/download/pictures/56/twtm2ywb221wohdb04jovo7puwe491/0_baur_jer emias-1553809263.pdf, (Stand: 05.09.2020).

Bayer, K. (2007). *Argument und Argumentation. Logische Grundlagen der Argumentationsanalyse*. Göttingen: Vandenhoeck & Ruprecht.

Beck, C., & Maier, H. (1994). Zu Methoden der Textinterpretation in der empirischen mathematikdidaktischen Forschung. In H. Maier, & J. Voigt (Hrsg.), *Verstehen und Verständigung. Arbeiten zur interpretativen Unterrichtsforschung* (S. 43–76). Köln: Aulis.

Blasjö, V. (2015). The myth of Leibniz's proof of the fundamental theorem of calculus. *Nieuw Archief voor Wiskunde, 16*(1), 46–50.

Blum, W. (1982a). Der Integraph im Analysisunterricht: Ein altes Gerät in neuer Verwendung. *ZDM Zentralblatt für Didaktik der Mathematik, 14*, 25–30.

Blum, W. (1982b). Stammfunktion als Flächeninhaltsfunktion – Ein anderer Beweis des Hauptsatzes. *Mathematische Semesterberichte, 29*(1), 126–134.

Blum, W., & Kirsch, A. (1989). Warum haben nicht-triviale Lösungen von f'=f keine Nullstellen? Beobachtungen und Bemerkungen zum 'inhaltlich-anschaulichen' Beweisen. In H. Kautschitsch, & W. Metzler (Hrsg.), *Anschauliches Beweisen* (S. 199–209). Wien: Hölder-Pichler-Tempsky.

Blum, W., & Kirsch, A. (1991). Preformal proving: Examples and reflections. *Educational Studies in Mathematics, 22,* 183–203.

Bricken, M. (1991). Virtual Reality Learning Environments: Potentials and Challenges. *Computer Graphics, 25*(3), 178–184.

Brown, J. S., Collins, A., & Duguid, P. (1989). Situated Cognition and the Culture of Learning. *Educational Researcher, 18*(1), 32–42.

Bruner, J. (1971). Über kognitive Entwicklung. In J. Bruner (Hrsg.), *Studien zur kognitiven Entwicklung* (S. 21–53). Stuttgart: Klett.

Bruner, J. (1974). *Entwurf einer Unterrichtstheorie.* Berlin: Berlin-Verlag.

Bruner, J. (1975). Der Akt der Entdeckung. In H. Neber (Hrsg.), *Entdeckendes Lernen* (S. 15–27). Weinheim, Basel: Beltz.

Brunner, M. (2017). Die Rollen der Inskriptionen als nützliche Sichtweise im Mathematikunterricht. *Journal für Mathematik-Didaktik, 38*(2), 141–165.

Bryson, S. (1996). Virtual Reality in Scientific Visualization. *Communications of the ACM, 39*(5), 62–71.

Burscheid, H. J., & Struve, H. (2009). *Mathematikdidaktik in Rekonstruktionen. Ein Beitrag zu ihrer Grundlegung.* Hildesheim, Berlin: Franzbecker.

Burscheid, H. J., & Struve, H. (2018). *Empirische Theorien im Kontext der Mathematikdidaktik.* Wiesbaden: Springer.

Cobb, P. (1986). Context, Goals, Beliefs, and Learning Mathematics. *For the Learning of Mathematics, 6*(2), 2–9.

Cobb, P. (1990). Multiple Perspectives. In L. P. Steffe, & T. Wood (Hrsg.), *Transforming Children's Mathematics Education: International Perspectives* (S. 200–215). Hillsdale, NJ: Lawrence Erlbaum Associates.

Cobb, P. (1994). Where Is the Mind? Constructivist and Sociocultural Perspectives on Mathematical Development. *Educational Researcher, 23*(7), 13–20.

Cobb, P., & Bauersfeld, H. (1995, Hrsg.). *The Emergence of Mathematical Meaning. Interaction in Classroom Cultures.* Hillsdale, NJ: Lawrence Erlbaum Associates.

Cobb, P., Yackel, E., & Wood, T. (1992). Interaction and learning in mathematics classroom situations. *Educational Studies in Mathematics, 23*(1), 99–122.

Cristou, S. (2010). Virtual Reality in Education. In A. Tzanavari, & N. Tsapatsoulis (Hrsg.), *Affective, Interactive and Cognitive Methods for E-Learning Desgin: Creating an Optimal Education Experience* (S. 228–243). Hershey: IGI Global.

Dapueto, C., & Parenti, L. (1999). Contributions and Obstacles of Contexts in the Development of Mathematical Knowledge. *Educational Studies in Mathematics, 39*(1–3), 1–21.

Davis, P. J., & Hersh, R. (1981). *The mathematical experience.* Boston: Houghton Mifflin.

Dearden, R. F. (1967). Instruction and Learning by Discovery. In R. S. Peters (Hrsg.), *The Concept of Education.* London, New York: Routledge.

De Villiers, M. (1990). The role and function of proof in mathematics. *Pythagoras, 24,* 17–24.

Dilling, F. (2019a). *Der Einsatz der 3D-Druck-Technologie im Mathematikunterricht. Theoretische Grundlagen und exemplarische Anwendungen für die Analysis.* Wiesbaden: Springer Spektrum.

Dilling, F. (2019b). Representation of vectors in German mathematics and physics textbooks. In S. Rezat, L. Fan, M. Hattermann, J. Schumacher, & H. Wuschke (Hrsg.), *Proceedings of the Third International Conference on Mathematics Textbook Research and Development* (S. 155–160). Paderborn: Universitätsbibliothek Paderborn.

Dilling, F. (2019c). Ebenen und Geraden zum Anfassen – Lineare Algebra mit dem 3D-Drucker. *Beiträge zum Mathematikunterricht 2019*, 177–180.

Dilling, F. (2020a, online first). Zur Rolle empirischer Settings in mathematischen Wissensentwicklungsprozessen – eine exemplarische Untersuchung der digitalen Funktionenlupe. *Mathematica Didactica*.

Dilling, F. (2020b). Qualitative Zugänge zur Integralrechnung durch Einsatz der 3D-Druck-Technologie. In G. Pinkernell, & F. Schacht (Hrsg.), *Digitale Kompetenzen und Curriculare Konsequenzen* (S. 57–68). Hildesheim: Franzbecker.

Dilling, F. (2020c). Das Thema Parkettierung digital gestalten – Möglichkeiten des Einsatzes der 3D-Druck-Technologie im Geometrieunterricht der Grundschule. In B. Brandt, L. Bröll, & H. Dausend (Hrsg.), *Digitales Lernen in der Grundschule II. Aktuelle Trends in Forschung und Praxis* (S. 112–123). Münster: Waxmann.

Dilling, F. (2020d). Authentische Problemlöseprozesse durch digitale Werkzeuge initiieren – eine Fallstudie zur 3D-Druck-Technologie. In F. Dilling, & F. Pielsticker (Hrsg.), *Mathematische Lehr-Lernprozesse im Kontext digitaler Medien* (S. 161–180). Wiesbaden: Springer Spektrum.

Dilling, F., & Krause, E. (2020). Zur Authentizität kinematischer Zusammenhänge in der Differentialrechnung – eine Analyse ausgewählter Aufgaben. *MNU-Journal, 2/2020*, 163–168.

Dilling, F., Marx, B., Pielsticker, F., Vogler, A., & Witzke, I. (2021). *Praxisbuch 3D-Druck im Mathematikunterricht. Einführung und Unterrichtsentwürfe für die Sekundarstufe I und II.* Münster: Waxmann.

Dilling, F., Pielsticker, F., & Witzke, I. (2019, online first). Grundvorstellungen Funktionalen Denkens handlungsorientiert ausschärfen – Eine Interviewstudie zum Umgang von Schülerinnen und Schülern mit haptischen Modellen von Funktionsgraphen. *Mathematica Didactica*.

Dilling, F., Pielsticker, F., & Witzke, I. (2020a). Empirisch-gegenständlicher Mathematikunterricht im Kontext digitaler Medien und Werkzeuge. In F. Dilling, & F. Pielsticker (Hrsg.), *Mathematische Lehr-Lernprozesse im Kontext digitaler Medien* (S. 1–27). Wiesbaden: Springer Spektrum.

Dilling, F., Pielsticker, F., & Witzke, I. (2020b). Der Einsatz der 3D-Druck-Technologie im Mathematikunterricht der Grundschule. In S. Ladel, C. Schreiber, R. Rink, & D. Walter (Hrsg.), *Forschung zu und mit digitalen Medien. Befunde für den Mathematikunterricht der Primarstufe* (S. 151–164). Münster: WTM.

Dilling, F., & Struve, H. (2019). Von der Kurve zur Funktion... und wieder zurück. Zur Geschichte des Funktionsbegriffs und den Implikationen für den Analysisunterricht. *Mathematik Lehren, 217*, 38–39.

Dilling, F., & Vogler, A. (2020). Ein mathematisches Zeichengerät (nach)entwickeln – eine Fallstudie zum Pantographen. In F. Dilling, & F. Pielsticker (Hrsg.), *Mathematische Lehr-Lernprozesse im Kontext digitaler Medien* (S. 103–126). Wiesbaden: Springer Spektrum.

Dilling, F., & Vogler, A. (2021). Fostering Spatial Ability through Computer-Aided Design – A Case Study. *Digital Experiences in Mathematics Education, 7*(2), 323–336.

Dilling, F., & Witzke, I. (2018). 3D-Printing-Technology in Mathematics Education – Examples from the Calculus. *Vietnam Journal of Education, 2*(5), 54–58.

Dilling, F., & Witzke, I. (2019a). Ellipsograph, Integraph & Co. Historische Zeichengeräte im Mathematikunterricht entwickeln. *Mathematik Lehren, 217,* 23–27.

Dilling, F., & Witzke, I. (2019b). Was ist 3D-Druck? Zur Funktionsweise der 3D-Druck-Technologie. *Mathematik Lehren, 217,* 10–12.

Dilling, F., & Witzke, I. (2020a). The Use of 3D-printing Technology in Calculus Education – Concept formation processes of the concept of derivative with printed graphs of functions. *Digital Experiences in Mathematics Education, 6*(3), 320–339.

Dilling, F., & Witzke, I. (2020b). Die 3D-Druck-Technologie als Lerngegenstand im Mathematikunterricht der Sekundarstufe II. *MNU-Journal, 4/2020,* 317–320.

Dilling, F., & Witzke, I. (2020c). Comparing digital and classical approaches – The case of tessellation in primary school. In B. Barzel, R. Bebernik, L. Göbel, M. Pohl, H. Ruchniewicz, F. Schacht, & D. Thurm (Hrsg.), *Proceedings of the 14th International Conference on Technology in Mathematics Teaching – ICTMT 14* (S. 83–90). Essen: University of Duisburg-Essen.

Dörner, R., Broll, W., Jung, B., Grimm, P., & Göbel, M. (2019). Einführung in Virtual und Augmented Reality. In R. Dörner, W. Broll, P. Grimm, & B. Jung (Hrsg.), *Virtual und Augmented Reality (VR/AR). Grundlagen und Methoden der Virtuellen und Augmentierten Realität* (S. 1–42). Berlin: Springer Vieweg.

Dörner, R., & Steinicke, F. (2019). Wahrnehmungsaspekte von VR. In R. Dörner, W. Broll, P. Grimm, & B. Jung (Hrsg.), *Virtual und Augmented Reality (VR/AR). Grundlagen und Methoden der Virtuellen und Augmentierten Realität* (S. 43–78). Berlin: Springer Vieweg.

Dröge, W., & Metzler, W. (1983). *Die „Hauptsatzmaschine" – Zum Hauptsatz der Differential- und Integralrechnung.* Göttingen: Institut für den wissenschaftlichen Film.

Dyck, W. (1892). *Katalog mathematischer und mathematisch-physikalischer Modelle, Apparate und Instrumente.* München: K. Hof- und Universitätsdruckerei.

Eichler, A., & Schmitz, A. (2018). Domain Specificity of Mathematics Teachers' Beliefs and Goals. In B. Rott, G. Törner, J. Peters-Dasdemir, A. Möller, & Safrudiannur (Hrsg.), *Views and Beliefs in Mathematics Education. The Role of Beliefs in the Classroom* (S. 137–146). Cham: Springer Nature.

Einstein, A. (1990). *Aus meinen späteren Jahren.* Berlin: Ullstein.

Elschenbroich, H.-J. (2015a). Anschauliche Differenzialrechnung mit der Funktionenlupe. *MNU-Journal, 68*(5), 273–277.

Elschenbroich, H.-J. (2015b). Digitale Werkzeuge im Analysis-Unterricht. In W. Blum, S. Vogel, C. Drüke-Noe, & A. Roppelt (Hrsg.), *Bildungsstandards aktuell: Mathematik in der Sekundarstufe II* (S. 244–254). Braunschweig: Diesterweg, Schroedel, Westermann.

Elschenbroich, H.-J. (2016). Anschauliche Zugänge zur Analysis mit alten und neuen Werkzeugen. *Der Mathematikunterricht, 62*(1), 26–34.

Elschenbroich, H.-J. (2017). Anschauliche Zugänge zur Integralrechnung mit dem Integrator. *MNU-Journal, 5/2017,* 312–317.

Elschenbroich, H.-J., Seebach, G., & Schmidt, R. (2014). Die digitale Funktionenlupe: Ein neuer Vorschlag zur visuellen Vermittlung einer Grundvorstellung vom Ableitungsbegriff. *Mathematik Lehren, 187,* 34–37.

Ernest, P. (1994). Constructivism: Which Form Provides the Most Adequate Theory of Mathematics Learning. *Journal für Mathematik-Didaktik, 15*(3/4), 327–342.

Euklid (1996). *Die Elemente. Bücher I–XIII von Euklid. Aus dem Griech. übers. und hrsg. von Clemens Thaer und einem Vorwort von W. Trageser.* Thun, Frankfurt am Main: Harri Deutsch.

Fastermann, P. (2016). *3D-Drucken. Wie die generative Fertigungstechnik funktioniert.* Berlin, Heidelberg: Springer.

Filler, A., & Todorova, A. D. (2012). Der Vektorbegriff. Verschiedene Wege zur Einführung. *Mathematik Lehren, 174*, 47–51.

Fischer, R., & Malle, G. (2004). *Mensch und Mathematik. Eine Einführung in didaktisches Denken und Handeln.* München, Wien: Profil-Verlag.

Frank, M. L. (1985). *Mathematical Beliefs and Problem Solving* (Dissertation). Purdue University.

Freudenthal, H. (1961). Die Grundlagen der Geometrie um die Wende des 19. Jahrhunderts. *Mathematisch-Physikalische Semesterberichte, 7*, 2–25.

Freudenthal, H. (1983). *Didactical Phenomenology of Mathematical Structures.* Dordrecht: D. Reidel Publishing Company.

Freudenthal, H. (2002). *Didactical Phenomenology of Mathematical Structures.* New York et al.: Kluwer.

Garbe, A. (2001). *Die partiell konventional, partiell empirisch bestimmte Realität physikalischer RaumZeiten.* Würzburg: Königshausen & Neumann.

Gawlik, T. (2002). Zur Begriffsbildung in der Dynamischen Geometrie. In W. Herget, R. Sommer, H.-G. Weigand, & T. Weth (Hrsg.), *Medien verbreiten Mathematik* (S. 92–100). Hildesheim, Berlin: Franzbecker.

Georgii, H.-O. (2009). *Stochastik. Einführung in die Wahrscheinlichkeitstheorie und Statistik.* Berlin: De Gruyter.

Ginsburg, H. (1981). The Clinical Interview in Psychological Research on Mathematical Thinking: Aims, Rationales, Techniques. *For the Learning of Mathematics, 1*(3), 4–11.

Glasersfeld, E. v. (1983). Learning as Constructive Activity. In J. C. Bergeron, & N. Herscovics (Hrsg.), *Proceedings of the 5th Annual Meeting of the North American Group of Psychology in Mathematics Education, Vol. 1* (S. 41–101). Montreal: PME-NA.

Glasersfeld, E. v. (1985). Konstruktion der Wirklichkeit und des Begriffs der Objektivität. In H. v. Förster, E. v. Glasersfeld, P. M. Hejl, S. J. Schmidt, & P. Watzlawick (Hrsg.), *Einführung in den Konstruktivismus* (S. 9–39). München, Zürich: Piper.

Glasersfeld, E. v. (1990). An Exposition of Constructivism: Why Some Like it Radical. In R. B. Davis, C. A. Maher, & N. Noddings (Hrsg.), *Monographs of the Journal for Research in Mathematics Education, #4* (S. 19–29). Reston, VA: National Council of Teachers of Mathematics.

Glasersfeld, E. v. (1991). Introduction. In E. v. Glasersfeld (Hrsg.), *Radical Constructivism in Mathematics Education* (S. xiii–xx). Dordrecht: Kluwer Academic Publishers.

Glasersfeld, E. v. (1992). A constructivist approach to experiential foundations of mathematical concepts. In S. Hills (Hrsg.), *History and philosophy of science in science education* (S. 551–571). Kingston: Queen's University.

Glasersfeld, E. v. (1996). *Radikaler Konstruktivismus. Ideen, Ergebnisse, Probleme.* Berlin: Suhrkamp.

Glasersfeld, E. v. (2001a). Aspekte einer konstruktivistischen Didaktik. In H. Schwetz, M. Zeyringer & A. Reiter (Hrsg.), *Konstruktivistisches Lernen mit neuen Medien* (S. 7–11). Innsbruck: Studien Verlag.

Glasersfeld, E. v. (2001b). Radical constructivism and teaching. *Prospects, 31,* 161–173.

Glasersfeld, E. V. (2003). Konstruktionen der Wirklichkeit und des Begriffs der Objektivität. In H. Gumin, & H. Meier (Hrsg.), *Einführung in den Konstruktivismus* (S. 9–39). München: Piper.

Glasersfeld, E. v. (2011). Theorie der kognitiven Entwicklung. Ernst von Glasersfeld über das Werk Jean Piagets – Einführung in die Genetische Epistemologie. In B. Pörksen (Hrsg.), *Schlüsselwerke des Konstruktivismus* (S. 92–107). Wiesbaden: VS Verlag für Sozialwissenschaften.

Goldin, G. (2002). Affect, Meta-Affect, and Mathematical Belief Structures. In G. C. Leder, E. Pehkonen, & G. Törner (Hrsg.), *Beliefs: A Hidden Variable in Mathematics Education* (S. 59–72). Dordrecht: Kluwer Academics Publishers.

Goldin, G., Rösken, B., & Törner, G. (2009). Beliefs – No longer a hidden variable in mathematical teaching and learning processes. In J. Maaß, & W. Schlöglmann (Hrsg.), *Beliefs and Attitudes in Mathematics Education: New Research Results* (S. 1–18). Rotterdam: Sense Publishers.

Gopnik, A., & Meltzoff, A. (1997). *Words, Thoughts, and Theories.* Cambridge, MA: MIT-Press.

Graumann, G., Hölzl, R., Krainer, K., Neubrand, M., & Struve, H. (1996). Tendenzen der Geometriedidaktik der letzten 20 Jahre. *Journal für Mathematik-Didaktik, 17*(3/4), 163–237.

Greefrath, G., Hußmann, S., & Fröhlich, I. (2010). Geometrie bewegen. *PM – Praxis der Mathematik in der Schule,* 34, 1–8.

Greefrath, G., Oldenburg, R., Siller, H.-S., Ulm, V., & Weigand, H.-G. (2016). *Didaktik der Analysis. Aspekte und Grundvorstellungen zentraler Begriffe.* Berlin, Heidelberg: Springer Spektrum.

Green, T. F. (1971). *The Activities of Teaching.* New York: McGraw-Hill.

Griesel, H., Gundlach, A., Postel, H., & Suhr, F. (2010, Hrsg.). *Elemente der Mathematik Einführungsphase.* Braunschweig: Bildungshaus Schulbuchverlage.

Griesel, H., Gundlach, A., Postel, H., & Suhr, F. (2014, Hrsg.). *Elemente der Mathematik Einführungsphase.* Braunschweig: Bildungshaus Schulbuchverlage.

Griesel, H., & Postel, H. (1983). Zur Theorie des Lehrbuchs – Aspekte der Lehrbuchkonzeption. *Zentralblatt für Didaktik der Mathematik, 15*(6), 287–293.

Griesel, H., Postel, H., & Suhr, F. (2003a, Hrsg.). *Elemente der Mathematik. 6. Schuljahr.* Hannover: Schroedel.

Griesel, H., Postel, H., & Suhr, F. (2003b, Hrsg.). *Elemente der Mathematik. 7. Schuljahr.* Hannover: Schroedel.

Griesel, H., Postel, H., & Suhr, F. (2008, Hrsg.). *Elemente der Mathematik. 8. Schuljahr.* Braunschweig: Bildungshaus Schulbuchverlage.

Grigutsch, S., Raatz, U., & Törner, G. (1998). Einstellungen gegenüber Mathematik bei Mathematiklehrern. *Journal für Mathematik-Didaktik, 19*(1), 3–45.

Grimm, P., Broll, W., Herold, R., Reiners, D., & Cruz-Neira, C. (2019). VR/AR-Ausgabegeräte. In R. Dörner, W. Broll, P. Grimm, & B. Jung (Hrsg.), *Virtual und Augmented Reality (VR/AR). Grundlagen und Methoden der Virtuellen und Augmentierten Realität* (S. 163–217). Berlin: Springer Vieweg.

Hanna, G. (1995). Challenges to the Importance of Proof. *For the Learning of Mathematics, 15*(3), 42–49.

Hanna, G. (2000). Proof, Explanation and Exploration: An Overview. *Educational Studies in Mathematics, 44*(1), 5–23.

Hannula, M. S. (2012). Exploring new dimensions of mathematics-related affect: embodied and social theories. *Research in Mathematics Education, 14*(2), 137–161.

Hattermann, M. (2011). *Der Zugmodus in 3D-dynamischen Geometriesystemen (DGS). Analyse von Nutzerverhalten und Typenbildung.* Wiesbaden: Vieweg + Teubner.

Hattermann, M., & Sträßer, R. (2006). Mathematik zum Anfassen: Geometrie-Werkzeuge erschließen eine faszinierende Welt. *c't magazin für computertechnik, 13*, 174–182.

Healy, L., & Hoyles, C. (1998). *Justifying and proving in school mathematics. Technical Report on the Nationwide Survey.* London: University of London.

Hefendehl-Hebeker, L. (2016). Mathematische Wissensbildung in Schule und Hochschule. In A. Hoppenbrock et al. (Hrsg.), *Lehren und Lernen von Mathematik in der Studieneingangsphase* (S. 15–24). Wiesbaden: Springer.

Hegedus, S., Laborde, C., Brady, C., Dalton, S., Siller, H.-S., Tabach, M., Trgalova, J., & Moreno-Armella, L. (2017). *Uses of Technology in Upper Secondary Mathematics Education. ICME-13 Topical Surveys.* Cham: Springer International.

Heintz, B. (2000). *Die Innenwelt der Mathematik. Zur Kultur und Praxis einer beweisenden Disziplin.* Berlin: Springer.

Heintz, G., Elschenbroich, H.-J., Laakmann, H., Langlotz, H., Schacht, F., & Schmidt, R. (2014). Digitale Werkzeugkompetenzen im Mathematikunterricht. *MNU-Journal, 67*(5), 300–306.

Hellriegel, J., & Cubela, D. (2018). Das Potenzial von Virtual Reality für den schulischen Unterricht. Eine konstruktivistische Sicht. *MedienPädagogik, 10/2018*, 58–80.

Hempel, G. (1945). Geometry and Empirical Science. *The American Mathematical Monthly, 52*(1), 7–17.

Henn, H.-W., & Filler, A. (2015). *Didaktik der Analytischen Geometrie und Linearen Algebra. Algebraisch verstehen – geometrisch veranschaulichen und anwenden.* Berlin, Heidelberg: Springer Spektrum.

Hering, H. (1991). Didaktische Aspekte experimenteller Mathematik. In H. Kautschitsch, & W. Metzler (Hrsg.), *Anschauliche und Experimentelle Mathematik I* (S. 51–59). Wien: Hölder-Pichler-Tempsky.

Hersh, R. (1993). Proving is convincing and explaining. *Educational Studies in Mathematics, 24*(4), 389–399.

Heuser, H. (2009). *Lehrbuch der Analysis Teil 1.* Wiesbaden: Vieweg + Teubner.

Hilbert, D. (1935). Neubegründung der Mathematik. Erste Mitteilung. In D. Hilbert (Hrsg.), *Gesammelte Abhandlungen. Dritter Band* (S. 157–177). Berlin: Springer.

Hilbert, D. (1968). *Grundlagen der Geometrie.* Stuttgart: B. G. Teubner.

Hilbert, D., & Bernays, P. (1968). *Grundlagen der Mathematik I.* Berlin, Heidelberg: Springer.

Hischer, H. (2010). *Was sind und was sollen Medien, Netze und Vernetzungen?* Hildesheim: Franzbecker.

Hofe, R. v. (1992). Grundvorstellungen mathematischer Inhalte als didaktisches Modell. *Journal für Mathematik-Didaktik, 13*(4), 345–364.

Hohenwarter, M. (2013). Neue Entwicklungen bei GeoGebra. In M. Ruppert, & J. F. Wörler (Hrsg.), *Technologien im Mathematikunterricht: Eine Sammlung von Trends und Ideen* (S. 3–4). Wiesbaden: Springer.

Hohenwarter, M., Hohenwarter, J., Kreis, Y, & Lavicza, Z. (2008). Teaching and Learning Calculus with Free Dynamic Mathematics Software Geogebra. *Discussion Paper for ICME 11, TSG 16.*

Holland, G. (1996). Führt der Einsatz von DGS zu einem anderen Verständnis von Geometrie? In H. Hischer (Hrsg.), *Computer und Geometrie: Neue Chancen für den Geometrieunterricht?* (S. 40–48). Hildesheim, Berlin: Franzbecker.

Holton, G. (1981). *Thematische Analyse der Wissenschaft. Die Physik Einsteins und seiner Zeit.* Berlin: Suhrkamp.

Hölzl, R. (1994). „Die konstruierten Punkte noch binden!" – Schülervorstellungen von der Cabri-Geometrie. In H. Kautschitsch, & W. Metzler (Hrsg.), *Anschauliche und Experimentelle Mathematik II* (S. 87–98). Wien: Hölder-Pichler-Tempsky.

Hölzl, R. (1995). Eine empirische Untersuchung zum Schülerhandeln mit Cabri-géomètre. *Journal Für Mathematik-Didaktik, 16*(1/2), 79–113.

Hölzl, R. (2000). Dynamische Geometrie-Software als integraler Bestandteil des Lern- und Lehrarrangements. *Journal Für Mathematik-Didaktik, 21*(2), 79–100.

Hölzl, R. (2001). Using Dynamic Geometry Software to add Contrast to Geometric Situations – A Case Study. *International Journal of Computers for Mathematical Learning, 6*(1), 63–86.

Hölzl, R., & Schelldorfer, R. (2013). Im Geometrieunterricht der Sekundarstufe I mit dynamischen Applets explorieren. *PM – Praxis der Mathematik in der Schule, 50,* 9–16.

Howson, G. (1995). *Mathematics Textbooks: A Comparative Study of Grade 8 Texts.* Vancouver: Pacific Educational Press.

Hoyles, C. (1992). Mathematics teaching and mathematics teachers: A meta-case study. *For the Learning of Mathematics, 12*(3), 32–44.

Inglis, M., Mejia-Ramos, J. P., & Simpson, A. (2007). Modelling mathematical argumentation: The importance of qualification. *Educational Studies in Mathematics, 66*(1), 3–21.

Jahnke, H. N., & Otte, M. (1979). Der Zusammenhang von Verallgemeinerung und Gegenstandsbezug beim Beweisen – Am Beispiel der Geometrie diskutiert. In W. Dörfler, & R. Fischer (Hrsg.), *Beweisen im Mathematikunterricht* (S. 225–242). Wien: Hölder-Pichler-Tempsky.

Johansson, M. (2006). Textbooks as instruments. Three teachers' ways of organize their mathematics lessons. *NOMAD, 11,* 5–30.

Jörgens, T., Jürgensen-Engl, T., Lohmann, J., Riemer, W., Schmitt-Hartmann, R., Sonntag, R., & Spielmans, H. (2018). *Lambacher Schweizer 7. Mathematik für Gymnasien. Nordrhein-Westfalen.* Stuttgart: Klett.

Jungwirth, H. (2003). Interpretative Forschung in der Mathematikdidaktik – ein Überblick für Irrgäste, Teilzieher und Standvögel. *ZDM, 35*(5), 189–200.

Kang, K., Kushnarev, S., Pin, W. W., Ortiz, O., & Shihang, J. C. (2020). Impact of Virtual Reality on the Visualization of Partial Derivatives in a Multivariable Calculus Class. *IEEE Access, 8,* 58940–58947.

Kant, I. (1787). *Kritik der reinen Vernunft.* Riga: Johann Friedrich Hartknoch.

Kaufmann, H., Schmalstieg, D., & Wagner, M. (2000). Construct3D: A Virtual Reality Application for Mathematics and Geometry Education. *Education and Information Technologies, 5*(4), 263–276.

Kavanagh, S., Luxton-Reilly, A., Wuensch, B., & Plimmer, B. (2017). A systematic review of Virtual Reality in education. *Themes in Science & Technology Education, 10*(2), 85–119.

Keitel, C., Otte, M., & Seeger, F. (1980). *Text Wissen Tätigkeit.* Königstein: Scriptor.

Kirsch, A. (1979). Beispiele für „prämathematische" Beweise. In W. Dörfler, & R. Fischer (Hrsg.), *Beweisen im Mathematikunterricht* (S. 261–274). Wien: Hölder-Pichler-Tempsky.

Kirsch, A. (1980). Zur Mathematik-Ausbildung der zukünftigen Lehrer – im Hinblick auf die Praxis des Geometrieunterrichts. *Journal für Mathematikdidaktik, 1*(4), 229–256.

Köhler, T., Münster, S., & Schlenker, L. (2013). Didaktik virtueller Realität: Ansätze für eine zielgruppengerechte Gestaltung im Kontext akademischer Bildung. In G. Reinmann, M. Ebner, & S. Schön (Hrsg.), *Hochschuldidaktik im Zeichen von Heterogenität und Vielfalt. Doppelfestschrift für Peter Baumgartner und Rolf Schulmeister.* Norderstedt: Books on Demand.

Königsberger, K. (2004). *Analysis 1.* Berlin, Heidelberg: Springer.

Koyré, A. (1988). *Galilei. Die Anfänge der neuzeitlichen Wissenschaft.* Frankfurt am Main: Wagenbach.

Krause, E. (2017). Einsteins EJASE-Modell als Ausgangspunkt physikdidaktischer Forschungsfragen. *Physik und Didaktik in Schule und Hochschule, 16*(1), 57–66.

Krummheuer, G. (1983a). *Algebraische Termumformungen in der Sekundarstufe I. Abschlußbericht eines Forschungsprojekts.* Bielefeld: Institut für Didaktik der Mathematik.

Krummheuer, G. (1983b). Das Arbeitsinterim im Mathematikunterricht. In H. Bauersfeld, H. Bussmann, G. Krummheuer, J. H. Lorenz, & J. Voigt (Hrsg.), *Lernen und Lehren von Mathematik. Analysen zum Unterrichtshandeln II* (S. 57–106). Köln: Aulis.

Krummheuer, G. (1991). Argumentations-Formate im Mathematikunterricht. In H. Maier, & J. Voigt (Hrsg.), *Interpretative Unterrichtsforschung* (S. 57–78). Köln: Aulis.

Krummheuer, G. (1992). *Lernen mit ‚Format'. Elemente einer interaktionistischen Lerntheorie. Diskutiert an Beispielen mathematischen Unterrichts.* Weinheim: Deutscher Studien Verlag.

Krummheuer, G. (1995). The ethnology of argumentation. In P. Cobb, & H. Bauersfeld (Hrsg.), *The Emergence of Mathematical Meaning. Interaction in Classroom Cultures* (S. 229–269). Hillsdale, NJ: Lawrence Erlbaum Associates.

Krummheuer, G., & Naujok, N. (1999). *Grundlagen und Beispiele Interpretativer Unterrichtsforschung.* Opladen: Leske + Budrich.

Krumsdorf, J. (2017). *Beispielgebundenes Beweisen.* Münster: WTM.

Kuhn, W. (1983). Das Wechselspiel von Theorie und Experiment im physikalischen Erkenntnisprozeß. *DPG-Didaktik-Tagungsband 1983,* 416–438.

Kultusministerkonferenz (2012). Bildungsstandards im Fach Mathematik für die allgemeine Hochschulreife. URL: https://www.kmk.org/fileadmin/Dateien/veroeffentlichungen_beschluesse/2012/2012_10_18-Bildungsstandards-Mathe-Abi.pdf, (letzter Zugriff: 26.08.2020).

Laborde, C. (1999). Probleme und Potentiale dynamischer Computer-Darstellungen beim Lehren und Lernen von Geometrie. In G. Kadunz, G. Ossimitz, W. Peschek, & E. Schneider (Hrsg.), *Mathematische Bildung und neue Technologien.* Wiesbaden: Springer.

Lakatos, I. (1976). *Proofs and refutations: The logic of mathematical discovery.* Cambridge: Cambridge University Press.

Lakatos, I. (1978). *Mathematics, science and epistemology.* Cambridge: Cambridge University Press.

Lakatos, I. (1982). *Mathematik, empirische Wissenschaft und Erkenntnistheorie.* Braunschweig: Vieweg+Teubner.

Lave, J. (1988). *Cognition in Practice. Mind, Mathematics and Culture in Everyday Live.* Cambridge: Cambridge University Press.

Lave, J. (1996). The practice of learning. In S. Chaiklin, & J. Lave (Hrsg.), *Understanding practice. Perspectives on activity and context* (S. 3–32). Cambridge: Cambridge University Press.

Lave, J, & Wenger, E. (1991). *Situated Learning. Legitimate Peripheral Participation.* Cambridge: Cambridge University Press.

Lawler, R. W. (1981). The Progressive Construction of Mind. *Cognitive Science, 5*(1), 1–30.

Leder, G. C., & Forgasz, H. J. (2002). Measuring Mathematical Beliefs and Their Impact on the Learning of Mathematics: A New Approach. In G. C. Leder, E. Pehkonen, & G. Törner (Hrsg.), *Beliefs: A Hidden Variable in Mathematics Education* (S. 95–113). Dordrecht: Kluwer Academics Publishers.

Leder, G. C., Pehkonen, E., & Törner, G. (2002, Hrsg.). *Beliefs: A Hidden Variable in Mathematics Education.* Dordrecht: Kluwer Academics Publishers.

Leibniz, G. (1693). Über die Analysis des Unendlichen. In G. Kowalewski (Hrsg.) (1996), *Über die Analysis des Unendlichen / Abhandlung über die Quadratur von Kurven* (S. 1–72). Frankfurt am Main: Thun.

Ludwig, M., & Schelldorfer, R. (2015). Geometrie handfest – Werkzeuge der Geometrie. *PM – Praxis der Mathematik in der Schule, 61,* 2–5.

Maier, H., & Voigt, J. (1991, Hrsg.). *Interpretative Unterrichtsforschung.* Köln: Aulis.

Maier, H., & Voigt, J. (1994, Hrsg.). *Verstehen und Verständigung. Arbeiten zur interpretativen Unterrichtsforschung.* Köln: Aulis.

Manin, Y. (1977). *A course in mathematical logic.* New York: Springer.

Mason, J., & Pimm, D. (1984). Generic Examples: Seeing the General in the Particular. *Educational Studies in Mathematics, 15,* 277–289.

Meschkowski, H. (1980). *Mathematiker-Lexikon.* Mannheim: BI-Wissenschaftsverlag.

Meyer, K. (2013). GeoGebra – Aspekte einer dynamischen Geometriesoftware. In M. Ruppert, & J. F. Wörler (Hrsg.), *Technologien im Mathematikunterricht: Eine Sammlung von Trends und Ideen* (S. 5–12). Wiesbaden: Springer.

Meyer, M. (2007). *Entdecken und Begründen im Mathematikunterricht. Von der Abduktion zum Argument.* Hildesheim, Berlin: Franzbecker.

Milgram, P., Takemura, H., Utsumi, A., & Kishino, F. (1994). Augmented Reality: a class of displays on the reality-virtuality continuum. *Proceedings of SPIE, 2351,* 282–292.

Mine, M. R., Brooks Jr., F. P., & Sequin, C. H. (1997). Moving Objects in Space: Exploiting Proprioception In Virtual-Environment Interaction. *SIGGRAPH '97 Proceedings,* 19–26.

Minsky, M. (1980). K-Lines: A Theory of Memory. *Cognitive Science, 4*(2), 117–133.

Minsky, M., & Papert, S. (1974). *Artificial Intelligence.* Eugene, OR: Oregon System of Higher Education.

Mormann, T. (1981). *Argumentieren Begründen Verallgemeinern. Zum Beweisen im Mathematikunterricht.* Königstein: Scriptor.

Newton, D. P. (1990). *Teaching with Text. Choosing, Preparing and Using Textual Materials for Instruction.* London: Kogan Page.

Núñez, R. E., Edwards, L. D., & Filipe Matos, J. (1999). Embodied Cognition as Grounding for Situatedness and Context in Mathematics Education. *Educational Studies in Mathematics, 39*(1–3), 45–65.

Oldenburg, R. (2005). Bidirektionale Verknüpfung von Computeralgebra und dynamischer Geometrie. *Journal für Mathematik-Didaktik, 26*(3/4), 249–273.

Pajares, M. F. (1992). Teachers' Beliefs and Educational Research: Cleaning Up a Messy Construct. *Review of Educational Research, 62*(3), 307–332.

Palm, M. (2013). Historische Integratoren der Firma A. Ott – Anschauliche Darstellung der Funktionsweise und Animation. URL: http://www.integrator-online.de/PDF/Historische%20Integratoren.pdf, (Stand: 01.09.2020).

Papert, S. (1980). *Mindstorms. Children, Computer, and Powerful Ideas.* New York: Basic Books.

Papert, S. (1993). *The Children's Machine. Rethinking School in the Age of the Computer.* New York: Basic Books.

Pasch, M. (1976). *Vorlesungen über die neuere Geometrie. Zweite Auflage mit einem Anhang, Max Dehn. Die Grundlegung der Geometrie in historischer Entwicklung.* Berlin, Heidelberg, New York: Springer.

Pehkonen, E. (1994). *Mathematische Vorstellungen von Schülern: der Begriff und einige Forschungsresultate.* Duisburg: Gerhard Mercator Universität Duisburg Gesamthochschule.

Pehkonen, E. (1995). *Pupils' View of Mathematics. Initial report for an international comparison project.* Helsinki: University of Helsinki.

Pehkonen, E., & Pietilä, A. (2004). On relationships between beliefs and knowledge in mathematics education. In M. A. Mariotti (Hrsg.), *European Research in Mathematics Education III: Proceedings of the Third Conference of the European Society for Research in Mathematics Education.* Bellaria: University of Pisa and ERME.

Peirce, Ch. S., & Walther, E. (1967). *Die Festigung der Überzeugung und andere Schriften.* Baden-Baden: Agis-Verlag.

Philipp, R. A. (2007). Mathematics teachers' beliefs and affect. In F. K. Lester (Hrsg.) *Second handbook of research on mathematics teaching and learning* (S. 257–315). Charlotte, NC: Information Age.

Piaget, J. (1975). *L'équilibration des structures cognitives. Problème central du développement.* Paris: Presses Universitaires de France.

Piaget, J., & Aebli, H. (1974). *Der Aufbau der Wirklichkeit beim Kinde.* Stuttgart: Klett.

Piaget, J., Gruber, H. E., & Vonèche, J. (1977). *The essential Piaget.* New York: Basic Books.

Piaget, J., Kohler, R., & Kubli, F. (2015). Genetische Erkenntnistheorie (Vollständig durchgesehene, überarbeitete und erweiterte Neuausgabe). Schlüsseltexte in 6 Bänden / Jean Piaget: Bd. 6. Stuttgart: Klett-Cotta.

Pickert, G. (1975). *Projektive Ebenen.* Berlin, Heidelberg: Springer.

Pielsticker, F. (2020). *Mathematische Wissensentwicklungsprozesse von Schülerinnen und Schülern. Fallstudien zu empirisch-orientiertem Mathematikunterricht mit 3D-Druck.* Wiesbaden: Springer Spektrum.

Pólya, G. (1962). *Mathematik und Plausibles Schliessen. Band 1. Induktion und Analogie in der Mathematik.* Basel: Birkhäuser.

Pörksen, B. (2011, Hrsg.). *Schlüsselwerke des Konstruktivismus.* Wiesbaden: VS Verlag für Sozialwissenschaften.

Prechtl, P., & Burkard, F.-P. (2008, Hrsg.). *Metzler Lexikon Philosophie.* Stuttgart: Springer.

Radatz, H. (1986). Anschauung und Sachverstehen im Mathematikunterricht der Grundschule. *Beiträge zum Mathematikunterricht 1986*, 239–242.

Randenborgh, C. v. (2015). *Instrumente der Wissensvermittlung im Mathematikunterricht. Der Prozess der Instrumentellen Genese von historischen Zeichengeräten.* Wiesbaden: Springer Spektrum.

Randenborgh, C. v. (2018). Mathematiklernen beim Einsatz eines mathematischen Instruments. Das Wahrnehmen von Ideen und die Entwicklung eines Ideenkonglomerats am Beispiel des Parabelzirkels von Frans van Schooten. *Mathematica Didactica, 41*(1), 1–27.

Rezat, S. (2008). Die Struktur von Mathematikschulbüchern. *Journal für Mathematik-Didaktik, 29*(1), 46–67.

Rezat, S. (2009). *Das Mathematikbuch als Instrument des Schülers. Eine Studie zur Schulbuchnutzung in den Sekundarstufen.* Wiesbaden: Vieweg + Teubner.

Rezat, S. (2011). Wozu verwenden Schüler ihre Mathematikschulbücher? Ein Vergleich von erwarteter und tatsächlicher Nutzung. *Journal für Mathematik-Didaktik, 32*(2), 153–177.

Schiffer, K. (2019). *Probleme beim Übergang von Arithmetik zu Algebra.* Wiesbaden: Springer Spektrum.

Schilt, H. (1950). *Integrieren mit dem Integraphen Coradi. System: Abdank-Abakanowicz.* Zürich: G. Coradi.

Schindler, R. (2009). *Logische Grundlagen der Mathematik.* Berlin, Heidelberg: Springer.

Schipper, H. (1982). Stoffauswahl und Stoffanordnung im mathematischen Anfangsunterricht. *Journal für Mathematik-Didaktik, 3*(2), 91–120.

Schlicht, S. (2016). *Zur Entwicklung des Mengen- und Zahlbegriffs.* Wiesbaden: Springer.

Schmidt-Thieme, B., & Weigand, H.-G. (2015). Medien. In R. Bruder, L. Hefendehl-Hebecker, B. Schmidt-Thieme, & H.-G. Weigand (Hrsg.), *Handbuch der Mathematikdidaktik* (S. 416–490). Berlin, Wiesbaden: Springer Spektrum.

Schoenfeld, A. H. (1985). *Mathematical Problem Solving.* San Diego: Academic Press.

Schoenfeld, A. H. (1992). Learning to think mathematically: problem solving, metacognition, and sense making in mathematics. In D. A. Grouws (Hrsg.), *Handbook of research on mathematics teaching and learning* (S. 334–370). New York: Macmillan.

Schütte, M. (2011). Theorieentwicklung in der Interpretativen Unterrichtsforschung am Beispiel der Impliziten Pädagogik. In R. Haug, & L. Holzäpfel (Hrsg.), *Beiträge zum Mathematikunterricht 2011* (S. 775–778). Münster: WTM-Verlag.

Schwarz, O. (2009). Die Theorie des Experiments – Aus Sicht der Physik, der Physikgeschichte und der Physikdidaktik. *Geographie und Schule, 180*, 15–20.

Schwarzkopf, R. (2001). Argumentationsanalysen im Unterricht der frühen Jahrgangsstufen – eigenständiges Schließen mit Ausnahmen. *Journal für Mathematik-Didaktik, 22*(3/4), 253–276.

Scriba, C. J., & Schreiber, P. (2010). *5000 Jahre Geometrie.* Berlin, Heidelberg: Springer.

Selter, C., & Spiegel, H. (1997). *Wie Kinder rechnen.* Leipzig, Stuttgart, Düsseldorf: Klett.

Sfard, A. (1991). On the dual nature of the mathematical objects. *Educational Studies in Mathematics, 22*(1), 1–36.

Sherman, W. R., & Craig, A. B. (2019). *Understanding Virtual Reality. Interface, Application, and Design.* Cambridge: Morgan Kaufmann.

Skott, J. (2001). The emerging practices of a novice teacher: The roles of his school mathematics images. *Journal of Mathematics Teacher Education, 4*, 3–28.

Slater, M., & Wilbur, S. (1997). A framework for immersive virtual environments (FIVE): speculations on the role of presence in virtual environments. *Presence: Teleoperators and Virtual Environments, 6*(6), 603–616.

Sneed, J. D. (1971). *The Logical Structure of Mathematical Physics.* Dortrecht: Reidel.

Spangler, D. A. (1992). Assessing Students' Beliefs About Mathematics. *The Mathematics Educator, 3*(1), 19–23.

Steffe, L. P. (1991). The Constructivist Teaching Experiment: Illustrations and Implications. In E. v. Glasersfeld (Hrsg.), *Radical Constructivism in Mathematics Education* (S. 177–194). Dordrecht: Kluwer Academic Publishers.

Stegmüller, W. (1973). *Theorie und Erfahrung. Zweiter Teilband: Theorienstrukturen und Theoriendynamik.* Berlin, Heidelberg: Springer.

Stegmüller, W. (1974). *Theorie und Erfahrung. Erster Halbband. Begriffsformen, Wissenschaftssprache, empirische Signifikanz und theoretische Begriffe.* Berlin, Heidelberg: Springer.

Stegmüller, W. (1980). *Neue Wege der Wissenschaftsphilosophie.* Berlin, Heidelberg: Springer.

Stegmüller, W. (1986). *Theorie und Erfahrung. Dritter Teilband. Die Entwicklung des neuen Strukturalismus seit 1973.* Berlin, Heidelberg: Springer.

Stegmüller, W. (1987). *Hauptströmungen der Gegenwartsphilosophie. Band 2.* Stuttgart: Alfred Kröner Verlag.

Stein, G. (1995). Schulbuch. In G. Otto, & W. Schulz (Hrsg.), *Enzyklopädie Erziehungswissenschaft.* Stuttgart: Klett.

Steinbring, H. (1991). Eine andere Epistemologie der Schulmathematik. Kann der Lehrer von seinen Schülern lernen? *Mathematica Didactica, 14*(2/3), 69–99.

Steinmetz, R. (2000). *Multimedia-Technologie – Grundlagen, Komponenten und Systeme.* Berlin, Heidelberg: Springer.

Stoffels, G. (2020). *(Re-)Konstruktion von Erfahrungsbereichen bei Übergängen von empirisch-gegenständlichen zu formal-abstrakten Auffassungen.* Siegen: Universi.

Stone, R. J. (1993). Virtual Reality: A Tool for Telepresence and Human Factors Research. In R. A. Earnshaw, M. A. Gigante, & H. Jones (Hrsg.), *Virtual Reality Systems* (S. 181–202). London: Academic Press.

Sträßer, R. (1996). In welchem Sinne führt der Einsatz von DGS zu einem anderen Verständnis von Geometrie? In H. Hischer (Hrsg.), *Computer und Geometrie: Neue Chancen für den Geometrieunterricht?* (S. 49–54). Hildesheim, Berlin: Franzbecker.

Sträßer, R. (2008). Learning with new technology – some aspects of a history of Didactics of Mathematics. Symposium on the Occasion of the 100th Anniversary of ICMI. URL: http://www.unige.ch/math/EnsMath/Rome2008/WG4/Papers/STRAESS.pdf, (letzter Zugriff: 26.08.2020).

Struve, H. (1990). *Grundlagen einer Geometriedidaktik.* Mannheim: Bibliographisches Institut.

Struve, H., & Struve, R. (2004a). Klassische nicht-euklidische Geometrien – ihre historische Entwicklung und Bedeutung und ihre Darstellung Teil I. *Mathematische Semesterberichte, 51*, 37–67.

Struve, H., & Struve, R. (2004b). Klassische nicht-euklidische Geometrien – ihre historische Entwicklung und Bedeutung und ihre Darstellung Teil II. *Mathematische Semesterberichte, 51*, 207–223.

Struve, H., & Witzke, I. (2014). Ein Streifzug durch die Geschichte der Analysis – das Beispiel des Hauptsatzes. *Der Mathematikunterricht, 60*(2), 14–18.

Sutherland, I. E. (1965). The ultimate display. *Proceedings of IFIP Congress*, 506–508.

Tall, D. (2008). The Transition to Formal Thinking in Mathematics. *Mathematics Education Research Journal, 20*(2), 5–24.

Tall, D. (2013). *How Humans Learn to Think Mathematically. Exploring the Three Worlds of Mathematics*. Cambridge: Cambridge University Press.

Tall, D., & Vinner, S. (1981). Concept Image and Concept Definition in Mathematics with Particular Reference to Limits and Continuity. *Educational Studies in Mathematics, 12*(2), 151–169.

Tarski, A. (1937). *Einführung in die mathematische Logik und in die Methodologie der Mathematik*. Wien: Springer.

Terhart, E. (1978). *Interpretative Unterrichtsforschung. Kritische Rekonstruktion und Analyse konkurrierender Forschungsprogramme der Unterrichtswissenschaft*. Stuttgart: Klett-Cotta.

Thompson, A. G. (1992). Teachers' Beliefs and Conceptions: A Synthesis of the Research. In D. A. Grouws (Hrsg.), *Handbook of Research on Mathematics Teaching and Learning* (S. 127–146). Reston, VA: National Council of Teachers of Mathematics.

Törner, G. (2002). Mathematical Beliefs – A Search for a Common Ground: Some Theoretical Considerations on Structuring Beliefs, Some Research Questions, and Some Phenomenological Observations. In G. C. Leder, E. Pehkonen, & G. Törner (Hrsg.), *Beliefs: A Hidden Variable in Mathematics Education* (S. 73–94). Dordrecht: Kluwer Academics Publishers.

Törner, G. (2018). Are Researchers in Educational Theory Free of Beliefs: In Contrast to Students and Teachers? – Is there an Overseen Research Problem or Are There "Blank Spots"? In B. Rott, G. Törner, J. Peters-Dasdemir, A. Möller, & Safrudiannur (Hrsg.), *Views and Beliefs in Mathematics Education. The Role of Beliefs in the Classroom* (S. 1–8). Cham: Springer Nature.

Toulmin, S. (2003). *The Uses of Argument*. Cambridge: Cambridge University Press.

Ulm, V. (2010). Funktionen dynamisch. DGS zum Arbeiten mit Funktionen. *PM – Praxis der Mathematik in der Schule, 34*, 32–38.

Underhill, R. G. (1990). A web of beliefs: Learning to teach in an environment with conflicting messages. In G. Booker, P. Cobb, & T. N. de Menduti (Hrsg.), *Proceedings Fourteenth PME Conference. With the North American Chapter Twelfth PME-NA Conference* (S. 207–213). Mexico: PME.

Valverde, G. A., Bianchi, L. J., Wolfe, R. G., Schmidt, W. H., & Houang, R. T. (2002). *According to the book – using TIMSS to investigate the translation of policy into practice through the world of textbooks*. Dordrecht: Kluwer.

Vogler, A., & Dilling, F. (2020). Förderung räumlichen Vorstellungsvermögens durch CAD-Software – Eine Fallstudie. *Beiträge zum Mathematikunterricht 2020*, 977–980.

Voigt, J. (1984). *Interaktionsmuster und Routinen im Mathematikunterricht. Theoretische Grundlagen und mikroethnographische Falluntersuchungen*. Weinheim: Beltz.

Voigt, J. (1994). Entwicklung mathematischer Themen und Normen im Unterricht. In H. Maier, & J. Voigt (Hrsg.), *Verstehen und Verständigung: Arbeiten zur interpretativen Unterrichtsforschung* (S. 77–111). Köln: Aulis.

Vollrath, H-J. (2013). *Verborgene Ideen. Historische mathematische Instrumente.* Wiesbaden: Springer Spektrum.

Volkert, K. (2013). *Das Undenkbare denken. Die Rezeption der nichteuklidischen Geometrie im deutschsprachigen Raum (1860–1900).* Berlin, Heidelberg: Springer.

Voßmeier, J. (2012). *Schriftliche Standortbestimmungen im Arithmetikunterricht. Eine Untersuchung am Beispiel inhaltsbezogener Kompetenzen.* Wiesbaden: Springer Spektrum.

Walsch, W. (1975). *Zum Beweisen im Mathematikunterricht.* Berlin: Volk und Wissen.

Waltershausen, S. v. (1856). *Gauss zum Gedächtnis.* Leipzig: Hirzel.

Watson, A., & Winbourne, P. (2008, Hrsg.). *New Directions for Situated Cognition in Mathematics Education.* New York: Springer Science + Business Media.

Weigand, H.-G., & Weth, T. (2002). *Computer im Mathematikunterricht.* Heidelberg: Spektrum Akademischer Verlag.

Willers, F. A. (1951). *Mathematische Maschinen und Instrumente.* Berlin: Akademie-Verlag.

Winn, W., & Bricken, W. (1992). Designing Virtual Worlds for Use in Mathematics Education: The Example of Experiential Algebra. *Educational Technology, 32*(12), 12–19.

Wittmann, E. C., & Müller, G. (1988). Wann ist ein Beweis ein Beweis? In P. Bender (Hrsg.), *Mathematikdidaktik: Theorie und Praxis* (S. 237–257). Berlin: Cornelsen.

Witzke, I. (2009). *Die Entwicklung des Leibnizschen Calculus. Eine Fallstudie zur Theorieentwicklung in der Mathematik.* Hildesheim: Franzbecker.

Witzke, I. (2014). Zur Problematik der empirischgegenständlichen Analysis des Mathematikunterrichtes. *Der Mathematikunterricht, 60*(2), 19–32.

Witzke, I., & Dilling, F. (2018). Vorschläge zum Einsatz der 3D-Druck-Technologie für den Analysisunterricht – Funktionen zum „Anfassen". *Beiträge zum Mathematikunterricht 2018,* 2011–2014.

Witzke, I., & Heitzer, J. (2019). 3D-Druck: Chance für den Mathematikunterricht? *Mathematik Lehren, 217,* 2–9.

Witzke, I., & Hoffart, E. (2018). 3D-Drucker: Eine Idee für den Mathematikunterricht? Mathematikdidaktische Perspektiven auf ein neues Medium für den Unterricht. *Beiträge zum Mathematikunterricht 2018,* 2015–2018.

Witzke, I., & Spies, S. (2016). Domain-Specific Beliefs of School Calculus. *Journal für Mathematik-Didaktik, 37*(1), 131–161.

Wood, T., Cobb, P., & Yackel, E. (1995). Reflections on Learning and Teaching Mathematics in Elementary School. In L. P. Steffe, & J. Gale (Hrsg.), *Constructivism in Education* (S. 401–422). Hillsdale, NJ: Lawrence Erlbaum Associates.

Yackel, E., & Cobb, P. (1996). Sociomathematical Norms, Argumentation, and Autonomy in Mathematics. *Journal for Research in Mathematics Education, 27*(4), 458–477.

Zimmermann, P. (1992). *Mathematikbücher als Informationsquellen für Schülerinnen und Schüler.* Bad Salzdetfurth: Franzbecker.

Zobel, B., Werning, S., Metzger, D., & Thomas, O. (2018). Augmented und Virtual Reality: Stand der Technik, Nutzerpotenziale und Einsatzgebiete. In C. d. Witt, & C. Gloerfeld (Hrsg.), *Handbuch Mobile Learning* (S. 123–140). Wiesbaden: Springer.

Printed in the United States
by Baker & Taylor Publisher Services